OPTIMAL DESIGNING AND OPERATION
FOR THE REVERSE OSMOSIS SYSTEM

反渗透系统
优化设计与运行

靖大为　席燕林　编著

贾世荣　审核

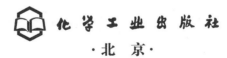

·北 京·

本书属于反渗透水处理系统设计与运行领域的工艺理论专著。书中介绍了元件特性参数、系统极限收率、多项特殊工艺、系统设计指标、膜堆基本结构、均衡通量、均衡污染、元件配置优化、管路结构优化、设计通量优化、双恒量与泵特性运行模式等系统工艺的基本概念；明确了系统脱除盐率与系统工作压力的设计方案检验原则；涵盖了两级、纳滤与海水淡化等类工艺形式。

书中关于元件、膜壳、膜段、管路及系统数学模型的介绍，关于膜元件透水与透盐两系数、各类污染层及浓差极化度的讨论，为深入研究系统运行规律与深度开发系统模拟软件奠定了基础。

本书可作高等院校分离膜水处理专业本科或研究生教材以及相关企业专业技术培训教材，也可供业内的理论研究人员及工程技术人员参考。

图书在版编目（CIP）数据

反渗透系统优化设计与运行/靖大为，席燕林编著．
—北京：化学工业出版社，2016.1（2022.11 重印）
ISBN 978-7-122-25223-4

Ⅰ.①反… Ⅱ.①靖… ②席…Ⅲ.①反渗透膜-分离-
化工过程 Ⅳ.①TQ028.8

中国版本图书馆 CIP 数据核字（2015）第 224326 号

责任编辑：戴燕红　　　　　　　　文字编辑：林　媛
责任校对：陈　静　　　　　　　　装帧设计：史利平

出版发行：化学工业出版社（北京市东城区青年湖南街 13 号　邮政编码 100011）
印　　装：北京虎彩文化传播有限公司
787mm×1092mm　1/16　印张 18¾　字数 458 千字　2022 年 11 月北京第 1 版第 9 次印刷

购书咨询：010-64518888　　　　　　　售后服务：010-64518899
网　　址：http://www.cip.com.cn
凡购买本书，如有缺损质量问题，本社销售中心负责调换。

定　价：78.00 元

京广临字 2015-35 号

前　言
FOREWORD

近 20 年以来，以反渗透技术为核心的分离膜水处理技术得到了高速的发展，广泛应用于化工、冶金、电力、电子、制药、食品、饮品、市政给水处理及市政污水处理等多个工业行业，已经成为海水及苦咸水淡化、纯水及高纯水制备、中水及污废水回用三大水处理领域中的主体工艺技术。　目前在国内以反渗透工艺技术为核心，已经构成了相关产品的科研、开发、设计、生产、销售、安装、运行及服务的一个完整产业链条，形成了一个新兴的且高速增长的分离膜水处理行业。

20 年前的分离膜水处理工艺，主要还是传统预处理加一级或两级反渗透系统。　目前已经发展到了超滤或微滤的预处理工艺、反渗透与纳滤结合的主脱盐工艺、电去离子的淡水深度脱盐工艺以及膜蒸馏等的浓水减排工艺等涉及多项膜技术的综合工艺体系。　工程规模也从 20 年前的每小时几吨或十几吨发展到了目前的每小时几千吨级水平。

近年来，国家及地方的科研立项向膜技术领域倾斜，膜技术原理及工程应用方面的专著大量出版。　高等院校中给排水及环境工程专业的本科教学增加了膜技术相关内容，研究生的培养也向膜技术方向转移。　这些变化对于反渗透膜技术及相关产业的发展均起到了巨大的推动作用。

但是，由于反渗透技术发展的时间较短，行业发展速度很快，原水水质条件恶化，工程对象要求各异，特别是相关的设计、制造、运行及服务等企业的专业技术水平参差不齐，致使不少工程存在各类设计与运行问题。　出现这些问题的主要原因之一是缺乏完整的工艺理论及深入的工艺研究。　虽然出版界关于膜技术的原理性著作已经很多，但对于系统设计及系统运行方面的工艺性质论著相对较少。

本书的编著旨在建立一整套较为完整的反渗透系统设计与系统运行的工艺理论，其中讨论的主要内容包括：

（1）各类预处理工艺及膜处理工艺的基本原理、基本工艺与基本参数。

（2）设计通量、设计收率、分段结构、双恒量模式等膜系统设计概念。

（3）反渗透及纳滤系统中膜堆的品种、数量、排列三大基本设计问题。

（4）膜系统中淡水背压、浓水回流、段间加压及淡水回流等特殊工艺。

（5）膜系统中膜壳、水泵、仪表、控制、清洗等辅助部分的典型设计。

（6）系统运行中的安装、调试、检测、诊断、应急、换膜及清洗过程。

（7）元件、膜堆及管路的运行数学模型与元件的透水系数及透盐系数。

（8）不同工作压力、脱盐率、膜压降三指标元件在系统中的优化排列。

（9）系统中给水、浓水及淡水管道或壳腔的结构、规格及流向的优化。

（10）原始系统及污染系统中沿流程的各项运行参数的分布及变化趋势。

（11）双级系统中提高脱盐率的工艺措施及保证脱盐率的最低元件性能。

（12）海水淡化工艺中工作压力、系统收率及膜堆结构等系统设计问题。

（13）纳滤膜系统脱盐及脱除有机物的特点与氧化纳滤膜的制备与应用。

（14）反渗透或纳滤系统运行模拟软件的基本功能、结构框图及其使用。

书中内容强调了：元件三项特性参数，系统两项极限收率，系统四大特殊工艺，系统设计八项指标，设计指标间十大关系，六支段膜堆结构，均衡通量与均衡污染，不同性能元件配置优化，系统管路结构参数优化，系统设计通量优化，双恒量与泵特性两类运行模式等系统工艺领域中的基本概念；明确了"高温度、重污染及浓给水三条件检验系统脱除盐率，低温度、重污染及浓给水三条件检验水泵工作压力"的设计方案检验原则；涵盖了两级、纳滤与海水淡化等系统工艺，从而形成了关于反渗透系统设计与运行的一套较为完整的工艺理论。

对于膜工艺的研究主要包括系统技术指标、系统基本结构、系统设计优化及系统运行优化等项内容。 工艺研究的基本手段是系统运行模拟，运行模拟的基本工具是运行模拟软件，而模拟软件的核心部分是元件、膜堆、管路及系统的相关数学模型。 目前，各膜厂商均已推出各自的设计软件中自然内涵了相关模型，但欠缺的是软件功能不足与模型不公开透明，因此限制了系统计算的水平提高与系统研究的深入开展。 针对目前现状，书中给出了膜元件的理想数学模型，全面介绍了元件、膜壳、膜段、管路、各类污染层、浓差极化度即一个完整系统的离散数学模型，深入讨论了膜元件的透水与透盐的理论与实用模型，示出了与上述模型相应的"系统运行模拟软件"程序框图，从而为深入研究系统运行规律与深度开发系统模拟软件奠定了基础。

本书关于膜元件及膜系统的特性分析及模型分析的内容，一方面旨在揭示膜工艺技术的内在规律，另一方面也是研究模拟软件过程中阶段性成果的展示，同时也希望这些内容能为更多学者及研究人员深入研究提供资料。

书中相关论述主要包括理论基础、数学模型、模拟计算及试验分析等四种模式，各章节力求由浅入深，旨在为不同技术水平的理论研究人员及工程技术人员提供参考。 本书也可作为高等院校相关专业本科或研究生膜技术课程的教材，特别希望相关专业的硕士生及博士生将本书中尚未解得的相关数学模型及尚待改进的软件功能加以完善，使反渗透系统及纳滤系统的工艺研究成为一个更加完善且不断发展的研究方向。

在本书相关的研究过程中，天津城建大学环境与市政工程学院的徐腊梅、毕飞、夏罡、王春艳、孟凤鸣、贾丽媛、贾玉婷、罗浩、苏宏、江海、董翠玲、马晓丽、李宝光、崔旭丽、马孟、朱建平、苏卫国、严丹燕、罗美莲、杨小奇、孙浩、李肖清、李菁杨、韩力伟、杨宇星、翟燕、王文凤、王文娜、黄延平、张智超等研究生同学做了大量且有效的试验与研究工作；业界著名专家徐平先生、海德能公司贾世荣先生与仲怀明工程师、天津城建大学程方教授与苑宏英教授在本书编写过程中给予了诸多帮助；多年来《膜科学与技术》《水处理技术》《工业水处理》《供水技术》《天津城市建设学院学报》等国内专业杂志均给予了大力支持，并特请贾世荣先生作了本书的审核工作，这里一并表示衷心的感谢。

本书内容主要源于笔者的工程经验及研究成果，多有不甚成熟部分，不足之处在所难免，敬请相关专家及广大读者予以批评指正。

编著者

2015 年 3 月 15 日

目 录
CONTENTS

第3章　分离膜工艺的技术基础　　39

第4章　超微滤预处理工艺技术　　49

第5章　反渗透膜性能与膜参数　　69

第6章　反渗透膜系统典型工艺　91

第7章　反渗透膜系统特殊工艺　117

第8章 膜系统典型设计与分析　　131

第9章 反渗透膜系统运行分析　　144

第10章 系统污染、故障与清洗　　161

第11章　元件及系统的数学模型　183

第12章　元件、管路及通量优化　210

第13章 两级系统的工艺与优化　　229

第14章 纳滤系统的设计与运行　　243

第15章 海水及亚海水淡化系统 259

第16章 膜系统的运行模拟软件 269

概论

膜工艺技术的定义

分离膜系指具有组分分离功能的半透膜，理想半透膜应能实现部分组分的绝对透过与其余组分的绝对截留，而现实世界中的半透膜均为能够实现组分相对分离而非绝对分离的非理想半透膜。

按物态划分，物质分为固态、液态与气态，半透膜可以是固态膜、液态膜和气态膜。从组分分离的观点看，被分离物质可以是单相的也可以是混相的，组分分离可分类为固固、固液、固气、气液、气气及液液分离六大类。分离膜水处理领域用膜仅为固态膜，分离过程涉及悬浮物与水的固液分离，溶解气体与水的气液分离，溶解固体与水（或溶剂与溶质）的液液分离。

膜分离技术是多学科交叉的高技术，膜材料与膜制备属于化工材料学科，膜分离过程属于化工传递学科，膜分离设备属于化工机械学科，膜分离的对象又涉及采掘工程、给水工程、化学工程、热力工程、冶炼工程、环境工程、生物工程、制药工程、食品工程等诸多相关工程领域。

按照物质选择透过膜的动力源划分，膜过程可分为两类：一类的动力源于被分离物质之内在能量，物质从高能位流向低能位；另一类的动力源于被分离物质之外的能量，物质从低能位流向高能位。膜过程按推动力性质也可以划分为压力梯度、浓度梯度与电势梯度三类推动力，物质总是从高梯度值处向低梯度值方向移动。

膜分离工艺与蒸馏、离心、混凝-沉淀、硅藻土、陶瓷玻璃及离子交换等其他过滤及分离工艺相比，具有常温度环境、低工作压力、无相变、无滤料溶出、高效、节能、环保、单元化、占地面积小等一系列特点，从而具有显著的市场竞争优势。在国内地价快速上涨形式下，膜工艺仅占地面积优势一项，就已大部抵消掉其价格偏高之劣势。

膜工艺技术的历史

渗透现象很早即被人类所发现，而反渗透膜技术是 20 世纪后半叶以来得以迅速发展的新型水处理及化工分离技术。法国学者阿贝·诺伦特（Abbe Nollet）早在 1784 年就发现水能够自发地扩散到装有酒精的猪膀胱内，从而首次揭示了膜分离现象。1864 年 Schmidt 用牛心包膜提取阿拉伯胶的过程堪称世界上的首次超滤试验。1907 年 Bechhold 制取了多孔火棉胶膜，并发表了首篇微滤膜研究报告。19 世纪发现的 Fick 定律促进了膜扩散与渗透压的研究，20 世纪 20 年代 Vant Hoff 与 J·W·Gills 建立了稀溶液理论以及渗透压与其他热力学性能间的关系，为渗透现象的研究奠定了理论基础。

1953 年美国佛罗里达大学的 C·E·Reid 发现了醋酸纤维素具有的良好半透性；1960 年美国加利福尼亚大学的 Yuster，Loeb 与 Sourirajan 制成了第一张高脱盐率、高透水率的非对称型醋酸纤维素膜，为反渗透技术的工业化奠定了基础。1964 年美国通用电气公司制成了卷式反渗透膜组件，1965 年美国加利福尼亚大学研制出管式反渗透膜组件。20 世纪 70 年代初美国杜邦（Dupont）公司研制出芳香聚酰胺材料中空式反渗透膜组件；80 年代初出现了芳香聚酰胺复合型卷式膜；90 年代初开始反渗透技术在全球进入了更加广泛和高速的开发与应用时代。进入 21 世纪以来，反渗透膜产品进入了更大规模工业化生产阶段。

我国 1958 年开始进行离子交换膜技术的开发，1966 年与 1975 年分别开始反渗透与超滤膜的研究与开发。国家自"六五"计划以来，持续在膜技术特别是反渗透技术领域投入了大量人力与资金进行技术与产品开发，并相继在杭州海洋二所与天津工业大学建立了两个重点研发与生产基地，使国产反渗透膜技术开发取得了巨大进展。随后的辽宁兴城 8271 厂、江苏常州能源设备总厂、河北石家庄阿欧环境技术有限公司等企业引进设备与技术生产反渗透膜，而目前的北京时代沃顿科技有限公司、浙江杭州北斗星膜产品有限公司等十余家国内知名企业在反渗透膜技术的开发与膜产品的制造领域做出了显著贡献，目前已经占有超过了 10% 的国内市场；而海南立升、天津膜天、山东招金及北京坎普尔等国内大量超微滤厂商的产品已经相当成熟，不仅在国内占领了大半市场，并早已打入东南亚及其他国际市场。

 ## 反渗透膜技术应用

近 20 年来，国内以反渗透为代表的分离膜水处理技术的应用得到了快速的推广；这一现象既得益于国家经济实力的提升、更高工业水平的要求、膜技术自身水平的提高，也受到环境水体污染与水源逐渐枯竭等因素的促进。

由于微电子行业中需要低含盐量及低悬浮物纯水在电子芯片制备过程进行冲洗之用，电子行业成为膜技术的早期典型应用领域之一。随着反渗透脱盐工艺技术逐步替代多效蒸馏、离子交换及电渗析等早期技术，目前该技术已经成为化工、电力、冶金、电子、制药、食品、饮品及直饮水等多个工业行业给水深加工或污废水回用处理的主流工艺，并开始进入市政给水及市政污水处理领域。甚至在高档花卉等种植业以及观赏鱼类等养殖业等新型农业行业也常采用反渗透工艺制成纯水，再配以相应的营养成分后加以使用。

反渗透为代表的膜工艺技术在纯水与超纯水制备、中水与污废水回用、海水与苦咸水淡化等各个领域中得到广泛应用的同时，逐步形成了一个以反渗透膜技术为核心，保持高速发展的新型膜法水处理行业。

反渗透膜产品市场

半个世纪以来，世界范围内众多相关的教育机构、研究机构与生产企业广泛开展了膜技术的研究与膜产品的开发，其中包括制膜材料、制膜工艺、元件制备、系统设计、应用工艺、清洗工艺等多方面内容。但是，目前世界范围内反渗透及纳滤膜的大型工业规模生产仅集中于美国、日本及韩国等少数国家的少数企业，其中最为著名的卷式反渗透膜厂商包括美国的 Dow/Filmtec（陶氏）、Nitto Denko/Hydranautics（海德能）、Koch（科氏）/Fluid system（流体）、GE/Osmonics/Desal、Trisep，日本的 Nitto Denko（日东）、Toray（东丽），韩国的 TCK/Csm（东玺科）等几家企业。

在反渗透膜产品的销售量方面，1995 年国内销售的 8in 与 4in 膜元件不超过 1000 支与 5000 支。2005 年国内销售 8in 与 4in 元件分别达到约 12 万支，2in 元件数量达到约 25 万支。2014 年国内销售 8in 与 4in 元件已经分别超过 60 万支与 40 万支水平。

回顾国内反渗透技术近 20 年的发展历程不难发现，该技术的高速发展主要源于六大促进因素：一是反渗透膜技术自身拥有的技术先进性，使多效蒸馏、离子交换、电渗析等早期的脱盐工艺逐一让出了主流工艺位置；二是国内经济的持续高速发展，使国内膜技术市场呈现出迅猛的发展速度与巨大的发展潜力；三是国内水资源的日益短缺与水环境的日趋恶化，使膜法水处理的应用从给水深加工扩展到污废水的资源化处理；四是人民币汇率不断升值、关税持续下调，有效提高了国内企业对于进口膜元件及其相关产品的购买力；五是反渗透工艺配套产品的国产化，使反渗透技术相关工程成本及膜处理工艺运行成本不断下降；六是国内不断引进及开发膜生产技术，不同程度地实现了反渗透膜产品的国产化。

20 年前的反渗透膜产品市场几乎是 Filmtec 的一统天下。当时膜元件的价格不菲，绝大多数国内水处理工程用户不敢问津。随着 Hydranautics、CSM、Toray 等国外产品的大举进入，世界上具有工业规模的各大反渗透膜厂商的产品全面登陆国内市场。一些国外厂商在沿海地区纷纷建立保税库以缩短贸易周期，Nitto Denko/Hydranautics 公司率先于 2002 年在上海（松江）独家斥资建厂卷膜，日本 Toray 公司与国内蓝星公司合作在北京生产膜片，以降低生产成本。以北京时代沃顿公司为代表的国产膜厂商，先行技术设备引进，后续自主产品研发，迅速实现市场扩展，进一步加剧了膜市场的多元格局及竞争的激烈程度。膜产品价格战的惨烈及市场信息的快捷使膜产品的研发、生产、销售、服务各环节已无暴利可言，而产品质量战的结果加速了膜产品性能的快速进步。

在反渗透工艺配套产品的发展历程中，早期是国外产品间的相互竞争，后期是进口产品国产化与国内产品争相出口。目前与反渗透工艺配套的膜元件、膜容器、高压泵、流量计、压力表、多路阀、玻璃钢容器、叠片式滤器、纤维过滤器、精密（保安）过滤器及各类管材等进口产品在国内产品面前已无过多优势。这一国产化过程中不仅催生了大量的国内专业企业、产出了各种国产化产品，也降低了此类产品的市场价格、促进了反渗透水处理技术的广泛应用。

近 20 年来国内市场对于反渗透技术及其产品经历了一个从陌生到熟悉，从缺乏购买力到逐步成为世界上发展最快、最大规模及最具潜力市场的演变过程。在国际贸易的内容方面，从成套设备进口、散件进口国内组装，到配套器件国产化、配套器件出口甚至成套设备出口，国内分离膜水处理设备制造行业已经取得了长足的进步。

反渗透膜产品自 20 世纪 80 年代中期开始进入国内市场，最早用于电子、医药行业的高纯水制备，并逐步用于其他工业及民用给水深加工。进入 21 世纪以来，国内水资源短缺及水污染形势的日趋严峻，使反渗透技术在给水深加工处理、污水资源化处理及海水淡化处理等领域的应用得到大幅扩展。随着工程规模的不断扩大，且为达到减排或零排的目的，甚至反渗透系统浓水的再加工也成为重要的发展方向。

1.5 反渗透技术的发展

随着反渗透技术应用领域的不断扩展、相关工程规模的不断扩大，反渗透膜技术的自身水平也在不断地提高。反渗透膜技术与膜工艺主要沿着加强分离功能、提高工艺水平与克服膜体污染三条主线向前发展。加强膜分离功能方面主要包括提高脱盐率、降低工作压力等项内容；提高工艺能力方面主要包括提高抗氧化能力、加大膜元件规格、提高膜元件承受压力、减少过膜元件压力损失等项内容；克服膜体污染方面主要包括增强材料亲水性、降低膜表面粗糙度、膜表面电荷中性化等项内容。

1.5.1 膜材料与膜结构

工业用反渗透膜的材料主要分为醋酸纤维素（CA）与芳香聚酰胺（PA）两大类，醋酸纤维膜与芳香聚酰胺膜相比，前者亲水性好、抗氧化性强、表面光滑，而后者的工作压力低、耐酸碱性强、耐生物污染、产水量高，具有更强的化学稳定性。醋酸纤维素膜是反渗透膜的早期产品，日本东洋纺公司目前尚在坚持醋酸纤维素中空膜产品的生产，而绝大部分其他膜厂商已相继转用芳香聚酰胺膜材料。目前芳香聚酰胺膜技术以其优越的性能得到了快速发展与广泛应用。

早期 CA 单质膜结构的分离材料较厚，同时起着分离与支撑作用，其透速率较低、工作压力较高、膜工艺效率较差。后期 PA 复合结构的分离层与支撑层材料相异，有效分离层极薄，透速率较高，工作压力较低，大大提高了膜工艺的效率。复合结构不仅已成为卷式膜的基本膜体结构，中空式膜体也开始向复合结构发展。

早期的纳滤膜沿用聚酰胺材料，其脱盐率长期居高不下，因而限制了其使用的效果与范围。近期的纳滤膜材料开始使用磺化聚醚砜等多种材料，有效地降低了脱盐率，扩展了其应用领域。

1.5.2 元件结构的演化

反渗透膜元件的结构形式中，板式、中空及管式结构的市场相对狭窄。作为早期中空膜厂商代表的美国杜邦公司（Du Pont）已经停止其中空膜的生产，著名的日本东洋纺（Toyobo）中空膜的销量也极其有限。卷式膜结构因性价比高、对给水预处理要求低、应用领域广，而赢得了巨大的市场份额。目前，卷式膜因发展的高速度及广阔的市场占有率，使其几乎成为反渗透膜的代名词。

1.5.3 提高脱盐率水平

反渗透工艺的主要目的是脱除给水中的盐分，反渗透膜的主要技术指标是脱盐率。醋酸纤维素膜脱盐率仅有约 95%，芳香聚酰胺复合膜脱盐率可高达 99.5%，近年来各膜厂商又相继推出了更高脱盐率的膜品种。高脱盐率膜品种不仅可提高产水水质，提高系统工作效率，减轻树脂交换床或 EDI 等后处理工艺的负荷，甚至可使一级高脱盐率膜系统的脱盐水平达到两级较低脱盐率系统水平，从而有效地简化了系统结构。

1.5.4 降低膜工作压力

反渗透工艺是以膜两侧压差为工作动力，因此施于膜元件给浓水侧的工作压力水平成为重要的技术指标。早期芳香聚酰胺复合膜的工作压力为 1.5MPa，近 20 年来陆续面世的低压及超低压复合膜的工作压力降至 1.0MPa 及 0.7MPa。工作压力的降低既可降低给水泵的设计压力与管路的额定压力，减少了设备投资；更可以直接降低膜系统的电功率损耗，尽显膜技术的低能耗优势。降低工作压力是以特定产水通量（也称水通量、膜通量或通量）为基准，故降低工作压力的另一提法是在特定工作压力条件下提高膜体产水通量。

当膜工作压力低于 1.0MPa 时，系统浓水渗透压将与纯驱动压位于同一数量级。低压膜系统中，在高系统收率、高给水温度、高给水盐量及长系统流程工况下，将造成系统流程中各膜元件通量的严重失衡。因此，超低压膜的优势主要体现于商用及民用小系统或低含盐量给水的限定环境。

1.5.5　提高抗污染能力

膜污染是膜过程的伴生现象，故增强膜材料的抗污染能力始终是膜制备技术发展的重要目标之一。提高反渗透膜的抗污染能力，主要是改善膜的粗糙度、电荷性及亲水性等方面。

① 降低膜表面粗糙度　由于聚酰胺材质及复合结构的特征，聚酰胺复合膜表面较为粗糙，易于污染且难于清洗，故各膜厂商竞相采取措施以降低膜表面的粗糙程度。海德能公司的低污染膜（LFC1、LFC3 系列）在原有的聚酰胺复合膜上再复合一层抗污染材料，以增强复合膜表面的平整度，并增强了膜表面的化学抗污染能力。陶氏化学公司的低污染膜（BW30-FR 系列）直接提高了聚酰胺膜表面的光滑度，即具有较强的物理抗污染性能。

② 调整膜表面电荷极性　聚酰胺膜表面一般带有少量负电荷，易于形成正电性胶体污染。为了同时降低膜表面的正负电性胶体污染，部分膜厂商推出电中性膜品种。在脱盐效果方面，带正电荷膜对于正离子的脱除率更高，带负电荷膜对于负离子的脱除率更高。如将带不同性质电荷的膜品种用于前后两级反渗透系统，可分别对水体中的正负离子产生较高脱除率，从而有效提高两级系统的整体脱盐率水平。

③ 提高膜材料的亲水性　聚酰胺等有机膜材料的原始性能是疏水性，而疏水膜的水透过性能及抗有机物污染性能均差，故各膜厂商均在材料改性即提高膜亲水性方面进行各种努力并取得了显著进展。

1.5.6　提高抗氧化能力

在水处理工艺领域内，水体中氧化剂含量是一个重要指标，它是工艺流程中染菌或生藻的有效抑制物，也是高分子膜材料降解的主要原因。反渗透工艺流程中最佳的氧化剂分布是：在预处理工艺首端投放适量氧化剂，在各预处理工艺中保持氧化剂浓度，以维护工艺过程的无菌藻状态；在膜处理工艺中截留氧化剂，并防止膜系统的微生物污染。实现这一理想抑菌过程的重要一环是反渗透膜的高抗氧化性。

聚酰胺材料的抗氧化性较差，对给水中的游离氯含量一般只存在 1000h·mg/L 及 0.1mg/L 浓度的耐受能力。对自来水水源，游离氯本已经达到杀菌要求浓度，而对地表水等无氯含量水源，预处理系统首端需要加氯灭菌。为满足反渗透膜的低氯浓度要求，预处理系统末端需增加除氯工艺，从而增加了系统的预处理成本。此外，从除氯工艺位置开始至整个膜系统流程均无杀菌剂保护，微生物的滋生在所难免。特别是在膜元件的给浓水流道中，有机物的截留与无杀菌剂保护状态，必然会导致微生物污染。降低系统成本且免于膜系统微生物污染的根本解决方案是提高膜材料自身的抗氧化性能。

目前，时代沃顿等厂商推出的抗氧化聚酰胺反渗透膜的抗氧化能力可达 26000h·mg/L 及 0.5mg/L 浓度。

1.5.7 提高耐高压能力

对于一般低含盐量水体，以节能为目的的膜工艺，应具有低工作压力性能；但对于高含盐量水体，给浓水的高渗透压推高了膜工艺的工作压力，这一现象在海水淡化工艺中达到了极致。

一般海水淡化用反渗透膜元件的耐压在 8.3MPa 范围以内。在 15℃ 给水温度及 35000mg/L 给水含盐量的标准海水条件下，回收率达到 45％ 时的浓水渗透压已达 4.3MPa，保持 20L/(m²·h) 产水通量水平的工作压力超过 7MPa，这几乎已达一般海水膜承受压力的极限状态。

如进一步提高海水淡化系统的回收率，膜元件的最高耐压即成为一个重要的限制因素。日本东丽公司等膜厂商已开发出了耐压为 10MPa 的超高压海水淡化膜。用段间加压泵与超高耐压膜构成的两段式海水淡化系统可以使全系统回收率增至 60％。

1.5.8 提高耐高温水平

反渗透水处理系统面对的工业环境即地表水、地下水及市政污水的温度多低于 45℃，故 45℃ 的最高给水温度工作条件可以满足绝大部分工程要求，但部分化工过程中的水体温度较高。

不少化工分离过程中，被处理料液需要始终保持较高温度，膜元件的低工作温度将限制反渗透工艺的使用。一些可降温处理的料液，在反渗透处理前的降温处理过程将增加工艺流程与工艺成本。一些后续工艺需再次加温的料液处理过程，还将再次增加工艺成本，从而大大削弱了反渗透工艺的节能优势。

美国 GE/Osmonics/Desal 公司推出的工作温度为 70℃ 的反渗透膜产品，为高温特殊环境下反渗透技术的应用提供了条件。

1.5.9 增大膜元件规格

一般而言，膜元件的规格越大，则单位体积内的有效膜面积越大，单位膜面积的成本越低，膜系统配套管路越少，膜系统占用空间越少。由于不同的系统规模需要不同的元件规格与之匹配，随着反渗透系统规模的不断扩大，要求膜元件规格不断增长。

较大规格膜元件的制备具有较高的技术含量，元件规格的增长也具有一个发展过程。20 世纪 80 年代产生了 4in 膜元件，90 年代产生了 8in 膜元件，近年来各膜厂商不断出现了 10in、12in、15in 其至 18in 膜元件。一支 18060 规格（18in 直径 60in 长度）元件相当于 7 支 8040 规格元件的膜面积与产水量，但占用空间减少了 50％，管路长度减少了 60％。大规格膜元件的广泛应用将有效降低大型膜系统的元件成本、管路成本与空间成本，并可大幅提高系统可靠性。

日产淡水 62.7×10⁴m³ 的以色列 Sorek 海水淡化厂，由于采用了 16in 规格膜元件而节省 3/4 的系统管路及其他硬件成本。

1.5.10　增加膜元件面积

除增大膜元件的规格之外，也可以在特定的膜元件直径与长度规格范围内，通过优化相关的材料、结构与工艺来有效提高元件内的有效膜面积，进而提高特定规格膜元件的工作效率。近二十年来，8040 规格膜元件的有效面积已经从早期的 $34.0m^2$ 增长到 $37.2m^2$ 甚至达到 $40.9m^2$。

1.5.11　改变隔网的厚度

卷式膜结构优于中空膜结构的主要原因是卷式结构具有更强的耐污染能力，具体体现在由浓水隔网形成的可迂回流道及较大的流道高度。较大的隔网高度，不仅可以防止污染物堵塞流道，还可以降低流道阻力。在特定规格元件内，以保持有效膜面积为基础，不断提高浓水隔网高度是膜制备技术的又一发展方向。早期 $34m^2$ 面积膜元件的浓水隔网高度仅有 28mil❶，而一些膜厂商已将该高度提升到 34mil，因而具有了更好的耐污染能力与更小的膜压降指标。

1.5.12　改进隔网的形状

早期膜元件浓水隔网多成正方形网格，而为形成更好的紊流流态，以降低浓差极化指标，一些膜厂商已将隔网形状改为不同经纬线夹角的菱形，以形成更好的耐污染能力与更小的膜压降指标。此外，一些厂商还采用具有抑菌性能的隔网材料，以有效抑制浓水流道中微生物的滋生，降低微生物污染的速度，延长膜元件的清洗与寿命周期。

1.5.13　增加膜袋的数量

以膜两侧压力差为推动力的反渗透工艺中，降低膜元件的淡水背压可有效降低工作压力与工艺能耗。构成淡水背压的各项内容中，元件淡水流道压降占据一定比例。提高元件淡水流道的高度受到元件内膜面积容积率的限值；而膜袋数量越少，淡水流道越长，淡水背压越高。因此，各厂商将 8040 元件中膜袋数量不断增加，以有效降低膜元件的淡水背压。

1.5.14　改进膜元件端板

一般 8in 膜元件的端板呈圆形平面，串联膜元件之间只有很小的缝隙。在初装系统的启动过程中，膜壳与元件间的空气通过端板缝隙被逐步压入元件给浓水流道，并随元件浓水排出系统。由于元件间的缝隙狭窄，空气排出速度较慢，致使系统启动过程较长。

海德能公司在元件端板处设置了排气槽，使串联膜元件之间形成了较大间隙，大大加快了系统启动时膜壳与元件间气体的排出速度，有效减少了系统的启动时间，降低了水锤效应损伤膜元件的概率。

反渗透膜技术是一项高速发展的工业技术，各膜厂商竞相推出更高性能的膜产品。如海德能公司 1989 年推出其低压聚酰胺复合膜 CPA2，1995 年推出超低压复合膜 ESPA1，1996 年推出纳滤膜 ESNA，1998 年推出更高脱盐率的 ESPA2 与更高产水通量的 ESPA3，

---

❶　$1mil = 25.4 \times 10^{-6} m$。

并在同年推出耐污染膜 LFC 系列，2000 年推出更低工作压力膜 ESPA4，2003 年推出的 CPA2-HR 具有更高的脱盐率与产水通量，2004 年推出膜面积为 40.9m² 的 ESPA2＋，2005 年推出低压降膜 CPA3-LD，2009 年推出 PROC-10 与 PROC-20 等更低压降膜，2010 年推出抗菌性 34mil 隔网。

反渗透膜材料与制膜技术的进步，提高了材料性能、降低了工作能耗，增加了膜系统的效率、减小了预处理的负荷，使反渗透膜技术具有了更大的技术优势与市场竞争力。

纳滤膜技术的进步

纳滤与反渗透同属脱盐性质的膜技术范畴，但应用领域却有很大差异，反渗透膜属于全无机盐谱系的无选择高比例脱除，而纳滤膜属于有选择的无机盐脱除，即对高价离子具有高脱除率而对低价离子具有低脱除率。纳滤膜材料也有聚酰胺及磺化聚醚砜等多种类别。

纳滤膜工艺在低脱盐率的同时，降低了膜两侧的渗透压差，降低了工作压力与工艺能耗，并可有效截留病毒、细菌、氨氮、杀虫剂、除草剂、三卤代烷前驱物等多类有机物质，从而降低 BOD、TOC 及色度等指标。

由于纳滤膜具有的特殊优势，其应用遍及化工、制药、食品、饮料、直饮水等诸多领域，并在市政给水及污水处理领域存在更大的应用潜力。在 20 世纪末，早期纳滤膜产品的脱盐率在 80%～90% 之间，其性能优势尚未充分展现；近年来各膜厂商相继推出更低脱盐率的纳滤产品，极大地丰富了纳滤膜产品系列，为膜技术的应用创造了更好的环境。

反渗透的相关技术

随着反渗透膜技术的发展，以反渗透工艺为核心衍生出了一系列相关技术与工艺，其中主要包括能量回收、超微滤预处理、膜生物反应器、电去离子装置、系统浓水利用、压力容器制造等多项工艺技术。

1.7.1 能量回收技术

反渗透膜系统的输入功率为给水压力与给水流量的乘积，系统的有功能耗为沿系统流程的给浓水压力与产水流量的积分，系统中最大的能量损失为浓水压力与浓水流量的乘积。高工作压力及低系统收率的海水淡化系统的能量损失几乎占到了输入能量的一半，故海水淡化工艺的经济性主要决定于对浓水径流中的能量回收。

早期的涡流、透平、水轮等离心式能量回收装置的回收率仅为 50%～80%，而美国 Energy Recovery 等企业开发的正位移式转轮能量回收装置可使系统浓水能量的回收率达到 97%，进而使海水淡化的电耗指标降至 2.4kW·h/m³。高效能量回收装置的应用还可以扩展到高含盐量的亚海水甚至苦咸水淡化领域。

1.7.2 超微滤预处理

反渗透系统的预处理工艺目前面临着两大局面：一是提高预处理工艺水平以保证反渗

透工艺的运行稳定性；二是环境污染造成预处理系统的原水水质在不断恶化。随着国内水资源短缺现象的加剧，反渗透工艺一改以给水深加工为主要目标的历史面目，转而以污水资源化处理为主要目标的崭新形象立于水处理工艺之林。20世纪末，火电厂中反渗透工艺的目标仅为锅炉补给水除盐，而21世纪以来北方电厂反渗透工艺的主题已转至冷却循环水浓缩排放水体的淡化回收。

针对预处理工艺面临的两大局面，超微滤工艺更显现出作为反渗透预处理工艺的优越性。超微滤预处理工艺的出现，不仅彻底改变了反渗透系统传统的预处理工艺模式，充分发挥出了膜集成工艺技术的优势，甚至引起了反渗透膜系统设计与运行领域的一系列变革。超微滤工艺不仅展宽了反渗透处理水源范围，消减了反渗透膜系统的污染负荷，延长了膜元件的清洗周期与更换周期，甚至提高了反渗透工艺的设计通量，从而降低了反渗透系统的设备投资。美国Koch公司提出的使用传统预处理工艺与超滤预处理工艺对于反渗透膜产水通量影响的具体数值见于表1.1。

表1.1　不同预处理工艺对应的反渗透膜系统设计通量　　单位：$L/(m^2 \cdot h)$

水源类型	非超滤预处理工艺	超滤预处理工艺
市政废水	13～17	20～22
工业废水	13～20	17～23
地表水	20～27	28～33
浅井水	22～28	30～37

1.7.3　膜生物反应器

随着水资源短缺形势的日益严重，生化处理已不再只是污废水达标排放的基本工艺，而开始成为污废水资源化回收处理的重要环节。污废水的生物降解处理与反渗透的资源化处理全过程中，膜生物反应器（MBR）起着重要的作用。

在生化反应工艺中，膜生物反应器较传统活性淤泥法具有污泥浓度高、水力停留时间长、抗冲击负荷能力强、无污泥膨胀现象及出水水质稳定等特点。随着各类膜生物反应技术的日臻成熟，膜生物反应器与反渗透的联合工艺将成为市政及工业污水资源化处理的典型工艺。

1.7.4　电去离子技术

电渗析技术与离子交换技术结合而成的电去离子技术，作为离子交换复床的替代技术，更高效地解决了从1～15MΩ水平的高纯水制备过程。该技术因具有性能稳定、维护量低、节能环保及无需频繁再生等优势，已经成为对一级或两级反渗透系统产水进行深度除盐的成熟工艺技术。

1.7.5　浓水利用技术

目前国内反渗透系统的规模已超过$2000m^3/h$量级，加之水源短缺严重，大型系统中约25%排放浓水的进一步回收利用也成为反渗透工艺的典型问题。浓水回收的传统工艺是用石灰法使浓水中过饱和的碳酸钙析出沉淀，经过对沉淀物的过滤，降低水体硬度，并再次进行更高工作压力反渗透工艺的脱盐处理，以提高整个脱盐工艺的回收率。

膜蒸馏等浓水回收工艺的新型技术，可将反渗透浓水得到更高水平的浓缩处理，以达到更高减排水平，从而更加接近或真正实现工业污废水的零排放。

1.7.6　压力容器技术

反渗透膜组件一般由膜元件与膜容器（又称压力容器或膜壳）组成，为满足强度、耐压、平直及成本等要求，8in膜容器基本采用玻璃钢（FRP）材质。目前，哈尔滨乐普实业发展中心等企业在国内率先开发出了1.5in、2.0in、2.5in、3.0in及4.0in等给浓水接口直径系列的8in膜容器，为系统的管路形成壳联结构、降低系统造价创造了有利条件。乐普公司还开发出多膜壳组合单元结构，该结构将多只膜壳并联后用特制的连接管与捆带集束形成膜壳组合，节省了卡箍及短管等并联膜壳部件，减少了膜堆占用空间，特别适用于大型系统膜堆。图1.1示出该结构的剖面。

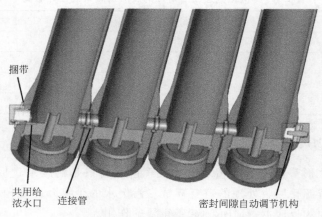

图1.1　乐普公司开发的膜壳组合单元剖面

由于国产玻璃钢膜容器的规模化生产及其价格的不断降低，其用途从原来高压的反渗透配套设备，扩展到了低压的超滤甚至超低压的精滤配套设备，促进了水处理成套设备的集成化与模块化。

早期的4in膜容器均为玻璃钢材料，20世纪末期开始出现用不锈钢有缝装饰管加工出的卷边式膜容器。目前更为流行的是不锈钢无缝管经卷边制成的膜容器，因其价格低廉、性能优良，而成为4in膜容器的主流形式之一。

1.7.7　膜清洗与保运

随着反渗透技术应用的推广、工程规模的扩大及膜清洗问题的普遍压力，早期由广大工程企业或应用企业分散完成的膜清洗作业，已开始转由少数专业的膜清洗企业集中完成，从而大幅提高了膜清洗的水平。而且，一些专业清洗企业，不仅承担业主系统的药剂供应与专业的在线清洗与离线清洗，甚至发展出保运业务，以保运年费形式收取服务费用，负责业主系统的药剂、清洗、换膜及运行指导，甚至直接参与运行管理。专业的清洗企业及保运企业的出现，代表了膜工艺服务行业的产生，不仅更加细分了膜工业行业，也有效提高了膜工程系统的运行水平、维护水平与清洗水平，提高了系统运行的连续性与可靠性，是膜法水处理行业走向成熟的重要标志。

正是由于膜工艺相关技术的不断发展与进步，降低了工艺设备成本，改善了给水水质，提高了系统运行效率，为充分发挥反渗透技术优势创造了良好的环境，加速了膜技术的推广，扩展了膜技术的应用领域。

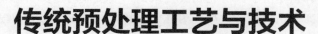

第2章 传统预处理工艺与技术

包括混凝砂滤、活性炭过滤、离子交换树脂软化及精密保安过滤等工序在内的传统预处理工艺，是 20 世纪 90 年代初国内外广泛采用的反渗透系统预处理工艺。国内大量的早期投运项目多为此工艺，目前部分新上项目也在沿用此工艺，而传统工艺中的砂滤、炭滤、软化等工序在特定条件下也是超滤为核心的新型预处理工艺中的前处理部分。

2.1 预处理工艺分类

反渗透或纳滤的整体水处理系统流程如图 2.1 所示。这里，需要处理的自来水体、自然水体（江河水、地下水或海水）、工业污水、市政污水等总称为系统原水，经预处理系统加工处理后产出的水体称为预处理系统出水或膜处理系统进水，经膜处理系统加工处理后产出的水体称为系统产水。

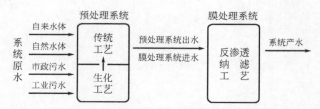

图 2.1 反渗透或纳滤整体水处理系统流程

由于系统原水中可能存在大量的泥沙与悬浮物，藻类、霉菌、真菌等微生物，碳酸盐、硫酸盐、硅酸盐等难溶盐，铁、锰、铜、镍、铝等金属氧化物，各类天然或合成有机物，余氯或其他氧化剂等各类污染物或致损物。用膜处理系统对其进行直接处理时，这些污染物或致损物的绝大部分将被膜体截留，致使膜体在短时间内受到严重的污染或损伤，破坏了系统长期稳定运行。因此，没有预处理或预处理较弱的膜系统，在经济上成本高，在技术上不可行。为防止系统被破坏，以使系统安全稳定运行，需要在膜系统进水之前对系统原水进行有效的预处理。

由于反渗透或纳滤膜处理系统对进水水质的要求基本一致，预处理系统所采用的工艺及参数主要取决于系统原水的水体性质与水质参数。针对自来水体或自然水体，预处理工艺主要是砂滤、炭滤、软化及精滤等传统预处理工艺。针对工业或市政污水，首先需要采用生化预处理工艺，包括格栅、气浮、初沉、厌氧、好氧、二沉等典型的污水处理工艺，使其出水水质达到某级污水排放标准。接下来再采用传统预处理工艺，以期达到膜系统的进水水质要求。关于生化预处理工艺，读者可以查阅相关论著，这里不再详加讨论。本章只集中讨论传统预处理工艺，以区别于超微滤的新型预处理工艺。

传统预处理工艺的进水，无论是自来水体、自然水体或是生化工艺的二沉池出水，其水质条件一般不劣于表 2.1 所示某类污水排放标准，而预处理工艺的出水均应达到见表 2.2 所示膜系统的进水要求。针对特定的进水条件及一般出水要求，传统预处理系统应配置相应的工艺项目、工艺流程及工艺参数。

表 2.1　污水处理厂出水标准部分指标　　　　　　　　单位：mg/L

项目	一级标准	二级标准
悬浮物(SS)	20	30
生物需氧量(BOD)	20	30
化学需氧量(COD)	60	120

表 2.2　反渗透膜系统进水水质指标

项目	指标	项目	指标	项目	指标
浊度(NTU)	<1	BOD/(mg/L)	<10	铁/(mg/L)	<0.05
污染指数(SDI)	<5	COD_{Mn}/(mg/L)	<15	锰/(mg/L)	<0.1
pH 值	3～10	TOC/(mg/L)	<3	水温/℃	5～45
表面活性剂	检不出	游离氯/(mg/L)	<0.1	油污	检不出

反渗透系统的预处理工艺一般由砂滤、炭滤、软化、精滤、氧化、还原、调温等多项工序构成。

① 砂滤工艺　采用混凝砂滤器，过滤进水中的悬浮物，以降低浊度与污染指数。

② 炭滤工艺　采用活性炭过滤器，吸附进水中的有机物，以降低出水中的有机物含量。

③ 软化工艺　采用树脂交换方法，以降低进水难溶盐相关离子浓度；或投加阻垢剂以提高系统浓水的难溶盐饱和度限值。此两类方法的目的均为阻止难溶盐在膜系统给浓水流道中的饱和析出。当原水硬度较高时，还可在原水中加入石灰，以形成碳酸钙沉淀，但必须进行相应的过滤以及后期的 pH 值调整。

④ 杀菌工艺　在预处理工艺前端投放氧化性或非氧化性杀菌剂，以杀灭系统原水中的藻类及细菌，直接防止预处理系统各工艺过程中的微生物污染，间接防止膜系统工艺中的微生物污染。

⑤ 还原工艺　由于市政管网取用的系统原水中已存在一定浓度的余氯，或针对自然水体的杀菌工艺中所投放的二氧化氯、次氯酸钠等氧化性杀菌剂，需要在预处理系统末端用活性炭或亚硫酸氢钠进行还原处理，以防止膜系统被氧化。

在预处理系统始端加入非氧化性杀菌剂时，无需在预处理系统末端将其去除，而应利用其在膜系统中杀灭微生物，从而全程保护反渗透工艺的预处理系统及膜处理系统。但是，因非氧化性杀菌剂价格较高，实际工程中采用得较少。

⑥ 除铁工艺　对于地下水为水源的系统中所含的高价铁、锰物质，常采用锰砂、曝气及过滤工艺加以去除。

⑦ 调温工艺　反渗透膜的工作压力存在明显的温度特性，低温条件下保持产水通量所需的工作压力明显上升，产水能耗显著增加。在系统原水温度过低且具有廉价热源的条件下，可在预处理系统末端进行热交换以提高反渗透系统进水温度。

国内较为流行的传统预处理工艺如图 2.2 所示。

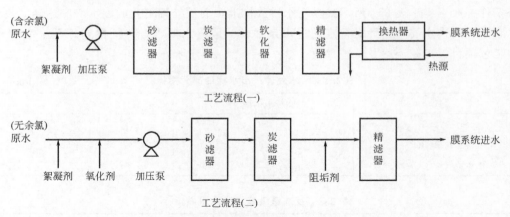

图 2.2 反渗透预处理系统工艺流程

2.2 砂滤与炭滤工艺

传统预处理工艺中混凝砂滤与活性炭滤是两个基本工艺，工艺过程与工艺设备近似。

2.2.1 混凝砂滤工艺

砂滤工艺中，不用混凝剂且滤速在 0.1～0.3m/h 范围的称为慢滤。慢滤机理主要是靠附着在滤料上的生物膜对悬浮物及胶体的吸附截留。慢滤的滤料粒径小，过滤流速慢，设备效率低，一般不用于工业过程。在工业水处理过程及反渗透预处理系统中常用 8～20m/h 滤速的混凝与砂滤合成快滤工艺。

（1）混凝沉淀工作原理

水体中的杂质按照粒径规格划分为悬浮物、胶体与溶解物。悬浮物系指 $1mm\sim10^{-1}\mu m$ 粒径的微粒，包括泥沙、黏土、藻类、原生动物及高分子有机物。胶体系指 $10^{-3}\sim10^{-1}\mu m$ 粒径的微粒，包括铁、铝、硅化合物等无机胶体与腐殖质等有机胶体。水体中悬浮物与胶体去除的有效方法之一就是混凝沉淀。混凝沉淀工艺使用有机或无机混凝剂，使水中悬浮物与胶体形成凝聚和絮凝，即生成较大颗粒而形成沉淀。再用砂滤工艺将沉淀物滤出即构成了混凝砂滤的完整工艺。

混凝与砂滤的合成工艺中，砂滤的截留效果主要是依靠脱稳的悬浮物与胶体在滤料中的筛分、黏附等作用。当滤料粒径较小且为单层结构时，过滤作用主要发生在滤层表面，过滤机理主要是筛分与架桥作用，可称为表层过滤。当滤料粒径较大或为多层结构时，过滤作用主要发生在滤层中间，过滤机理主要是混凝与吸附作用，可称为深层过滤。

预处理系统使用的混凝剂包括硫酸铝、偏铝酸钠等铝盐，硫酸亚铁、三氯化铁等铁盐，聚合铝、聚合铁等无机高分子混凝剂，以及众多有机高分子混凝剂。影响混凝效果的主要因素包括水体温度、pH 值、悬浮物浓度、混凝剂种类与浓度、混合效果与反应时间等。

（2）单层滤料砂滤工艺

产生混凝沉淀现象后，需用砂层过滤方法将沉淀物滤除。砂滤工艺按滤层的数量分为单层、双层及三层过滤工艺。单层砂滤工艺的滤料一般为石英砂，砂料粒径为 $0.5 \sim 1.2 mm$，滤层厚度为 $0.70 \sim 0.75 m$。

由于反冲洗时会造成滤料膨胀分层，表层滤料颗粒小，比表面积大，过滤孔隙窄，截留效果好，而下层滤层则相反。因此，单滤层砂滤器的容污量沿滤层深度成指数下降，下层滤料的截留效果明显降低，总容污量有限。单层砂滤工艺在理论上的深层过滤，表现为实际上的类表层过滤。单层过滤的优势为砂层简单，劣势为容污量小、工作压力大、易于产生泄漏。

（3）多层滤料砂滤工艺

为实现实际意义的深层过滤，可采用双层或三层滤料的多介质过滤。双层或三层滤料过滤器中，上层滤料一般为相对的大粒径、低密度滤料，下层滤料为相对的小粒径、高密度滤料。常用的上层滤料为无烟煤，密度 $1.5 \sim 1.8 kg/L$、粒径 $1.0 \sim 1.8 mm$，中层滤料为石英砂，密度 $2.6 \sim 2.7 kg/L$、粒径 $0.5 \sim 1.2 mm$，当存在最下层滤料时，可以是石榴石或磁铁矿砂，密度 $5 \sim 6 kg/L$、粒径 $0.25 \sim 0.8 mm$。滤层厚度应采取上层厚度高于下层厚度的原则，总滤层厚度应保持在 $0.70 \sim 0.75 m$ 水平。

深层过滤在反洗过程中将使每个滤料层均形成小粒径表层，致使砂滤器的总容污量加大，形成相对的深层过滤。深层过滤的砂层复杂，但容污量大，工作压力小，不易产生泄漏。因此，砂滤工艺应尽量采取深层过滤方式，其容污量一般是表层过滤方式容污量的 1 倍以上。

（4）流速、压降与截面

砂滤器运行过程中，滤速是重要的设计参数之一。滤速过慢或过快都将减弱颗粒的迁移与黏附作用，使过滤效率下降。单、双及三滤层滤器的滤速应分别控制在 $8 \sim 10 m/h$、$10 \sim 14 m/h$ 与 $18 \sim 20 m/h$ 的范围之内。

滤层的压力损失是滤料粒径、滤料形状、滤料层数、滤层厚度、过滤速度、水体温度及污染程度的函数。在 $8 \sim 20 m/h$ 滤速范围内，滤层的压力损失与滤速成线性关系。在 $0.70 \sim 0.75 m$ 层高的一般砂滤器中，滤速每增加 $1 m/h$，清洁滤料的压力损失将增加 $0.45 \sim 0.50 kPa$。滤层污染后的压力损失将随污染程度而增加。

砂滤器及滤层的截面积 S（m^2）是产水流量 Q（m^3/h）与滤层滤速 V（m/h）的比值：

$$S = Q/V \tag{2.1}$$

在滤层厚度基础上增加 30% 的滤层膨胀裕量，即可得到砂滤器的高度。根据滤层的截面积，即可得到砂滤器的直径，从而得到了砂滤器的规格。

（5）滤料及其级配曲线

砂滤器用滤料的一个重要指标是所谓的级配曲线，用不同孔径的筛网筛分料样将得到如图 2.3 所示滤料中不同粒径的累积概率曲线即滤料的级配曲线。

滤料级配曲线中累计概率为 50% 点处对应的粒径（如 $0.8 mm$）为滤料的平均粒径，即商品滤料的标称粒径。累计概率为 10% 点处对应的粒径（如 $0.6 mm$）为滤料的有效粒径，是决定滤料实际过滤精度的滤料粒径。所以称为有效粒径是因为经反冲洗后，滤料层顶部形成表面有效滤层的粒径一般是整个滤料累计概率为 10% 所对应的粒径。累计概率为 80% 所对应的粒径与有效粒径的比值成为滤料的不均匀系数 K_{80}。多介质过滤器中各层滤料级配曲线越窄，粒径越一致，滤层的深层截留效果越显著，容污量越大。

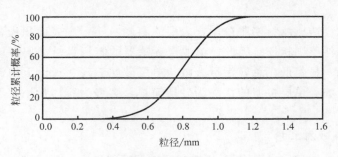

图 2.3　滤料的级配示意曲线

为避免滤料成为新的污染源，应保证滤料的化学稳定性。对于呈中性或酸性的水源，一般使用石英砂为主要滤料；对于碱性水源，一般使用大理石、无烟煤或白云石为主要滤料。

2.2.2　砂滤工艺过程

砂滤工艺存在正向产水运行过程和反洗、正洗两个清洗过程。

（1）产水运行过程

砂滤工艺的产水运行过程中，原水径流从上端进入砂滤器，经布水器均匀地从滤层上端流向下端。原水经滤层滤清后，过隔砂板或水帽脱离滤层，在砂滤器下端形成净水径流。

一些小型系统中无混凝剂工艺砂滤器的过滤效果很差，只能截留较大粒径的悬浮物。对于投放混凝剂工艺，为实现混凝剂与原水的有效混合需要一个混合器，当混凝剂投放点在加压泵前时可以加压泵作混合器。混凝剂从投放至矾花形成需要一定的时间，对于特定流速系统，矾花形成时间表现为混凝剂投放点与滤层的流程距离。投放点距离过远，会使矾花形成于砂滤之前，在滤层表面形成截留层，降低深层过滤效果。投放点距离过近，会使矾花形成于砂滤之后，不仅失去砂滤作用，还会污染后续工艺，甚至威胁膜系统。最佳的投放点应使矾花形成于滤层前与滤层中上部，从而构成典型的深层过滤。

在产水运行过程中，滤料层不断截留悬浮物与胶体，加重了滤层的污染，滤层压力损失在洁净滤料压力损失基础上不断增长。当滤层压差过高而产生滤层泥膜破裂时，产水水质突然下降。砂滤工艺应在恒流状态下的工作压力上升到一定水平（或恒压状态下的产水流量下降到一定水平）时，中止运行并进行砂层的清洗。砂滤器一般应在工作压力损失达到 50～60kPa 水平时进行清洗。

（2）反向清洗过程

反洗过程是将反洗径流从滤料层下端引入，使被压实的滤料层松动与膨胀以达到流动状态。在水流剪切力与滤料颗粒间碰撞摩擦力的双重作用下，黏附在滤料表面的悬浮物与胶体逐步脱落，并随反洗径流从滤料层上端排出，以达到清淤之目的。反洗过程的效果与反洗流速、反洗时间、反洗水源及冲洗方式有关。

反洗效果首先与反洗流速密切相关。流速过低时，滤料层膨胀不足，水流剪切力与碰撞摩擦力较小，清洗效果较差。流速过高时，滤料层过度膨胀，水流剪切力与碰撞摩擦力也会下降，清洗效果仍差。反洗的流速一般大于过滤流速，反洗压力大于过滤压力。单、双及三层滤器的反洗流速应分别控制在 $43\sim54m/h$、$46\sim58m/h$ 与 $58\sim62m/h$ 范围，反洗时间分别控制在 $5\sim7min$、$6\sim8min$ 与 $5\sim7min$ 范围。由于滤料的吸附作用，滤料表面常有黏稠的附着胶体，可能条件下反洗径流中应混入 $10\sim20L/(s\cdot m^2)$ 的气流，实现对滤料的气水擦洗以提高反洗效率。

反洗用水采用正常运行时的砂滤工艺产水为佳，采用系统原水时切忌含有混凝剂。反洗过程中排出的污水夹杂着大量的矾花与污染物质，一般应直接排放而不易回用。

（3）正向清洗过程

反洗过程结束时，整个砂层成疏松状态，砂层的顶部或中部尚未形成污物滤饼及混凝体层，即无法截留污染物。特别是整个滤器滤层内充斥的水体均为反洗水，直接进入过滤运行方式则产出水质必然很差，因此反洗过程结束后应持续一定时间的正洗过程。

正洗过程的给水径流方向与工作产水径流方向一致，但正洗水一般也作污水排出。正洗流量一般低于产水流量，目的仅在于将滤器内污水有效排出，恢复产水过程的滤料层形，且初步形成滤料表面上的污物滤饼及滤层中的混凝体层，逐步提高排放水质，为恢复产水过程奠定基础。

2.2.3 砂滤工艺特征

混凝砂滤工艺产水的 SDI 值可达 $4\sim5$，基本满足反渗透膜系统的进水质要求。预处理工艺中承压式砂滤器结构的成本低廉、运行操作简便，易于和后续的承压式炭滤、软化、精滤等设备结构相连接，无需缓冲水箱调节流量。封闭承压式砂滤器结构较敞开式快滤池结构占地面积小、便于控制，因此广泛用于各类规模的反渗透预处理工艺。

混凝砂滤工艺与超滤工艺相比产水 SDI 值偏高，提高产水水质的潜力有限。尽管砂滤器的运行控制简便，但混凝剂投放效果的影响因素过多，最佳投放控制较难，且反洗时间较长，连续运行时的清洗备用容量比例较大，其效率与稳定性不及超滤工艺。

2.2.4 活性炭滤工艺

活性炭是由无烟煤、褐煤或果壳经缺氧条件下加温碳化与活化制成的黑色多孔颗粒。活性炭表面布满平均直径为 $20\sim30Å$ 的微孔，具有 $500\sim1500m^2/g$ 的比表面积，颗粒状活性炭的粒径为 $1\sim4mm$，填充密度约为 $0.5kg/L$。活性炭可吸附 $60\%\sim80\%$ 的胶体，吸附 $50\%\sim70\%$ 的有机物，还原几乎全部游离氯等氧化剂，对降低总有机碳（TOC）也存在一定功效。

活性炭工艺的设计参数一般在如下范围：过滤流速 $8\sim20m/h$，炭层厚度 $1.2\sim1.5m$，接触时间 $10\sim20min$，反洗流速 $28\sim33m/h$，反洗时间 $4\sim10min$。由于炭滤与砂滤的工作原理不同，炭滤反洗仅能部分洗掉炭粒表面的污染物，而不可能洗掉吸附在炭粒内孔中的大量污染物。因活性炭难于再生，当炭粒内孔吸附饱和时，中小型系统只能换炭，仅有超大型系统的活性炭再生才具有实际经济价值。

2.2.5　多路阀与容器

美国 Osmonics、Pentair 公司推出的多路阀与美国 Park、Structural 公司推出的单孔玻璃钢容器，合成了"自控多路阀-单孔玻璃钢容器"型砂滤与炭滤工艺设备。该设备的单元式结构、简易管路形式、连续运行方式等特点与反渗透膜工艺结构特点实现了完美的结合。近年来，国内润新等公司推出的各类多路阀及众多国内公司推出的单孔玻璃钢容器，占领了大部分国内市场。

（1）单孔的玻璃钢容器

过滤用玻璃钢容器具有玻璃钢材质与上单孔结构两大特征。玻璃钢材质减轻了设备重量、降低了设备成本、满足了防腐要求。上单孔、中心管、上布水器、下集水器等部件相配合替代传统过滤器的上下开孔方式，实现了过滤器的管道式结构，并为简化玻璃钢容器的成型工艺奠定了基础。

玻璃钢容器通过上端内螺纹孔与多路阀连接，内部的上布水器、中心导管、下集水器预埋于滤料层并连接于多路阀而非连接于容器内壁。该结构形式在技术合理基础上有效地降低了设备的材料成本与加工成本。

（2）自控的多路阀装置

图2.4所示的自控多路阀内分为控制器与多路阀两部分。控制器由单片机、直流减速电机、驱动组件、定位组件组成，以定时间或定流量的方式控制清洗周期。国产润新多路阀由陶瓷密封磨片等组成，依托端面密封的原理，将多个阀门紧密地集成在一个阀体上，呈平面圆周布置。多路阀受控制器控制，自动完成各工序流程。

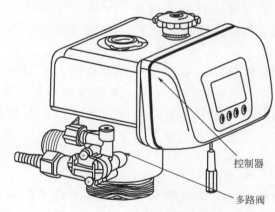

控制器

多路阀

图 2.4　自控多路阀外形结构

多路阀过滤器结构的主要特点是：

① 用一个多路阀替代传统过滤器附属的外围阀门组及配套管路，结构简单安装方便。

② 集成的陶瓷磨片具有高硬度、耐磨损、耐腐蚀等特性，使多路阀应用范围更广泛，性能更稳定，并可带压操作。

③ 由定时间程序或定流量程序的高集成控制电路替代传统的继电器对阀门组的控制，使用维护非常简单。

④ 自控多路阀各参数一经设定，无须再对控制阀进行操作。如在冲洗时停电，来电后可通过手动按钮进行强制冲洗。

多路阀控砂滤器与炭滤器，因集成度高、结构简单、成本低廉、安装方便、运行可靠等优势条件，成为国内外中小规模给水处理工艺的典型设备，也成为反渗透系统预处理工艺的主选设备。该技术是对传统砂滤与炭滤工艺设备的重大改进，有力地促进了反渗透工艺技术的快速发展。

针对反渗透系统的连续运行要求，润新自控多路阀可以由自带的互锁程序构成多组多路阀互锁结构，可实现不间断供水的工作方式。对于大型系统，也可采取多过滤器并联互锁运行与轮流反洗的方式达到供水要求。润新多路阀在砂滤、炭滤等过滤系统中的规格如表2.3、表2.4所示。

表 2.3 润新公司手动过滤阀的结构性能和使用环境

型号	原型号	进/出水口	排水口	基座	中心管	运行流量/(m³/h)	反洗流量/(m³/h)	配套罐体尺寸/in
51104	F56A	1″F	1″F	2.5″-8NPSM	1.05″OD	4	4	6～12
51106	F56F	1″F	1″F	2.5″-8NPSM	1″D-GB	6	6	6～14
51110	F56D	2″F	2″F	4″-8UN	1.5″D-GB	10	10	10～24
51215	F77BS	2″M	2″M	4″-8UN	1.5″D-GB	15	18	14～30
51230	F78BS	DN65	DN65	DN80(上下布)	—	30	38	24～42

表 2.4 润新公司自动过滤阀的结构性能和使用环境

型号	原型号	进/出水口管径	排水口	基座	中心管	运行流量/(m³/h)	反洗流量/(m³/h)	配套罐体尺寸/in
53502	F71B1	3/4″M	3/4″M	2.5″-8NPSM	1.05″OD	2	2	6～10
52502H	F71D1	3/4″M	3/4″M	2.5″-8NPSM	1.05″OD	2	2	6～10
53504S	F67B1	1″F	1″F	2.5″-8NPSM	1.05″OD	4	4	6～12
52504H	F67D1	1″F	1″F	2.5″-8NPSM	1.05″OD	4	4	6～12
53506S	F67B-A	1″F	1″F	2.5″-8NPSM	1″D-GB	6	6	6～14
53510	F75A1	2″M	2″M	4″-8UN	1.5″D-GB	10	10	10～24
53518	F77B1	2″M	2″M	4″-8UN	1.5″D-GB	15	18	16～36
53530	F78B1	DN65	DN65	DN80(上下布)	—	38	38	24～42
53520	F92B1	2″M	2″M	2″M(上下布)		20	20	20～36
53550	F96B3	3″M	3″M	DN100(上下布)		50	50	36～60

（3）多路阀的压力损失

由于多路阀中阀片式结构的紧密性,多路阀内部流道相对狭窄,较隔膜阀、蝶阀、球阀、闸阀等常规阀体结构存在更高的压力损失,在预处理系统中,多路阀压降远高于管路压降,在砂滤、炭滤、软化等多路阀型预处理设备的设计与运行过程中应予以重视。图2.5给出了某多路阀的压降流量特性曲线以资参考。

从根本意义上讲,过滤器设计参数中,只有滤层对滤速的限制,而无多路阀对流速的限制。表2.3、表2.4所示多路阀规格所对应的流量范围,是在0.3MPa压差下将多路阀、中心管、布水器及相应的滤料配置成套装置时检测出的流量数值。

（4）多路阀的使用事项

多路阀过滤器的设计与运行过程中存在两个问题值得注意。

① 过滤系统中反洗流量一般要大于运行流量的1.5倍,所以过滤用阀的选用一般需要参照反洗流量。

② 在阿图祖等厂商生产的砂滤或软化用多路阀的使用过程中,存在两个问题需要注意。

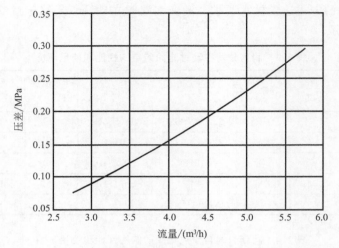

图 2.5 润新 53504S 多路阀流量特性曲线

一是多路阀出水口无阀片控制，当系统后续工艺设备在过滤器停运状态下出水管路上有阀门关闭径流通道时，该问题被掩盖；当过滤器的出水管路中无相应阀门时，过滤器不能进行正常的正、反清洗。克服这一缺陷的方法是在过滤器出水管路安装一电磁阀，并由多路阀专门引出一路控制信号来控制电磁阀。

二是多路阀在正洗与反洗各工序的切换期间存在无排水状态间隔，过滤器的给水泵将在该间隔处于零流量运行状态，以避免威胁水泵安全，解决该问题的方法是在给水泵与过滤器之间安装泄压装置。

润新多路阀在使用过程中不存在上述问题，不管是过滤阀或软化阀在正洗及反洗工序到位后，出水口均由内部阀片关闭，在各工序的切换过程中出水口或排污口会同时出水，可以带压操作而不会对水泵形成反压。在一个工作循环的切换过程中，在出水口将有 2～5s 的未经过处理的水流。对水水质要求特别高的场合需要在出水管路上加装电磁阀，阀新公司的自控过滤阀和自控软化阀都有输出信号，以便于控制进口给水泵和出口电磁阀。

2.3　水质的软化工艺

无机盐在反渗透系统中被截留的同时，在给浓水区被浓缩。由于膜系统的回收率一般不超过 85%，无机盐的浓缩一般不超过 6.5 倍。大部分溶解度高的盐分随浓水排出系统，而溶解度低的硬度物质可能在排出系统之前已经超过饱和极限，在给浓水区膜表面析出沉淀，形成膜污染。为防止硬度物质对膜系统的污染，预处理系统需要用软化工艺去除钙、镁等硬度物质成分。

2.3.1　树脂软化工作原理

自然水体中的无机盐以多种阴阳离子形式存在，阳离子主要包括 Ca^{2+}、Mg^{2+}、Na^+、K^+，阴离子主要包括 CO_3^{2-}、HCO_3^-、SO_4^{2-}、Cl^-、NO_3^-。当系统给水被浓缩时，$CaCO_3$、$CaSO_4$、$MgSO_4$ 等难溶盐首先饱和析出。软化工艺是用离子交换树脂中的 Na^+ 置换出原水中构成难溶盐的 Ca^{2+}、Mg^{2+}，以防止难溶盐的饱和析出，进而提高系统的难溶盐极限收率。

水处理用离子交换树脂是由空间网状结构母体与附属在母体上的活性功能团构成的不溶性高分子化合物。带有酸性功能团的交换树脂称为阳离子交换树脂，当活性功能团的可交换离子为 Na^+ 时，树脂称为钠型阳离子交换树脂。交换树脂的置换反应遵循如下两项原则：

① 各离子浓度相等的低含盐量水体中，阳离子交换树脂交换阳离子的选择性次序为：

$$Fe^{3+}>Al^{3+}>Ca^{2+}>Mg^{2+}>K^+>NH_4^+>Na^+>H^+ \qquad (2.2)$$

② 水体中各离子浓度不相等时，高浓度离子将被优先交换。

由于一般系统原水中 Ca^{2+}、Mg^{2+} 浓度远大于 Fe^{3+}、Al^{3+} 浓度，Ca^{2+}、Mg^{2+} 等硬度物质离子将优先进行交换反应，故该离子交换工艺称为软化工艺。用钠离子交换树脂进行软化处理的过程是使原水径流通过钠型阳离子交换树脂，让水中高浓度 Ca^{2+}、Mg^{2+} 与树脂中高浓度 Na^+ 相交换，从而减少水中的 Ca^{2+}、Mg^{2+} 浓度，以实现水体的软化。

如以 R 表征树脂母体即树脂的网状结构，以 RNa 表征树脂中活性基团的可交换离子 Na^+ 与钠型树脂，则式（2.3）表征了离子交换的互逆反应过程。软化运行过程中，因树脂中的钠离子浓度高，反应向式（2.3）右侧转移。钠离子交换树脂对 Ca^{2+}、Mg^{2+} 交换饱和后，为恢复交换功能需要进行再生处理。再生过程中再生盐液中的钠离子浓度高，反应向式（2.3）左侧转移：

$$2RNa+Ca^{2+}(Mg^{2+})\Longleftrightarrow R_2Ca(Mg)+2Na^+ \qquad (2.3)$$

树脂的置换反应以摩尔为单位，钙、镁、钠的毫克当量分别为20.0、12.1、23.0，钙、镁与钠的等毫克当量交换即软化过程中，水体总含盐量将略有上升。

2.3.2　树脂软化工艺过程

多数树脂软化工艺采用动态固定式单层床结构，软化器运行时水流自上至下流经树脂层。在固定床中交换树脂分层参与交换，且分层交换饱和。含 Ca^{2+}、Mg^{2+} 的原水从上至下流经树脂层时，水中的 Ca^{2+}、Mg^{2+} 首先与床体上层树脂中的 Na^+ 进行交换，并使床体上层树脂首先饱和失效，形成失效层（或称饱和层）。形成失效层后，原水透过失效层，在其下方的工作层（或称交换层）中继续进行 Ca^{2+}、Mg^{2+} 与 Na^+ 的交换。工作层下方树脂未曾进行交换，故称为未工作层（或称保护层）。

交换床的理想工作过程就是工作层自上而下的平行运动过程。工作层底部到达软化器底部时，软化器出水 Ca^{2+}、Mg^{2+} 浓度即出水硬度开始上升，工作层顶部到达软化器底部时，软化器完全失效。图 2.6 以示出软化器出水硬度与累计产水量的关系曲线。

一般认为，进水硬度<50mg/L（以 $CaCO_3$ 计）为软水，50～150mg/L 为中度硬水，150～300mg/L 为硬水，>300mg/L 为高度硬水。一级软化工艺的进水硬度应不高于6.5mmol/L，二级软化工艺的进水硬度应不高于10mmol/L。在该进水条件下，软化工艺的硬度指标可小于0.03mmol/L。

图 2.7 所示软化器树脂层中的工作层厚度随下列因素而变化：

① 运行流速　水体通过交换剂层的流速越快，工作层越厚。

② 原水水质　出水质量标准一定时，原水中要去除的离子浓度越高，工作层越厚。

③ 树脂粒径　树脂的粒径越大，水流温度越低，交换反应的速率慢，工作层越厚。

与反渗透系统的单元结构形式、连续或间歇运行方式等特点相配合，软化工艺一般采用单一固定床的间歇运行方式，或一开一备、多开一备等多固定床的连续运行方式。

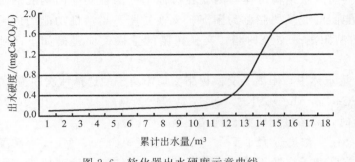

图 2.6 软化器出水硬度示意曲线

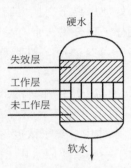

图 2.7 软化器树脂层

2.3.3 树脂再生工艺过程

当软化器中的树脂交换饱和时，需要进行再生处理，以恢复树脂的交换能力。树脂的再生过程依再生盐液的流向分为顺流再生与逆流再生。再生盐液流向与运行原水流向相同时称为顺流再生，两流向相反时称为逆流再生。润新软化器的再生过程存在反洗、再生、置换、正洗等主要步骤。

（1）反洗工序

树脂失效后首先需要用反洗水对树脂自下而上进行反洗。反洗过程可以清除树脂层截留的悬浮物和破碎树脂等杂质，可以破坏树脂板结即使树脂松动以便再生盐液在树脂层中均匀分布。反洗水最好用软化处理过的清水，用系统原水进行反洗的效果较差。反洗流速约为 10m/h，反洗时间为 10～15min。

（2）再生工序

反洗工序结束后，应进入再生工序。树脂的再生过程遵循等物质交换原则，1mol NaCl 可以恢复交换树脂的 1mol 交换容量。国产 001×7 的湿态树脂按照全交换量 2.0mol/L 与湿视密度 0.85kg/L 计算，再生每千克强酸性阳离子交换树脂，理论上需 58.5×2/0.85＝137.75g NaCl，而欲达到较好再生效果的实际盐耗约为理论盐耗的 2.0～3.5 倍，即每千克树脂耗盐 275.5～482g。顺流再生盐耗较高应取其高值，逆流再生盐耗较低可取其低值。每摩尔树脂的 NaCl 耗量即食盐比耗与树脂再生程度间的关系示于图 2.8。再生过程中，再生盐液浓度应保持在 5%～10%，再生液流速应控制在 6～8m/h。再生效果对再生液的硬度十分敏感，应尽量用软化处理过的清水作再生液，特别应避免用高硬度原水。

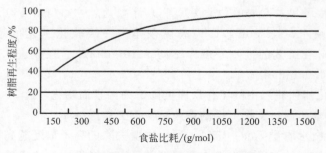

图 2.8 树脂再生程度的食盐比耗特性

（3）水体置换

水体置换是再生工序的延续步骤。再生工序结束及停止进盐后，交换器上部及树脂内还有未参与再生的盐液，为充分利用这部分盐液，且排出软化器中的再生盐液及再生产物，应继续以再生液的流向和流速向树脂床注入清水，使交换器内的再生液在进一步再生树脂的同时被排出软化器。一般置换水量为 0.5～1 倍树脂体积。

（4）盐箱补水

再生盐水吸完后，应向盐箱中补充再生所需水量。25℃工况条件下，1L 水体溶解 360g 盐时达到饱和程度（浓度为 26.4%）。为使盐箱中的盐液达到饱和，应确保溶解时间大于 6h，且盐箱中有足够的固体盐。

（5）正洗工序

水体置换结束后或备用交换器开始投运前，为排出软化器中的再生盐液及再生产物，需用清洗水按原水运行流向进行正向清洗，直至出水硬度合格方为树脂正洗结束。一般正洗水量为 3～6 倍的树脂体积。

2.3.4 树脂的顺逆流再生

无论是顺流与逆流再生，交换工序中的原水均自上而下穿过树脂层，当软化器开始失效时，软化器上端的失效层树脂已完全失效，而下端的工作层树脂尚未完全失效。

顺流再生时，再生盐液从上而下穿过树脂层时首先接触上端树脂，因再生盐液中的钠离子浓度很高，水中钙镁离子浓度很低，上端树脂将得到很好的再生效果。当再生盐液到达树脂底端时，再生盐液中的钠离子浓度下降、水中钙镁离子浓度上升，下端树脂得不到很好的再生效果。软化运行过程中，当再生效果好的上端树脂已失效而将再生效果差的下端树脂作为工作层或未工作层时，将产生一定程度的硬度泄漏致使产水水质下降。如欲使下端树脂得到较好的再生效果，则要延长再生时间、增加再生盐液用量，使再生过程的经济性下降。但由于顺流再生的工艺与设备简单，一些中小型软化系统仍常采用顺流再生工艺。

逆流再生时，再生盐液从下而上穿过树脂层首先接触下端树脂，下端树脂的再生效果好，上端树脂的再生效果差。由于软化出水最后接触的是被彻底再生的下端树脂，产水水质可得到很好保证。未彻底再生时，上端树脂仍然有交换作用，至多是上端树脂的失效周期相应缩短。逆流再生的产水水质较好，再生成本较低，但为克服特有的乱层现象，逆流再生的工艺与设备较为复杂。图 2.9 给出顺流再生与逆流再生工艺中产水硬度的运行时间特性。

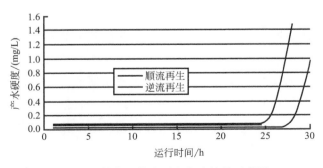

图 2.9 软化工艺中再生方式效果示意图

2.3.5 软化工艺设计参数

软化工艺设计应遵循以下基本数值关系。

① 树脂层高 离子交换器中树脂层高 H_1 应为 0.60～0.75m，为使反洗时树脂具有充分的膨胀空间，树脂层上部空间高度 H_2 应为树脂层的 50%～100%。交换器高度 H（m）应为树脂层高 H_1 与层上空间高度 H_2 之和：

$$H = H_1 + H_2 \tag{2.4}$$

② 交换流速 交换流速 v 应在 20～30m/h 范围之内，水体硬度较高时，流速应取低值。

③ 容器直径 在系统产水量 q 已知条件下，交换器直径 L（m）应为：

$$L = 2\sqrt{\frac{S}{\pi}} = 2\sqrt{\frac{q}{v\pi}} \tag{2.5}$$

由此可知，软化容器截面积 S（m²）为：$S = \pi L^2/4$；树脂装填量 U（m³）为：$U = SH_1$。

④ 树脂交换量 国产 001×7 的湿态树脂的全交换量为 2.0mol/L，湿视密度为 0.85kg/L，工作交换量指数为 0.8。因此，树脂交换量为 2.0×0.8/0.85 = 1.88mol/kg。

⑤ 周期制水量 软化器设计中的一个基本关系是：

树脂装填量（m³）·树脂交换量（meq/m³）＝周期制水量（m³）·原水硬度 （meq/m³）

$$\tag{2.6}$$

在已知树脂装填量、原水硬度及树脂交换量条件下，运用式（2.6）可得周期制水量即软化累计产水量，考虑不完全再生等因素的影响，设计实用的软化累计产水量还应乘以 0.8 的安全系数。

⑥ 软化产水指标 当原水总硬度小于 5mmol/L 时，经过一级软化工艺的产水硬度可降至 0.03mmol/L（以 $CaCO_3$ 计）以下。当原水总硬度大于 5mmol/L 而小于 10mmol/L 时，应采用两级软化工艺。

2.3.6 多路阀与软化装置

软化器多路阀在过滤器多路阀基础上，加强了阀体与控制器的功能，有别于砂滤、炭滤器多路阀的特点包括：

① 在控制器上可实现运行时间或累计流量两种再生周期的控制方式。

② 多路阀体上增加了吸盐与盐水回灌两个工序以满足软化工艺要求。

③ 采用可调的虹吸方式吸盐，从而减少了注盐泵设备及其控制装置。

软化器的再生周期控制存在累计时间与累计流量两种方式，图 2.10 所示软化器多路阀系统对外共有原水、软水、排污、盐水四个水口。根据多路阀组位置的时序变化，构成了如图 2.11 所示，由软化、反洗、再生、置换、回灌及正洗六个工序形成的工作与再生循环。表2.5列出了一部分润新自动软化阀的规格。

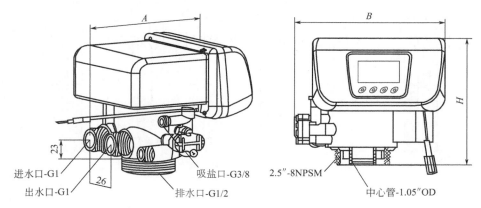

图 2.10 润新 F63 软化器多路阀外形结构

表 2.5 润新公司软化阀的规格

型号	进/出水口管径	排水口	吸盐口	基座	中心管	最大流水量 /(m³/h)	配套罐体尺寸/in	再生方式
63504S	1″M	1/2″M	3/8″M	2.5″-8NPSM	1.05″OD	4	6~18	时间,顺流
63604S								流量,顺流
63502	3/4″F	1/2″M	3/8″M	2.5″-8NPSM	1.05″OD	2	6~12	时间,顺流
63602								流量,顺流
73504S	1″M	1/2″M	3/8″M	2.5″-8NPSM	1.05″OD	4	6~18	时间,逆流
73604S								流量,逆流
73502	3/4″F	1/2″M	3/8″M	2.5″-8NPSM	1.05″OD	2	6~12	时间,逆流
73602								流量,逆流
63510	2″M	1″M	1/2″M	4″-8UN	1.5″D-GB	10	10~30	时间,顺流
63610								流量,顺流
63518	2″M	1.5″M	3/4″M	4″-8UN	1.5″D-GB	15	14~42	时间,顺流
63618								流量,顺流
63540	DN65	DN65	3/4″M	DN80（上下布）	—	40	24~63	时间,顺流
63640								流量,顺流
73605	G1	NPT3/4	G3/8	2.5″-8NPSM	1″D-GB	6	6~24	逆流再生
73520	2″M	1.5″M	3/4″M	2″M(上下布)		20	24~48	时间,逆流
73620								流量,逆流
63520								时间,顺流
63620								流量,顺流
63550	DN80	DN80	3/4″M	DN100（上下布）		50	48~72	时间,顺流
63650								流量,顺流
73650								时间,逆流
73550								流量,逆流

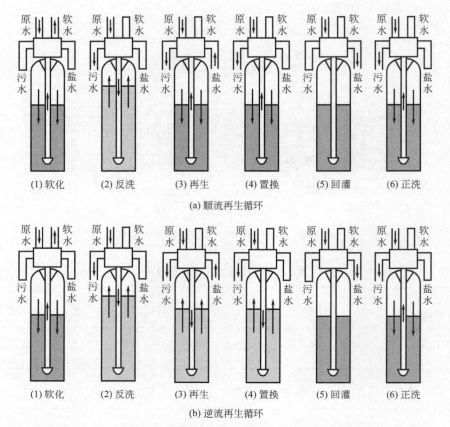

(a) 顺流再生循环

(b) 逆流再生循环

图 2.11　润新软化器的顺流再生与逆流再生的工作与再生的循环

除铁及除锰工艺

我国地下水中的铁含量一般为 $5\sim15$mg/L（有时高达 $20\sim30$mg/L），锰含量一般为 $0.5\sim2.0$mg/L。原水中铁锰含量超过 0.1mg/L 即可造成反渗透系统的胶体污染，因而预处理工艺中常用曝气法及锰砂过滤器去除铁锰。

地下水中的铁常以 $Fe(HCO_3)_2$ 形式存在，当水体升至地面时，Fe^{2+} 遇氧会被氧化成 Fe^{3+}，形成的红棕色沉淀物 $Fe(OH)_3$ 可经过滤去除，其反应式为

$$4Fe^{2+} + O_2 + 10H_2O \longrightarrow 4Fe(OH)_3 \downarrow + 8H^+ \tag{2.7}$$

曝气法一般用于原水铁含量在 $5\sim15$mg/L 范围，处理后铁含量可降至 0.3mg/L 以下。

锰砂过滤器工序中，仍然需要水中有足够的溶解氧，常将曝气与锰砂过滤工艺相结合。补入空气的方法是在水体进入锰砂过滤器之前设置一个气水混合器（可用水喷射器吸入空气），使水体先充氧，再经过锰砂催化后净化。

精密及保安滤器

在水体的净水及除浊领域中，除了混凝砂滤之外，还存在线滤、布滤、毡滤、硅藻土

及特种陶瓷等众多类型过滤工艺，因其截留粒径均在 $1\sim100\mu m$ 之间，故统称为精密过滤工艺。反渗透预处理领域中涉及的主要是线滤工艺。

所谓线滤系指用聚丙烯纤维纺成的多股线，分多层紧密缠绕在筒状多孔聚丙烯注塑骨架之上，形成线绕滤芯，再由多个线绕滤芯组装成精密过滤器。工作方式是靠水压将筒状滤芯外侧原水压过纤维滤层达到筒状滤芯内侧，从而将水中的悬浮物截留于滤芯外侧或筒状纤维体之中。

聚丙烯线绕滤芯具有诸多优势：因纤维材料的化学稳定性极高而避免了工艺过程中的滤材溶出，因纤维长丝及多股结构而避免了工艺过程中的纤维脱落，因纤维细密而具有较高的过滤精度，因缠绕紧密程度可控而易于形成不同的过滤精度，因多层缠绕形成深层过滤而具有较高的容污量，因具有骨架支撑而能承受较高工作压力，因滤芯长度可控而易于组装成不同规格的精滤器。

在超微滤膜产品问世之前，由于线绕滤芯具有的诸多优势，使其得到广泛的应用，并成为反渗透预处理工艺中的重要环节。因精密过滤器在反渗透工艺系列中的特定作用，也常被称为保安过滤器。图 2.12（a）示出线绕滤芯的外形。

与线绕滤芯功能相近的是熔喷滤芯。在塑料挤出机中将聚丙烯粒料加热至熔融状态，在熔融态聚丙烯通过喷头细孔挤出的同时，用细孔两侧排出的热风将其吹拉成长纤维，当熔融态长纤维接触到旋转的圆柱形金属棒时纤维在其表面固化。圆柱形在金属棒不断旋转过程中，固化的聚丙烯纤维在其外侧将反复多层缠绕形成筒状结构，将该筒状结构定长切割并与金属棒脱离即可形成熔喷滤芯。

熔喷滤芯中相互熔接的多层缠绕纤维具有一定强度，故无需内侧骨架进行内部支撑。图 2.12（b）所示熔喷滤芯，因其熔喷工艺简单及成本低廉，多数环境下已成为线绕滤芯的替代产品。聚丙烯熔喷滤芯的一般规格为长 1000mm，内径 28mm，外径 63mm。过滤精度 $5\sim10\mu m$，设计产水流量 $1.0\sim1.5m^3/h$，初始工作压差 50kPa，最高工作压差 150kPa。

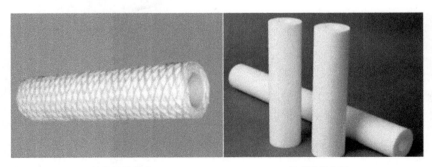

(a) 线绕滤芯外形　　　　　　　　　(b) 熔喷滤芯外形

图 2.12　精滤滤芯外形结构

2.6　水体的温度调节

反渗透技术较蒸馏、电渗析、离子交换等脱盐技术具有廉价、节能、环保等诸多优势，但能耗仍然成为系统设计与运行领域中的重要指标。根据后续章节关于膜元件及膜系统的温度特性分析，当膜系统进水温度波动时，"恒产水流量"系统的工作压力与产水水质均将产水大幅度波动;"恒工作压力"系统的产水流量与产水水质也将大幅度波动;而超出5～45℃的进水温度范围,膜系统甚至无法运行。为稳定膜系统的运行工况与产水参数,必要时可对预处理系统的出水进行温度调节。

水的比热容值[1cal/(g·℃)]高居各类物质之首,系统进水用电加热的理论电耗高达1.167kW·h/(m³·℃),而进水温升使膜系统节电仅有约0.012kW·h/(m³·℃),故通过电加温的方法将造成巨大的系统能耗。仅在进水温度极低或火力发电厂及大型化工厂等具有廉价剩余热源的环境下,可采用热交换器对水体进行温度调节。因此,水温调节工艺是特定环境下的预处理工艺。

水体温度调节的主要设备是换热器,一般有管式换热器与板式换热器两大类。板式换热器内流体呈高湍流状态,传热系数高、设备重量轻、占地面积小、液体滞留少,故水处理领域多采用板式换热器。

如图2.13所示板式换热器的解剖结构,其特点之一是由多层波纹板组合而成,组合的波纹板数量可根据要求灵活增减。地表水用波纹板材质可为304,地下水用波纹板材质可为316L,海水用波纹板材质为钛合金。

图2.13 板式换热器解剖结构图

设热媒的进口温度为t_{Hi}、出口温度为t_{Ho},冷媒的进口温度为t_{Ci}、出口温度为t_{Co},对流换热时的端部最大温差为$\Delta t_{max}=t_{Hi}-t_{Co}$、端部最小温差为$\Delta t_{min}=t_{Ho}-t_{Ci}$,则热交换量$Q$(W)、传热系数$K$[W/(m²·℃)]、换热面积$A$(m²)及平均温差之间$\Delta t_m$(℃)成如下关系:

$$Q=0.8KA(\Delta t_{max}-\Delta t_{min})/\ln\frac{\Delta t_{max}}{\Delta t_{min}} \tag{2.8}$$

这里,水/水的传热系数K为2900～4650W/(m²·℃),气/水的传热系数K为28～58W/(m²·℃)。

基于提高换热效率的目的,热水从换热器上端进下端出,冷水从换热器下端进上端出,从而形成对流交换形式。对流换热方式运行的高效板式换热器可以使换热器的端部最小温差达到1℃,热回收率高达95%。

2.7 多级离心加压泵

反渗透预处理各工艺中无一不用水压做动力,因此加压泵为预处理系统的基本动力设备。

加压水泵可分为叶片泵、容积泵及其他类型水泵。叶片泵依靠装有叶片的叶轮旋转给水体加压。根据叶轮出水流向，叶片泵分为径向流、轴向流、斜向流三种类型，径向流的称为离心泵，轴向流的称为轴流泵，斜向流的称为混流泵，其中离心泵的结构简单、成本低廉。由于单级叶轮产生的压力有限，在工作压力较高环境下常采用多级离心泵。多级离心泵的安装形式有立式与卧式之分，立式多级离心泵因结构简单、受力均匀、节省面积而广泛应用于预处理及膜处理工艺系统。

二十几年前进入中国市场的丹麦格兰富（Grundfos）卧式及立式多级离心泵成为国内早期反渗透工艺配套水泵市场的主流产品。近十余年来国内泵业中崛起的南方、新界、天河星、粤华等著名品牌的产品定型多参照格兰富水泵的早期系列规格。本节将参照格兰富早期系列产品进行预处理及膜系统加压泵的介绍，国产泵的规格与其十分接近。格兰富早期与现行系列产品的主要区别是流量系列，早期产品的流量系列为 $2m^3/h$、$4m^3/h$、$8m^3/h$、$16m^3/h$，现行产品的流量系列为 $1m^3/h$、$3m^3/h$、$5m^3/h$、$10m^3/h$、$15m^3/h$。

2.7.1　水泵的不同类型

格兰富的卧式多级离心泵分为 CHI、CHIU、CHIE 3 个系列，立式多级离心泵分为 CR、CRI、CRN、CRE、CRIE、CRNE 6 个系列，其主要区别在于泵体部分材质与变频调速功能，表 2.6 列出了格兰富多级离心泵部分类型的主要差异。

表 2.6　格兰富多级离心泵各类型主要差别

水泵型号	CHI	CHIE	CR	CRN	CRE	CRNE
水泵类型	卧式多级	卧式多级	立式多级	立式多级	立式多级	立式多级
变频控制	无	有	无	无	有	有
铸铁材料	基板	基板	基座	基板	基座	基板
叶轮、腔体、外筒部件的不锈钢材料	304	304	304	316	304	316

表 2.6 所列各泵系列中部件材质的区别为：CHI、CHIE、CR、CRE 系列多用于预处理系统，CRN、CRNE 系列多用于膜系统。E 型泵具有变频调速功能，可用于系统的恒压或恒流控制。因 E 型泵自带压力传感器，进行恒流控制时尚需另设流量传感器。

恒压力控制多用于反渗透系统产出水环节的输水泵，以保证系统用户对供水压力的要求。恒流量控制多用于反渗透及预处理系统内部各工艺，以保证各工艺间的流量配合。内部系统恒流量控制所需的流量计、变送器、控制器及变频器等设备增加了系统成本，但以变频调速技术为基础的恒流量控制对系统的设计与运行具有相当重要的意义：

① 克服了设备污染与设备清洗造成的产水流量频繁波动，可形成高品质的恒流量系统。

② 配平了前后工艺的产水流量，减小或取代了缓冲水箱，简化了设备并且节省了空间。

③ 免于用局部系统的频繁启停调节前后工艺的流量失衡，免于频繁启停对电机与水泵的损伤，免于膜元件因工作压力波动所产生的机械疲劳。

2.7.2　水泵的规格参数

离心泵除上述类型的区别之外，还按流量与扬程划分为不同规格。格兰富立式多级离心泵的旧式规格如"CRN10-18"，其中 10 表示 $10m^3/h$ 的水泵额定流量，18 表示水泵具有18 级叶轮，每级叶轮增压约 0.08MPa。

（1）水泵的最高吸上高程

图2.14所示的水泵吸上高程是重要的水泵参数，决定了水箱水位与水泵入口的相对距离及相对位差、输水管径等设计参数。离心泵最大吸上高程 H（m）与大气压力 H_b（m）、气蚀余量 NPSH（m）、管路阻力损失 H_f（m）、饱和蒸气压 H_y（m）及安全余量 H_s（$>$ 0.5m）成下式关系：

$$H = H_b - NPSH - H_f - H_y - H_s \qquad (2.9)$$

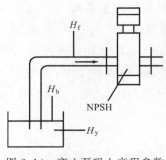

图2.14 离心泵吸上高程参数

式（2.9）中气蚀余量 NPSH（m）（也称净吸高程 H_p）是离心泵的固有参数，是为了不产生气蚀而要求水泵进口必须有大于水体气化压力的压力，与水泵规格及运行流量相关；大气压力 H_b（m）与水泵安装位置的海拔高度相关；管路阻力损失 H_f（m）与取水管路的材质、管径、长度及管线结构相关；饱和蒸气压 H_y（m）与水温相关。式（2.9）中相关参数的特性曲线示于图2.15～图2.18。

在式（2.9）中，如 H 为正值，则 H 值为水箱低水位至水泵高入口之间的最高落差；如 H 为负值，则 H 值为水泵低入口至水箱高水位之间的最低落差。

根据式（2.9），实际吸入高程小于最大吸上高程时，离心泵可以正常工作；实际吸入高程大于最大吸上高程时，离心泵不能正常工作。届时，需要调整水箱与水泵间的位差与距离，或调整输水管路直径，致使实际吸入高程小于 H 值。

图2.17中反映出的 UVPC 塑料管压力损失 Δp 可表示为：

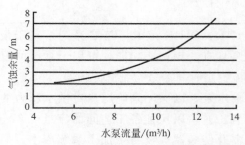

图2.15 CRN10水泵气蚀余量的流量特性

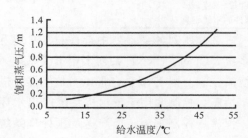

图2.16 饱和蒸气压的温度特性

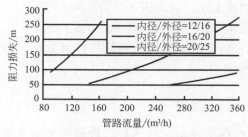

图2.17 管路阻力损失的流量特性

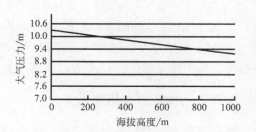

图2.18 大气压力的海拔高度特性

$$\Delta p (\mathrm{Pa/m}) = 9.15(1.04 - 0.004T)Q^{1.774}/D^{4.774} \qquad (2.10)$$

式中，Q 为管路流量，m^3/s；D 为管路内径，m；T 为进水温度，℃。

（2）水泵的流量压力特性

离心泵的出口流量与出口压力间的固有关系称为流量压力特性（或压力流量特性），即水泵的出口流量与出口压力必然维持在特性曲线之上，或称水泵的出口流量与出口压力之间的关系必然与特性曲线保持一致。泵中每级叶轮具有相似的流量压力特性曲线，图2.19所示 CRN10 系列各级泵的流量压力特性曲线几乎是单级曲线与叶轮级数的乘积。由于离心泵叶片多采用后弯式结构，其流量压力特性呈下凹抛物线形式，从而使相应的电机输入功率曲线及水泵效率曲线呈图2.20形式。

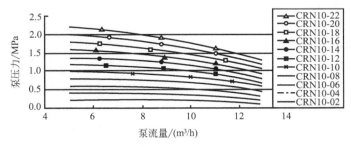

图 2.19　CRN10 系列泵流量压力特性曲线

尽管水泵具有额定流量与额定扬程参数，而实际的流量却是一个较宽范围，相应的扬程即工作压力也在一定范围变化。根据图2.20所示效率曲线，水泵流量低于或高于特性曲线范围时，水泵效率大幅下降。因此，尽管离心泵的理论流量压力特性包括了零压力与零流量部分，但实际的特性只是特性曲线的中间一段范围，而不能长期运行在过低或过高流量工况。

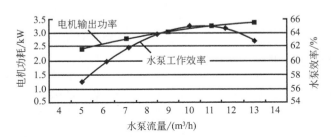

图 2.20　CRN10 泵单级效率与功耗曲线

2.7.3　水泵规格与节能

图2.20曲线表明，离心泵对应不同流量的工作效率为一下凹曲线，每一规格水泵均存在最高效率区间，其最高效率值称为水泵的额定效率。图2.21示出水泵系列中单级叶轮的额定效率与额定流量间的对应曲线表明，额定流量大的水泵，额定效率也高，这也反映出大型系统能耗较低的重要原因。

从水泵自身的经济性出发，应尽量运行在最高效率区间，其至最高效率工作点。由于水泵的实际工作点与系统的流量压力特性相关，一般不能运行于水泵的最高效率工作点。因每一规格离心泵的工作流量范围较宽，额定流量接近的两种规格水泵可能同时满足系统

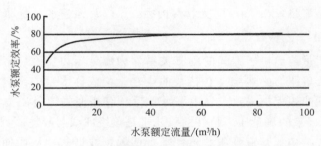

图 2.21　离心泵额定效率的流量特性

设计要求的工作流量范围与工作压力范围。在此情况下则存在一个以电机输出功率（约等于电机输入功率）为标准的水泵规格优选问题。

例如，系统要求水泵的流量与压力分别为 $10m^3/h$ 及 $1.4MPa$，则 CRN8-18 与 CRN16-10 两规格水泵均可满足该流量与压力要求。查阅两种规格水泵的电机输出功率可知，两规格水泵在 $10m^3/h$ 流量及 $1.4MPa$ 压力下的单级输出功率分别为 $P_8=0.37kW$ 与 $P_{16}=0.62kW$，水泵输出功率分别为 $P_{8-18}=P_8\times18=6.66kW$ 与 $P_{16-10}=P_{16}\times10=6.20kW$。根据系统节能原则，选 CRN16-10 规格水泵将使系统功耗较低。虽然 CRN16-10 规格较 CRN8-18 规格的价格略高，但长期的运行电耗优势更为明显。

2.8　预处理系统流程

预处理系统各工艺过程之间形成串联关系，故各工艺之间存在工艺次序及流量与压力的量值梯度。工艺次序系指不同工艺的相对位置，涉及各工艺功能的相互配合与协调；流量梯度系指具有流量损失的各工艺间产水流量的配合，涉及工艺产水流量与工艺回收率指标；压力梯度系指具有压力损失的各工艺间工作压力的配合，涉及工艺设备承压与水泵工作压力。

2.8.1　预处理的工艺顺序

反渗透预处理系统的砂滤、超滤、炭滤、软化、精滤、杀菌等工艺过程，除需进行各自运行方式及运行参数的优化设计外，各工艺间还存在一个顺序的优化排列问题。工艺排列顺序的合理性是系统设计水平的体现，也是充分发挥各工艺功能以及提高全系统功能的重要措施。

（1）砂滤与超滤的工艺位置

在以混凝砂滤工艺为核心的预处理系统中，混凝砂滤工艺的滤料成本最低、滤料损失最小，截留悬浮物及降低浊度效果明显，不存在工艺性能衰减问题，自然成为预处理系统处理一般原水的首端工艺。

在超微滤为核心的预处理系统中，超微滤工艺的主要功能是截留悬浮物、胶体及大粒径有机物，其功能与混凝砂滤工艺相接近，其在工艺流程中的位置也与混凝砂滤工艺相当。但由于超微滤的过滤精度较混凝砂滤更高、工艺成本更高、污染后性能衰减严重，对于高浊度、高 COD 原水，一般需要盘式过滤、纤维过滤等 $100\mu m$ 过滤精度的高效前处理工艺，必要时甚至需要混凝砂滤工艺为超微滤的前处理工艺。

（2）炭滤与软化的工艺位置

活性炭滤工艺存在吸附有机物及还原氧化剂的双重功效。在吸附有机物方面，活性炭既可以其巨大的深孔内表面积吸附小粒径有机物，又可以其有限的颗粒表面积吸附胶体与大粒径有机物。由于胶体与大粒径有机物在活性炭表面的附着将阻塞小粒径有机物进入深孔的通路，该工艺更适合于对小粒径有机物的吸附。而混凝砂滤或超滤工艺对悬浮物、胶体与大粒径有机物的截留起到了对活性炭的保护作用。

活性炭对小粒径有机物的去除作用，不仅可以保护反渗透膜免于有机物污染，还可有效保护软化用交换树脂不被有机物污染。因此活性炭工艺在预处理工艺流程中的位置可以在混凝砂滤或超滤工艺之后，在树脂软化工艺之前。

氧化剂在预处理系统中扮演着双重角色，它既对交换树脂形成氧化降解作用，又对预处理各工艺及管线中的微生物污染具有抑制作用。活性炭工艺还原氧化剂之后，系统流程各后续工艺将不受氧化剂保护，当系统原水温度较高或微生物含量较高时，后续的交换树脂将受微生物的威胁。因此，对于微生物含量较高、原水温度较高、氧化剂含量较低的情况，活性炭滤工艺应置于离子交换工艺之后；对于微生物含量较低、原水温度较低、氧化剂含量较高的情况，活性炭滤工艺应置于离子交换工艺之前。

（3）精密过滤及其工艺位置

传统预处理系统中的砂滤、炭滤、软化等工艺，均为粒状滤料。系统运行过程中始终存在滤料碎屑下泄现象，甚至存在滤料本身事故下泄的威胁。此外，混凝剂的不合理投放也可能构成对膜系统的威胁。为防止预处理系统滤料及混凝剂下泄对膜系统的污染，传统预处理系统的最后一项多为精滤工艺。精滤工艺在此处的正常负荷极小，故称为保安过滤器。

（4）投放阻垢剂的工艺位置

在中小型预处理系统中处理难溶盐问题多采用软化工艺，而大型系统则多采用阻垢剂工艺。阻垢剂的投放点一般选在精滤工艺之前。在此位置投放，避免了有效药液被砂滤截留，可利用精滤截留药液中的杂质，并借用精滤做再次药液混合。

（5）投放杀菌剂的工艺位置

在非自来水的系统原水中一般不含余氯等杀菌剂，为防止预处理及膜处理系统的微生物污染，预处理系统中应具有杀菌工艺，且杀菌的重点对象是砂滤工艺。当系统中存在炭滤工艺时，二氧化氯、次氯酸钠等氧化性杀菌剂应投放在砂滤之前，这既可阻止砂滤工艺中的微生物滋生，又可与活性炭构成典型的所谓生物活性炭工艺。

当系统中不存在炭滤工艺，而投放氧化性杀菌剂时，需要投放亚硫酸氢钠还原剂使之还原，以防对反渗透膜系统的氧化损伤。为保护预处理全系统，氧化性杀菌剂应投放于砂滤工艺之前，还原剂应投放于精滤工艺之后。当超滤工艺置于此杀菌环内时，也可有效防止超滤膜的微生物污染。

当投放的杀菌剂不具有氧化性时，无需投放还原剂，而且非氧化性杀菌剂进入反渗透膜系统后，还可有效抑制膜系统的微生物污染。

预处理系统环境复杂、工艺多样，各工艺间的相对位置与具体的原水条件及膜系统要求密切相关，各工艺次序的设计具有一定的灵活性。

2.8.2　预处理的流量梯度

在反渗透系统的各工艺设计领域中，工艺流量与工艺回收率为两大重要指标。就膜系统而言，无论是一级系统、二级系统或其他非典型系统结构，膜系统设计产水流量 $Q_{d膜系统}$ 与膜系统回收率 $R_{e膜系统}$ 之比构成了预处理系统产水流量 $Q_{d预处理}$。

$$Q_{d预处理} = Q_{d膜系统}/R_{e膜系统} \tag{2.11}$$

（1）传统工艺的流量梯度

传统预处理系统的特征之一是各工艺均为全量过滤运行方式，各工艺的回收率仅涉及清洗水量损失，因此存在设计流量与工作流量的区别。工作流量 Q_w 系指正常工作时间 T_w 内的工艺产水流量，设计产水流量 Q_d 系指工作与清洗时间内工艺的平均产水流量。此外，清洗时间 T_c 内的清洗用水流量为 Q_c。

对于无备用设备的工艺而言，工艺自身因清洗或再生而间歇式运行，但可用缓冲水箱调节流量，以使系统维持连续运行方式。当清洗或再生使用工艺自身产水时，无备用设备工艺的设计产水流量 Q_d 与工艺回收率 R_e 分别为：

$$Q_d = (T_w Q_w - T_c Q_c)/(T_w + T_c) \tag{2.12}$$

$$R_e = (T_w Q_w - T_c Q_c)/(T_w Q_w) \tag{2.13}$$

对于有备用设备与专用清洗水箱的工艺而言，因设备清洗与工艺产水同时完成，无需缓冲水箱即可实现系统的连续运行。因此，有备用设备的工艺设计产水流量 Q_d 可表示为：

$$Q_d = (T_w Q_w - T_c Q_c)/T_w \tag{2.14}$$

无论是否存在备用设备，上游工艺设计产水流量 Q_{di} 为下游工艺设计产水流量 Q_{di+1} 与下游工艺回收率 R_{ei+1} 之比：

$$Q_{di} = Q_{di+1}/R_{ei+1} \tag{2.15}$$

由于式（2.13）表征的工艺回收率恒低于 1，预处理系统上下游工艺的设计产水流量在沿系统流程方向呈递减趋势。

图 2.22　预处理系统流量与压力配合示意图

如图 2.22 所示，系统工艺流程中的各工艺设计流量之间的关系如下：

$$Q_{d精滤} = Q_{d预处理}；\quad Q_{d软化} = Q_{d精滤}；\quad Q_{d炭滤} = Q_{d软化}/R_{e软化}；$$

$$Q_{d砂滤} = Q_{d炭滤}/R_{e炭滤}；\quad Q_{w水泵} = Q_{w砂} \tag{2.16}$$

（2）超微滤工艺流量梯度

以超微滤工艺为核心的超微滤预处理系统中，典型的系统流程为：

系统原水 ⟶ 盘滤器 ⟶ 超微滤工艺 ⟶ 反渗透膜系统

大型超微滤工艺多具有错流与连续运行两大特点，错流运行方式形成了超微滤工艺的特定的回收率，运行组件轮流清洗的连续运行方式相当于多开一组设备。超微滤工艺回收率 $R_{e超滤}$ 与错流回收率 $R_{e错流}$、清洗流量 Q_c、工作流量 Q_w、工作时间 T_w、清洗时间 T_c 之间成下式关系：

$$R_{e超滤} = (T_w Q_w - T_c Q_c) R_{e错流} / (Q_w T_w) \tag{2.17}$$

2.8.3 预处理的压力梯度

当预处理系统各工艺间均设有缓冲水箱即形成开放式结构时，各工艺需自备加压水泵，工艺间无压力传递现象。当预处理系统各工艺间不设缓冲水箱即形成封闭式结构时，前后各工艺共用原水加压泵，则各工艺间存在严格的压力传递规律。

（1）开放结构的静态压力平衡

开放式结构的运行控制相对简单，清洗用水源于缓冲水箱，各工艺清洗对上游工艺影响较小，各工艺短时维护与清洗不妨碍全系统连续运行。开放式结构在运行控制方面的优势以增加水箱、水泵的设备投资及占地面积为代价，甚至以运行设备的频繁启停来弥补前后工艺的运行流量失衡。

以多路阀设备为例进行预处理工艺压降分析时可知，单工艺过程的压力损失 Δp_{loss} 应包括管路压力损失 Δp_{tube}、多路阀压力损失 Δp_{valve}、中心管布水器压力损失 $\Delta p_{distribute}$、滤料层损失压力 Δp_{filter} 等项目。计及工艺末端缓冲水箱最高水位等末端压力要求 p_{end} 及滤层污染造成的压力损失 $\Delta p_{pollute}$，工艺加压水泵的设计压力 $p_{process}$ 应为各压力损失之和：

$$\Delta p_{loss} = \Delta p_{tube} + \Delta p_{valve} + \Delta p_{distribute} + \Delta p_{filter} \tag{2.18}$$

$$p_{process} = \Delta p_{loss} + \Delta p_{pollute} + p_{end} \tag{2.19}$$

（2）封闭结构的静态压力平衡

封闭式结构的运行控制相对复杂，前后工艺设备间用管路连接，由前级加压泵驱动前后级工艺运行。各工艺设备在保持统一工作流量的同时，前级进水压力是前后工艺压力损失之和，或视后级工艺的压力损失抬高了前级工艺的设备背压。封闭式结构在抬高前级进水压力的同时也抬高了前级设备的承压水平，提高了前级工艺的设备成本。如超滤设备的承压能力较低，则不宜将其置于长串封闭结构的前级。封闭式结构在设备投资与占地面积方面的优势是以系统控制的复杂化为代价，甚至增加了系统停运的威胁。

反渗透全系统封闭运行时，为使膜系统高压泵无气蚀，要求高压泵进水处保持一定压力水平，为此需在高压泵进口处加设低压保护开关。对于图2.22所示工艺流程，可将低压开关整定值视为预处理系统的末端压力限定值 p_{end}。全封闭结构预处理系统的设计压力 p_{system} 应等于各工艺 i 的压力损失 $\Delta p_{i\,process}$、各工艺 i 的污染压力损失 $\Delta p_{i\,loss}$ 及末端压力限定值 p_{end} 之和。

$$p_{system} = \sum \Delta p_{i\,process} + \sum \Delta p_{i\,loss} + p_{end} \tag{2.20}$$

（3）开放结构的压力动态平衡

预处理系统各工艺具有独立的流量压力特性，运行流量的上升将产生更高的流量压力损失。随着运行时间的延续，滤料层截留污染物增多，会产生附加的污染压力损失。

开放式结构中，独立工艺的流量压力特性决定了独立加压泵的规格与运行工作点。随着污染压力损失的增高，水泵的运行工作点将不断偏移。图2.23示出特定工艺的压力与流量工作点的偏移过程，图中水泵特性与工艺特性曲线的焦点即为特定工况下的运行工作点。

（4）封闭结构的压力动态平衡

在封闭式结构的净料条件下，特定流量对应的各工艺压降之和等于特定流量对应的系统

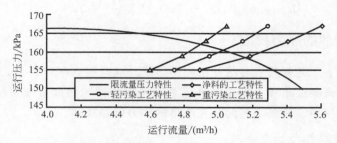

图 2.23　因污染的工作点迁移过程示意图

压降；各工艺的流量压力特性叠加为系统流量压力特性。图 2.24 示出了砂滤、炭滤、软化、精滤各工艺封闭串联系统的流量压力特性曲线。该预处理系统的流量压力曲线与系统加压泵的流量压力曲线的焦汇点即为水泵与系统的实际运行工作点。工作点对应的系统流量则为各串联工艺共同的工作流量。

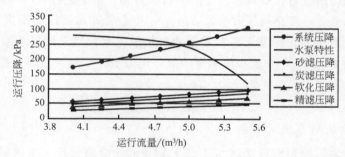

图 2.24　多工艺系统压力流量特性示意图

随系统运行时间的延续，系统中各工艺将遭受不同程度的污染。受污染后的系统流量压力特性曲线将类似于图 2.23 向左侧移动，系统运行工作点将沿水泵流量压力特性前移，致使压力增高、流量下降。

2.9　预处理系统控制

预处理及膜系统的控制可以分为分散方式与联动方式，开放系统结构对应分散控制方式，封闭系统结构对应联动控制方式。分散控制方式是对各级工艺设备的流量、压力及启停分别进行控制，其中的启停控制除手动操作之外，还包括前级水箱低限水位及后级水箱高限水位的停运控制，以及前级水箱高限水位及后级水箱低限水位的启动控制。预处理及膜系统的控制还可以分为液位方式与恒流方式。液位控制方式中，不对水泵进行流量或压力控制，仅根据前后水箱的极限液位对水泵进行启停控制；恒流控制方式中，不仅根据前后水箱的液位极限对水泵进行启停控制，还在前后水箱在高低极限水位之间时，对水泵进行恒流量控制。前者的水泵启停频繁，后者的变频及控制设备成本较高。

2.9.1　恒流控制的系统特性

离心泵的运行方式，除上述非控运行方式（即水泵始终运行于其固有的流量压力特性曲线上）之外，还存在两种运行控制方式；一是恒压方式；二是恒流方式。恒压方式是通过变频调节使水泵压力保持恒定；届时，污染加重，则流量大幅下降。恒流方式是通过变频调节使水泵流量保持恒定；届时，污染加重，则压力大幅上升。出于与处理工艺及膜处理工艺的一般要求，总是希望进行恒流量控制。图 2.25 示出了系统的变频调速恒流量控制动态过程。

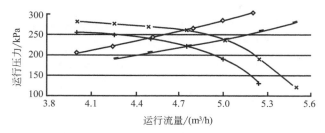

图 2.25　恒流量变频调速控制过程示意图

—×— 高频运行　—◇— 重污染系统　—+— 低频运行　—■— 轻污染系统

预处理系统处于低污染状态时，加压泵工作频率较低，系统的流量压力特性曲线与低频水泵的流量压力特性曲线交汇于 225kPa 与 4.8m³/h 工作点处。预处理系统处于高污染状态时，加压泵工作频率调高，系统的流量压力特性曲线与高频水泵的流量压力特性曲线交汇于 270kPa 与 4.8m³/h 工作点处，由此实现了系统恒流量 4.8m³/h 的控制过程。

2.9.2　基频向下的调速方式

需要指出的是，电机在变频调速时所表现出的转矩及功率特性决定了电动机与变频器的额定功率。基频向下的变频调速方式下，电机为恒转矩特性；基频向上的变频调速方式下，电机为恒功率特性。系统在非污染条件下，如水泵的流量与压力已使电机运行于额定频率及额定功率；当系统受到污染欲恒定流量而提升压力时，需要水泵输出的功率将大于额定值。届时的基频向上的调频方式并不会使电机输出更大功率，而会损坏水泵电机。

因此，封闭式预处理系统的水泵规格以及变频器容量应按系统最高设计流量选择流量，按照膜系统高压泵所需最小进水压力加上预处理系统污染后最大压差选取压力。

图 2.26 与图 2.27 示出丹麦格兰富公司的可变频调速的 CHIE-40 卧式多级离心泵，输入频率为基频的各百分数时，水泵的流量压力特性与输入功率流量特性。两组特性曲线表明，基频向下调频时，电机输入功率下降，水泵流量压力范围变窄。随输出水压的降低，输出流量也相应下降。

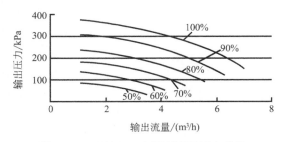

图 2.26　CHIE-40 变频泵流量压力特性

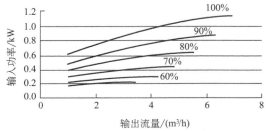

图 2.27　CHIE-40 变频泵输入功率特性

2.9.3　水泵的回流与截流控制

进行预处理系统设计时，为各类滤料污染时留有增压裕度，应该按照最严重污染的情况选择水泵输出压力，同时采用基频向下的变频方式控制水泵实时工作压力。一些中小系统为降低工程造价，不设变频调速器，而采用手动阀门控制方式调节水泵输出压力。

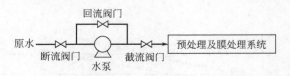

图 2.28　水泵运行的阀门控制方式示意图

手动阀门控制方式又分为图 2.28 所示出的泵前断流方式、泵侧回流方式及泵后截流方式。三种调节方式各有调节能力，又各有不同特点。

减小泵前断流阀门开度，可以降低水泵的输出压力与流量，但是以水泵供水不足为代价，极易造成水泵运行失稳与气蚀。实际工程中应尽量避免采用本方式进行调节。

加大泵侧回流阀门（也称泵回阀门）开度时，由于旁路回流的存在而减小了水泵负荷阻力，从而可降低水泵的输出压力。减小泵后截流阀门开度，增加了水泵负荷阻力，故可增加水泵的输出压力。但是，无论泵侧回流方式还是泵后截流方式，阀门流量与阀门压差乘积所形成的能量损失，均会使水泵阀门组的能耗增加，泵阀组合的整体效率降低。

相比之下，尽管用变频调速方式调节水泵的输出，会增加系统投资，且变频器也存在运行损耗，但在长期运行的大型系统中变频调速方式的综合成本要低于阀门调节方式，而且自动控制水平也远高于阀门调节方式。值得指出的是，水泵的调节无论采用自动变频或手动阀门等何种方式，水泵规格的余量均是进行调节的基本条件。

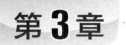

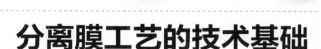

第3章

分离膜工艺的技术基础

膜分离的性能

由于分离膜对被分离两组分的非理想半透性，特定的膜分离过程存在三个主要参数表征其性能水平：一是两组分过膜的透速比；二是透过组分过膜的透速率；三是两组分的分辨率。

膜分离过程的透速比系指两个不同组分透过膜体时的速率之比，因具有高的透速比，膜分离过程才具有明显的工业效果。透速率系指透过组分透过膜体时的绝对速率，因具有高的透速率，膜分离过程才具有实际的工业价值。分辨率系指被分离的两组分间，粒径、分子量、化合价、离子分类等分辨指标的接近程度，分辨指标越接近，膜分离过程的分辨率就越高，分离物具有越高的工业品质。

对于多个膜品种构成的膜分离体系，衡量体系完整性的指标，是该体系分离范围的广谱性。以水为被分离物系时，如水中的悬浮物、无机物及有机物等各类物质均以粒径进行划分，理想的膜分离体系应具有大量分离膜品种，任意不同粒径物质间的分离均存在特定的膜品种与之对应时，则称膜分离体系具有良好的广谱性。

由于实际被分离物系中的物质成分十分丰富，良好的膜分离体系应具有众多的膜品种及良好的广谱性，且其中各膜分离过程具有良好的透速比、透速率与分辨率。尽管目前现实的膜分离体系中已存在着精滤、微滤、超滤、纳滤、反渗透等膜种类，每一种类中又具有多个不同处理精度的膜品种。但因每一膜品种均不具备理想性能，且整个体系中不同处理精度的膜品种数量远不够多，膜分离体系尚未能达到良好的广谱性。尽管图3.1示出了按处理精度划分的膜过程分类，但某类膜的覆盖范围仅为一个概念，并非在覆盖范围内密布着稳定成型的工业膜产品。

从某种意义上讲，膜分离技术的进步过程，就是膜分离体系从非理想状态向着理想状态的趋进过程，就是透速比、透速率、分辨率以及广谱性指标的理想化过程。

膜分离的分类

依据衡量方式的差异，膜分离技术存在着不同的分类方式。

（1）按提取物的分类

根据所需分离产物的不同，膜分离过程可划分为提纯、浓缩、分离及提取四类。水处理等以透过物为产物的膜分离过程称为提纯；以截留物为产物的称为浓缩；将透过物与截留物均作为产物的称为分离；运用两个不同截留精度的膜分离组合过程，可以得到被分离物

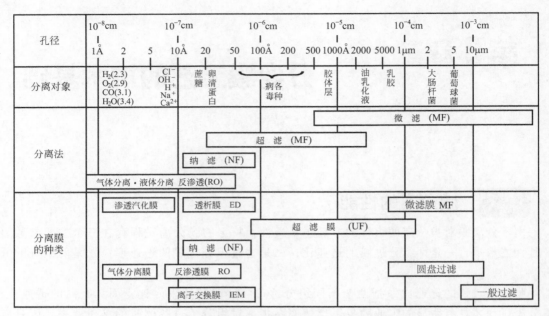

图 3.1 按处理精度划分的膜分离工艺分类

中两个截留精度之间的物质成分的称为提取。

（2）按膜的材料分类

根据膜材料的区别，半透膜可以分为有机膜与无机膜。有机膜材料主要有聚砜、聚丙烯、聚丙烯腈、聚偏氟乙烯、聚醚砜、醋酸纤维素、磺化聚砜、芳香聚酰胺等多种高分子材料；无机膜材料又分为金属、金属氧化物等金属类无机膜，以及陶瓷、玻璃等硅酸盐类无机膜。有机膜制备工艺简单、膜元件容积率高、价格低廉、工作压力低，但化学稳定性差、耐温性差、机械强度差、耐清洗能力差；无机膜则相反。

有机与无机膜两大分支技术均在自身优势基础之上，不断完善自身性能，向着对方的优势靠拢。目前，反渗透膜材料中仅存芳香聚酰胺达到了工业生产规模，而超微滤膜材料具有相当多的品种。

（3）按分离精度分类

根据分离精度的不同，水处理膜分离工艺可分为精滤、微滤、超滤、纳滤、电渗析、反渗透、树脂床电渗析（也称 EDI 或电去离子）及膜蒸馏等。其中的微滤、超滤、纳滤、反渗透等膜过程均以膜两侧压力差为推动力，电渗析与树脂床电渗析等膜过程以电势差为推动力。微滤膜的截留精度为 $0.1 \sim 1.0 \mu m$，工作压力 $0.1 \sim 0.2 MPa$；超滤膜的截留分子量为 $5000 \sim 200000 Da$，工作压力 $0.1 \sim 0.3 MPa$；纳滤膜的脱盐率为 $0 \sim 95\%$，工作压力 $0.3 \sim 0.6 MPa$；反渗透膜的脱盐率为 $95.0\% \sim 99.9\%$，最低产水含盐量约为 $1 mg/L$，工作压力 $0.7 \sim 7.0 MPa$。

电渗析产出的淡水不透过膜体，最低产水含盐量与反渗透接近，工作压力 $0.1 \sim 0.2 MPa$，脱盐率可根据流程长度及工作电流强度在 $0 \sim 98\%$ 范围内调整。在电渗析的淡水流道中填充阴阳离子交换树脂即形成树脂床电渗析。当进水含盐量为 $2 \sim 5 mg/L$ 范围内时，树脂床电渗析的产水电导可保持在 $10 \sim 15 M\Omega$ 水平。表 3.1 示出了各种除盐膜分离工艺的特征及参数。

表 3.1　各种除盐膜工艺的特征及参数

特征参数	电渗析	树脂床电渗析	纳滤	反渗透
过滤性能	无	无	淡水全滤	淡水全滤
pH 值	不变	不变	淡水降、浓水升	淡水降、浓水升
给水指标	浊度<1	SDI<1	SDI<5	SDI<5
脱盐率	0~98%	产水 5~15MΩ	0~95%	95.0%~99.9%
难溶盐析出	超饱和运行	不涉及	饱和析出	饱和析出
回收率	50%	90%	<85%	<85%
可再生性	冲洗、药洗、拆洗	电再生、拆洗	冲洗、药洗	冲洗、药洗

（4）按膜体结构划分

根据膜体有孔或无孔结构形式的区别，分离膜可以分为多孔膜与致密膜，多孔膜中有过膜的大量透孔，致密膜则不存在透孔。根据膜体结构均匀与否，多孔膜与致密膜各自又可再分为均质膜与非均质膜，均质膜的膜体结构在膜表面垂直方向上均匀一致，非均质膜的膜体结构在膜表面垂直方向上不均匀。

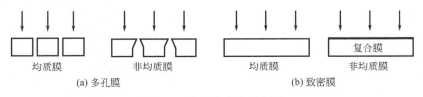

图 3.2　膜结构分类示意图

微滤膜为多孔的非均质膜，膜孔在透过膜体时的孔径无规律性变化，截留效率主要依靠平均孔径与孔隙率指标决定。超滤膜为多孔的非均质膜，膜体的给水侧具有一个致密层，致使给水侧孔径较小，净水侧孔径较大，以利透水。典型的致密均质膜是用于电渗析的离子交换膜，其透水率有限，而正离子或负离子的透过率极高。芳香聚酰胺反渗透复合膜是典型的非均质致密膜，该膜是在高透速率的较厚支撑多孔膜上复合一层高透速比的极薄复合层，以同时实现高透速率与高透速比。致密均质膜的结构在各方向上均匀一致并具有高透速比，但由于透速率过低一般不独立成膜，而多为复合膜的致密层。图 3.2 示出各类膜的示意结构。

（5）按元件结构分类

所谓膜元件是将片状或丝状膜体与相应的结构件相配合形成的膜工作单元。根据结构的区别，膜元件可划分为板式、折叠、管式、中空、卷式等不同结构形式。各类膜结构在容积面积、径流方式、压力支撑、清洗条件等方面各有优劣。表 3.2 示出各膜元件结构的性能比较。

表 3.2　各种膜结构的性能比较一览表

膜结构	板式	折叠	管式	中空	卷式
容积面积	小	中	小	大	中
运行方式	全流	全流	错流	错流/全流	错流
压力支撑	外支撑	自支撑	外支撑	自支撑	自支撑
清洗方式	无	无	正冲	正、反冲	正冲
系统设备	简单	简单	复杂	复杂	复杂

精滤、微滤、超滤膜可以成板式结构，用于板框式过滤器。尽管板框过滤器容积面积小，需要频繁更换膜材料，仅可能以间歇方式运行，但膜片的支撑、导水等结构材料均非一次性使用，更换膜片时的材料费用最低。精滤、微滤膜也可以成折叠结构，形成折叠式

过滤器，其依靠折叠结构增加容积面积，并用膜体自身形成膜的背压支撑与导水通道，但在更换折叠膜时增加了结构材料的费用。板式膜与折叠膜的共性是它们的全流运行方式，不能大规模连续生产及不可清洗是它们的共同缺陷，因设备简单、操作方便等优势，多用于小规模低污染的工艺终端水处理环境。

管式膜可以是微滤、超滤、纳滤甚至反渗透膜，成内压工作方式，膜内径 $10\sim15mm$。管式膜无法反冲、容积面积小、设备成本高、设备效率低；但可进行彻底的正冲清洗，适合于高黏度、高浊度液体处理，是特殊料液浓缩及工业废液处理的良好膜结构形式。

中空膜可以是微滤、超滤、纳滤及反渗透，膜内径 $25\sim1200\mu m$，膜外径 $50\sim2000\mu m$。中空膜按压力方向可分为内压式与外压式，内压膜的容积面积较小、容污量小，便于水力冲洗，对进水水质要求高，可采用错流方式或全流方式运行。外压膜的容积面积较大、容污量大、不便于水力冲洗、对进水水质要求低，多采用全流方式运行，难于形成错流径流。中空膜可具有极高的容积面积，为其他膜结构所无法比拟，且具有良好的正反冲洗性能。广泛采用的多组件自动轮流清洗的连续微滤、连续超滤工艺，为中空膜用于恶劣水质条件及大型工业化连续生产环境奠定了基础。由于中空结构的膜丝机械强度有限，断丝现象成为中空结构的主要问题，特定运行期内的断丝率成为膜寿命的重要标志。

卷式膜结构主要用于纳滤与反渗透膜，近年来也有卷式超滤膜面世。该结构的容积面积适中，具有承受工作压力高、给水质要求低、容污量大、便于错流、可以进行正冲洗等优势。卷式膜给水流道横切面可视为一个等高的平直通道，该结构允许局部的污堵，具有较高的容污量；但不易形成每个局部的良好冲洗效果，易于形成局部污堵。此外，卷式复合膜不能进行反冲洗，清洗效果较差，因膜污染造成的性能衰减成为卷式结构的主要问题，特定运行期内的性能衰减程度成为膜寿命的重要标志。

3.3　膜过程的机理

根据半透膜结构性质的不同，膜分离过程的机理不同，解释膜过程的理论亦不同。

3.3.1　多孔膜的筛分理论

用拉伸、相转化等方法制取的微滤、超滤膜体上具有穿透膜体的孔隙，从而形成多孔膜。多孔膜过程的机理可用筛分理论解释，粒径小于膜孔的颗粒可透过膜孔，粒径等于膜孔的颗粒可堵塞膜孔，粒径大于膜孔的颗粒被膜体截留。此外，带电颗粒在膜表面及膜孔中的吸附截留，小于孔径的颗粒在孔口处的架桥截留，也具有一定的截留作用。

衡量多孔膜的性质具有孔隙率、截留孔径与孔径方差三大指标。孔隙率指膜面中各孔面积之和与整个膜面积的比值，孔隙率的高低决定着透速率的高低。为保证高的透速率则要求尽可能高的孔隙率，但为保持膜的一定机械强度，膜的孔隙率也受到一定限制。因材料及工艺的制约，膜的孔径不可能完全一致，必然成某种数学分布，膜孔分布的均方差大小反映着孔径分布的集中与否，决定着透过粒径与截留粒径的分辨率。

图 3.3 所示多孔膜孔径的概率分布曲线表明，由于孔径的不一致，透过粒径缺乏一个严格分界。膜孔径的均值也是多孔膜的重要指标，表征透过粒径的平均值，但分离工艺更关心的是透过粒径的最大值或截留粒径的最小粒径。通常将截留率达到 95% 的物质粒径称为膜的截留粒径，将透过率达到 5% 的物质粒径称为膜的透过粒径。多孔膜用于提纯工艺

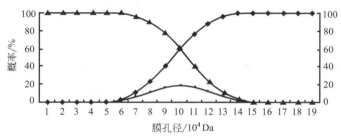

图 3.3　膜孔径概率分布及累计概率分布

——孔径概率分布；◆——截留物累计分布；▲——透过物累计分布

时，应参考透过物标称最大粒径，用于浓缩工艺时应参考截留物的标称最小粒径。

3.3.2　致密膜的溶扩理论

反渗透膜属于致密膜，其膜过程机理可用溶解扩散理论解释。溶质与溶剂溶入膜表面的溶解速率不同，在膜体内的扩散速率不同，溶出膜体时的速率也不同。当溶剂的溶解与扩散速率远大于溶质的溶解与扩散速率时，溶质在原液侧富集，溶剂在透过液侧富集，从而实现了溶质与溶剂的相对分离，而不可能实现两者的绝对分离。

反渗透膜对于无机盐具有很高的脱除功能。

（1）阳离子的脱除

就阳离子而言，低价离子的脱除率低于高价离子的脱除率，即有以下脱除率的顺序：$Al^{3+} > Fe^{3+} > Mg^{2+} > Ca^{2+} > Na^+$。对于同价阳离子，脱除率随离子水合半径的增大而增大，即有以下顺序：$Ca^{2+} < Sr^{2+} < Ba^{2+}$ 以及 $Li^+ < Na^+ < K^+ < Rb^+ < Cs^+$。

（2）阴离子的脱除

对于阴离子的脱除率顺序为：$B_4O_7^{2-} < NO_3^- = CN^- < F^- < PO_4^{3-} < Cl^- < OH^- < CO_3^{2-} < SO_4^{2-} < IO_3^- < BrO_3^- < ClO_3^-$。

反渗透膜对溶解于水中的不同离子依其化合价、离子半径及水合离子半径等项区别具有着不同的透速率，对于无机盐的透过速率是水中各类离子的综合透过速率。反渗透膜对分子量大于 100 的有机物脱除率很高；对于分子量小于 100 的有机物脱除率较低，对溶于水中的氨气、氯气、氧气、二氧化碳等气体分子的脱除率极低。

因此，膜厂商表明其膜产品的脱盐率测试指标时，必须指明测试液的化学成分。某反渗透膜在特定工况下对不同离子的透过率指标示于图 3.4。影响反渗透膜截留效果的主要因

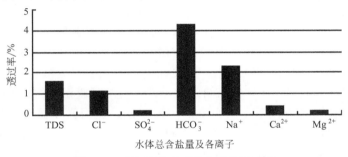

图 3.4　反渗透膜对不同离子的透过率

素还有溶质的解离度、荷电性、水合度及分子的支链程度。某反渗透膜在特定工况下对不同化合物的透过率指标示于表3.3。

表3.3 反渗透膜对部分溶质的脱除率

溶质名称	相对分子质量	脱除率/%	溶质名称	相对分子质量	脱除率/%	溶质名称	相对分子质量	脱除率/%
氟化钠	42	99	硫酸铜	160	99	氯化钙	111	99
氰化钠	49	97	甲醛	30	35	硫酸镁	120	99
氯化钠	58	99	甲醇	32	25	硫酸镍	155	99
二氧化硅	60	98	乙醇	46	70	葡萄糖	180	98
碳酸氢钠	84	99	异丙醇	60	90	蔗糖	342	99
硝酸钠	85	97	尿素	60	70	乳酸(pH=2)	90	94
氯化镁	95	99	杀虫剂		99	乳酸(pH=5)	90	99

3.4 错流运行方式

膜法水处理工艺根据处理料液的径流方式不同分为全流（或称全量或死端）方式与错流方式，两者具有不同的工艺特征与应用范围。全流方式的工艺简单、回收率高、间歇式工作；错流方式的工艺复杂、回收率低、连续式工作。全流及错流方式的径流形式示于图3.5。

图3.5 径流的全流方式及错流方式示意图

系统运行的重要指标之一是原水利用率即系统回收率（或称系统收率）指标，设系统的原水流量为Q_f、透水流量为Q_p、浓水流量为Q_c，则系统回收率R_e为透水流量Q_p与原水流量Q_f之比：

$$R_e = Q_p/Q_f \tag{3.1}$$

全流运行方式的回收率恒等于1，错流过滤方式的回收率恒小于1。

全流运行方式下，透过径流垂直透过膜面，截留物滞留在原液侧膜表面，形成对膜体的污染。错流运行方式下，透过径流与膜面成法线方向，浓液径流与膜面成切线方向，对聚集膜表面的截留污染物起到冲洗作用。因此在错流方式下，截留物对膜的污染现象与错流径流对膜的冲洗现象同时发生，具有自清洗功能，可减缓膜污染的速度。

全流与错流两种运行方式下，膜污染的程度不同，但同样需要对膜污染的清洗工艺，全流方式的清洗周期较短，错流方式的清洗周期较长。通过正冲、反冲甚至药洗等清洗工艺可以在一定程度上完成对污染物的清洗，以恢复膜的分离能力。通过清洗工艺已无法完成膜性能的恢复时，称为膜性能的衰减；当膜性能严重衰减时，需要进行膜的更换。

错流运行方式中，存在一个切向流速与法向流速或浓水流量与透水流量的比值即错流比（反渗透工艺中也称浓淡比）指标 K_q。

$$K_q = Q_c/Q_p \tag{3.2}$$

错流比过低时不能形成有效的切向冲洗径流，浓差极化严重，错流的效果较差。错流比过高时会造成水源的浪费及能耗的增高。因此，错流运行方式下的错流比必须保持在一定水平范围之内，如卷式反渗透膜元件要求的浓水与淡水径流量之比应高于 5∶1。

决定膜系统全流或错流运行方式的重要因素是截留物与膜结构的可清洗性质。超微滤膜截留的悬浮物、胶体及大分子有机物易于形成污染也易于清洗，且超微滤膜的多孔结构适合于频繁的反向冲洗，故超微滤工艺可采用错流方式也可采用全流运行方式。反渗透膜对盐分截留的同时也实现了对难溶盐的浓缩，一旦膜表面的难溶盐浓度超过其饱和度极限，将在膜表面析出沉淀。因难溶盐垢层难于清洗，加之复合膜结构缺乏反冲洗能力，故反渗透复合膜的系统工艺只能采用错流运行形式。

3.5　浓差极化现象

由于半透膜对溶质的截留作用，错流运行方式下的膜表面溶质浓度会相应提高，从而形成浓差极化现象。图 3.6 示出了错流运行方式下侧向渗透流体系中的浓差极化现象。

3.5.1　浓差极化的数学模型

反渗透给浓水侧溶液的质量传递过程是典型的单相对流传质。给浓水中溶质与膜表面之间的对流传质以湍流为主层流为辅。湍流径流通过膜表面时，速度边界层为湍流边界层。该湍流边界层由三个部分组成，靠近膜面处的为层流内层，中间的为缓冲或过渡层，外层的为湍流主体。

在膜两侧压力差的驱动下，部分溶剂透过膜体形成渗透流，溶质被截留并在膜表面积累，整个流道中溶质浓度 C 在膜表面的垂线方向上变化。由于湍流能有效地实现溶质的扩散，湍流层中溶质浓度 C_f 可视为均匀。如视膜透过液侧溶质浓度 C_p 为恒定，则仅有给浓水侧层流层中的溶质浓度 C 存在一个梯度，并在膜表面达到最高值 C_m。所谓浓差极化度 β 为给浓水侧膜表面溶质浓度 C_m 与湍流层溶质浓度 C_t 之比：

$$\beta = C_m/C_t \tag{3.3}$$

在径流体系中体流率 Q 等于溶剂流率 Q_p 加溶质流率 Q_s：

$$Q = Q_p + Q_s \tag{3.4}$$

根据传质理论，浓差极化区内距膜表面任何一点 x 处，以对流形式传递的溶质流入率 QC 等于溶质流出率，而溶质流出率等于以对流形式传递的前向溶质流出率 Q_s 与以扩散形式反向传递的溶质流出率 DdC/dx 之和：

$$QC - DdC/dx - Q_s = 0 \tag{3.5}$$

如将图 3.6 中所示的 x 处截面与膜透过液侧视为一个整体（见图中虚线），则该整体的溶质流入率 Q_s 等于溶质流出率 QC_p。故式（3.5）可改写为：

$$QC - DdC/dx - QC_p = 0 \tag{3.6}$$

即

$$DdC = (QC - QC_p)dx \tag{3.7}$$

或

$$dC/(C - C_p) = Qdx/D \tag{3.8}$$

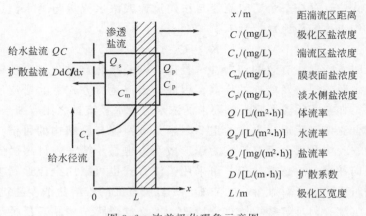

x /m	距湍流区距离
C /(mg/L)	极化区盐浓度
C_t /(mg/L)	湍流区盐浓度
C_m /(mg/L)	膜表面盐浓度
C_p /(mg/L)	淡水侧盐浓度
Q /[L/(m²·h)]	体流率
Q_p /[L/(m²·h)]	水流率
Q_s /[mg/(m²·h)]	盐流率
D /[L/(m·h)]	扩散系数
L /m	极化区宽度

图 3.6　浓差极化现象示意图

对式（3.8）两侧求积分，且积分边界条件：$x=0$ 时，$C=C_f$；$x=L$ 时，$C=C_m$

则有积分式：

$$\int_{C_t}^{C_m} \frac{dC}{C-C_p} = \int_0^L \frac{Q\,dx}{D} \tag{3.9}$$

积分的结果为：

$$\ln[(C_m-C_p)/(C_t-C_p)] = QL/D \tag{3.10}$$

设传质系数 $k=D/L$ 则有：

$$(C_m-C_p)/(C_t-C_p) = \exp(Q/k) \tag{3.11}$$

如定义膜的溶质透过率 S_P 为：

$$S_P = C_p/C_m \tag{3.12}$$

且定义膜的溶质截留率 S_R 为：

$$S_R = 1-S_P = 1-C_p/C_m \tag{3.13}$$

如将 $C_p = (1-S_R)C_m$ 代入式（3.11）并经变换将得到：

$$\beta = C_m/C_t = \frac{\exp(Q/k)}{S_R+(1-S_R)\exp(Q/k)} \tag{3.14}$$

因为 $S_R \approx 1$，则式（3.14）可简化为：

$$\beta = C_m/C_t \approx \exp(Q/k) \tag{3.15}$$

3.5.2　浓差极化的系统影响

浓差极化仅使膜表面截留物浓度临时性提高，是可恢复过程，并不直接产生膜污染。但正是由于浓差极化现象的存在，膜表面截留物质浓度的相应提高，加速了微滤、超滤等多孔膜表面凝胶层的形成，或加速了反渗透、纳滤等致密膜表面难溶盐的饱和析出，从而加剧了各类膜的污染。

对于微滤、超滤等多孔膜，有机截留物在膜表面形成的浓差极化层，也具有一定的分离与截留作用，故可有限地提高膜的分离精度，并相应增加溶剂的透过阻力。对于纳滤、反渗透等致密膜，浓差极化现象将提高给浓水侧无机盐浓度，增加给浓水侧的渗透压，即增加产水阻力，降低了产水流量。由于无机盐的透过率正比于膜两侧的盐浓度差，浓差极化现象还提高了无机盐的透过率，降低了膜过程的产水水质。

3.6 分级工艺处理

一般膜工艺所处理的自然水体中，悬浮物、有机物、无机物与微生物等杂质的含量十分丰富，每一水体中各种杂质的粒径成图 3.7 所示特定的概率分布。

膜分离体系中的微滤或超滤等不同膜种类及相同种类的不同精度膜品种，具有着不同的截留粒径。例如，精滤截留 $\geqslant 5\mu m$ 粒径物质（可截留悬浮物），微滤截留 $\geqslant 0.1\mu m$ 粒径物质（可截留细菌），超滤截留 $\geqslant 0.01\mu m$ 粒径物质（可截留病毒），纳滤截留 $\geqslant 1nm$ 粒径物质（可截留硬度物质），反渗透截留 $\geqslant 0.1nm$ 粒径物质（可截留热源及大部分无机盐）。

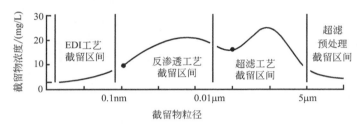

图 3.7 膜系统截留物粒径分布示意曲线

如果由自然水体直接使用反渗透工艺制备纯水，原水中的杂质必然造成膜系统的严重污染，破坏工艺系统的正常运行，即便使用超微滤进行预处理，超微滤膜也常被迅速污染而退出运行。因此，严格遵循生化预处理、传统预处理、超滤预处理及最后的反渗透膜处理的分级处理工艺原则，合理设计各级膜与非膜处理工艺及其先后次序，是维持膜处理工艺正常运行的有效措施。

分级处理的实质就是由不同精度的不同工艺，分段截留全部截留物谱系中的特定粒径区段。分级处理的效果之一是保证各工艺的正常运行，实现技术方案的可行；效果之二是实现各工艺运行负荷的合理分布，实现经济指标的优化。如果认为反渗透是全系统的最末端工艺，则反渗透预处理系统中各工艺的基本设计思想即为分级优化设计。

分级处理的另一基本理念是特殊物质的特殊清除。各膜与非膜工艺处理负荷除一般截留物之外，还有氧化剂与难溶盐等特殊物质，特殊物质在图 3.7 中以圆点表征。这些特殊物质的污染不属于一般性膜污染性质，故应采用特殊工艺方法加以处理，包括针对氧化剂的炭滤工艺或还原剂投放工艺，针对难溶盐的软化工艺或阻垢剂投放工艺。

高分离精度工艺的设备及运行成本一般高于低分离精度工艺成本，故各级分离工艺精度最优设置的基本原则应为：

① 低成本工艺在前，高成本工艺在后；
② 低成本工艺重载，高成本工艺轻载；
③ 低成本工艺较高成本工艺清洗频率高；
④ 低成本工艺较高成本工艺换膜周期短。

根据该基本原则进行的优化设计，将使各分离工艺自系统始端至系统末端，同时形成各工艺间的处理精度梯度、工艺负载梯度与处理成本梯度。这样一个按精度、负载与成本的分级处理理念是反渗透系统全套工艺设计的基本理念之一。图 3.8 示出反渗透系统各相关工艺的精度、负载及成本的优化分布示意关系。

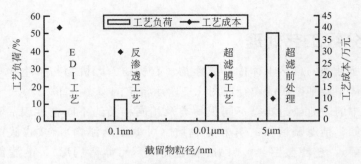

图 3.8　膜系统截留成本与截留负荷分布示意图

　　膜及非膜系列水处理工艺中的优化配置多级处理工艺概念，以及特殊物质的定点清除工艺概念，构成了贯穿膜法水处理系统系列工艺设计的基本思想。

第4章 ▶▶ 超微滤预处理工艺技术

4.1 超微滤膜工艺技术

在一定意义上，超滤膜与微滤膜在结构、材料、性能等多个方面没有严格的界限，从本章开始将它们统称为超微滤膜一并描述。超微滤膜分离的用途十分广泛，本章内容仅涉及其在水处理领域中作为反渗透系统的预处理工艺。

4.1.1 膜材料及结构分类

超微滤膜材料的品种繁多，水处理领域使用的有机超微滤膜主要由聚偏氟乙烯（PVDF）、聚醚砜（PES）、聚丙烯（PP）、聚乙烯（PE）、聚砜（PS）、聚丙烯腈（PAN）等多种有机材料构成，截流分子量一般在 5000～200000Da 范围。

图 4.1 示出了内压式或内皮层单通道中空纤维超微滤膜的横截面结构，其膜丝内径一般为 0.6～1.2mm，外径一般为 1.0～1.6mm。内压膜的内表面孔径较小，中空纤维内壁上的致密层用于分离，膜中内孔用于导水。德国 Inge 等公司生产了多通道内压式中空膜，其膜丝横截面如图 4.2 所示。多通道膜丝外径较单通道膜丝外径稍大，通道内径较小，但总的膜面积有较大扩展，可有效提高中空膜的机械强度。

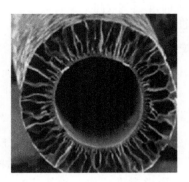

图 4.1 内压式中空膜断面结构

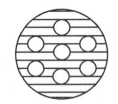

图 4.2 多通道中空膜截面

中空超微滤膜主要分为浸没式与分置式两类。浸没式将膜丝制成膜束固定在框架之上，并将框架置于水体之中，运行时丝内为负压。分置式将膜丝固定在膜壳之内制成膜组件，运行时膜丝可承内压也可承外压。

4.1.2 膜组件结构与安装

分置式中空超微滤膜组件总是用环氧树脂将中空丝束封装在筒形容器之中，浇注用树脂在筒形容器两端被固化及切割，进而形成类似管式换热器结构的膜桶。将膜桶两端各加装一个封帽即可形成直立式超微滤膜组件，将膜桶直接装入类似于反渗透膜元件配套的膜壳时将组成平卧式超微滤膜组件。

平卧式膜组件构成的膜堆集成度高、占地面积小，组件规格虽小，适用于大型规模系统；但该方式易于污染物在下半部膜表面的沉积，不宜于膜清洗。荷兰诺瑞特（NORIT）等公司的 8060 规格卧式膜组件长 1.5m，四支组件可装入长 6.0m 的压力容器内，由于有组件内部流道的特殊结构，6.0m 长膜壳中的 4 支组件实际上是并联运行。直立式膜组件的单组件规格可以更大（如 10in、12in、16in 甚至 18in），具有易清洗、抗污染等优势，但组件间的间隙较大，系统占地面积较大。

从一定意义上讲，平卧方式是以运行成本换取空间成本，直立方式是以空间成本换取运行成本。选择超微滤组件形式时，应参考具体工程的环境、规模与水质等条件。图 4.3 中示出轴向与径向两类产水模式的立式内压中空超微滤组件结构。

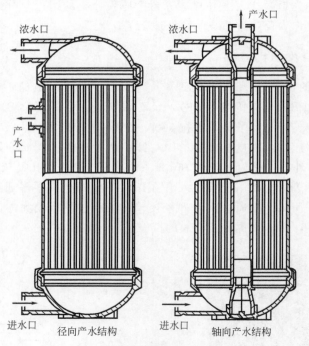

图 4.3　内压式中空膜元件两种结构示意图

水处理领域中的超微滤膜组件之间只存在并联方式，而不存在串联方式。由于超微滤工作压力较低而流道内的压力损失相对较大，流道阻力与进水压力之比较大，组件过长将造成组件进水侧与浓水侧膜通量的严重失衡，进而造成膜丝污染速率及性能衰减速率的严重失衡。这是水处理超微滤工艺与反渗透工艺在系统结构方面的重要差异。正由于超微滤系统的短流程特征，无论是直立式或平卧式安装，水处理超微滤膜系统的实际流程仅为单支膜长，一般在 2.0m 以内。

4.1.3　压力方向与回收率

使用广泛的立式膜元件还分为内压与外压两类工作模式。外压膜的致密层在膜丝外侧，并于膜丝外侧施压进水,膜丝内侧零压并导出产水;内压膜的致密层在膜丝内侧,并于膜丝内侧施压进水,膜丝外侧零压并导出产水。内压模式有效膜面积较小、进水流道较窄、污染速度较快,但易于正向冲洗不易反向冲洗,较小浓水流量即可解决浓水排污;而外压模式与其特点相反。

中空超微滤膜与复合反渗透膜存在两大差异:一是污染速度快;二是清洗速度快。前者是由于超微滤进水中存在的大量悬浮物、微生物与胶体,后者是由于超微滤膜的截留物质易于清洗,多孔结构易于反向清洗及膜体材料耐受氧化剂清洗。超微滤组件在小比例错流工艺条件下的清污效果并不明显,因此无论内压或外压运行方式,超微滤组件用于水处理时多采用90%以上的高回收率,甚至采用100%的全流运行方式。

4.1.4 膜组件的径流方向

如图4.4所示,立式超微滤膜组件的进水及产水径流,存在下进上出、下进下出、上进上出、上进下出四种可能的运行方式。超微滤组件运行时需要考虑排空组件内的气体与保持组件内通量均衡两大问题。为便于排空组件内的气体,组件运行应采用下进上出方式。如采用下进下出、上进上出、上进下出的任何方式,或使膜组件底部与上部膜两侧压差加大,不利均衡通量与均衡污染;或不利于组件内的空气排出。

总之,出于顺利排气及均衡通量两个方面考虑,各膜厂商的产品均设计为下进上出运行方式。

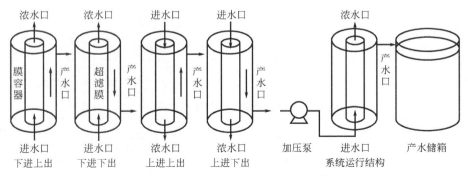

图 4.4 立式超滤膜组件径流方向示意图

4.1.5 超微滤膜工艺性能

超微滤预处理工艺的主要截留物是悬浮物、有机物、胶体、细菌、病毒等水中杂质,可有效降低浊度、COD、TOC及污染指数(SDI)等水质指标。表4.1示出科氏公司1万及10万道尔顿截留分子量超微滤产品的截留效果指标,表4.2~表4.4示出某公司15万道尔顿截留分子量的亲水性聚醚砜超滤膜HYDRAcap系列的相关技术数据。

表 4.1 美国科氏公司超滤膜的截留率与产水指标

截留物	1万截留分子量膜组件	10万截留分子量膜组件
胶体硅	99.8%	99.0%
胶体铁	99.8%	99.0%
胶体铝	99.8%	99.0%
总有机碳(TOC)	70.0%	30.0%

截留物	1万截留分子量膜组件	10万截留分子量膜组件
微生物	99.9999%	99.999%
浊度/NTU	<0.1	<0.1
污染指数(SDI)	<1.0	<1.0

表 4.2 某公司超滤膜系列技术参数 (一)

膜型号	产水量/(m³/h)	膜面积/m²	内外径/mm	膜丝数量/根	最高进水浊度/NTU
HYDRAcap60	2.7~6.8	46.5	0.8/1.2	13200	100
HYDRAcap40	1.8~4.3	29.7	0.8/1.2	13200	100
HYDRAcap60-LD	1.8~4.5	30.3	1.2/2.0	5600	200
HYDRAcap40-LD	1.1~2.8	19.5	1.2/2.0	5600	200

表 4.3 某公司超滤膜系列技术参数 (二)

产水通量/[L/(m²·h)]	60~145	反洗压力/kPa	240
pH 值范围	2.0~13.0	全量反洗通量/[L/(m²·h)]	240~340
耐余氯值/(mg/L)	100	错流反洗通量/[L/(m²·h)]	120~240
最高温度/℃	40	反洗持续时间/s	30~60
最高压力/kPa	500	加药反洗频率/(次/天)	1~2
最高透膜压差/kPa	210	加药反洗时间/min	1~10
运行透膜压差/kPa	27~152	加药反洗药剂	NaOH,HCl,H₂O₂,NaClO

表 4.4 某公司超滤膜系列技术参数 (三)

截留物	>1mm 颗粒物	浊度	SDI	病原体	COD	COD(加絮凝剂)
去除效果	>99.9999%	<0.1NTU	<2	>99.9999%	0~25%	25%~50%

4.1.6 膜组件污染与清洗

超微滤膜污染主要源于悬浮物、有机物、微生物甚至少量的无机盐。膜污染不仅以吸附、堵塞与截留等形式出现,在膜表面还将形成凝胶层及滤饼层,甚至产生微生物的大量繁殖。

减缓膜污染的措施主要包括降低超微滤工艺负荷的前处理工艺,增大污染物粒径的混凝工艺与抑制膜内微生物滋生的杀菌剂投放工艺以及防止深度污染的频繁清洗工艺。尽管全流运行方式需要的频繁水力冲洗将消耗一定产水资源,但可使膜组件得到有效清污,故多数膜厂商还是推荐全流过滤加频繁冲洗工艺。

表 4.5 示出某公司超微滤膜组件的运行、冲洗及清洗等工序的径流模式与工艺参数。超微滤膜的水力反向冲洗工艺中,存在顶部反洗与底部反洗的区别。如表 4.5 中附图所示,顶部反洗是将反洗水经 C 口压入,从顶部的 B 口排出;底部反洗是将反洗水经 C 口压入,从底部的 A 口排出。分别进行顶部与底部的反冲洗,可分别加强对顶部及底部膜丝的反洗效果。

表 4.5 超微滤膜组件运行参数

操作模式		径流方向	运行参数
过滤工艺	全量过滤	A→C,关 B	$60\sim145\text{L}/(\text{m}^2\cdot\text{h})$
	错流	A→C	$60\sim145\text{L}/(\text{m}^2\cdot\text{h})$
	过滤	A→B	单组件 $3.0\sim9.0\text{m}^3/\text{h}$
在线水力冲洗	正向冲洗	A→B,关 C	单组件约 $9.0\text{m}^3/\text{h}$
	顶部反洗	C→B,关 A	$240\sim300\text{L}/(\text{m}^2\cdot\text{h})$
	底部反洗	C→A,关 B	$240\sim300\text{L}/(\text{m}^2\cdot\text{h})$
	全部反洗	C→A,C→B	$240\sim300\text{L}/(\text{m}^2\cdot\text{h})$
	气反洗 排水放空	开 A,B 进气	无油压缩空气
	气反洗 空气保压	闭 A,B 进气	$0.07\sim0.10\text{MPa}$
	气反洗 水反冲洗	先 C→B,后 C→A	$240\sim300\text{L}/(\text{m}^2\cdot\text{h})$
停机化学清洗	膜面清洗	A→B,关 C	单组件约 $4.0\text{m}^3/\text{h}$
	透膜清洗	A→B	单组件约 $4.0\text{m}^3/\text{h}$
	透膜清洗	A→C	约 $50\text{L}/(\text{m}^2\cdot\text{h})$

膜厂商对反渗透膜组件的寿命保证期一般为三年,对超微滤膜组件的寿命保证期要更长。后者的工作环境较前者恶劣得多,而寿命保证期更长的原因,主要是超微滤装置不但可以正冲洗而且可以反冲洗;不但可以采用酸碱清洗而且可以进行氧化剂杀菌。正是超微滤工艺中膜清洗方式的多样性、灵活性及有效性,形成了超微滤工艺的水源适应性强及运行寿命期长的优势。另一方面,超微滤膜的过度清洗也会产生断丝,严重影响运行寿命。

4.2 超微滤膜工艺结构

超微滤膜技术是膜技术领域中最为活跃的技术,其应用范围之广、规模之大均超过了其他的膜工艺技术。目前,超微滤技术除广泛应用于化工、医药、食品、饮料等行业的特殊料液处理外,在水处理方面也广泛应用于市政给水、给水深加工、中水处理、污水处理等诸多领域,特别是超微滤普遍用于大型反渗透系统预处理工艺之后,进一步加速了超微滤工艺应用规模的扩大。

与传统的混凝-砂滤工艺相比,超微滤工艺具有操作简单、运行灵活、产水质好、水质稳定、设备集成度高等诸多优势,在短短 4～5 年内迅速取代了传统的混凝-砂滤工艺,一举成为反渗透预处理系统的主导工艺。目前国内多数新装反渗透系统,特别是大中型系统均采用了超微滤为核心的预处理工艺。

超微滤预处理工艺的引入,有效地提高了预处理系统产水即膜系统进水的水质,促进了反渗透膜系统的长期稳定运行,甚至提高了反渗透膜系统的膜平均设计通量,提高了膜系统的设备效率。

超微滤工艺可分为分置式与浸没式两种结构。

4.2.1 分置式超微滤工艺结构

分置结构系指超微滤膜组件与原水容器的分置,由加压泵将原水从容器中抽取,并向超微滤装置提供工作压力。该结构是进水深加工领域常用的超微滤工艺结构，也是以海水、地下水、地表水、自来水为水源的反渗透系统中，超微滤预处理工艺的主要形式。如图 4.5 所示，以分置结构超微滤工艺为核心的反渗透系统预处理工艺流程中，新型的混凝-超微滤工艺取代了传统的混凝-砂滤工艺，并以 $20 \sim 100 \mu m$ 精度的叠片式过滤器（或称盘滤器）或以 $5 \sim 20 \mu m$ 精度的纤维式过滤器作为超微滤工艺的前处理。为强化超微滤工艺或纤维滤器的截留效果，常在盘滤器或纤维过滤器前投放混凝剂。该预处理系统中，炭滤器、软化器的功能仍然是去除游离氯、小粒径有机物与原水硬度，而精滤器的功能仅在于截留软化器等前级可能的泄漏滤料，是名副其实的保安过滤器。

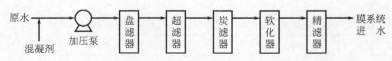

图 4.5　反渗透系统分置式超微滤预处理工艺流程

4.2.2　浸没式超微滤工艺结构

浸没结构系指超微滤膜组件浸没于生化反应池之中，由真空泵产生的负压提供超微滤装置的工作压力，又分为帘式、束式及板式结构。浸没式是污水处理领域中常用的超微滤工艺结构，是以工业废水、市政污水为水源的反渗透系统中超微滤预处理工艺的主要形式。图 4.6 示出了浸没式超微滤为核心的预处理工艺流程。该流程前部是典型的膜生物反应器，将超微滤膜置于好氧池液中，并利用好氧反应的曝气过程进行膜组件的清洗。膜生物反应器与传统的好氧生物反应器相比，具有产水水质好、容积负荷大、污泥浓度高、剩余泥量低、抗冲击负荷能力强、曝气强度小、工艺可控性强等一系列优势，是极具发展潜力的污水处理工艺。近年来浸没式结构开始应用于海水淡化、市政给水等自然水体的反渗透系统超微滤预处理工艺，工艺过程中采用的间歇曝气等措施可降低曝气能耗，以增强工艺的经济性。

图 4.6　反渗透系统浸没式超微滤预处理工艺流程

中空超微滤组件的帘式结构横置运行方式，有利于利用曝气进行膜清洗，但膜丝易于受机械损伤而折断；束式结构立置运行方式的清洗效果较差，但受机械损伤较小；板式超微滤结构的机械强度最高，不存在断丝问题，但容积率低，设备效率低。

4.3　超微滤膜系统设计

超微滤与反渗透同是以压力为推动力的膜工艺，但两者除处理精度与压力数值的明显差别外，表 4.6 还列出两者在材料特征、工艺特征及工艺参数等方面存在诸多差异。

表 4.6 超微滤工艺与反渗透工艺的差异比较

比较项目	反渗透	超微滤
膜材料品种与膜性能差异	品种单一,性能差异小	品种众多,性能差异大
进水水质状况	相对简单	相对复杂
产水水质状况	随条件变化	相对稳定
清洗周期	3个月	30min
年性能衰减率	低	高
系统结构	串并联,长流程	并联,短流程
径流形式,回收率	错流,收率低	错流或死端,收率高

针对超微滤工艺的上述特征,各膜厂商为超微滤系统设计提供了设计导则,作为系统设计的基本原则与计算框架。表 4.7 为某公司超微滤膜系统的设计导则。表中的运行产水通量为两次膜清洗间隔期内的实际膜产水通量,设计产水通量为计及清洗时间的平均膜产水通量。

表 4.7 所示导则的数据表明,超微滤系统设计具有如下特征:

① 不同进水类型及不同进水浊度,对应着不同化学清洗药剂、清洗频率与清洗时间。

② 不同进水类型及浊度,对应着不同的运行通量、设计通量、运行周期甚至回收率。

③ 对于相同的进水浊度,而不同的进水类型,也存在着不同的运行参数与清洗参数。

浊度仅是进水水质众多指标中的一个,尽管具有一定的代表性,但尚有诸多水质内容未能表征。例如,浊度指标达到 2NTU 的三级废水中的有机物、微生物含量,远高于经过预处理后浊度为 2NTU 的地表水中的有机物、微生物含量。尽管设计导则中并未列出浊度之外的其他水质指标,但进水类型已在一定程度上间接反映了进水中的其他成分。因此出现了同为 2NTU 的地表水与三级废水的运行通量分别为 $100L/(m^2 \cdot h)$ 与 $70L/(m^2 \cdot h)$ 的区别。

超微滤工艺的设计导则与反渗透工艺的设计导则比较,进水水质条件更加恶劣,膜性能指标更不确定,清洗工艺在设计导则中的地位十分明显,这正是超微滤工艺特征所在。

表 4.7 某公司超微滤膜系统设计导则

原水类型	原水浊度/NTU	运行产水通量/[L/(m²·h)]		设计产水通量/[L/(m²·h)]		运行周期/min		回收率/%		加药反洗频率			化学清洗周期/天
		最低	最高	最低	最高	最低	最高	最低	最高	加氯 CEB1	加酸 CEB2	加碱 CEB3	CIP
自来水	<0.5	120	145	112	139	60	600	98	99				90
	0.5~1.0	100	120	91	113	45	120	96	98		7天一次		90
地下水	<0.5		120		112	60	60		98	<4次/天			90
	0.5~1.0		110		92	45	45		98	<4次/天	7天一次		90
	1.0~5.0		100		89	30	30		96	<4次/天	2天一次		90
地表水有预处理	<0.5	120	144	106	130	45	90	95	99	1~4次/天	7天一次		60~90
	0.5~1.0	100	120	90	112	30	60	94	98	1~4次/天	4天一次		45~90
	1.0~2.0	90	100	80	92	30	45	93	97	1~4次/天	2天一次		30~90

原水类型	原水浊度/NTU	运行产水通量/[L/(m²·h)]		设计产水通量/[L/(m²·h)]		运行周期/min		回收率/%		加药反洗频率			化学清洗周期/天
		最低	最高	最低	最高	最低	最高	最低	最高	加氯 CEB1	加酸 CEB2	加碱 CEB3	CIP
地表水无预处理	<0.5	100	120	85	108	30	60	92	93	1~4 次/天	2 天一次		30~60
	0.5~1.0	90	100	76	88	30	45	92	92	1~4 次/天	2 天一次		30~60
	1.0~2.0	80	90	70	76	30	30	90	91	1~4 次/天	2 天一次		30~60
	2.0~5.0	70	80	56	69	30	30	85	90	1~4 次/天	1 天一次		20~30
	5.0~15.0	60	70	44	60	15	40	74	91	1~4 次/天	1 天一次		15~30
海水	<2.0	95	110	83	99	30	45	92	95	>1 次/天			60
	2.0~5.0	80	95	60	80	20	30	82	90	>1 次/天			60
	5.0~10.0	60	80	35	56	15	20	67	82	>1 次/天			30
三级废水	<2.0	65	70	36	56	20	30	75	85	>1 次/天			20~30
	2.0~5.0	55	65	31	47	15	20	65	80	>1 次/天			15~20

4.4 超微滤膜系统运行

超微滤系统的运行具有其特有性质，即不同进水水质、不同膜组件与不同运行参数下的系统产水指标特性，掌握该性质是进行超微滤系统设计的基础。

4.4.1 膜组件运行模型

反渗透膜元件与超微滤膜元件的工作动力均为进浓水侧的平均压力，但反渗透膜过程中主要克服的是进浓水的渗透压，故反渗透膜元件的工作动力表征为涉及给浓水压力、产水压力、给浓水渗透压及产水渗透压的纯驱动压 $NDP = (\overline{P}_{fc} - P_p) - (\overline{\pi}_{fc} - \pi_p)$。超微滤膜过程中不存在渗透压问题，故超微滤膜元件的工作动力从纯驱动压 NDP 蜕化为仅涉及进浓水压力与产水压力的跨膜压差 TMP：

$$TMP = \overline{P}_{fc} - P_p = (P_f + P_c)/2 - P_p \qquad (4.1)$$

式中，P_f 为元件进水压力；P_c 为元件浓水压力；P_p 为元件产水压力。

在跨膜压差作用之下，超微滤膜的产水指标包括产水水质与产水通量两大内容。产水水质主要决定于膜丝的截留分子量，基本不随跨膜压差等运行参数变化，甚至随膜污堵的加重产水水质还有向好趋势。产水通量 F_p 或产水流量 Q_p 主要决定于跨膜压差 TMP 与透水系数 A：

$$Q_p = SF_p = A \times S \times TMP = A \times S \times [(P_f + P_c)/2 - P_p] \qquad (4.2)$$

式中，S 为膜元件中的膜面积。

由于超微滤膜为有机高分子材料制成，其透水系数与进水温度密切相关；且因超微滤膜有孔，其透水系数与膜孔的污堵状况密切相关，即与进水浊度及运行时间密切相关。

4.4.2 洁净膜组件特性

图 4.7～图 4.10 示出洁净超微滤膜组件在不同进水温度及不同进水浊度条件下的通量

压力特性示意性曲线。图示膜通量特性曲线表明：

① 在特定进水温度与进水浊度条件下，超微滤膜通量随跨膜压差增长而上升；

② 对于相同跨膜压差工况，高进水温度或低进水浊度将产生更高的膜通量；

③ 较高进水浊度条件工况下，膜通量随跨膜压差增长的上升速度趋于饱和；

④ 进水浊度为零时的通量压力关系基本成线性。

正是由于高浊度进水条件下超微滤系统的工作效率受到严重影响，该系统应尽量工作在较低的浊度范围之内。对于较高进水浊度工况则需采用纤维式过滤器等前处理工艺，以改善超微滤进水水质。

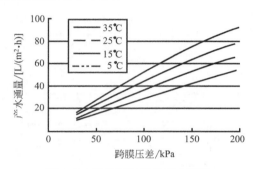

图 4.7　超滤元件通量压力特性
（浊度＝0NTU）

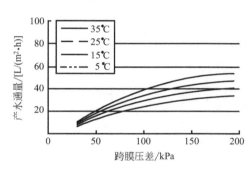

图 4.8　超滤元件通量压力特性
（浊度＝60NTU）

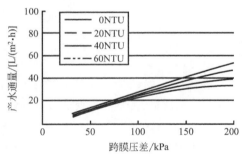

图 4.9　超滤元件通量压力特性
（温度＝5℃）

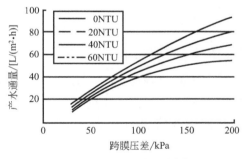

图 4.10　超滤元件通量压力特性
（温度＝35℃）

4.4.3　污染膜组件特性

图 4.11～图 4.14 示出恒定进水压力控制的污染超微滤膜组件，在不同进水温度及不同进水浊度条件下的通量衰减特性示意性曲线。图示膜通量特性曲线表明：

① 特定进水温度、浊度及工作压力条件下，随运行时间的延续，超微滤膜通量持续衰减；

② 较高温度、较低浊度及较低跨膜压差条件下，超微滤膜通量下降的速度减缓；

③ 运行初期的膜通量衰减速度较快，而污染达到一定程度后，通量衰减速度逐步放缓。

对于恒定产水通量控制的污染超微滤膜组件，在不同进水温度及不同进水浊度条件下的进水压力特性表现为：①进水温度越高，进水压力越低；②进水浊度越高，压力增长越快；③产水通量越高，压力增长越快。

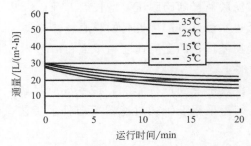

图 4.11 超滤元件通量衰减特性
（浊度＝20NTU，压力＝50kPa）

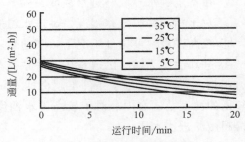

图 4.12 超滤元件通量衰减特性
（浊度＝60NTU，压力＝50kPa）

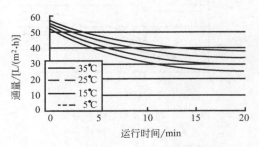

图 4.13 超滤元件通量衰减特性
（浊度＝20NTU，压力＝200kPa）

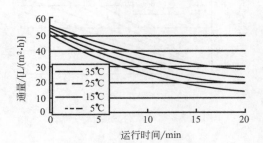

图 4.14 超滤元件通量衰减特性
（浊度＝60NTU，压力＝200kPa）

4.4.4 膜通量清洗特性

超微滤膜组件在运行过程中不断受到污染，恒定进水压力系统中，膜通量将随运行时间逐步下降。当通量降至特定水平时需进行膜组件的水力正反向冲洗，以期膜通量的恢复。每次冲洗过程均不能使通量全部恢复，从而形成了如图 4.15 所示通量污染特性曲线的上端包络线，即通量冲洗特性曲线。经多次冲洗后的膜通量依然降至特定水平时需进行膜的化学药剂清洗，以恢复膜通量。

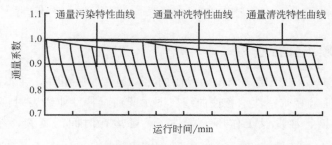

图 4.15 超微滤系统通量的冲洗与清洗特性

尽管化学清洗较水力清洗能够更有效地恢复膜通量，但由于化学清洗的不彻底以及膜材料自然老化等原因，每次化学清洗后，膜通量总不会全部恢复，从而形成通量冲洗特性曲线的上端包络线，即通量清洗特性曲线。膜通量清洗特性曲线的延伸过程，就是膜通量的不可逆衰减过程。当该过程达到特定水平时，则需要进行膜组件的更换，从而结束了膜组件的生命周期。

对于恒定产水通量系统,随着运行时间的延续,进水压力不断上升,进行水力冲洗的判据是特定的进水压力上限。水力冲洗的结果是进水压力较前次冲洗后的进水压力值有所上升。当冲洗后进水压力过高时,需要进行化学清洗。化学清洗的结果是进水压力较前次清洗后的进水压力略有上升。当采用各种化学清洗方法均不能使清洗后的进水压力降至足够低的水平时,则需要进行膜组件的更换。

4.5 超微滤系统前处理

2000 年以来国内电力、化工、冶金行业中冷却循环水、工业废水、生活与市政二级污水的资源化处理等大型工程项目剧增,膜技术也正处于发展阶段,超微滤工艺目前面临如下基本问题:

① 由于处理水源的多样性及水质成分的复杂性,在传统污水处理工艺中超微滤最佳的工艺位置在哪里,或称进入超微滤系统尚需何种生化前处理工艺。

② 针对特定处理水源,超滤与微滤哪种膜类型更适合,分置与浸没哪种膜工艺更有效。

③ 针对特定处理水源、膜类型及膜工艺,PVC、PVDF、PAN 等哪种膜材料更实用。

④ 针对特定工艺环境,超微滤工艺应采用何种有效的前处理工艺形式。

这些困扰超微滤工艺设计及运行的重要问题,尚需一段时间的实践摸索,在大量实际工程中总结经验。

4.5.1 前处理必要性

超微滤工艺面对的进水水质条件十分宽泛,恶劣水质对超微滤系统将形成严重污染。图 4.16 示出以浊度为代表的进水水质对超微滤通量衰减速度的影响。解决超微滤系统污染问题有加强膜清洗与增加前处理两种基本方式。过多强化前处理工艺的功能,将增加系统工艺成本,降低了整个系统的经济性。过弱的前处理工艺,将增加超微滤膜清洗的频率与强度,一是降低了系统工作效率,二是增加了清洗剂耗量并增加了环境污染,三是降低了超微滤膜的运行寿命,同样降低了整个系统的经济性。

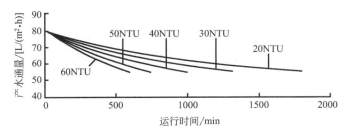

图 4.16 超滤系统产水通量衰减特性曲线

根据第 2 章关于分级优化工艺配置的概念,针对各种水源条件采用不同的超微滤前处理工艺,合理分配各工艺截留负荷,以达到投资与运行费用最低,即成为预处理工艺设计追求的目标。为配合超微滤工艺的运行,前处理应具有成本低廉、容污量大、便于清洗、产水质好等工艺特征。目前广泛应用的超微滤前处理工艺包括叠片式过滤器与纤维过滤器等多种设备形式。

4.5.2　叠片式过滤器

典型的叠片式过滤器为以色列 Arkal 公司的产品，国内外还有其他类似产品。叠片式过滤器中的过滤部件是以颜色划分的具有不同沟槽精度的环形叠片。叠片的蓝、黄、红、黑、绿、灰等六个颜色分别代表聚丙烯材质叠片的 $400\mu m$、$200\mu m$、$130\mu m$、$100\mu m$、$55\mu m$、$20\mu m$ 等 6 个过滤精度。当多片相同精度的叠片叠放在一起并被弹簧压紧时，叠片之间的沟槽交叉形成具有多个过滤沟道的深层过滤单元，将该单元装入滤筒内即可形成叠片式过滤器。

过滤器运行过程中，叠片被弹簧和水压压紧，过滤单元内外压差越大，压紧力越强，从而形成自锁式压紧方式。过滤器进水由叠片单元外缘通过沟槽流向叠片单元内缘，水体流经由过滤沟道形成的每层 18～32 个过滤点，形成深层过滤。

当过滤器运行一定时间后因污染物的截留而使叠片单元内外缘压差达到较高水平时，过滤器转换为反冲洗工序。反冲洗时，控制器控制阀门组的开闭组合，改变水流方向，由反冲洗的水压拉开弹簧使叠片间形成间距。滤筒壁上的三组喷嘴沿切线方向喷水可使叠片旋转并摩擦，从而冲洗掉截留在叠片上的污染物。反冲洗结束后，靠弹簧的压力可自动恢复叠片的压紧状态，并重新进入过滤工序。图 4.17 示出了 Arkal 公司叠片式过滤器的工作示意图。图示叠片式过滤器仅有两个进出水口，为有效实现运行与冲洗功能，在进出水口上应各加装一个三通阀，并进行相应控制。

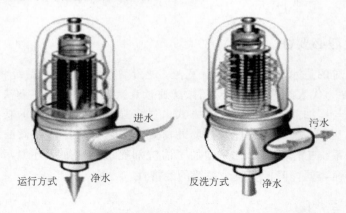

图 4.17　以色列 Arkal 公司叠片式过滤器工作示意图

将多个滤器组合成一个完整的叠片滤器组时，可以在多数滤器处于运行状态时，对某一滤器进行反冲洗。因各滤器交替完成反冲洗，系统可实现滤器组的连续运行。一个滤器的反冲洗仅需 7～20s 时间，反冲洗水流量仅为 $10m^3/h$，故可以用滤器组的滤过水进行特定滤器的反洗，而无须专用反洗水箱。

叠片式滤器直径具有 2in、3in、4in 三种规格，每一规格滤器具有最高设计产水量，系统设计时可根据要求选择滤器直径及滤器组合个数，并多设一台滤器用于清洗。表 4.8 示出 Arkal 公司 2～4in 直径的 Spin klin 型自动反冲洗叠片式过滤器的设计参数。

叠片式过滤器因其特定的机械结构，对大于过滤孔径的悬浮物具有较好的截留效果，但对于小于截留孔径悬浮物造成的浊度几无作用，对于 COD、色度则全无效果。因此叠片式过滤器更适用于高悬浮物且低 COD 浓度水体的超微滤前处理工艺。

表 4.8 Spin klin 型叠片过滤器设计参数

过滤单元口径		2in 过滤单元			3in 过滤单元			4in 过滤单元			
系统单元数量		2	3	4	3	4	5	3	4	5	6
最大工作压力/MPa		1.00	1.00	1.00	1.00	1.00	1.00	1.00	1.00	1.00	1.00
最小反冲压力/MPa		0.28	0.28	0.28	0.28	0.28	0.28	0.28	0.28	0.28	0.28
过滤面积/cm²		1760	2640	3520	5280	7040	8800	13200	17600	22000	26400
最大流量 /(m³/h)	100~400μm	40	60	80	90	120	150	300	400	500	600
	55μm	26	40	53	60	80	100	150	200	250	300
	20μm	15	23	32	30	40	50			125	150

4.6 超微滤膜系统模型

超微滤组件及系统的数学模型，是进行其运行模拟分析的基础。对于组件的内部分析，应采用微分方程模型。微分方程模型的分析可根据膜过程中存在的质量、动量及热量传递过程，即存在流量、压力及功率的平衡关系，以及膜两侧压差产生的透水特性。对于超微滤系统设计，可采用超微滤组件的离散数学模型并计及管路损耗因素。

4.6.1 膜组件微分方程模型

建立中空膜元件的数学模型较为困难，这里用平板膜元件的数学模型加以替代。

（1）平板膜元件的结构模型

平板膜元件由平膜及膜壳两部分组成，可表征为图 4.18 所示立式膜元件的进浓水区与产水区构成的矩形理想结构。理想元件的高 L [m]、宽 B [m]、进水流道长 H [m]、产水流道长 H'' [m] 等均设为常量，且忽略膜厚度。在图 4.4 所示进水（也称给水）与产水（也称净水）同流向的运行模式中，进水的进口压力 P_1 [Pa] 高于浓水的出口压力 P_2 [Pa] 与产水的出口压力 P_3 [Pa]，且进水流量 Q_1、浓水流量 Q_2 及产水流量 Q_3 之间存在式（4.3）的简单关系：

$$Q_1 = Q_2 + Q_3 \text{ [m}^3\text{/s]} \qquad (4.3)$$

理想元件结构中，流程高度 l [m] 处至 $l+\Delta l$ 处的进产水区的矩形空间称为"元件微元"，其中 Δl 为微元高度。进水区流程高度 l 处的压力与流量分别为 $p(l)$ [Pa] 与 $q(l)$ [m³/s]，产水区流程高度 l 处的压力与流量分别为 $p''(l)$ [Pa] 与 $q''(l)$ [m³/s]，"元件微元"的膜面上存在一个垂直于膜面的透膜产水线通量 $\theta(l)$ [m²/s]。这里，$\theta(l)$ 表征流程高度 l 处

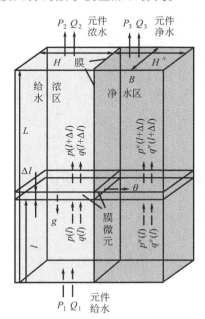

图 4.18 立式平板超
滤膜元件理想结构

"元件微元"中产出产水流量与微元高度 Δl 的比值。

理想结构中超微滤膜元件的径流形态属于与膜表面呈切向的黏性流及与膜表面呈垂向的渗透流两者的合成流。

（2）理想结构中的量值关系

根据导数的定义，存在关系式：$\lim\limits_{\Delta t \to 0}[x(t+\Delta t) - x(t)]/\Delta t = \mathrm{d}x/\mathrm{d}t$ ，根据积分的定义，存在关系式：$\lim\limits_{\Delta t \to 0} \sum x(t) \cdot \Delta t = \int_{t_0}^{t_1} x \cdot \mathrm{d}t$ 。膜元件径流中质量、动量及热量的守恒定律分别表现为流量、压力及功率的等式关系。

① 元件微元中径流的质量守恒　元件微元进浓水区中进水径流的质量守恒即流量平衡表现为该区的进水侧切向流量 $q(l)$ 等于浓水侧切向流量 $q(l+\Delta l)$ 与膜表面垂向流量 $\theta(l) \cdot \Delta l$ 之和：$q(l) = q(l+\Delta l) + \theta(l) \cdot \Delta l$ 。该函数关系的微分形式为

$$\lim_{\Delta l \to 0} \frac{q(l+\Delta l) - q(l)}{\Delta l} = -\theta(l) \Rightarrow \frac{\mathrm{d}q}{\mathrm{d}l} = -\theta \qquad [\mathrm{m}^2/\mathrm{s}] \qquad (4.4)$$

类似的，可得元件微元产水区径流中质量守恒即流量平衡的微分方程关系式

$$\lim_{\Delta l \to 0} \frac{q''(l+\Delta l) - q''(l)}{\Delta l} = \theta(l) \Rightarrow \frac{\mathrm{d}q''}{\mathrm{d}l} = \theta \qquad [\mathrm{m}^2/\mathrm{s}] \qquad (4.5)$$

② 元件微元中径流的动量守恒　元件微元进浓水区中径流的动量守恒即压力平衡表现为该区的进水侧压力 $p(l)$ 等于浓水侧压力 $p(l+\Delta l)$ 、该区微元内水体重力 $\rho g \Delta l$ 与元件微元中压力损失 $Kq^2(l)\Delta l$ 之和：

$$p(l) = p(l+\Delta l) + \rho g \Delta l + K \cdot q^2(l) \cdot \Delta l$$

式中，ρ 为水体密度，$\mathrm{kg/m}^3$ ；g 为重力加速度，$\mathrm{m/s}^2$ ；K 为进水流道的压力损失系数，$\mathrm{Pa \cdot s}^2/\mathrm{m}^7$ 。

该函数关系的微分形式为

$$\lim_{\Delta l \to 0} \frac{p(l+\Delta l) - p(l)}{\Delta l} = -\rho g - K \cdot q^2(l) \Rightarrow \frac{\mathrm{d}p}{\mathrm{d}l} = -\rho g - Kq^2 \qquad [\mathrm{Pa/m}] \quad (4.6)$$

类似的，可得元件微元产水区径流中动量守恒即压力平衡的微分方程关系，这里的 K'' 为产水流道的压力损失系数 $[\mathrm{Pa \cdot s}^2/\mathrm{m}^7]$ 。

$$\lim_{\Delta l \to 0} \frac{p''(l+\Delta l) - p''(l)}{\Delta l} = -\rho g - K'' \cdot q''^2(l) \Rightarrow \frac{\mathrm{d}p''}{\mathrm{d}l} = -\rho g - K''q''^2 \qquad [\mathrm{Pa/m}] \quad (4.7)$$

③ 膜元件中径流的热量守恒

因为 $\Delta p = p(l) - p(l+\Delta l) = \rho g \Delta l + K \cdot q^2(l) \cdot \Delta l$ ，所以元件进水径流中切向流的功率损耗可表示为

$$\lim_{\Delta l \to 0} \sum q(l) \cdot \Delta p = \int (\rho g q + K q^3) \mathrm{d}l$$

同理，膜元件产水径流中切向流的功率损耗可表示为

$$\lim_{\Delta l \to 0} \sum q''(l) \cdot \Delta p''(l) = \int (\rho g q'' + K'' q''^3) \mathrm{d}l$$

膜元件透水径流的功率损耗可表示为

$$\lim_{\Delta l \to 0} \sum [p(l) - p''(l)] \cdot \theta(l) \cdot \Delta l = \int (p - p'') \theta \mathrm{d}l$$

因此，膜元件中各项径流的热量守恒关系应表示为输入功率等于输出功率加损耗功率

$$P_1 Q_1 = P_2 Q_2 + P_3 Q_3 + \int_0^L (\rho g q + K q^3) \mathrm{d}l + \int_0^L (\rho g q'' + K'' q''^3) \mathrm{d}l + \int_0^L (p - p'') \theta \mathrm{d}l \quad 即$$

$$P_1 Q_1 = P_2 Q_2 + P_3 Q_3 + \int_0^L [(\rho g q + K q^3) + (\rho g q'' + K'' q''^3) + (p - p'') \theta] \mathrm{d}l \quad [\mathrm{Pa \cdot m^3/s}] \quad (4.8)$$

④ 膜微元中的压力驱动特性　超微滤膜特性中除共有的传递特性之外，还有压力驱动过程的专有特性即透水线通量与膜两侧水体压差呈正比，且比值为超微滤膜元件固有的透水系数 $A[\mathrm{m^2/s \cdot Pa}]$。

$$\theta(l) = A[p(l) - p''(l)] \qquad [\mathrm{m^2/s}] \qquad (4.9)$$

超微滤膜元件中除上述的传递特性及驱动特性外，还存在以下两个关系。

⑤ 元件透水线通量与元件总产水流量的关系　膜元件中，膜微元产水线通量与元件总产水流量间存在一个积分关系

$$Q_3 = \int_0^L \theta \mathrm{d}l \qquad [\mathrm{m^3/s}] \qquad (4.10)$$

⑥ 进水与产水流道两压力损失系数的关系　进水流道与产水流道中的压力损失系数 $K = k/(HB)^2$ 及 $K'' = k''/(H''B)^2$，其中 k、k'' $[\mathrm{Pa \cdot s^2/m^3}]$ 分别为可测得进水流道与产水流道沿程阻力系数，两阻力系数之比为 $\beta = k/k''$，且有

$$\frac{K}{K''} = \frac{k}{(HB)^2} \Big/ \frac{k''}{(H''B)^2} = \beta \frac{H''^2}{H^2} \qquad (4.11)$$

因此，进水流道的压力损失系数 K 与产水流道的压力损失系数 K'' 的比值决定于两流道截面积的差异及两流道沿程阻力系数的比值。

（3）微分方程解的充要性与唯一性

上述超微滤膜元件中量值关系的分析，共列出相互独立的式（4.4）～式（4.11）8 个方程，且有 K、K'' 及 A 等 3 个待求系数及 p、p''、q、q''、θ 等 5 个待求变量，共计 8 个待求变量。变量数量与方程数量相等，满足方程有解的充要条件。

由于方程中存在 $\mathrm{d}p/\mathrm{d}l$、$\mathrm{d}p''/\mathrm{d}l$、$\mathrm{d}q/\mathrm{d}l$、$\mathrm{d}q''/\mathrm{d}l$ 等 4 个导数关系，故上述方程解仅为通解，欲得特解尚需 4 个独立的边界条件。

在膜元件 P_1、Q_1、P_2、Q_2、P_3、Q_3 的 6 个可测端口参数中，Q_3 由式（4.10）限定，Q_2 由式（4.3）限定，故有且仅有以下 4 个可测的边界条件相互独立

$$p(0) = P_1 \quad ; \quad p(L) = P_2 \quad ; \quad p''(L) = P_3 \quad ; \quad Q_1 = q(0) \qquad (4.12)$$

综上所述，立式超微滤膜元件模型分析中，变量的数量与独立方程的数量一致，导数的数量与独立边界的数量一致，因此式（4.4）～式（4.11）式构成的运行模型方程组具有唯一解。该唯一解不仅可以得出沿流程高度 l 的压力分布 $p(l)$、$p''(l)$ 与流量分布 $q(l)$、$q''(l)$ 以及渗流线通量分布 $\theta(l)$，特别是可以得出表征膜元件固有性能的 K、K'' 及 A 三个重要参数。

（4）超微滤膜元件分析的扩展与应用

根据图4.18所示立式超微滤膜元件理想结构，可以得到的表征膜元件固有性能的 K、K'' 及 A 三参数，可以分别模拟并综合比较进水径流 Q_1 向上或向下且产水径流 Q_3 向上或向下四种运行模式条件下的膜元件运行指标，从而得到产水线通量 $\theta(l)$ 最均衡或元件产水效率最高的立式膜元件最佳运行模式。

运用 K、K'' 及 A 三参数，并删去重力作用 $\rho g \Delta l$ 的相关函数项，则可得到卧式超微滤膜元件进水径流 Q_1 与产水径流 Q_3 同向或反向两种运行模式条件下的膜元件运行指标，从而得到产水线通量 $\theta(l)$ 最均衡或元件产水效率最高的卧式膜元件最佳运行模式。

适度改变给浓水区长度 H 及阻力系数 k 与产水区长度 H'' 及阻力系数 k''，还可以模拟并分析超微滤膜元件中膜丝长度与填充密度对于运行指标的影响。

4.6.2 膜组件离散数学模型

超微滤膜组件 j 的运行规律可简化为跨膜压差 TMP_j 决定产水流量 Q_j：

$$Q_{pj} = k \times TMP_j = k \times [(P_{fj} + P_{cj})/2 - P_{pj}] \tag{4.13}$$

式中，P_{fj} 为组件 j 的进水压力；P_{cj} 为组件 j 的浓水压力；P_{pj} 为组件 j 的产水压力；k 为各组件相同的已知透水系数。

当组件为全流运行方式时，给浓水压降 ΔP_{fcj} 为产水流量 Q_j 的函数：$\Delta P_{fcj} = f(Q_{pj})$，因此，式（4.13）可表征为：

$$Q_{pj} = k \times TMP_j = k \times [(2P_{fj} - \Delta P_{fcj})/2 - P_{pj}] = k \times [(2P_{fj} - f(Q_{pj})/2 - P_{pj}]$$
$$(j = 1, 2, \cdots, N) \tag{4.14}$$

这里的式（4.14）为 Q_j 的隐式方程，可用迭代计算方法加以求解。

由于各超微滤组件并联运行，在忽略各管压降时，可视该式（4.14）为各膜组件共同的运行数学模型。届时，图 4.19 所示 N 个组件并联形成系统的总产水流量 Q_{P0} 为各组件产水量之和，系统的总给水流量 Q_{f0} 为各组件给水量之和：

$$Q_{P0} = \sum_{j=1}^{N} Q_{pj} \ \text{及} \ Q_{f0} = \sum_{j=1}^{N} Q_{fj} \tag{4.15}$$

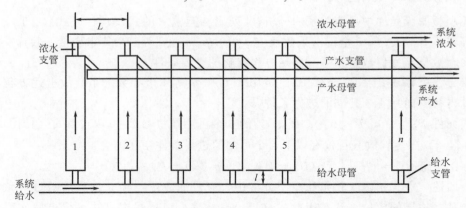

图 4.19　并联超微滤组件的系统结构

4.6.3 膜系统运行数学模型

（1）管路中的相关水头损失

由于超微滤组件的工作压力较低，管路中的水头损失不可忽略，因此需要计及给水、浓水及产水的母管与支管管路的局部与沿程水头损失 h（m）。

① 三通局部水头损失　分流三通中的弯路局部水头损失 h_{31} 与直路局部水头损失 h_{32} 分别为：

$$h_{31} = \zeta_{31} \frac{v_3^2}{2g} = \zeta_{31} \frac{8Q_3^2}{g\pi^2 D^4} \quad 与 \quad h_{32} = \zeta_{32} \frac{v_3^2}{2g} = \zeta_{32} \frac{8Q_3^2}{g\pi^2 D^4} \tag{4.16}$$

合流三通中的弯路局部水头损失 h_{13} 与直路局部水头损失 h_{23} 分别为：

$$h_{13} = \zeta_{13} \frac{v_3^2}{2g} = \zeta_{13} \frac{8Q_3^2}{g\pi^2 D^4} \quad 与 \quad h_{23} = \zeta_{23} \frac{v_3^2}{2g} = \zeta_{23} \frac{8Q_3^2}{g\pi^2 D^4} \tag{4.17}$$

其中，ζ_{31} 与 ζ_{32} 为分流局部水头损失系数；ζ_{13} 与 ζ_{23} 为合流局部水头损失系数；v_3 为分路或合路流速；Q_3 为分路或合路流量；D 为管路直径。如图 4.20 所示，局部损失系数的取值随流量比 Q_1/Q_3 而变化。

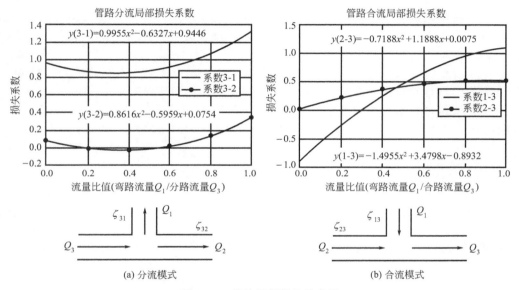

图 4.20　管路局部损失示意图

② 扩缩径局部水头损失　母管直径 D 至支管直径 d 的缩径局部水头损失

$$h_{Dd} = \zeta_{Dd} \frac{v_d^2}{2g} = 0.5\left(1 - \frac{d^2}{D^2}\right)\frac{v_d^2}{2g} \tag{4.18}$$

支管直径 d 至母管直径 D 的扩径局部水头损失

$$h_{dD} = \zeta_{dD} \frac{v_d^2}{2g} = \left(\frac{d^2}{D^2} - 1\right)^2 \frac{v_D^2}{2g} \tag{4.19}$$

③ 管路沿程水头损失　管道中的母管与支管沿程水头损失分别为

$$h_D = \lambda_D \frac{L}{D} \frac{v_D^2}{2g} = \lambda_D \frac{8LQ_D^2}{g\pi^2 D^5} \; 与 \; h_d = \lambda_d \frac{l}{d} \frac{v_d^2}{2g} = \lambda_d \frac{8lQ_d^2}{g\pi^2 d^5} \tag{4.20}$$

其中，λ 为沿程阻力系数，L 为两组件间距离，l 为组件支管长度。

当 $v < 1.2\mathrm{m/s}$ 时，$\lambda_D = \dfrac{0.0179}{D^{0.3}}\left(1 + \dfrac{0.867}{v_D}\right)^{0.3}$ 或 $\lambda_d = \dfrac{0.0179}{d^{0.3}}\left(1 + \dfrac{0.867}{v_d}\right)^{0.3}$ $\tag{4.21}$

当 $v > 1.2\mathrm{m/s}$ 时，$\lambda_D = \dfrac{0.021}{D^{0.3}}$ 或 $\lambda_d = \dfrac{0.021}{d^{0.3}}$ $\tag{4.22}$

（2）系统中的相关水头损失

系统中给水的母管与支管直径分别为 D 与 d 时，根据流体力学中的伯努利方程，各组件给水压力具有多项水头损失，这里 N 为组件总数。

① 系统给水母管入口流速与第 j 支组件给水入口流速的差异产生的流速水头损失 h_{fj}，对应的流量分别为与 Q_{f0} 与 Q_{fj}。

② 从系统给水母管入口沿流程至第 j 支组件给水口存在 j 个母管沿程水头损失 $\sum_{k=1}^{j} h_{Lk}$（第 1 支组件至第 j 支组件），每个沿程水头损失对应的母管流量为 $\sum_{k=j}^{N} Q_{fj}$（第 j 支组件至第 N 支组件的给水流量之和）。

③ 从系统给水母管入口沿流程至第 j 支组件给水口存在 $j-1$ 个三通直路局部水头损失 $\sum_{k=1}^{j-1} h_{32k}$（第 1 支组件至第 $j-1$ 支组件），对应的母管流量项为 $\sum_{k=j}^{N} Q_{fk}$（第 k 支组件至第 N 支组件的给水流量之和）。

④ 第 j 支组件给水口存在 1 个三通弯路的局部水头损失 h_{31j}，对应流量为 $\sum_{k=j}^{N} Q_{fk}$。

⑤ 系统给水母管与第 j 支组件给水支管处存在的缩径局部损失 h_{Dd}，对应流量为 Q_{fj}。

⑥ 第 j 支组件给水管路中存在沿程水头损失 h_d，对应流量为 Q_{fj}。

因此，从给水母管入口压力 P_{f0} 至组件 j 给水入口压力 P_{fj} 之间，存在水头损失 h_{fj}

$$
h_{fj} = \frac{8}{g\pi^2}\left\{\left(\frac{Q_{fj}^2}{d^4} - \frac{Q_{f0}^2}{D^4}\right) + \lambda_D \frac{L}{D^5} \sum_{k=1}^{j}\left(\sum_{l=k}^{N} Q_{fl}\right)^2 + \frac{1}{D^4}\sum_{k=1}^{j-1}\zeta_{32k}\left(\sum_{l=k}^{N} Q_{fl}\right)^2\right.
$$

$$
\left. + \frac{\zeta_{31j}}{D^4}\left(\sum_{k=j}^{N} Q_{fk}\right)^2 + \zeta_{Dd}\frac{Q_{fj}^2}{d^4} + \lambda_d \frac{lQ_{fj}^2}{d^5}\right\} \quad (j=1,2,\cdots,N) \tag{4.23}
$$

相仿，从组件 j 产水出口压力 P_{pj} 至产水母管出口压力 P_{p0} 之间，存在水头损失 h_{pj}

$$
h_{pj} = \frac{8}{g\pi^2}\left\{\left(\frac{Q_{p0}^2}{D^4} - \frac{Q_{pj}^2}{d^4}\right) + \lambda_D \frac{L}{D^5} \sum_{k=j}^{N}\left(\sum_{l=1}^{k} Q_{pl}\right)^2 + \frac{1}{D^4}\sum_{k=j+1}^{N}\zeta_{23k}\left(\sum_{l=1}^{k} Q_{pl}\right)^2 + \right.
$$

$$
\left. \frac{\zeta_{13j}}{D^4}\left(\sum_{k=1}^{j} Q_{pk}\right)^2 + \zeta_{dD}\frac{Q_{pj}^2}{d^4} + \lambda_d \frac{lQ_{pj}^2}{d^5}\right\} \quad (j=1,2,\cdots,N) \tag{4.24}
$$

这里，设给水径流与产水径流为相同方向，给水母管入口临近第 1 支组件，产水母管出口临近第 N 支组件，D 为给水与产水母管管径，d 为给水与产水支管管径。

如给定系统给水母管入口压力 P_F 与产水母管出口压力 P_P，则式（4.14）、式（4.23）与式（4.24）联立即可构成 N 支组件并联超微滤系统的运行数学模型。该方程组有 Q_j、P_{fj} 及 P_{pj} 共有 $3N$ 个变量，有 $3N$ 个非线性方程。变量数与方程数相等，方程组可解。

值得指出的是，关于立式膜组件的式（4.23）与式（4.24）中并未出现伯努利方程中的位置水头内容，其原因是内压或外压膜丝的给水侧与产水侧的位置水头相互抵消，故位置水头并不影响膜组件的实际运行。而且，超滤工艺中不存在脱盐过程，系统流程各处的水体密度 $\rho \approx 1000 \text{kg/m}^3$ 相等。

4.7 中空膜透水性测试

中空超微滤膜的重要性能之一是其透水性能，无论是针对单支膜丝或单只组件均存在其透过纯水的性能指标。目前，纯水的透水性能测试，无论是外压膜或内压膜，均是施以特定跨膜压差（如 $TMP=0.1\text{MPa}$）条件下测试透水流量 Q_p，该流量即称为标准条件下的透水流量。如将透水流量除以膜面积 S，即称为标准条件下的透水通量 $F_p = Q_p / S$。

纯水的透水性能指标的原始定义是膜微元的透水性能，即在图 4.21 所示理想微小平膜膜片两侧施以特定压差时的透水通量。该通量表征的是膜体在特定跨膜压差 $TMP = P_f - P_p$ 条件下的透水性能，而该通量不对跨膜压差 $TMP = P_f - P_p$ 产生反向影响，即应有简单函数关系

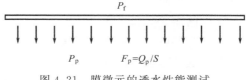

图 4.21　膜微元的透水性能测试

$$F_p = Q_p / S = A \cdot TMP = A(P_f - P_p) \tag{4.25}$$

该测试的实质内容是测得膜微元特有的透水系数 $A = Q_p / S \cdot (P_f - P_p)$。

图 4.22 与图 4.23 所示膜丝的透水性能测试环境并非理想，因在一定长度 L 膜丝中无法测得也不存在一致压力，只得采用膜丝两端压力均值加以替代，由此存在内压膜的跨膜压差 $TMP = (P_f + P_c) / 2 - P_p$ 与外压膜的跨膜压差 $TMP = P_f - (P_{p1} + P_{p2}) / 2$。

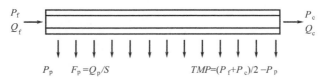

图 4.22　内压式中空膜丝的透水性能测试

对图 4.22 所示内压膜丝进行性能测试时，如膜丝的透水性能较好，透水量较大，则膜丝内轴向流速较大，必然造成给浓水两侧压降 $\Delta P = P_f - P_c$ 较大。由于膜丝轴向压降与轴向流速的平方成正比，给浓水两侧压力并非等值升降即并非跨膜压差 $TMP = (P_f + P_c) / 2 - P_p$ 不变，故内压膜丝的透水通量的变化会通过膜丝轴向压降对跨膜压差产生反向影响。

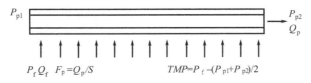

图 4.23　外压式中空膜丝的透水性能测试

对图 4.23 所示外压膜丝进行性能测试时，如膜丝的透水性能较差，透水量较小，则膜丝内轴向流速较低，必然造成膜丝两端压降 $\Delta P = P_{p1} - P_{p2}$ 较小。由于膜丝轴向压降与轴向流速的平方成正比，膜丝两端压降并非等值升降即并非跨膜压差 $TMP = P_f - (P_{p1} + P_{p2}) / 2$ 不变，故外压膜丝的透水通量的变化会通过膜丝轴向压降对跨膜压差产生反向影响。

因内外压组件性能测试与内外压膜丝性能测试的方式一致，上述结论也适用于内外压中空超微滤膜组件。由于内外压膜丝及组件的性能测试中，膜通量 F_p 同时受到跨膜压差 TMP 与膜丝轴向压降 ΔP 的共同作用，而膜丝压降又与膜通量相关，故膜通量与跨膜压差呈现复杂的隐函数关系：

$$F_p = f(TMP, \Delta P) = f[TMP, \Delta P(F_p)] = f(TMP, F_p) \tag{4.26}$$

如果膜性能测试过程中不是以跨膜压差为测试条件，且以膜通量为性能指标；而是以膜通量为测试条件，且以跨膜压差为性能指标，由于特定的膜通量决定了特定的膜丝压降，则膜通量与跨膜压差呈现简单的显函数关系

$$TMP = g(F_p, \Delta P) = g[F_p, \Delta P(F_p)] = g(F_p) \tag{4.27}$$

由于中空膜的压力流量关系中存在膜材料、丝壁厚与丝内径三项参数，则式（4.26）的产水通量包含了全部 3 项参数的影响；而式（4.27）的跨膜压差只包含了膜材料、丝壁厚 2 项参数的影响，并将丝内径参数的影响化作与膜通量相关的常数。

总之，笔者建议在进行中空超微滤膜丝或组件的性能测试时，应以膜通量为测试条件且以跨膜压差为性能指标。只有这样，膜丝或组件的性能测试结论才更加接近透水性能指标的原始定义。加之超微滤系统的运行多为恒流量模式，而绝非恒压力模式，故以膜通量为测试条件与实际运行模式也更为接近。

·▶▶

反渗透膜性能与膜参数

从本章开始将出现大量关于膜元件或膜系统中相关数据的图表，图表中除示出了相关的运行参数之外，还给出了相应的运行条件。一般的运行条件包括给水含盐量（mg/L）、给水电导（μS/m）、给水温度（℃）、运行年份（a）、膜品种（ESPA2）、回收率（%）、膜通量 $[L/(m^3 \cdot h)]$、产水量（m^3/h）等项内容。为简化对于运行条件的表述，且由于各项运行条件的量纲之间存在明显差异，本书后续图表中的运行条件常省略文字说明，只保留相应的数字与量纲，例如：1000mg/L，15℃，3a，CPA3，75%，20L/($m^3 \cdot h$)，15m^3/h代表1000mg/L给水含盐量、15℃给水温度、3a运行年份、CPA3膜品种、75%回收率、20L/($m^2 \cdot h$)膜通量、15m^3/h产水量等一组特定的运行条件。

5.1 反渗透膜工艺原理

5.1.1 半透膜与渗透压强

渗透现象是自然界中普遍存在的物理现象之一，而工业过程中的反渗透工艺具有特定的内涵。图 5.1 示出的反渗透半透膜实验中，在开放式容器内放置隔膜，膜两侧分别放入浓度（应严格称为质量分数）不等的溶液。当放置的隔膜为全透膜时，根据物质的扩散规律，高浓度溶液中的溶质及低浓度溶液中的溶剂将分别透过隔膜向对方溶液扩散。尽管两类扩散的速度并非一致，而当隔膜两侧溶液浓度最终相等时扩散过程结束，且隔膜两侧溶液的液位相等。

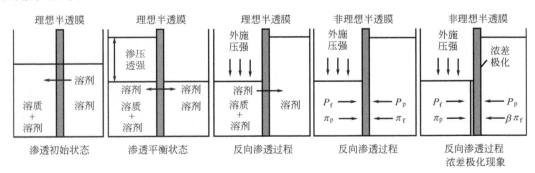

图 5.1 渗透与反渗透现象示意图

当放置的隔膜为只透过溶剂而不透过溶质的理想半透膜时，因低浓度溶液中的溶剂浓度高于高浓度溶液中的溶剂浓度，低浓度溶液中的溶剂可透过隔膜向高浓度溶液扩散，而高浓度溶液中的溶质向低浓度溶液的扩散趋势被半透膜阻断。低浓度溶液中的溶剂透过半透膜向高浓度溶液扩散的传质现象称为渗透。

　　渗透过程中高浓度溶液被不断稀释，膜两侧的液位也相应增减，不断增长的隔膜两侧液位差形成了渗透过程的阻力，当液位差阻力与溶剂扩散力相等时达到渗透平衡。平衡状态下浓淡溶液两侧的液位差称为平衡态下两侧溶液的渗透压差。如低浓度溶液为纯水溶剂，平衡状态下溶液与纯水两侧的液位压差称为溶液（是稀释后溶液而非初始浓溶液）的渗透压强（或渗透压）。渗透压强也可理解为溶液受到来自半透膜另一侧纯水的外施扩散压强。

　　在两侧溶液上各施一个压强（浓溶液侧压力较高），如其差值等于渗透压差（即等于液位差）时，渗透现象终止；如其差值低于渗透压差（即低于液位差）时，渗透过程将继续；如其差值高于渗透压差（即高于液位差）时，高浓度溶液中的溶剂将向低浓度溶液侧反向渗透，这一现象称为反渗透或逆渗透。

　　根据热力学理论，低含盐量水体的渗透压与水体温度成正比，且与水体中各离子的摩尔浓度之和成正比：

$$\pi = RT\Sigma C_i \tag{5.1}$$

式中　π——溶液的渗透压，kPa；

　　C_i——溶质中离子 i 的浓度，mol/L；

　　T——热力学温度，K；

　　R——气体常数，8.308kPa·L/(mol·K)。

　　理想半透膜对溶质具有100%的截留率，而现实世界中的半透膜均为非理想半透膜，即对溶质具有很高的截留率，但尚存一定的透过率。工业过程中使用的半透膜均为非理想半透膜。

5.1.2　反渗透膜过程原理

　　一般认为反渗透膜属于无孔膜，而也有观点认为膜孔径约为0.5nm。对于反渗透膜的传质过程存在多种理论，能够提供较为有力解释的是溶解扩散理论，而氢键理论、优先吸附-毛细孔流理论等也在一定程度上被接受。

　　根据溶解扩散理论，在图5.1所示反渗透膜过程中，透过半透膜的透水流量与透盐流量遵循下列规律：

$$Q_p = AS \cdot NDP = AS[(P_f - P_p) - (\pi_f - \pi_p)] \tag{5.2}$$

$$Q_s = BS(C_f - C_p) \tag{5.3}$$

式中　Q_p——膜的透水流量，L/h；

　　Q_s——膜的透盐流量，mg/h；

　　A——膜的水透过系数，L/(h·m²·MPa)；

　　B——膜的盐透过系数，L/(h·m²)；

　　P_f——膜给水侧的水体压力，MPa；

　　P_p——膜透水侧的水体压力，MPa；

　　π_f——膜给水侧水体渗透压，MPa；

　　π_p——膜透水侧水体渗透压，MPa；

　　C_f——膜给水侧的盐浓度，mg/L；

　　C_p——膜透水侧的盐浓度，mg/L；

　　NDP——纯驱动压强，MPa；

　　S——膜面积，m²。

式中，A 与 B 为受膜材质、膜结构、给水条件及运行条件等因素影响的水与盐透过系数。式（5.3）表明膜的透盐流量正比于膜两侧盐浓度差值。式（5.2）表明膜的透水流量正比于膜两侧水力压差与渗透压差的差值，该差值称为纯驱动压 NDP。

$$NDP = (P_f - P_p) - (\pi_f - \pi_p) \tag{5.4}$$

式（5.2）与式（5.3）描述的不仅是反渗透现象的基本规律，也可用于反映膜元件中无限小局部微元上所发生的反渗透微观膜过程规律，还可用于粗略表征一个完整反渗透系统运行测试参数间的内在关系，是分析及掌握反渗透工艺技术的重要关系式。

对于图 5.1 所示的非理想反渗透膜两侧承受的各项压强可作如下分析：

① 半透膜的稀溶液侧存在液位压强 P_p 与浓溶液渗透压强 π_f（或 $\beta\pi_f$）；

② 半透膜的浓溶液侧存在外施压强 P_f 与稀溶剂渗透压强 π_p。

因为反渗透膜截留了包括难溶盐在内的无机盐，不可能以全流方式运行，而只能采取错流运行方式，而错流方式的伴生现象之一为浓差极化。计及图 5.2 表示的浓差极化度 β 时，反渗透膜的水流量与盐流量表达式应改为：

$$Q_p = AS[(P_f - P_p) - (\beta\pi_f - \pi_p)] \tag{5.5}$$

$$Q_s = BS(\beta C_f - C_p) \tag{5.6}$$

$$\beta = C_m / C_t \approx \exp(QL/D) \tag{5.7}$$

式中，L 为膜表面层流层厚度即浓差极化层厚度；D 为溶质的扩散系数。

式（5.5）及式（5.6）描述了反渗透膜系统流程中某截面微元内盐流量与水流量的基本解析关系，也反映了反渗透膜元件及膜系统运行的基础规律。

图 5.2 所示反渗透膜错流过程中，膜的透盐率 S_p 可表示为产水含盐量 C_p 与给水含盐量 C_f 的比值：

$$S_p = C_p / C_f \tag{5.8}$$

膜的脱盐率 S_r 可表示为：

$$S_r = 1 - S_p = (C_f - C_p)/C_f \tag{5.9}$$

而盐流量 Q_s 与水流量 Q_p 之比即为产水侧水体的含盐量 C_p：

$$C_p = Q_s / Q_p \tag{5.10}$$

5.1.3　膜片及膜元件结构

目前流行的反渗透膜是由聚酯无纺布衬托层、聚砜超滤支撑层及芳香聚酰胺反渗透分离层等三层结构的复合膜；其中无纺布厚度约 $120\mu m$，超滤层厚度约 $40\mu m$，而反渗透膜厚度约 $0.2\mu m$，该复合膜结构见图 5.3。

反渗透的工业用膜元件有板式、中空、管式及卷式等结构形式。基于

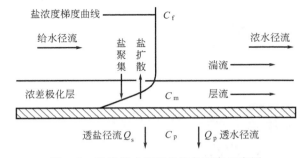

图 5.2　错流模式及浓差极化现象示意图

抗污染性、高容积率等目的，目前流行的膜元件主要是卷式结构。如图 5.4 所示，卷式膜元件由膜片叠制成的膜袋、浓水隔网、淡水隔网、淡水导流中心管、元件端板、玻璃钢封装层、黏合剂及浓水 V 形密封圈等部件构成。

卷式膜元件的给水从元件端板处进入多层浓水隔网形成的给浓水流道。产出淡水在纯驱动压作用下透过膜袋进入由多层淡水隔网形成的淡水流道，并通过中心管汇集后由端板

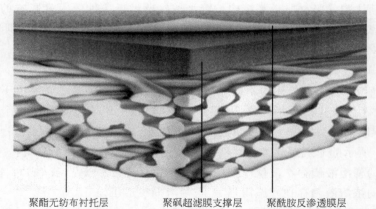

聚酯无纺布衬托层　　　聚砜超滤膜支撑层　　　聚酰胺反渗透膜层

图 5.3　反渗透复合膜结构示意图

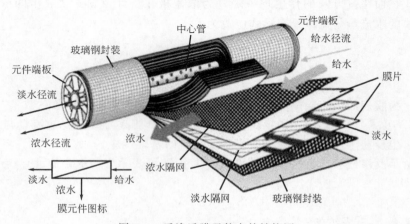

图 5.4　反渗透膜元件内外结构图

处的淡水口流出膜元件。元件浓水流过给浓水流道，从端板的另一侧流出。

工业用卷式膜元件的规格一般有 8040 与 4040 两规格，分别表示 8in（1in＝2.54cm）直径 40in 长度与 4in 直径 40in 长度。最常见的 8040 膜元件的有效面积可达 365ft²（33.9m²）或 400ft²（37.2m²）甚至 440ft²（40.9m²）。

膜元件运行参数之一是淡水流量 Q_p 与给水流量 Q_f 之比，称为元件回收率或元件收率：

$$R_e = Q_p/Q_f \tag{5.11}$$

5.2　膜元件的主要参数

5.2.1　膜元件的标准性能参数

如果认为图 5.2 所示各项径流关系及浓差极化现象，是表征膜元件中某无限小局部微元上所发生的微观现象，则图 5.4 示出的是实际单支完整膜元件上发生的宏观现象。膜微元上微观参数是确立膜元件宏观参数的基础，而膜元件宏观参数是膜系统分析与膜系统设计的基础。

膜元件的性能主要表现为脱盐率与产水量两大参数。膜生产厂商为标定膜产品的性能，需要对膜元件的性能进行标准测试。该过程中，需要限定水温、水质等给水工况，以及测试压力、元件收率等运行工况。每个品种与规格膜元件的性能参数，是在特定的给水工况与运行工况条件下，对大量膜元件进行测试的数据统计结果。

膜元件的测试条件既参照了膜元件可能的实际运行环境范围，又具有一定的规范数值。为避免不同无机盐成分造成性能参数的差异，膜性能测试一般针对具有典型意义的氯化钠溶液，测试液应采取反渗透产出淡水配以工业纯氯化钠的方式制备。测试液的含盐量与相应的膜品种及其工作环境相关，海水膜的测试液浓度为 32000mg/L，苦咸水膜为 1500～2000mg/L，自来水膜为 500mg/L。测试用压力也与工作环境相关，海水膜的测试压力为 5.52MPa，苦咸水膜为 1.00～1.55MPa，自来水膜为 0.7MPa。一般的测试液温度为 25℃，测试回收率为 15%（海水条件下为 10%），测试液 pH 值为 6.5～7.0。各膜厂商的膜元件测试条件不尽相同，表 5.1 给出了时代沃顿、海德能、陶氏、蓝星东丽公司的产品测试条件及部分产品的脱盐率与产水量两大性能参数。

膜元件的测试条件与性能参数具有如下特点。

① 膜元件的性能参数，既是膜厂商的产品标准，又是用户进行系统设计与指导系统运行的参考依据。

② 膜厂商提供的性能参数中，脱盐率指标存在标准脱盐率与最低脱盐率之分。最低脱盐率是产品出厂性能参数的保守数值，一般低于实际性能参数。对于脱盐率水平仅有一般要求的系统而言，参考标准脱盐率即可。对于要求严格的系统而言，应参考最低脱盐率指标。

③ 由于膜片生产工艺条件的限制，不同膜元件的产水量参数存在一定差异，膜厂商提供的元件产水量指标一般仅为测试数据的期望值。湿膜与干膜产品实际产水量的误差范围分别是期望值的 ±15% 与 ±20%。产水量指标具有较大离散性，是构成系统的设计计算参数与实际运行参数之间偏离的重要因素。

④ 各厂商同类产品的测试条件不同，性能参数缺乏统一的标准，致使不同厂商的元件性能指标缺乏可比性。

⑤ 同厂商不同膜品种的测试条件也有区别，同厂商膜元件性能参数间仍然缺乏可比性。

⑥ 膜厂商的给水含盐量、盐的成分、给水温度、元件收率及给水 pH 值等标准测试条件与用户的现场测试条件的差异一般较大，两类性能参数缺乏可比性。

⑦ 性能参数的主要用途是标定膜元件的性能，与膜元件的实际设计或运行参数存在很大差距。膜元件的设计流量应参考设计导则指定，其数值约为测试流量的 50%，与之对应的新膜元件的运行压力约为测试压力的 60%。

各膜厂商生产的膜元件除性能参数的区别外，还存在干膜与湿膜的区别。湿膜产品出厂时全部进行运行测试，并被真空封装于 0.95% 偏亚硫酸氢钠（$Na_2S_2O_5$）与 1.0% 丙二醇的保护溶液中。干膜产品出厂检测后需经烘干处理，其保存时无需液体保护。湿膜需在贮存与运输过程中防止保护液的泄漏与冻结，但可在初始运行 30min 时间内使膜元件运行指标达到正常与稳定。干膜更便于储存与运输，但在运行初期需要一个润湿过程，一般需要运行 300min 或更长时间才能使膜元件运行指标达到正常与稳定。

因上述现象的存在，对不同厂商的少量膜产品进行运行效果的严格比较，以期判定膜厂商产品整体优劣的办法并无实际意义。

式（5.9）给出了膜元件的脱盐率定义，而膜元件的脱盐率性能存在测试条件的差异，相同膜元件在不同测试条件下具有不同的脱盐率。在必须区别标准测试条件与实际运行条件下产生的不同脱盐率时，本书将标准测试条件下的脱盐率称为膜元件的"脱盐水平"。

表 5.1 国内外部分膜厂商的反渗透及纳滤膜测试条件与性能参数（测试溶液成分为 NaCl）

北京时代沃顿公司反渗透及纳滤膜

	膜型号	LP21-8040	LP22-8040	ULP12-8040	ULP22-8040	ULP32-8040	ULP21-8040	LP21-4040	ULP11-4040	ULP21-4040	ULP31-4040	SW22-8040
规格	膜面积/m²	34	37	37	37	37	34	8.4	8.4	8.4	8.4	35.2
测试条件	测试溶液/(mg/L)	2000	2000	1500	1500	1500	1500	2000	1500	1500	1500	32800
	测试压力/MPa	1.55	1.55	1.03	1.03	1.03	1.03	1.55	1.03	1.03	1.03	5.50
	测试液温度/℃	25	25	25	25	25	25	25	25	25	25	25
	测试液回收率/%	15	15	15	15	15	15	15	15	15	15	8
性能参数	脱盐率/%	99.5/99.3	99.5/99.3	98.0/97.5	99.0/98.5	99.5/99.0	99.0/98.5	99.5/99.3	98.0/97.5	99.0/98.5	99.4/99.0	99.7/99.5
	产水量/(m³/d)	36.3	39.7	49.9	45.7	39.7	41.6	9.1	10.6	9.1	7.2	22.7

美国海德能公司反渗透及纳滤膜

	膜型号	ESNA-LF1	ESNA-LF2	ESPA1	ESPA2	ESPA3	ESPA4	CPA2	CPA3	CPA4	LFC1	LFC2
规格	膜面积/m²	37.2	37.2	37.2	37.2	37.2	37.2	33.8	37.2	37.2	37.2	33.8
测试条件	测试溶液/(mg/L)	500	500	1500	1500	1500	500	1500	1500	1500	1500	1500
	测试压力/MPa	0.52	0.52	1.05	1.05	1.05	0.70	1.55	1.55	1.55	1.55	1.55
	测试液温度/℃	25	25	25	25	25	25	25	25	25	25	25
	测试液回收率/%	15	15	15	15	15	15	15	15	15	15	15
性能参数	脱盐率/%	81.0	70.0	99.3	99.6	98.5	99.2	99.5	99.7	99.7	99.5	95.0
	产水量/(m³/d)	28.0	30.9	45.4	34.1	53.0	45.4	37.9	41.6	22.7	41.6	41.6

续表

美国陶氏公司反渗透及纳滤膜

	膜型号	NF270-400	NF200-400	BW30-365FR	BW30-400FR	XLE-440	BW30LE-440	BW30-365	BW30-400	SW30HR-380	SW30HR-320	SW30-380
规格	膜面积/m²	37.2	37.2	34.0	37.2	41.0	41.0	34.0	37.2	35.0	30.0	35.0
测试条件	测试溶液/(mg/L)	500(CaCl₂)	500(CaCl₂)	2000	2000	500	2000	2000	2000	32000	32000	32000
	测试压力/MPa	0.48	0.48	1.55	1.55	0.69	1.05	1.55	1.55	5.52	5.52	5.52
	测试液温度/℃	25	25	25	25	25	25	25	25	25	25	25
	测试回收率/%	15	15	15	15	15	15	15	15	8	8	10
性能参数	脱盐率/%	40~60	50~65	99.5	99.5	99.0	99.0	99.5	99.5	99.70	99.75	99.40
	产水量/(m³/d)	55.6	30.3	36.0	40.0	48.0	44.0	36.0	40.0	23.5	23.0	34.0

蓝星东丽公司反渗透及纳滤膜

	膜型号	TMH20-370	TMH20-400	TMH20-430	TMG20-400	TMG20-430	TM720-370	TM720-400	TM720-430	TML20-370	TML20-400	TM820-370
规格	膜面积/m²	34.0	37.2	40.0	37.2	40.0	34.0	37.2	40.0	34.0	37.2	34.0
测试条件	测试溶液/(mg/L)	500	500	500	500	500	2000	2000	2000	2000	2000	32000
	测试压力/MPa	0.70	0.70	0.70	0.75	0.75	1.55	1.55	1.55	1.55	1.55	5.50
	测试液温度/℃	25	25	25	25	25	25	25	25	25	25	25
	测试回收率/%	15	15	15	15	15	15	15	15	15	15	8
性能参数	脱盐率/%	99.4	99.4	99.4	99.5	99.5	99.7	99.7	99.7	99.7	99.7	99.8
	产水量/(m³/d)	44	48	52	39	42	36	39	42	36	39	23

5.2.2　膜元件的运行极限参数

膜厂商在给出各类元件标准参数的同时也给出了各类元件的最高给水压力、最高给水流量、最小浓水流量、最高浓淡水流量比、单支元件最大压降等极限参数。极限参数即为破坏性或恶化性参数，系统的设计参数与运行参数均应与极限参数保持一定距离。表 5.2 示出时代沃顿公司膜元件的极限运行参数。

表 5.2　时代沃顿公司反渗透膜元件的极限运行参数

膜型号	SW22-8040	LP22-8040	ULP22-8040	XLP11-4040	VNF1-8040
最高给水压力/MPa	6.9	4.14	4.14	4.14	4.14
最高给水流量/(m³/h)	17	17	17	3.6	17
最低浓水流量/(m³/h)	2.3	2.3	2.3	0.6	2.3
最高给水温度/℃	45	45	45	45	45
最高元件压降/MPa	0.1	0.1	0.1	0.1	0.1

（1）膜元件的最高给水压力

元件"给水压力"也称元件"工作压力"。表 5.2 所示极限参数中并未给出产水量上限，而且也确无此上限参数。理论上讲，给水压力越高产水量越高；但过高的给水压力将使复合膜片及淡水格网产生形变，造成运行异常甚至产生结构破坏。膜元件根据不同用途，设计出不同的复合膜片与不同的淡水隔网，因此具有不同水平的最高给水压力的限值。例如，海水淡化膜的最高给水压力为 7.0～8.5MPa，而苦咸水淡化膜为 4.0～4.5MPa。

就系统流程位置而言，无段间加压工艺系统的前段特别是前段首端元件的给水压力最高；有段间加压工艺系统也可能其后段首端元件的给水压力最高。就系统运行时间而言，如采用恒通量（或恒流量）运行方式，则系统运行后期即系统受到深度污染或系统性能严重衰减时，将在前后段的首端元件处出现最高给水压力。

值得指出的是，由于元件的给浓水流道内侧与元件的封装层外侧基本属于等压区域，较高的给水压力一般不会使元件的玻璃钢封装层产生爆裂。只有在元件给浓水流道内被严重污堵，且在给水侧施加的压力很高且很急时才可能产生封装层的爆裂。

（2）膜元件的最高压力损失

膜元件的压力损失也称膜元件给浓水两端之间的膜压降。狭窄的给浓水流道及流道中浓水隔网的存在，将对给浓水径流形成阻力，给浓水流量越大，膜压降越高。卷式膜元件结构中，膜袋及隔网仅在中心管上进行缠绕，与中心管的机械配合关系介于动配合与静配合之间，因此过高的膜压降会使膜袋及隔网产生位移与变形即破坏元件结构，进而使膜元件的各项性能指标恶化。

洁净系统中，各元件给浓水流道阻力相等，各段前端元件的给浓水流量大于后端元件，最高膜压降一般出现在系统首端元件之上。污染膜元件给浓水流道阻力加大，最高膜压降可能出现在系统末端元件之上。因此，膜压降限值主要是针对元件及系统污染后运行状态的限制指标。

（3）膜元件的最高给水流量

以错流运行方式为特征的反渗透系统中，产水流量给定时，给水流量越大，错流效果越好。所以存在给水流量的限值，是由于给水流量与膜压降相关，即最高给水流量限值是最高压力损失限值的另一表现形式。

由于给浓水流道沿程阻力的存在，回收率与产水量是影响给水流量的两大因素。如图5.5曲线所示，当元件回收率给定时，产水流量及给水流量越大，元件给浓水两端的压力差越大。如图5.6曲线所示，当元件产水流量给定时，元件的回收率越低，给水流量越大，元件给浓水两端的压力差越大。图5.5与图5.6中给浓水两端压力之差即为膜压降。

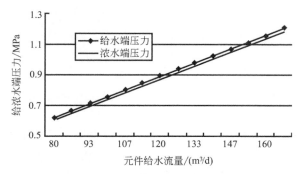

图5.5 膜元件膜压降的给水流量特性

（1000mg/L，15℃，3a，ESPA2，15%）

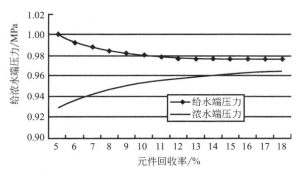

图5.6 膜元件膜压降的回收率特性

（1000mg/L，15℃，3a，ESPA2，20m³/d）

膜系统中，元件的最高给水流量总是发生在前段首端元件或后段首端元件。对于恒产水量恒回收率的系统而言，前段首端元件的给水流量恒定，而后段首端元件的给水流量将随系统给水温度及污染程度而变化。

（4）膜元件的最低浓水流量

膜元件中浓水流量的作用有两个。一是将浓缩的给水外排以防止难溶盐结垢，二是在给浓水流道中形成有效紊流以降低膜表面的浓差极化度。防止难溶盐结垢属于系统概念，主要依靠限制全系统最高收率进行控制；保证紊流状态属于局部概念，主要依靠保证单元件最低浓水流量。

因保持紊流状态仅决定于流道中的最小切向流速而与法向流速无关，故保证单元件最低浓水流量与单元件产水流量或单元件回收率无关。

膜系统中，元件的最低浓水流量总是发生在前段末端元件或后段末端元件。对于恒产水流量且恒系统收率的系统而言，后段末端元件的浓水流量恒定，而前段末端元件的浓水流量将随系统给水温度及污染程度等因素而变化。对于串联运行的首末段膜壳中的元件而言，首段膜壳数量过多则首段各壳末端元件浓水流量过少，末段膜壳数量过多则末段各壳末端元件浓水流量过少，该问题见 8.4 节"大型规模系统设计"。对于并联运行的各膜壳中的元件而言，如果因通量及污染不均衡，会使重污染膜壳中的末端元件浓水流量少于轻污染膜壳中的末端元件，该问题见 10.1 节"污染的分类与分布"。

（5）膜元件最低浓淡流量比

元件中的浓水流量 Q_c 与产水流量 Q_p 之比 K_{cp} 称为浓淡流量比（简称浓淡比或错流比），错流量比还可以表现为回收率 R_e 的函数

$$K_{cp} = \frac{Q_c}{Q_p} = \frac{1 - R_e}{R_e} \tag{5.12}$$

式（5.7）所示膜元件浓差极化度 β 也可表征为回收率 R_e 的指数函数：

$$\beta = \exp(kR_e) \tag{5.13}$$

值得指出的是，各膜厂商给出 5:1 的浓淡比限值属于约限值而非实限值，在海德能公司等系统设计软件中实际限制体现在浓差极化度指标。因为浓差极化度 β 的实限值为 1.2，相应的回收率限值为约 17%，相应的浓淡比限值约为 4.4:1。

5.2.3 膜元件给水水质极限参数

反渗透膜元件的给水水质具有诸多参数，对于膜元件及膜系统长期稳定运行构成严重威胁的主要包括温度、pH 值、余氯、浊度、污染指数（SDI）及有机物等水质参数。

① 给水温度过低会使水的黏度提高、膜的透水性降低、工艺运行效率下降。给水温度过高也会使复合膜的机械强度降低，易于造成膜片及膜元件材料及结构的破坏。因此，一般的反渗透膜规定了膜元件的给水温度应在 5～45℃之间。

② 长期运行过程中，给水 pH 值过低或过高均对于膜材料产生化学性损伤，使得透盐率上升。故运行过程中给水的 pH 值一般限定在 3～10 之间。由于膜元件污染后的清洗过程中必须使用较高浓度的酸碱，但因清洗时间较短，故清洗过程中清洗液的 pH 值一般限定于 2～12 之间。

③ 目前的反渗透复合膜均为聚酰胺材料，其抗氧化能力较差，遭氧化后复合膜的产水量与透盐率均有增加。因此，给水的余氯指标一般要求低于 0.1mg/L，也称反渗透膜可承受 2000mg/(L•h) 余氯。近年来各膜厂商不断推出抗氧化的膜品种，其给水余氯指标可提高至 0.5mg/L。

④ 给水的浊度限值一般为 1.0NTU，浊度的超标将形成严重膜污染，妨碍系统稳定运行。

⑤ 污染指数即 SDI 是悬浮物、有机物及胶体等非无机污染物的综合测量参数，严格意义上是 $0.45\mu m$ 以上粒径污染物的综合测量参数，但并不包含 $0.45\mu m$ 以下粒径污染物的参数。因此，即使污染指数足够低，也不能保证 $0.45\mu m$ 以下粒径污染物对于反渗透系统的污染。反渗透工艺的给水污染指数一般应控制在 5 以下。

⑥ 对于给水中易于造成系统污染的金属氧化物的上限要求一般为 $c(Fe^{2+}) < 0.3mg/L$，$c(Fe^{3+}) < 50\mu g/L$，$c(Mn^{3+}) < 50\mu g/L$。

⑦ 因有机物的构成复杂，给水的有机物指标很难量化，一般要求 TOC（以 C 计）应低于 5mg/L，COD（以 O_2 计）应低于 15mg/L，BOD（以 O_2 计）应低于 10mg/L。

⑧ 给水中的难溶盐也是反渗透膜工艺的处理对象，一般对其含量并无具体的严格限值，但其含量过高将形成较快且严重的膜污染，轻则造成运行效率降低，重则造成系统运行失稳。

膜元件极限参数就是膜系统给水的极限参数，这里对膜系统限值参数不再重复。

5.3 膜元件的恒量参数

所谓恒量参数系指恒定产水流量或恒定工作压力条件下的膜压降、透盐率（或脱盐率）及给水压力（或产水流量）等项膜元件性能指标。为了克服不同元件品种标准性能指标不可对比的缺点，恒量参数的重要特点是建立性能指标间的可比关系。

5.3.1 膜元件恒压力参数

膜厂商为标定膜产品而提供膜元件性能参数的同时，还为反渗透膜系统的设计提供了系统设计软件。各膜厂商提供的设计软件主要针对厂商自身提供的各类膜产品。时代沃顿、海德能、陶氏、东丽、东玺科（TCK）等膜厂商的设计软件分别称为 VontronRO、IMSDesign、Rosa、ToRayRO、CSM-Pro。各厂商的设计软件不仅设计界面与计算功能不同，模拟系统运行规律的数学模型也不尽一致，因此不同软件的计算参数在严格意义上不具备可比性。

有鉴于相同膜厂商各膜品种性能参数的标准测试压力不同，所造成的不同品种膜元件参数的不可比性，可以利用设计软件为工具，以相同的测试压力即工作压力为计算条件，进行不同品种元件的恒量参数计算，从而使相互比较成为可行。

根据表 5.1 数据可知各类膜元件的给水盐浓度量级及工作压力量级，但由于测试液浓度及测试压力条件的不统一，无法准确判定哪类膜的脱盐率更高或哪类膜的产水量更大；而表 5.3 给出了时代沃顿公司膜元件在相同工作压力条件下的不同产水量与透盐率，从而可知：ULP12 品种膜元件的产水量最大，LP22 的产水量最小；ULP12 品种膜元件的透盐率最大，ULP32 的透盐率最小。

表 5.3 时代沃顿公司 8in 膜元件恒压力条件特性参数（污堵系数 0.85）

	膜元件品种	LP22	ULP12	ULP22	ULP32
性能指标	产水量/(L/h)	600	1180	1080	935
	透盐率/%	1.18	3.79	1.90	0.96
计算条件	NaCl 溶液/(mg/L)	2000			
	工作压力/MPa	0.8			
	计算温度/℃	25			
	计算收率/%	15			
按产水量排序					
膜元件品种		ULP12	ULP22	ULP32	LP22
产水流量/(L/h)		1180	1080	935	600
按透盐率排序					
膜元件品种		ULP12	ULP22	LP22	ULP32
透盐率/%		3.79	1.90	1.18	0.96

就膜元件的性能指标而言，产水量与透盐率为其外在性能参数，透水系数与透盐系数为其内在性能参数。外在参数应能分别、直接且独立地反映内在参数。

在膜元件的性能测试过程中，式（5.2）及式（5.3）中的 Q_p、P_f、P_p、π_f、π_p、C_f、C_p 均为可测参数，且 Q_s 可以根据式（5.10）并通过可测的 Q_p 与 C_p 求得：$Q_s = Q_p C_p$，即式（5.2）及式（5.3）中只有透过系数 A 与 B 为不可测参数。

恒定压力条件下，产水量 $Q_p = AS[(P_f - P_p) - (\pi_f - \pi_p)]$，通过产水量 Q_p 可以直接表征透水系数 A。透盐率 $S_p = C_p/C_f = Q_s/Q_p C_f = B(C_f - C_p)/A \cdot C_f[(P_f - P_p) - (\pi_f - \pi_p)]$，透盐率 S_p 反映的是透盐系数 B 与透水系数 A 的合成作用。如果膜元件的透水系数 A 较大，在特定工作压力 P_f 作用之下，不仅元件的产水量 Q_p 指标较大，而且元件的透盐率 S_p 指标较小。

总之，恒压力参数中，产水量 Q_p 与透盐率 S_p 可以特定方式反映膜元件内在参数 A 与 B，但未能达到分别、直接且独立反映的要求。

5.3.2　膜元件恒通量参数

恒定通量条件下，膜通量 $F_p = Q_p/S = A[(P_f - P_p) - (\pi_f - \pi_p)]$，即工作压力 P_f 可以直接表征透水系数 A；透盐率 $S_p = C_p/C_f = Q_s/Q_p C_f = B \cdot S(C_f - C_p)/(F_p C_f)$，即透盐率 S_p 可以直接表征透盐系数 B；做到了外在参数分别、直接且独立地反映了内在参数。而且，采用通量参数而非流量参数避免了因元件面积造成的流量差异。

在恒通量 F_p 条件下，如元件的测试工作压力 P_f 较高，则反映元件的透水系数 A 较小，而与元件的透盐系数 B 无关；如元件的测试透盐率 S_p 较高，则反映元件的透盐系数 B 较大，而与元件的透水系数 A 无关。总之，采用恒通量的方式进行膜元件的性能测试优于恒压力的方式。加之反渗透系统的运行模式，非泵特性模式即恒流量模式，而绝无恒压力模式，故以膜通量为测试条件与实际运行模式也更为接近。结合 4.7 节内容可知，超微滤与反渗透膜性能的测试均应以恒定通量为测试条件，而以跨膜压差或工作压力等为性能指标。

表 5.4 给出了时代沃顿公司膜元件在相同产水通量条件下的不同工作压力与透盐率，从而可知：ULP12 品种膜元件的工作压力最低，LP22 的工作压力最高；ULP12 品种膜元件的透盐率最大，LP22 的透盐率最小。

表 5.4　时代沃顿公司 8in 膜元件恒通量条件特性参数

	膜元件品种	LP22	ULP12	ULP22	ULP32
性能指标	工作压力/MPa	1.01	0.61	0.64	0.71
	透盐率/%	0.89	5.61	2.56	1.11
计算条件	NaCl 溶液/(mg/L)	2000			
	计算通量/[L/(m²·h)]	23.6			
	计算温度/℃	25			
	计算收率/%	15			
按工作压力排序					
	膜元件品种	ULP12	ULP22	ULP32	LP22
	工作压力/MPa	0.61	0.64	0.71	1.01
按透盐率排序					
	膜元件品种	ULP12	ULP22	ULP32	LP22
	透盐率/%	5.61	2.56	1.11	0.89

从表 5.3 与表 5.4 的膜品种排序可以看到，膜品种恒压力条件下的产水流量大与恒通量条件下的膜品种的工作压力小相互等价；但膜品种恒压力条件下的透盐率高与恒通量条件下的膜品种的透盐率高并非等价。

5.3.3 膜元件膜压降参数

除透盐率及工作压力（或产水流量）之外，膜元件品种的另一重要运行参数是其给水端至浓水端的压力损失或称膜压降。如果认为前两项参数反映了元件中膜片及污染层的透水系数及透盐系数，则后一参数反映了元件中浓水隔网阻力及污染层阻力所决定的流道阻力系数。

膜压降参数测量中存在的敏感问题是元件的产水量与回收率。对于特定膜元件品种，不同的产水量或不同的回收率，将产生不同的膜压降。目前为止，各膜厂商均未给出明确的膜压降测试方法。笔者建议两种膜压降的测试方法：

① 在无产水流量（关闭产水流道）条件下，测量特定给浓水流量对应的膜压降。

② 在定产水流量（而非产水通量）条件下，测量特定给浓水流量对应的膜压降。

这里不用产水通量而用产水流量，是为防止相同规格不同面积元件造成的测试误差。但是，绝不可以在定元件收率及定工作压力条件下测试膜压降，因为届时的给浓水流量将随产水流量而变化。

5.3.4 膜元件的三项指标

无论膜元件的内部结构如何复杂、内部性能如何多样、膜元件污染程度及污染性质如何，其外部性能主要就是膜压降、脱盐率、工作压力三项参数，且通过此三项参数可分别、直接且独立地反映元件的透水系数、透盐系数及流道阻力系数。对于特定膜元件，三项参数表征的是膜元件的实时参数；新旧膜元件参数的差值表征的是元件性能的衰减程度及污染层的附加影响。正是由于三项参数的特有性质，也将其称为膜元件的三项外特性指标。

5.3.5 膜元件的透水压力

根据 5.3.2 节所述方法，可以测试得出不同膜元件品种在相同通量条件下的不同工作压力，但由于不同膜元件品种具有不同的透盐率，会影响到膜两侧的含盐量及渗透压，进而影响到测试所得膜元件品种的工作压力。总之，膜品种的透盐率指标影响着工作压力指标。为得到独立于透盐率的膜品种工作压力可以将测试时的给水含盐量降至 0mg/L（或 1mg/L 的极低水平），届时的工作压力称为膜元件品种的"透水压力"。表 5.5 给出海德能公司部分膜品种的透水压力指标，且依表示数据称 ESPA1 为低压膜并称 SWC5 为高压膜。

业界及本书后续部分中所谓高压膜或低压膜，实质上是高透水压力膜与低透水压力膜。膜元件的外部性能也可以是膜压降、脱盐率、透水压力三项参数。

表 5.5 海德能公司 8in 膜元件低给水盐量及恒通量条件下的透水压力指标

[1mg/L，25℃，15%，20L/(m²·h)，0a]

元件品种	ESPA1	ESPA2	PROC20	PROC10	CPA3-LD	SWC4	SWC5
透水压力/MPa	0.35	0.46	0.38	0.60	0.60	0.78	1.04

5.4　膜元件的运行特性

通过膜元件的外特性指标可以对膜元件性能进行一个基本的评价，但仅限于对一组特定运行条件下运行参数的评价。膜元件运行过程中存在多个可变的运行条件，通过对各个单项条件变化范围内的运行参数的分析，可以更加全面细致地了解膜元件的性能。这里称工作压力、透盐率、膜压降三项外部参数为运行参数，并称给水温度、产水通量、给水盐量及元件收率等为运行条件，膜元件各运行参数分别与运行条件的函数关系称为膜元件的运行特性。

由于运行条件具有较多内容，每项内容的数值又具有很广的范围，膜元件运行特性是一个很宽泛的概念，这里仅就其主要内容加以分析。本节相关数据源于时代沃顿公司设计软件及 ULP21、ULP22、ULP32 等反渗透膜品种为背景进行的计算分析，其他厂商及其品种元件的运行特性与之相似。

5.4.1　膜元件给水温度特性

膜元件的给水温度特性系指其他运行条件不变时，膜元件的给水压力及透盐率分别与给水温度的函数关系。

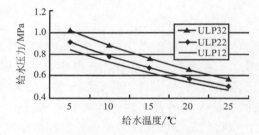

图 5.7　膜元件给水压力的给水温度特性　　　　图 5.8　膜元件透盐率的给水温度特性
[20L/(m²·h)，15%，1000mg/L，0.85 污染系数]　[20L/(m²·h)，15%，1000mg/L，0.85 污染系数]

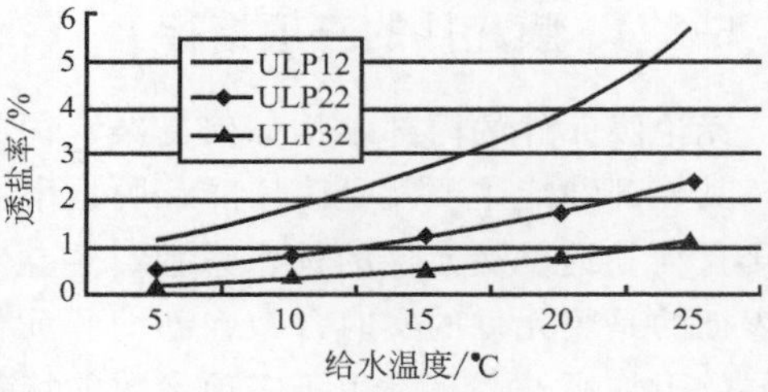

图 5.7 曲线表明，随着给水温度的线性增长，元件的给水压力呈下降趋势。一般而言，在恒定给水压力条件下，给水温度每上升 1℃时，产水流量增长约 3%；或在恒定产水通量条件下，给水温度每上升 1℃时，给水压力下降约 3%。图 5.8 曲线表明，元件透盐率随着给水温度的增长而上升。从透盐率增长比例看，各膜品种元件在给水温度每上升 1℃时，元件透盐率增长约 9%。从透盐率增长数值看，越是低压膜品种，其透盐率对于温度的变化越敏感。

5.4.2　膜元件产水通量特性

膜元件的产水通量特性系指其他运行条件不变时，膜元件的给水压力及透盐率分别与产水通量的函数关系。

图 5.9 曲线表明，随着产水通量的增长，元件的给水压力呈线性上升趋势，且产水通量每增长 1L/(m²·h)，则给水压力上升约 4.5%；或元件的给水压力每增长 1MPa，则产水通量上升约 2.0%。图 5.10 曲线表明，随着产水通量的增长，元件的透盐率逐步下降。该变化趋势也可以概括为：产水通量每增加 1L/(m²·h)，元件透盐率下降约 4.5%。

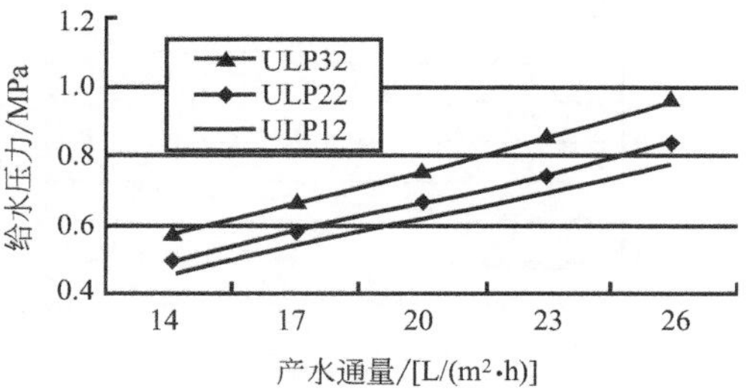

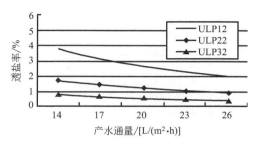

图 5.9　膜元件给水压力的产水通量特性
（15％，1000mg/L，15℃，0.85 污染系数）

图 5.10　膜元件透盐率的产水通量特性
（15％，1000mg/L，15℃，0.85 污染系数）

5.4.3　膜元件给水含盐量特性

膜元件的给水含盐量特性系指其他运行条件不变时，膜元件的给水压力及透盐率分别与给水含盐量的函数关系。

图 5.11 曲线表明，随着给水含盐量的增长，元件的给水压力呈线性上升趋势，且给水含盐量每增长 1000mg/L，而给水压力仅上升约 15％。图 5.12 曲线表明，给水含盐量在 500～2500mg/L 范围内，随着给水含盐量的增长，元件的透盐率逐步上升，但上升趋势渐缓。

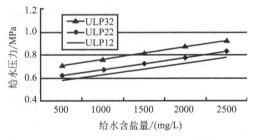

图 5.11　膜元件给水压力的给水含盐量特性
[20L/(m²·h)，15％，15℃，0.85 污染系数]

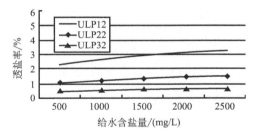

图 5.12　膜元件透盐率的给水含盐量特性
[20L/(m²·h)，15％，15℃，0.85 污染系数]

5.4.4　膜元件的回收率特性

膜元件的回收率特性系指其他运行条件不变时，膜元件的给水压力及透盐率分别与膜元件回收率的函数关系。

元件回收率较低时，给水流量较大，元件压降较大，给水压力较大；随着元件回收率的上升，给水流量下降，元件压降减小，给水压力下降。元件回收率较高时，随回收率的上升，给浓水的平均浓度不断提高，给浓水渗透压及浓差极化增加，元件的给水压力也将有所上升。因此，各卷式膜元件在 8％～18％收率条件下的给水压力较低，而低于或高于该收率范围时的给水压力均会有所提高。由于元件回收率 18％与浓差极化度 1.2 相对应，因此浓差极化度 1.2 的限值也与给水压力开始加速上升相契合。图 5.13 示出膜元件给水压力与元件回收率间的关系曲线。

如图 5.14 曲线所示，对于恒定通量条件下，在膜元件回收率不断提高的过程中，给浓水的平均浓度不断提高，元件透盐率必然不断增加。

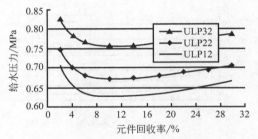

图 5.13　给水压力的回收率特性
[20L/(m²·h)，15℃，0.85 污染系数]

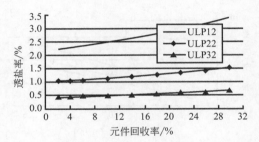

图 5.14　膜元件透盐率的回收率特性
[20L/(m²·h)，15℃，0.85 污染系数]

5.4.5　膜元件压降影响因素

由于膜压降参数仅与给浓水平均流量相关，故元件回收率与元件产水通量的变化均会使膜压降产生相应变化。

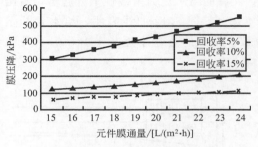

图 5.15　膜压降的膜通量特性

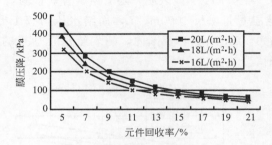

图 5.16　膜压降的回收率特性

如图 5.15 所示，当恒定元件回收率而元件通量上升时，各类膜元件的膜压降也随之上升。但是，当回收率较低时，同样的产水通量增幅，将造成较高的给浓水流量增幅，进而产生较大的膜压降增幅。图 5.16 为图 5.15 特征的更换坐标的表现形式，前者重点表征膜压降与产水通量的关系，后者重点表征膜压降与回收率的关系。

5.5　元件各项水质特性

除上述软件计算数据的分析之外，反渗透膜元件的性能具有更丰富的内容，且尚未被各膜厂商提供的设计软件所涵盖。基于系统设计与系统运行的实际需要，本节给出特定膜元件的试验数据。由于试验环境及元件样本的局限，本节相关数据仅对应海德能公司的 ESPA4-4040 膜品种及氯化钠为主要成分的给水水质，其他元件品种及给水情况可在本节数据基础上加以估计。

反渗透系统中的参数可分为给水水质、产水水质、浓水水质及运行参数（包括元件性能、系统结构、运行通量、运行收率等）四类。给水水质为基础，通过运行参数决定产水水质与浓水水质。由于产水属于产物，关注其水质的意义是为达到系统设计要求；尽管浓水属于弃物，但其水质决定了系统污染，关注浓水水质的目的是为保证运行稳定。

产水水质与浓水水质中的重要内容之一是其 pH 值，各膜厂商的设计软件在计算 pH 值方面均存在较大误差。因此，这里分别给出一级系统中透盐率、产水 pH 值及浓水 pH 值的相关参数曲线。

5.5.1 膜元件的透盐率特性

一般而言，膜元件的透盐率除受到回收率的影响之外，还受给水电导、给水温度、给水 pH 值及膜通量的影响。图 5.17～图 5.20 示出元件透盐率的给水 pH 值特性，特性曲线中分别包含了给水温度及给水电导率的影响因素。图示曲线表明：

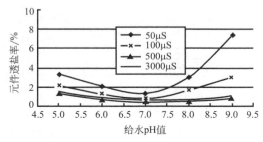

图 5.17　透盐率与给水 pH 值关系曲线
[给水温度 5℃，回收率 15%，膜通量 30L/(m²·h)]

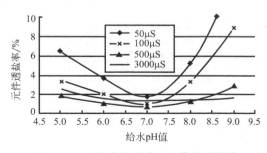

图 5.18　透盐率与给水 pH 值关系曲线
[给水温度 25℃，回收率 15%，膜通量 30L/(m²·h)]

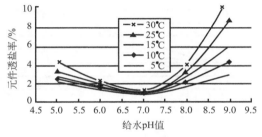

图 5.19　透盐率与给水 pH 值关系曲线
[给水电导 100μS，回收率 15%，膜通量 30L/(m²·h)]

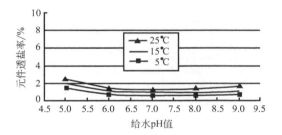

图 5.20　透盐率与给水 pH 值关系曲线
[给水电导 3000μS，回收率 15%，膜通量 30L/(m²·h)]

① 给水 pH 值在 7 附近区域内的元件透盐率达到最低值。
② 低给水电导率时，透盐率在给水偏酸区域内对给水电导率的敏感性低于偏碱区域。
③ 高给水电导率时，透盐率在给水偏酸区域内对给水电导率的敏感性高于偏碱区域。
④ 给水温度越高，元件透盐率对给水 pH 值及给水电导率的变化越敏感。

图 5.21 与图 5.22 给出的膜元件透盐率的膜通量特性表明：低通量时透盐率对给水温度及给水电导率变化的敏感度较高，而高通量时的敏感度较低。

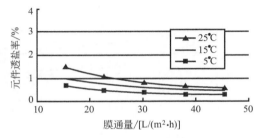

图 5.21　透盐率与膜通量关系曲线
（给水电导 1000μS，给水 pH 值 7，回收率 60%）

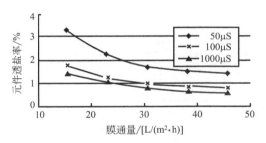

图 5.22　透盐率与膜通量关系曲线
（给水温度 25℃，给水 pH 值 7，回收率 60%）

5.5.2 膜元件产水 pH 值特性

膜元件产水的 pH 值除受到回收率的影响之外，还受给水电导率、给水温度、给水 pH 值及膜通量的影响。图 5.23～图 5.26 示出的元件产水 pH 值与给水 pH 值的关系曲线表明：

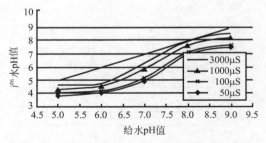

图 5.23　产水 pH 值与给水 pH 值关系曲线
[给水温度 5℃，回收率 15％，膜通量 30L/(m²·h)]

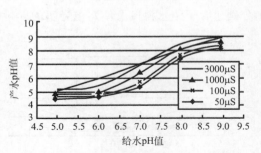

图 5.24　产水 pH 值与给水 pH 值关系曲线
[给水温度 25℃，回收率 15％，膜通量 30L/(m²·h)]

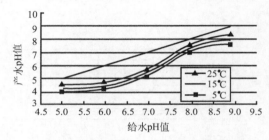

图 5.25　产水 pH 值与给水 pH 值关系曲线
[给水电导 100μS，回收率 15％，膜通量 30L/(m²·h)]

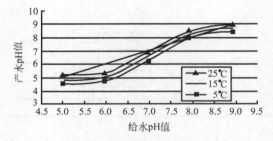

图 5.26　产水 pH 值与给水 pH 值关系曲线
[给水电导 3000μS，回收率 15％，膜通量 30L/(m²·h)]

① 在给水 pH 值从 5～9 的较大范围内，产水 pH 值基本上低于给水 pH 值。

② 一般而言，产水 pH 值随给水 pH 值上升而上升。其中，在给水 pH 值的 5～6 与 8～9 范围内产水 pH 值的变化趋缓，在给水 pH 值的 6～8 范围内产水 pH 值的变化趋急，因此产水 pH 值的给水 pH 值特性曲线呈 S 形。

③ 对于相同的给水 pH 值水平，给水电导率越低，产水越偏酸。

④ 对于相同的给水 pH 值水平，给水温度越低，产水越偏酸。

图 5.27 和图 5.28 分别示出的元件产水 pH 值的膜通量特性曲线表明：

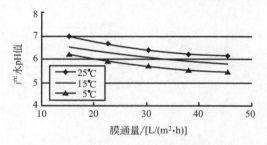

图 5.27　产水 pH 值与膜通量关系曲线
（给水电导 1000μS，给水 pH 值 7，回收率 60％）

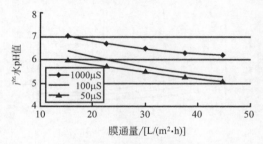

图 5.28　产水 pH 值与膜通量关系曲线
（给水温度 25℃，给水 pH 值 7，回收率 60％）

① 随着膜通量的上升，产水的 pH 值呈负指数规律下降。

② 给水温度越低，产水 pH 值越低；给水电导率越低，产水 pH 值越低。

③ 相同膜通量条件下，等差给水温度产生约为等差的产水 pH 值。

5.5.3　膜元件浓水 pH 值特性

由于每支膜元件的回收率低于 18%，膜元件浓水 pH 值与给水 pH 值之间的差异较小，而且浓水问题本身就是针对系统末端高浓缩后的水体参数问题。因此，这里的分析是针对 60% 收率的系统浓水 pH 值与给水电导率、给水温度、给水 pH 值及膜通量的对应关系。图 5.29～图 5.32 分别示出的系统浓水 pH 值特性曲线表明：

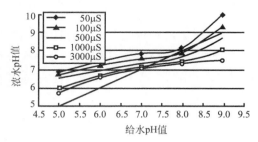

图 5.29　浓水 pH 值与给水 pH 值关系曲线
［给水温度 5℃，回收率 60%，膜通量 30L/(m²·h)］

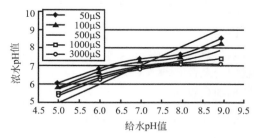

图 5.30　浓水 pH 值与给水 pH 值关系曲线
［给水温度 25℃，回收率 60%，膜通量 30L/(m²·h)］

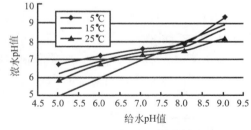

图 5.31　浓水 pH 值与给水 pH 值关系曲线
［给水电导 100μS，回收率 60%，膜通量 30L/(m²·h)］

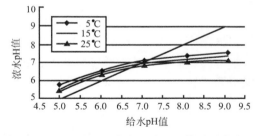

图 5.32　浓水 pH 值与给水 pH 值关系曲线
［给水电导 3000μS，回收率 60%，膜通量 30L/(m²·h)］

① 给水 pH 值在 7.3 附近范围内时，浓水的 pH 值与给水 pH 值基本相等。给水 pH 值低于 7.3 时，浓水 pH 值较高；而给水 pH 值高于 7.3 时，浓水 pH 值较低。

② 一般而言，浓水 pH 值随给水 pH 值上升而上升。其中，给水 pH 值在 5.0～6.5 与 8.0～9.0 范围内时，浓水 pH 值的变化趋急；给水 pH 值在 6.5～8.0 范围内时，浓水 pH 值的变化趋缓；因此浓水 pH 值的给水 pH 值特性曲线呈 Z 形。

③ 相同给水 pH 值条件下，给水温度越低，浓水 pH 值越高。

④ 相同给水 pH 值条件下，给水电导率越低，浓水 pH 值越高。

图 5.33、图 5.34 分别示出的系统浓水 pH 值的膜通量特性曲线表明：

① 随着膜通量的上升，产水的 pH 值呈负指数规律下降。

② 给水温度越低，浓水 pH 值越高；给水电导率越低，浓水 pH 值越高。

③ 相同膜通量条件下，等差给水温度产生等差的浓水 pH 值。

元件产水特性与元件浓水特性相比较将会发现，两类曲线的变化成相反趋势或成镜像关系。

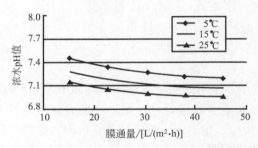
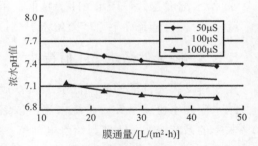

图 5.33 浓水 pH 值与膜通量关系曲线
（给水电导 1000μS，给水 pH 值 7，回收率 60%）

图 5.34 浓水 pH 值与膜通量关系曲线
（给水温度 25℃，给水 pH 值 7，回收率 60%）

这里 5.4 节与 5.5 节给出的膜元件特性曲线主要突出了两项内容，一是 pH 值参数特性；二是各参数的低给水电导率特性（反映给水含盐量特性）。也正是这两项成为目前各设计软件的最大计算误差所在。更加完善及权威的试验参数系列，将有效提高系统设计与系统模拟的精度水平。

5.5.4 膜过程的碳酸盐平衡

反渗透膜系统中给水、产水及浓水的 pH 值之间的关系决定于水体中各碳酸盐体系的平衡关系与膜过程对各碳酸盐成分的不同透过率。式（5.14）给出水溶液中碳酸盐的平衡方程：

$$H_2CO_3 \Longrightarrow H^+ + HCO_3^- \Longrightarrow 2H^+ + CO_3^{2-} \Longrightarrow H_2O + CO_2 \qquad (5.14)$$

根据图 5.35 所示水溶液中碳酸盐体系平衡与 pH 值之间的关系曲线：pH 值大于 8.2 时，水中的二氧化碳与碳酸氢根开始转化为碳酸根；pH 值小于 8.2 时，水中的碳酸根与碳酸氢根开始转化为二氧化碳；pH 值等于 4.0 时，水中的碳酸盐完全转化为二氧化碳。

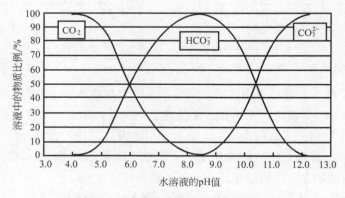

图 5.35 水溶液中碳酸盐体系的平衡

由于反渗透膜对于碳酸氢根与碳酸根的透过率较低，故给水 pH 值大于 4.0 时，浓水中的碳酸氢根浓度上升即浓水的 pH 值上升，产水中的碳酸氢根浓度下降即产水的 pH 值下降。

反渗透膜对于二氧化碳气体几乎没有脱除率，对于碳酸根及碳酸氢根具有较高脱除率，因为碳酸氢根的水化半径大于碳酸根，故对碳酸氢根脱除率高于碳酸根。当水体 pH 值为

8.2 时，水中只有碳酸氢根存在，届时的反渗透膜对整体碳酸盐的脱除率最高。

除了水溶液的碳酸盐体系因素之外，不同反渗透膜材料的脱盐率也与水体的 pH 值存在特定关系，图 5.17～图 5.20 所示元件透盐率与给水 pH 值关系，是碳酸盐体系与膜材料特性两者合成作用的结果。

 ## 膜元件浓差极化度

在 3.5 节讨论了理想膜过程中的浓差极化现象，实际膜元件的给浓水流道两个侧面是两个膜表面，形成的是双侧渗透流，流道中间是浓水隔网，故流道中径流的形态十分复杂，但总还是存在很薄的层流与很厚的紊流两类流态区别。浓差极化度严格定义为层流层膜表面盐浓度 C_m 与紊流层平均盐浓度 C_t 之比 $\beta = C_m/C_t$，属于膜微元性质。膜元件中各位置的浓差极化度均值约等于膜表面盐浓度 C_m 与给浓水平均盐浓度 $\overline{C}_{fc}$ 之比，具有元件均值性质

$$\beta = C_m/\overline{C}_{fc} \tag{5.15}$$

元件浓水出口位置的浓差极化度约等于元件末端膜表面盐浓度 C_m 与浓水盐浓度 C_c 之比，具有点位置性质

$$\beta = C_m/C_c \tag{5.16}$$

膜元件的浓差极化度与元件给水含盐量、给水温度、产水量、透盐率、回收率及膜污染等多项因素相关。目前各膜厂商提供的各个设计软件，只有海德能公司的软件中明确标示了各元件的浓差极化度指标，其他公司的软件并无明确标示。而海德能软件中的浓差极化度也只与元件回收率相关，而忽略了其他因素的影响。图 5.36 给出海德能公司设计软件中浓差极化度与元件回收率及元件浓淡比之间的关系曲线。

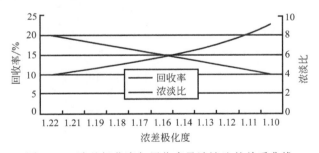

图 5.36 浓差极化度与回收率及浓淡比的关系曲线

各类物质的透过率

尽管对于反渗透膜过程的传质机理具有溶解-扩散、优先吸附-毛细孔流、氢键、扩散-细孔流及自由体积等多种理论，但尚没有一种理论能够全面、完整并准确地解释各种工况条件下对于各类有机物与无机盐的膜过程现象。

实际的反渗透膜过程中，对大于 100Da 分子量有机物的透过率极低（接近 0），对小于 100Da 分子量有机物的透过率较大；对于高价离子的透过率极低，而对于低价离子的透过率高于高价离子。表 5.6 及表 5.7 示出东丽科公司 BE 与 BN 系列膜元件对于各类溶质及各类离子的透过率。

表 5.6 韩国东玺科（TCK）公司 BE 与 BN 系列膜对各类溶质的透过率

名称	相对分子质量	透过率/%	名称	相对分子质量	透过率%	名称	相对分子质量	透过率/%
NaF	42	1	$CaCl_2$	111	1	异丙醇	60	8
NaCN	49	2	$MgSO_4$	120	1	尿素	60	30
NaCl	58	1	$NiSO_4$	155	1	葡萄糖	90	6
SiO_2	60	1	$CuSO_4$	160	1	蔗糖	90	1
$NaHCO_3$	84		甲醛	30	65	BOD		5
$NaNO_3$	85	3	甲醇	32	75	COD		3
$MgCl_2$	95		乙醇	46	30			

表 5.7 韩国东玺科（TCK）公司 BE 与 BN 系列膜对各类离子的透过率

名称	相对分子质量	透过率/%	名称	相对分子质量	透过率%	名称	相对分子质量	透过率/%
Na^+	23.0	3	Cu^{2+}	63.5	1	Cl^-	35.5	1
Ca^{2+}	40.1	1	Ni^{2+}	58.7	1	HCO_3^-	61.0	2
Mg^{2+}	24.3	1	Zn^{2+}	65.4	1	SO_4^{2-}	96.1	1
K^+	39.1	2	Sr^{2+}	87.6	2	NO_3^-	62.0	4
Fe	55.84	1	Cd^{2+}	112.4	1	F^-	19.0	2
Mn^{2+}	54.9	1	Ag^+	107.9	1	PO_4^{3-}	95.0	1
Al^{3+}	27.0	1	Hg^{2+}	200.5	1	SiO_2	60.1	1
NH_4^+	18.0	1	Ba^{2+}	137.3	2			

　　反渗透系统透过率的标准表征方式应为产水含盐量与给水含盐量的比值，实际工程中多以产水电导与给水电导的比值进行表征。表 5.8 示出各离子单位摩尔浓度溶液的电导率数值。

表 5.8 各离子单位摩尔浓度溶液的电导率数值　　　　单位：$\mu S/cm$

离子名称	20℃	25℃	离子名称	20℃	25℃	离子名称	20℃	25℃
H^+	328	350	Ca^{2+}	53.7	59.5	$H_2PO_4^-$	30.1	36.0
Na^+	45.0	50.1	OH^-	179	197	CO_2^{2-}	63.0	72.0
K^+	67.0	73.5	Cl^-	69.0	76.3	HPO_4^{2-}		53.4
NH_4^+	67.0	73.5	HCO_3^-	36.5	44.5	SO_4^{2-}	71.8	79.8
Mg^{2+}	47.0	53.1	NO_3^-	65.2	71.4	PO_4^{3-}		69.0

反渗透膜系统典型工艺

6.1 系统结构与技术术语

6.1.1 系统典型结构

本书后续章节将涉及反渗透膜系统的多种系统结构与工艺，这里就相关技术术语进行一个总体注释。一个完整的反渗透系统包括"预处理系统""膜处理系统""后处理系统"三个部分。由元件、膜壳、水泵、管路、阀门、仪表、电控、水箱及构架为主要设备构成了膜处理系统，膜系统中随工艺的简繁不等，存在着不同的系统结构与系统径流。

进入预处理系统的径流为"系统原水"，进入膜系统的径流为"系统进水"，进入膜堆的径流为"系统给水"。膜堆中产出的淡化水体称为"系统产水"，膜堆中排出的浓缩水体称为"系统浓水"。不存在浓水回流及淡水回流工艺时，系统进水与系统给水两术语混用。

在图 6.1 示出的一级系统工艺流程中，多支膜元件的串联结构称为"膜串"（简称为串）；而只要后支元件的给水完全来源于前支元件的浓水时，前后两支元件则同属于一个"膜串"。膜串内串联元件数量成为"膜串长度"，长度相等的单个或多个膜串相并联时称为"膜段"（简称为段），而长度不等的膜串不可并联。只有一组并联膜串结构时，膜堆结构称为一段；前后两组并联膜串结构中的并联数量不同时称为前后或首末两段。各膜段串联起来即构成"膜堆"。

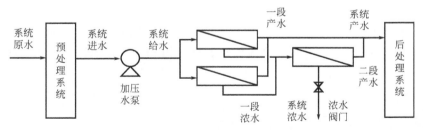

图 6.1 一级反渗透系统简单结构工艺流程图

在图 6.2 所示一级三段系统工艺流程中，各段具有各自的给水、产水（或淡水）与浓水径流。其中系统给水为第一段给水，系统产水为各段产水径流之和，系统浓水为最末段浓水。图 6.3 示出几种不同的一段系统结构，其中特别应注意：分膜壳串联结构仍属于同一膜串，单一膜串或并联膜串均属于同一膜段。

如果系统中首末两段分别配有产水流量计，则可直接了解系统的各段通量。如果系统中只有一只产水流量计，则可通过两段系统前后位置上的三只压力表间接了解系统的各段

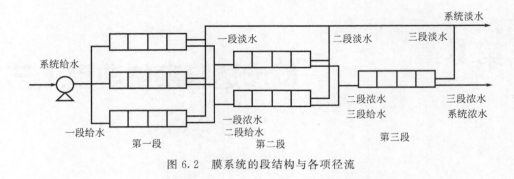

图 6.2 膜系统的段结构与各项径流

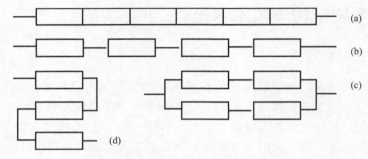

图 6.3 四种一段系统结构示意图

通量。

6.1.2 膜堆结构术语

膜堆中的膜串与膜段用"＊＊/♯♯"或"＊＊/♯♯-＊＊/♯♯"或"＊＊-＊＊/♯♯"符号加以表示。其中,"＊＊"表示膜段中并联的膜串数量,"♯♯"表示膜串中串联的元件数量,"-"为前后两段的分割符。例如,1/6 表示 1 段结构,段中有 1 串元件,串中有 6 支元件。又如,2/3-1/4 表示 2 段结构,首段有 2 串元件,每串有 3 支元件;末段有 1 串元件,每串有 4 支元件。再如 2-1/6 表示 2 段结构,首段有 2 串元件,末段有 1 串元件,首末两段中每串有 6 支元件。

本书中,膜串长度也称"膜段长度",各段长度之和称为"系统流程长度"。因工业膜元件的长度一般为 1m,膜段长度及系统流程长度可用 m（米）为量纲。从本章开始采用膜堆结构术语简化表示系统结构。

6.2 设计依据与设计指标

6.2.1 系统设计依据

与其他水处理系统设计相仿,除场地、设备、资金等非技术问题之外,反渗透系统设计的依据主要是给水水质条件、产水水质要求及产水流量三项要求。而且,这里总是假设预处理系统设计已经完成,系统的给水水质指标均已达到膜系统的基本要求。

（1）给水水质条件

在 5.2.3 节中讨论的膜元件给水水质极限参数也就是膜系统的给水水质极限参数。以自然水体为水源的给水水质将随季节周期性变化，以工业污水为水源的给水水质一般具有更高的变化频率与幅度，而以市政污水为水源的给水水质的变化频率与幅度可能较低。

膜系统的给水水质指标可以再分为水体温度、总含盐量、各类无机盐含量、各类有机物含量、污染指数及水源类型等诸项。

① 给水温度　由于膜元件的透盐率与透水率均与给水温度正相关，系统给水温度直接影响着膜系统的工作压力与产水水质。

② 给水含盐量　给水含盐量与系统透盐率的乘积即为产水含盐量，且给水含盐量与系统回收率决定了系统的渗透压及工作压力，因此给水含盐量直接影响产水水质与工作压力。

③ 无机污染物含量　给水中的难溶盐是膜系统中典型的无机污染物，各类难溶盐在系统末端膜表面析出是系统的典型无机污染，因此给水的难溶盐含量决定了系统最大回收率及投放阻垢剂的品种与用量。当系统回收率与阻垢剂浓度使系统末端膜表面难溶盐浓度处于临界饱和前后，系统的无机污染速度将存在一个突变过程。

④ 有机污染物含量　给水中的各类有机物均为膜系统的有机污染物，有机物浓度决定了系统的有机污染速度甚至生物污染速度，进而决定系统的清洗频率、清洗力度、换膜频率、运行成本及运行稳定。给水中有机物种类与浓度影响着系统有机污染的速度，虽然有机污染不存在突变过程，但与其相关的生物污染可能存在突变过程。

⑤ 污染指数与水源类型　由于污染指数表征的是 $0.45\mu m$ 以上粒径污染物的浓度，$0.45\mu m$ 以下粒径的有机物又无具体指标表征，故 $0.45\mu m$ 以下粒径的有机物常由水源类型加以模糊表征。水源类型一般分为膜系统产水、自来水、深井水、地表水、海井水、深海水、污废水等类型，其水质依次劣化。

（2）产水流量要求

国内水处理工程一般分为市政水处理与工业水处理两种类型。前者包括给水加工、污水处理及海水淡化等工程，其产水流量一般按照每天立方米（即 m^3/d）计算；后者包括各类工艺给水的深度处理工程及各类工艺污水的资源回用工程，其产水流量一般按照每小时立方米（即 m^3/h）计算。

一些工程的产水流量要求随季节而变化，故设计产水流量也有不同季节的差异，这对于给水温度十分敏感的膜系统十分重要。一些工程的产水流量要求随昼夜即时间变化，则膜系统的设计产水流量与产水出水箱的设计体积密切相关。

（3）产水水质要求

膜系统的产水水质可以包括氟与硼等特殊离子含量及 pH 值等多项指标，但主要是总含盐量（mg/L）或电导率（$\mu S/cm$）指标。产水水质要求一般不存在季节性差异，而对于 pH 值或特殊离子含量要求可结合膜系统的前后工艺予以处理。

一般而言，产水流量达到要求的数值时，还要求给水泵留有余量以备温度变化与系统污染；产水水质达到要求的数值时，也要求产水水质指标留有余量以备温度变化与系统污染。

如整个工艺流程中还存在二级系统、EDI 系统或树脂交换等除盐工艺，一级膜系统设计产水水质应该放在整体工艺流程中予以考虑，使整体工艺流程达到技术可行与经济合理。

三大设计依据构成了膜系统的设计基础并决定了系统的主要工艺参数。例如，给水水质决定了系统收率与系统通量，产水流量决定了系统规模，系统脱盐率决定了元件品种。

6.2.2 系统工艺设计

膜系统设计领域中主要的经济与技术指标及参数包括膜堆、设备、经济及技术四大类。

① 系统膜堆参数　包括元件数量、元件品种、元件排列等。

② 系统设备参数　包括水泵规格、膜壳数量、管路参数等。

③ 系统经济指标　包括投资费用、运行费用两大指标。

④ 系统技术指标　包括系统膜通量、系统回收率、系统透盐率、浓差极化度、段均通量比、段壳浓水比、监控水平、吨水能耗8项内容。

系统设计中各项参数指标之间存在十大基本关系：

① **系统膜通量主要决定于系统给水中有机污染物浓度。**

② **系统膜通量与产水流量决定了元件数量即膜堆规模。**

③ **系统回收率主要决定于系统给水中无机污染物浓度。**

④ **系统透盐率主要决定于膜元件品种具有的脱盐水平。**

⑤ **浓差极化度主要决定于各段膜堆的总系统流程长度。**

⑥ **段均通量比主要依靠段间加压或淡水背压相关工艺。**

⑦ **系统结构性极限收率应大于并接近难溶盐极限收率。**

⑧ **水泵流量决定于系统产水量要求与系统回收率指标。**

⑨ **水泵压力主要决定于膜元件透水压力与给水含盐量。**

⑩ **段壳浓水比主要决定于膜堆中各段膜串的比例关系。**

进行系统设计过程及解决十大基本关系过程中，需要解决相关工艺问题。系统工艺可以分为典型工艺、特殊工艺及优化工艺三个不同层次。

① 系统典型工艺　膜系统的典型工艺需要设计最为基本的主要设备、主要结构、辅助设备与辅助装置。如图6.1所示，典型工艺中的主要设备包括膜（膜元件）、壳（膜容器）、泵（高压泵）的数量与规格，主要参数包括系统通量、系统收率与膜堆结构（即元件排列），辅助设备包括机架、阀门、管路、水箱等，辅助装置包括检测装置、控制装置、加药装置等。本书主要涉及工艺设计及设备选择，实际的工程设计还应包括工艺设备的平面布置及立体布置等诸多内容。

② 系统特殊工艺　在典型工艺基础上，为提高系统收率可增加浓水回流工艺，为提高产水水质可增加淡水回流工艺，为保证"通量均衡"（或称"均衡通量"）可增加段间加压工艺或淡水背压工艺，为了达到系统的脱盐水平可以增加第二级系统。为便于系统的在线清洗，还可以在主系统外旁路增加一套在线清洗装置。

③ 系统优化工艺　在典型及特殊工艺基础上，系统优化工艺包括：不同性能膜元件的优化排列、管路系统形式与流向的优化等诸多内容。

本章主要讨论系统的典型工艺，特殊工艺将于第7章讨论，优化工艺将于第12章讨论。

6.3 膜品种与系统透盐率

根据5.4节与5.5节内容的分析可知，给水温度、运行通量、运行收率甚至给水pH值对于运行透盐率均有一定影响，但影响程度有限；而改变元件品种即膜品种的透盐水平来改变运行透盐率的效果非常明显。上述结论对于系统而言也是如此。表 6.1 数据表明，欲降低特定系统的产水含盐量，可以提高系统通量或降低系统收率，也可以更换高脱盐率膜品种，但前者的效果有限，而后者的效果明显（注：根据表 5.1 所示数据，ESPA1 膜品种的脱盐水平为 99.3，ESPA2 膜品种的脱盐水平为 99.6）。

表 6.1　膜元件品种与系统产水水质关系

[1000mg/L，15℃，ESPA1，20L/(m² ·h)，75%，2-1/6，0a]

元件品种	系统通量/[L/(m² ·h)]	系统收率/%	产水盐量/(mg/L)
ESPA1	20	75	36.9
ESPA1	22	75	33.4
ESPA1	20	70	32.0
ESPA2	20	75	12.5

由此可以得出结论：系统设计领域中，影响系统脱盐率具有诸多因素，而决定系统脱盐率的主要因素是膜品种的脱盐水平。

6.4　设计导则与元件数量

6.4.1　系统设计导则

系统设计的重要内容是设定系统中各膜元件的平均产水通量（也称系统设计通量）指标。设计通量受到膜系统经济指标与技术指标的双重制约。从经济观点出发，过低的膜通量将使膜系统的设备利用率降低、设备规模增大、投资成本增高；过高的膜通量将加重膜污染、增加膜清洗与膜更换的运行成本。从技术观点出发，过低的膜通量将使系统透盐率上升，不能充分发挥膜工艺的脱盐效果，过高的膜通量将加速膜性能的衰减、无法保证膜工艺的稳定运行。理想的膜通量应兼顾系统的脱盐效果与运行稳定，并使投资费与运行费合成的系统总费用较低。膜通量与投资费及运行费间的对应关系示于图 6.4。

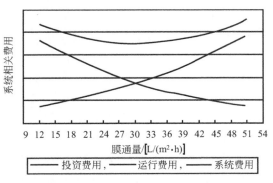

图 6.4　膜通量与系统费用的关系曲线

各膜厂商给出膜元件标准性能参数时，对应的测试通量是在纯水及短时测试条件下的运行参数，并不构成确定长期运行通量的依据。反渗透膜自身对通量并无严格的限制，而限制系统平均通量的实质是限制系统的稳定运行期间。一般而言，膜厂商总是保证：在系统给水的允许水质条件下，且在膜性能正常衰减速度基础上，膜系统可以稳定运行 3～

5年。

当预处理工艺保证了系统给水的水质要求，且系统收率及阻垢剂投加保证了系统末端膜表面不存在明显难溶盐沉淀的条件下，膜系统污染及膜性能衰减的主要因素就是系统的有机污染。系统有机污染的外因是给水中的有机物种类与浓度，其内因是系统运行负荷即系统平均通量，故系统有机污染的原因可统归为有机"污染负荷"即有机物浓度与平均通量的乘积（严格意义上还应再乘以浓差极化度）。因此，欲保证系统稳定运行3~5年，则给水污染物浓度越高，则要求平均通量越低，反之亦然。

表6.2　海德能公司的反渗透及纳滤系统设计导则

原水类型		RO产水	地下水		地表水		海水		污水	
预处理工艺		RO	未软化	软化	传统	MF/UF	传统	MF/UF	传统	MF/UF
给水 SDI		1	3	2	4	2	4	3	4	2
系统设计 平均通量 /[L/(m²·h)]	保守值	30.6	23.8	23.8	17.0	18.7	11.9	13.6	11.9	23.6
	常规值	35.7	27.2	27.2	18.7	23.8	13.6	17.0	17.0	18.7
	激进值	40.8	30.6	34.0	23.8	28.9	17.0	20.4	20.4	22.1
元件最高 给水流量 /(m³/h)	保守值	49.3	35.7	40.8	25.5	27.2	28.9	32.3	18.7	20.4
	常规值	51.0	40.8	45.9	30.6	32.1	34.0	40.8	25.5	27.2
	激进值	59.5	45.3	49.3	35.7	37.4	40.8	49.3	30.6	32.3
浓差极化度 β	保守值	1.3	1.18							
	常规值	1.4	1.20							
	激进值	1.7	1.20							
透水系数 年衰率/%	保守值	7	10	10	15	13	10	10	18	15
	常规值	5	7	7	12	10	7	7	15	12
	激进值	3	7	5	7	7	7	7	7	7
透盐系数 年增率/%	保守值	7	15							
	常规值	5	10							

尽管反渗透系统工艺前端总有预处理系统存在，但因原水类型及预处理工艺各异，系统给水的污染指数不尽相同，且相同污染指数条件对应的 $0.45\mu m$ 以下粒径污染物浓度也不相同。为此，各膜厂商制定了以原水类型与预处理工艺（或称原水类型与污染指数）为双重背景，对应不同给水有机物种类与浓度的系统平均通量标准即系统设计导则。海德能公司给出的设计导则见表6.2。

表中所谓传统预处理工艺系指混凝砂滤工艺加活性炭工艺。所以给出首端元件最高通量系因系统首端膜元件的工作压力最高，产水通量最大，故而加以特别限制以防其快速污染。尽管表中所设污水处理系统的设计通量已经降至 $18.7L/(m^2 \cdot h)$，其透水与透盐的每年变化的预期数值仍然较地表原水类型更高，即膜清洗与膜更换的周期更短。表6.2导则的基本规律是，有机物少的原水类型及处理效果好的预处理工艺对应较高设计通量，反之亦然。

因此，预处理系统的投资及运行费用的提高，可以换来膜处理系统投资及运行费用的降低，两者的平衡与优化是膜工艺水处理领域中的典型问题。例如，地表水系统采用低成本传统预处理工艺时的设计通量应为 $17.0~23.8L/(m^2 \cdot h)$，而采用高成本超滤预处理工艺

时的设计通量为 $18.7\sim28.9L/(m^2\cdot h)$。

从经济层面上讲，设计通量的高低对于投资成本与运行成本形成一对矛盾；从技术层面上讲，设计通量的高低对于运行稳定与产水水质也成一对矛盾。根据第 5 章讨论的内容，产水通量的降低会导致产水含盐量的上升，故对不易达到产水水质要求的系统，适度提高设计通量不失为解决问题的有效方法之一。关于在设计导则范围内优化设计通量的问题将于 12.3 节讨论。

6.4.2　系统元件数量

设计系统通量的目的之一是确定系统膜元件的数量。因典型的 8040 规格工业元件的膜面积 S_m 是 $33.9m^2$（$365ft^2$）、$37.2m^2$（$400ft^2$）或 $40.9m^2$（$440ft^2$），在已知设计流量 Q_{sys} 与设计通量 F_m 时，可得系统的膜元件数量 N_m：

$$N_m \approx \frac{Q_{sys}}{S_m F_m} \tag{6.1}$$

例如，设计产水流量为 $200m^3/h$ 的系统，系统平均通量为 $20L/(m^2\cdot h)$，如采用 $33.9m^2$ 面积元件时，则约需用膜元件 295 支；如采用 $37.2m^2$ 面积或采用 $40.9m^2$ 面积的元件时，则约需用膜元件 270 支或元件 245 支。

6.5　膜系统的极限回收率

如果说系统平均通量决定了系统的设备投资成本与洗膜或换膜的运行成本，则系统设计收率决定了系统运行的弃水成本。例如，设有 $100m^3/h$ 规模、$21.5L/(m^2\cdot h)$ 通量、75％收率的系统，则应有 $37.2m^2$ 膜元件数量 125 支，如按照每支元件 0.36 万元计算则折合膜元件成本 45 万元，按照 3 年寿命折算为每年膜折旧费为 15 万元。如给水成本按照吨水 1 元价格计算，系统每小时排放浓水 $33.3m^3$，每年排放浓水价值可达 29.2 万元。如果系统收率提高 1％，每年即可节水价值 1.168 万元。在目前国内水资源短缺、污染形势严重、要求减排甚至零排的政策条件下，系统收率问题更加严重。

一般而言，反渗透系统的回收率受到难溶盐、浓差极化度及壳浓水流量等因素的限制。

6.5.1　难溶盐的极限收率

如果说系统平均通量与有机污染速度之间的关系尚属线性性质，则系统设计收率与无机污染速度之间的关系应属于非线性性质。有机物在任何浓度条件下均产生系统污染，难溶盐在未超过饱和浓度时理论上不产生无机污染，而一旦超过饱和浓度即产生无机污染而且污染速度较快。因此，从难溶盐饱和析出意义上讲，膜系统设计领域中对回收率的限值具有着较为鲜明的坎值性质。

从系统产水角度观察，沿系统流程为一个透盐过程；从系统浓水角度观察，沿系统流程为一个浓缩过程。给水的含盐总量与难溶盐含量给定时，系统浓水的含盐总量与难溶盐含量都将随系统收率的上升而提高。如难溶物质的溶度积超过其特定的溶度积常数时将产生难溶盐沉淀，即形成无机污染。常见化合物在水中的溶度积常数见表 6.3。

表 6.3 常见难溶盐在水中的溶度积常数（25℃）

序号	名称	分子式	pK_{sp}	序号	名称	分子式	pK_{sp}
1	碳酸钙	$CaCO_3$	8.54	18	碳酸镍	$NiCO_3$	8.18
2	氟化钡	BaF_2	6	19	碳酸铅	$PbCO_3$	13.13
3	硫酸钡	$BaSO_4$	9.96	20	氯化铅	$PbCl_2$	4.79
4	碳酸钡	$BaCO_3$	8.29	21	碳酸锌	$ZnCO_3$	10.84
5	氟化钙	CaF_2	10.57	22	氢氧化锌	$Zn(OH)_2$	16.92
6	磷酸钙	$Ca_3(PO_4)_2$	28.7	23	磷酸锌	$Zn_3(PO_4)_2$	32.04
7	硫酸钙	$CaSO_4$	5.04	24	硫化锌	ZnS	22.92
8	氢氧化钙	$Ca(OH)_2$	5.81	25	碳酸亚铁	$FeCO_3$	10.5
9	氢氧化铜	$Cu(OH)_2$	19.25	26	氢氧化亚铁	$Fe(OH)_2$	13.8
10	硫化铜	CuS	44.07	27	硫化亚铁	FeS	17.2
11	氯化铜	$CuCl_2$	5.92	28	氢氧化铁	$Fe(OH)_3$	35.96
12	碳酸镁	$MgCO_3$	7.46	29	磷酸亚铁	$FePO_4$	21.89
13	氟化镁	MgF_2	8.19	30	硫酸铅	$PbSO_4$	7.8
14	氢氧化镁	$Mg(OH)_2$	10.92	31	碳酸锶	$SrCO_3$	9.96
15	氨化磷酸镁	$MgNH_4PO_4$	12.7	32	硫酸锶	$SrSO_4$	6.49
16	碳酸锰	$MnCO_3$	10.74	33	氟化锶	SrF_2	8.61
17	氢氧化锰	$Mn(OH)_2$	13.4	34	氢氧化铝	$Al(OH)_3$	32.7

如设系统透盐率为 S_p，系统浓水含盐量与给水含盐量之比的浓缩倍数 CF 为系统回收率 R_e 与系统透盐率 S_p 的函数：

$$CF = \frac{1 - R_e S_p}{1 - R_e} \tag{6.2}$$

在低透盐率的反渗透系统中，如忽略透盐率 S_p 的影响，则系统浓缩倍数为：

$$CF = \frac{1}{1 - R_e} \tag{6.3}$$

从宏观上看，设系统给水中以小数表示的某类难溶盐的饱和度为 x，且系统浓水中该类难溶盐饱和度极限为 1，则系统的最高收率或称极限回收率 $R_{e\,max}$ 为：

$$1 = x \cdot CF_{max} = x \cdot \frac{1 - R_{e\,max} S_p}{1 - R_{e\,max}} \approx \frac{x}{1 - R_{e\,max}} \tag{6.4}$$

即

$$R_{e\,max} \approx 1 - x \tag{6.5}$$

在严格意义上，浓水中各类难溶盐的饱和度还受到温度、pH 值、膜透盐率、离子强度、离子成分等因素的影响。因此，要得到难溶盐极限收率的严格解析表达式，需要进行更严格的系统分析。

在下面的难溶盐分析中，用 μ 表示离子强度；α 与 γ 分别表示相关参数的温度与 pH 值修正系数；f、c 与 m 为下标时表示系统给水、浓水及浓水侧膜表面的相应参数；温度 t 表示摄氏温度；温度 T 表示热力学温度；$[HCO_3^-]$ 及 TDS 等浓度以 mg/L 为单位。

反渗透系统中表征特定难溶盐饱和析出指标的是特定难溶盐的饱和度 Sat，即相关难溶盐的离子积 I_{Pr} 与溶度积 K_{SP} 之比：$Sat = I_{Pr}/K_{SP}$。作为特例的碳酸钙结垢趋势指标为朗格利尔指数（LSI）。系统浓水中各类难溶盐的饱和度达到100％时饱和析出；LSI指标达到0时碳酸钙饱和析出。

反渗透系统中的难溶盐主要包括碳酸盐、硫酸盐和硅酸盐，各类难溶盐饱和析出时对应的系统收率称为相应难溶盐的极限收率。

（1）硫酸盐极限回收率

难溶硫酸盐中主要有硫酸钙、硫酸钡与硫酸锶，相同条件下三种硫酸盐的溶度积关系为：$K_{SP\,CaSO_4} > K_{SP\,SrSO_4} > K_{SP\,BaSO_4}$，由于三种硫酸盐的构成相似，溶度积的影响因素基本相同，可统称为硫酸难溶盐（分子式用 AB 表示）。

硫酸盐的溶度积是溶液中离子强度的函数，且受水体温度的影响，因此硫酸盐溶度积可表示为温度校正系数 α 与标准温度下的溶度积 $K_{SP\,25}$（为离子强度 μ 的函数）之积：

$$K_{SP} = \alpha K_{SP\,25}(\mu) \tag{6.6}$$

标准温度（25℃）下硫酸盐溶度积的离子强度特性曲线（见时均、袁权、高从堦著膜技术手册）及温度校正系数 α 的特性曲线可拟合成式（6.7）、式（6.8）两个标准多项函数式。其中三类硫酸盐各自对应的函数系数示于表6.4。

$$K_{SP25}(\mu) = f(\mu) = a\mu^2 + b\mu + c \tag{6.7}$$

$$\alpha(t) = dt^3 + et^2 + gt + h \tag{6.8}$$

式中三类硫酸盐各自对应的函数系数示于表6.4，相应的特性曲线见图6.5。因表中 $CaSO_4$ 与 $SrSO_4$ 的温度校正系数参数十分相近，故图中两特性曲线几近重合。

表 6.4　硫酸盐溶度积的离子强度函数与温度校正系数参数表

难溶盐	a	b	c	d	e	g	h
$CaSO_4$	$-4.04363E-4$	0.00210	8.31323	$6.38384E-6$	$-6.12338E-4$	0.02426	0.67750
$SrSO_4$	$+5.74250E-6$	2.45717	1.26790	$5.51515E-6$	$-5.51558E-4$	0.02280	0.68957
$BaSO_4$	$-9.49164E-6$	8.40671	1.38559	0	$-2.42857E-4$	0.03870	0.18996

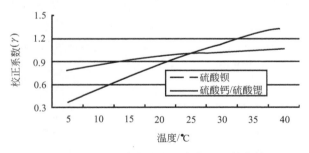

图 6.5　硫酸盐溶度积的温度校正系数曲线

根据定义，系统给水中硫酸难溶盐饱和度可表示为离子积与溶度积之比：

$$[Sat_{AB}]_f = \frac{[A]_f[B]_f}{[K_{SP}]_f} = \frac{[A]_f[B]_f}{\alpha[K_{SP25}]_f} = \frac{[A]_f[B]_f}{\alpha f(\mu_f)} \tag{6.9}$$

计及浓差极化度 β 的作用时，浓水侧膜表面硫酸盐的离子积：

$$[A]_m[B]_m = \beta^2 CF^2[A]_f[B]_f \tag{6.10}$$

由于离子强度的定义为：$\mu = 1/2\sum\{c_i z_i^2\}$，其中 c_i 为给水中 i 离子浓度，z_i 为 i 离子价电荷数，则浓水侧膜表面离子强度 μ_m 可表示为：

$$\mu_m = \beta\mu_b = \beta CF\mu_f \tag{6.11}$$

因此，系统浓水侧膜表面硫酸盐饱和度可表示为：

$$[S_{at\,AB}]_m = \frac{[A]_m[B]_m}{[K_{SP}]_m} = \frac{[A]_m[B]_m}{\alpha f(\mu_m)} = \beta^2 CF^2 \frac{[A]_f[B]_f}{\alpha f(\beta CF\mu_f)} \tag{6.12}$$

式（6.9）与式（6.12）两式中系统给水与浓水的温度一致，温度校正系数相同；给水与浓水侧膜表面的离子积、离子强度相差一个浓缩系数 CF 与浓差极化度 β。

不投加阻垢剂时，浓水侧膜表面硫酸盐饱和度为 100% 时饱和析出；投加阻垢剂时，硫酸盐析出的饱和度常表示为 100% 的倍数 K（不投加阻垢剂时 $K=1$）。且饱和析出时对应的浓缩系数与系统收率均为其极限值 CF_{SO_4} 与 R_{SO_4}。故式（6.12）可表示为：

$$K = CF_{SO_4}^2 \beta^2 \frac{[A]_f[B]_f}{\alpha f(CF_{SO_4}\beta\mu_f)} = \beta^2 \frac{[A]_f[B]_f}{\alpha(1-R_{SO_4})^2 f\left(\dfrac{\beta\mu_f}{1-R_{SO_4}}\right)} \tag{6.13}$$

将式（6.7）代入式（6.13）可以求得硫酸难溶盐极限收率的显式表达式：

$$R_{SO_4} = 1 + \frac{b\beta\mu_f}{2c} \pm \beta\left[\left(\frac{b^2}{4c^2}-\frac{a}{c}\right)\mu_f^2 + \frac{[A]_f[B]_f}{c\alpha K}\right]^{\frac{1}{2}} \tag{6.14}$$

上述一元二次方程的重解中，符合实际工程特征的解为极限回收率：

$$R_{max} = 1 + \frac{b\beta\mu_f}{2c} - \beta\left[\left(\frac{b^2}{4c^2}-\frac{a}{c}\right)\mu_f^2 + \frac{[A]_f[B]_f}{c\alpha K}\right]^{\frac{1}{2}} \tag{6.15}$$

综上所述，式（6.15）即为根据离子强度、离子浓度积、水体温度等给水参数，并计及浓差极化度及阻垢剂等系统工艺参数影响的系统硫酸盐极限收率。

将表 6.4 数据中各类硫酸盐数据分别代入式（6.15）即可得到相应硫酸盐的系统极限收率。

（2）硅酸盐极限回收率

水体中的硅一般以溶解硅（活性硅）和非溶解硅（胶体硅）两种形式存在，系统原水非溶解硅可通过预处理系统加以去除，而溶解的二氧化硅在反渗透系统流程中的浓度值达到饱和时将沉积析出。二氧化硅的最高浓度是根据无定形二氧化硅浓度确定的。一般而言，无定形二氧化硅溶解度与离子强度无关，但与温度呈线性关系，且如图 6.6 所示与溶液中 pH 值相关。因此二氧化硅饱和度为：

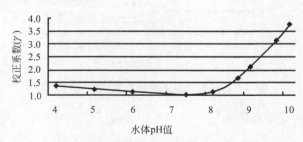

图 6.6 二氧化硅溶解度的 pH 值校正系数曲线

$$[S_{at\,SiO_2}] = \frac{[SiO_2]}{\gamma([pH])[SiO_2]_t} \tag{6.16}$$

式中，$\gamma([pH])$ 为溶解度的 pH 值校正系数；$[SiO_2]_t$ 为 pH$=7$ 时，温度 t 条件下的二氧化硅溶解度。溶解度的温度特性曲线可表征为线性方程：

$$[SiO_2]_t = 74.70463 + 2.11344t \tag{6.17}$$

图 6.5 所示溶解度校正系数的 pH 值特性曲线可表征为分段函数：

$$\gamma([pH]) = \begin{cases} -0.12[pH] + 1.84 & [pH] < 7 & (6.18a) \\ 1.0 & 7 < [pH] < 7.76 & (6.18b) \\ 25.19921 - 6.49737[pH] + 0.4357[pH]^2 & 7.76 < [pH] & (6.18c) \end{cases}$$

系统给水与浓水侧膜表面的二氧化硅饱和度可分别表示如下：

$$[Sat_{SiO_2}]_f = \frac{[SiO_2]_f}{\gamma([pH]_f)[SiO_2]_t} \tag{6.19}$$

$$[Sat_{SiO_2}]_m = \frac{[SiO_2]_m}{\gamma([pH]_m)[SiO_2]_m} \tag{6.20}$$

在碳酸盐平衡体系中，存在两步电离平衡，分别具有各自的平衡常数：

$$K_1 = \frac{[H^+][HCO_3^-]}{[H_2CO_3]} \qquad K_2 = \frac{[H^+][CO_3^{2-}]}{[HCO_3^-]} \tag{6.21}$$

可分别表示为热力学温度 T 的函数：

$$K_1 = 10^{14.8435 - \frac{3404.71}{T} - 0.032786T} \qquad K_2 = 10^{6.498 - \frac{2909.39}{T} - 0.02379T} \tag{6.22}$$

因此 pH 值可由如下两式估算：

$$[pH] = \begin{cases} -\lg K_1 + \lg[HCO_3^-] - \lg[CO_2] & [pH] < 8.35 & (6.23a) \\ -\lg K_2 + \lg[CO_3^{2-}] - \lg[HCO_3^-] & [pH] \geqslant 8.35 & (6.23b) \end{cases}$$

对于反渗透膜而言，$[HCO_3^-]$、$[CO_3^{2-}]$ 离子透过系数约等于 0，游离 CO_2 透过系数约等于 1；因此在膜表面 $[HCO_3^-]$、$[CO_3^{2-}]$ 可形成浓差极化，游离 CO_2 形不成浓差极化。据此：

$$[pH]_m = -\lg K_1 + \lg[HCO_3^-]_m - \lg[CO_2]_m$$
$$= -\lg K_1 + \lg(\beta CF[HCO_3^-]_f) - \lg[CO_2]_f = [pH]_f + \lg(\beta CF)$$
$$[pH]_m < 8.35 \tag{6.24a}$$

$$[pH]_m = -\lg K_2 + \lg[CO_3^{2-}]_m - \lg[HCO_3^-]_m$$
$$= -\lg K_2 + \lg[CO_3^{2-}]_f + \lg(\beta CF) - \lg[HCO_3^-]_f - \lg(\beta CF) = [pH]_f$$
$$[pH]_m \geqslant 8.35 \tag{6.24b}$$

由于阻垢剂对二氧化硅饱和度几无作用，因此无论是否投加阻垢剂，式（6.20）中膜表面二氧化硅饱和度 $[Sat_{SiO_2}]_m$ 为 100% 时所对应的系统收率均为二氧化硅临界饱和析出时所对应的极限收率：

$$R_{SiO_2} = 1 - \frac{\beta[SiO_2]_f}{\gamma([pH]_m)[SiO_2]_t} = 1 - \frac{\beta[SiO_2]_f}{\gamma\left\{[pH]_f + \lg\left(\frac{\beta}{1 - R_{SiO_2}}\right)\right\}[SiO_2]_t} \qquad [pH]_m < 8.35 \tag{6.25a}$$

$$R_{SiO_2} = 1 - \frac{\beta[SiO_2]_f}{\gamma([pH]_m)[SiO_2]_t} = 1 - \frac{\beta[SiO_2]_f}{\gamma([pH]_f)[SiO_2]_t} \qquad [pH]_m \geqslant 8.35 \tag{6.25b}$$

这里是极限收率的隐式表达方式，带入相关参数后方可求得二氧化硅极限收率 R_{SiO_2}。

（3）碳酸盐极限回收率

表征碳酸钙结垢倾向的朗格里尔指数表示为：

$$LSI = [pH] - [pH_s] \tag{6.26}$$

式中，$[pH]$ 表示水体的 pH 值；$[pH_s]$ 表示碳酸钙结垢析出时水体的 pH 值，需用相关水质参数计算求取：

$$
\begin{aligned}
[pH_s] &= 9.3 + A + B - C - D \\
&= 9.3 + \frac{\lg[TDS] - 1}{10} - 13.12\lg(t + 273) + 34.55 - \lg[Ca^{2+}] + 0.4 - \lg[HCO_3^-]
\end{aligned}
\tag{6.27}
$$

式中，$[Ca^{2+}]$ 以 $CaCO_3$ 计。

给水侧 $[pH]_f$ 为可实测参数，膜表面 $[pH]_m$ 可用式 (6.24) 求取，结垢析出时的给水侧及膜表面 $[pH_s]_f$ 及 $[pH_s]_m$ 需用式 (6.27) 计算求取，其中 $[pH_s]_m$ 的计算需用膜表面相关参数：

$$[pH_s]_m = 9.3 + A_m + B_m - C_m - D_m \tag{6.28}$$

$$A_m = \frac{\lg[TDS]_m - 1}{10} = \frac{\lg(\beta \cdot CF[TDS]_f) - 1}{10} = -0.1 + 0.1\lg(\beta CF) + 0.1\lg[TDS]_f$$

$$B_m = -13.12\lg(t + 273) + 34.55 = B$$

$$C_m = \lg[Ca^{2+}]_m - 0.4 = \lg(\beta CF[Ca^{2+}]_f) - 0.4 = -0.4 + \lg(\beta CF) + \lg[Ca^{2+}]_f$$

$$D_m = \lg[ALK]_m \approx \lg[HCO_3^-]_m = \lg(\beta CF[HCO_3^-]_f) = \lg(\beta CF) + \lg[HCO_3^-]_f$$

将式 (6.24) 与式 (6.28) 分别代入式 (6.26) 即可得到系统浓水侧膜表面朗格里尔指数：

$$LSI_m = [pH]_m - [pH_s]_m$$

$$
LSI_m = \begin{cases}
-9.6 - \lg K_1 - B + \lg\left(\dfrac{[HCO_3^-]_f^2 [Ca^{2+}]_f}{[CO_2]_f [TDS]_f^{0.1}}\right) + \lg\left(\dfrac{\beta}{1-R}\right)^{2.9} & [pH]_m < 8.35 \quad (6.29a) \\[3mm]
-9.6 - \lg K_1 - B + \lg\left(\dfrac{[CO_3^{2-}]_f^2 [Ca^{2+}]_f}{[TDS]_f^{0.1}}\right) + \lg\left(\dfrac{\beta}{1-R}\right)^{1.9} & [pH]_m \geqslant 8.35 \quad (6.29b)
\end{cases}
$$

不投加阻垢剂条件下，当膜表面浓水的朗格里尔指数 $LSI = 0$ 时碳酸钙饱和析出。而投加阻垢剂条件下，膜表面浓水中碳酸钙饱和析出的朗格里尔指数 $LSI = M > 0$。当式 (6.29) 中 LSI_m 值取其极限值 M 时，式中系统收率值 R 则为碳酸钙临界饱和析出时所对应的碳酸钙极限收率 R_{CaCO_3}。将 $LSI_m = M$ 与 $R = R_{CaCO_3}$ 代入式 (6.29) 并经整理则可得到碳酸钙极限收率 R_{CaCO_3} 的显式表达式：

$$
R_{CaCO_3} = \begin{cases}
1 - \{10^{-9.6 - B - M} K_1^{-1} \beta^{2.9} [HCO_3^-]_f^2 [Ca^{2+}]_f [CO_2]_f^{-1} [TDS]_f^{-0.1}\}^{1/2.9} & ([pH]_b < 8.35) \quad (6.30a) \\[3mm]
1 - \{10^{-9.6 - B - M} K_2^{-1} \beta^{1.9} [CO_3^{2-}]_f [Ca^{2+}]_f [TDS]_f^{-0.1}\}^{1/1.9} & ([pH]_b > 8.35) \quad (6.30b)
\end{cases}
$$

（4）难溶盐极限回收率

以上分析给出了反渗透系统中主要出现的硫酸盐、硅酸盐与碳酸盐等难溶盐的极限收率，而硫酸盐还可再分为硫酸钙、硫酸锶、硫酸钡等难溶盐。作为给水中存在各类难溶盐的反渗透系统而言，系统的"难溶盐极限收率"为各分类难溶盐极限收率的最低值：

$$R_{salt} = Min(R_{CaSO_4}, R_{BaSO_4}, R_{SrSO_4}, R_{SiO_2}, R_{CaCO_3}, \cdots) \tag{6.31}$$

综上所述，依据给水水质参数决定系统最高收率的观点，可以给出系统中常见三类难溶盐的系统极限收率。难溶盐极限收率的解析式中，计及了浓差极化度与阻垢剂对系统收率的影响，并以系统浓水侧膜表面难溶盐临界饱和析出状态作为难溶盐极限收率的判据。

（5）阻垢剂与极限回收率

难溶盐的析出结垢并非瞬间完成而需要一个过程，一般需要经过从离子到分子的结合过程、一个从分子到晶体粒子的结合过程和一个从许多晶体微粒到垢层的发展过程。阻垢剂与分散剂具有离子螯合、晶格歪曲与粒子分散三类作用。阻垢剂中的 ATP 成分通过对离子的螯合，增加离子间结合的难度，变相增加了难溶盐在水中的溶解度。在晶格形成过程中，晶格内的阻垢剂与分散剂分子破坏了结晶的规整性使晶格变形，导致水垢晶格强度降低，便于垢层的清洗。阻垢剂与分散剂的分子还吸附在晶核或晶体粒子的周围，阻碍着晶体微粒的相互接触、碰撞，使其不易增长。正是这样的螯合、歪曲与分散作用减缓了难溶盐结垢的进程，提高了系统浓水中难溶盐的饱和度。

阻垢剂一般分为六偏磷酸钠（SHMP）、有机磷酸盐与多聚丙烯酸盐三大类型。一般而言，加入适用及适量阻垢剂的条件下，系统浓水中难溶盐的饱和度可以相应增大，$CaSO_4$ 从 100％增至 230％，SrS_4 从 100％增至 800％，$BaSO_4$ 从 100％增至 6000％；$CaCO_3$ 所对应的朗格里尔指数上限从 0 可升至 1.8，但 SiO_2 的饱和度始终保持在 100％。

（6）难溶盐极限收率算例分析

以下例题采用特定系统[ESPA2、2-1/6、25.3L/(m²·h)、15℃、pH 值 7] 进行计算。

【例 1】 给水中 Na^+ 与 Cl^- 均为 30meq 浓度，Ca^{2+} 与 HCO_3^- 均为 1meq 浓度。届时，给水的含盐量为 1835mg/L、给水的朗格里尔指数为 −1.8。系统收率达到 76％时，浓水的朗格里尔指数为 0.0，即不加阻垢剂时的系统碳酸钙极限收率为 76％。

【例 2】 给水中 Na^+ 与 Cl^- 均为 30meq 浓度、Ca^{2+} 与 HCO_3^- 均为 8meq 浓度。届时，给水的含盐量为 2402mg/L、给水的朗格里尔指数为 0（处于临界饱和状态）。系统收率达到 76％时，浓水的朗格里尔指数为 1.8，即加阻垢剂后的系统碳酸钙极限收率为 76％。

【例 3】 给水中 Na^+ 与 Cl^- 均为 30meq 浓度、Ca^{2+} 与 SO_4^{2-} 均为 11.9meq 浓度。届时，给水的含盐量为 2563mg/L、给水的 $CaSO_4$ 饱和度为 19％。系统收率达到 73.3％时，浓水的 $CaSO_4$ 饱和度为 100％，即不加阻垢剂时的系统硫酸钙极限收率为 73.3％。

【例 4】 给水中 Na^+ 与 Cl^- 均为 30meq 浓度、Ca^{2+} 与 SO_4^{2-} 均为 20meq 浓度。届时，给水的含盐量为 3115mg/L、给水的 $CaSO_4$ 饱和度为 44.1％。系统收率达到 73.3％时，浓水的 $CaSO_4$ 饱和度为 230％，即加阻垢剂后的系统硫酸钙极限收率为 73.3％。

【例 5】 给水中 Na^+ 与 Cl^- 均为 30meq 浓度、Ca^{2+} 为 12.9mg/L 浓度，HCO_3^- 均为 1.0meq 浓度，SO_4^{2-} 均为 11.9meq 浓度。届时，给水的含盐量为 2644mg/L，给水的朗格里尔指数为 −0.7，$CaSO_4$ 饱和度为 20％。系统收率达到 42％时，浓水的 $CaSO_4$ 饱和度为 40，朗格里尔指数为 0，即不加阻垢剂时碳酸钙极限收率为 42％。系统收率达到 72％时，浓水的 $CaSO_4$ 饱和度为 100，朗格里尔指数为 0.9，即不加阻垢剂时的硫酸钙极限收率均为 72％。这里注意 [例 1]、[例 3]、[例 5] 之间的比较。

【例 6】 给水中 Na^+ 与 Cl^- 均为 30meq 浓度、SiO_2 为 30mg/L 浓度。届时，给水的含盐量为 1790mg/L、给水的 SiO_2 饱和度为 25％。系统收率达到 75.1％时，浓水的 $CaSO_4$ 饱和度为 100％临界状态，即加与不加阻垢剂时的系统二氧化硅极限收率均为 75.1％。

通过以上 6 个算例可以得知：

① 给水难溶盐浓度与不加阻垢剂系统的难溶盐极限收率间具有直接的对应关系。

② 投加阻垢剂对于非二氧化硅难溶盐给水系统，可有效提高其难溶盐极限收率。

③ 多种难溶盐成分的组合，会产生更为复杂的影响，难溶盐的极限收率会更低。

值得注意，给水参数中的温度与 pH 值对于难溶盐的溶解度及其极限收率具有很大影响。

　　［例2］碳酸盐系统中，水温15℃时极限收率为76%，10℃时为78%，5℃时为80%。

　　［例4］硫酸盐系统中，水温15℃时极限收率为73%，10℃时为72%，5℃时为70%。

　　［例6］硅酸盐系统中，水温15℃时极限收率为75%，10℃时为73%，5℃时为70%。

　　［例2］碳酸盐系统中，pH值7.5时极限收率58%，pH值为7时为77%，pH值为6.5时为87%。

　　［例4］硫酸盐系统中，pH值7.5时极限收率73%，pH值为7时为73%，pH值为6.5时为73%。

　　［例6］硅酸盐系统中，pH值7.5时极限收率75%，pH值为7时为75%，pH值为6.5时为75%。

　　上述分析表明，碳酸盐的极限收率对于pH值与温度均十分敏感，而硫酸盐与硅酸盐只对温度较为敏感。因此，在给水中加酸不失为防止碳酸钙结垢的有力措施，而冬季水温较低时需防范硫酸盐与硅酸盐结垢，且夏季水温较高时需防范碳酸盐结垢。

6.5.2　浓差极化极限收率

（1）系统的浓差极化度

　　第5.6节内容中已经讨论到，浓差极化是错流运行方式侧向渗透流过程的伴生现象。在膜元件中，浓差极化度为式（5.15）与式（5.16）表征。图6.7及图6.8所示膜元件浓差极化度的浓淡比及回收率特性表明，元件的浓差极化度随元件的浓淡比上升而下降，随元件收率的上升而增长。

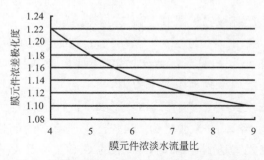

图6.7　膜元件浓差极化度的浓淡比特性曲线

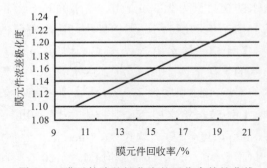

图6.8　膜元件浓差极化度的回收率特性曲线

　　在膜系统中，沿着系统流程各元件位置的浓淡水流量比及元件回收率不断变化，浓差极化度也在不断变化，并在系统某流程位置达到最高数值，且将系统中出现的最高浓差极化度称为系统浓差极化度 β_{sys}。

　　对膜系统而言，浓差极化度还受系统结构、给水盐量、膜透盐率、工作温度、元件通量等多种因素的影响。例如，在同等运行工况下，高透盐率纳滤膜的 β_{NF} 远小于低透盐率反渗透膜的 β_{RO}。特定膜元件的 β 值直接决定于元件的浓淡水流量比或膜元件回收率，图6.9～图6.11分别给出两段结构系统沿流程各元件浓差极化度的温度、收率及给水盐量特性。

　　图6.9所示特定系统浓差极化度的给水温度特性中，不同给水温度条件下，首段各元件浓差极化曲线几乎相互平行，且高温条件的数值大于低温条件。但是，末段各元件浓差极化曲线差异较大，且高温条件的数值小于低温条件的数值。

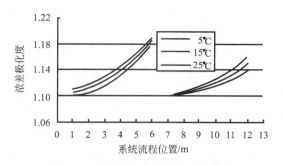

图 6.9　浓差极化度的给水温度特性
（80％，200mg/L，2-1/6，ESPA2）

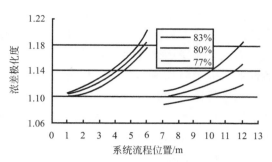

图 6.10　浓差极化度的系统收率特性
（15℃，200mg/L，2-1/6，ESPA2）

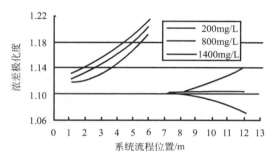

图 6.11　浓差极化度的给水含盐量特性
（25℃，80％，2-1/6，ESPA2）

图 6.10 所示特定系统浓差极化度的系统收率特性中，随着系统收率的升高，首末两段浓差极化数值均上升，但是末段浓差极化的数值上升趋势慢于首段。

图 6.11 所示特定系统浓差极化度的给水盐量特性中，高给水含盐量系统的浓差极化曲线发生异变，末段浓差极化曲线可能出现平直甚至下降的趋势。

由于浓差极化度与浓淡比负相关，以上三图中，首段系统浓差极化度的上升，主要源于段中元件的浓水流量逐步减少；末段系统浓差极化度上升斜率降低甚至下降，主要源于段中元件的产水流量逐步减少。图 6.11 所示高含盐量及高收率系统中，末段元件浓水渗透压急剧上升，产水流量急剧下降甚至趋于 0 值，层流层变薄，故膜表面盐浓度与紊流主流道盐浓度趋于一致。

（2）浓差极化度的限值

膜系统的错流运行方式及浓差极化现象的存在，提高了沿系统流程中各个位置上膜表面的有机物与无机盐的浓度。

在整个膜系统中，浓差极化现象使难溶盐饱和度的最高值不是发生在系统末端浓水中，而常发生在系统末端膜表面。设系统末端的浓差极化度为 $\beta_{sys\,end}$，系统末端浓水中的难溶盐饱和度为 $\alpha_{sys\,end}$，则系统末端膜表面难溶盐饱和度 $\alpha_{sys\,mem}$ 为两者的乘积：

$$\alpha_{sys\,mem} = \beta_{sys\,end}\alpha_{sys\,end} \tag{6.32}$$

换言之，如系统末端膜表面难溶盐饱和度 $\alpha_{sys\,mem}$ 达到其临界值 100％，则系统末端浓水难溶盐饱和度 $\alpha_{sys\,end}$ 最高应限制在 $100\% / \beta_{sys\,end}$。因浓水中难溶盐饱和度与系统收率正相关，浓差极化现象的存在直接降低了系统浓水中难溶盐饱和度极限，同时间接地降低了系统的极限回收率。

值得指出的是，系统浓水中的难溶盐饱和度可以检测或计算得出，而系统末端膜表面的浓差极化度不可测，该数值只有依靠系统设计软件或系统模拟软件加以计算。

系统浓水中的微生物及有机物等非难溶盐污染物浓度不存在饱和问题，但其浓度在膜表面的提高也将加速形成凝胶层或滤饼层，从而加剧膜污染甚至促进难溶盐的沉淀。

从减轻微生物、有机物、无机物等污染源对膜系统污染的目的出发，应努力降低膜系统的浓差极化水平，但加大错流以减小浓差极化也将降低膜系统的工作效率。因此，需将膜系统浓差极化保持在特定水平，以兼顾降低污染程度与提高系统效率两方面的要求。

由于膜元件给浓水流道的复杂结构及浓差极化的不可测性质，很难严格地描绘元件膜表面浓差极化度的确切数值。沃顿、陶氏、科氏、东丽、东玺科（TCK）等膜厂商的设计软件中未将 β 值指标作为设计参数加以限制，而是以 R_e 等设计参数越界的方式隐含地提示 β 值越界。海德能公司则在其设计软件中明确表征出 β 值指标，该软件依据膜元件结构等特征，建立了元件回收率 R_e 与元件浓差极化度 β 之间的函数关系，并明确了 1.2 作为 β 值的上限指标。

在工程试验环境中，元件 β 值对元件运行也存在实质性影响。图 6.12 示出特定膜元件在不同 β 值条件下运行时，元件透盐率随运行时间的变化过程。图示曲线表明，β 值低于 1.2 时，元件透盐率较低，并能保持长期稳定运行。当 β 值高于 1.2 时，元件透盐率较高，且有随时间上升的趋势。

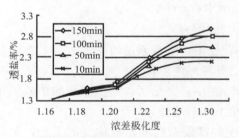

图 6.12 膜透盐率的浓差极化特性

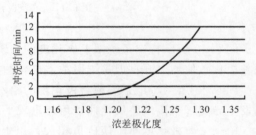

图 6.13 膜性能恢复所需冲洗时间

图 6.13 所示曲线表明，以相同冲洗力度进行定时膜冲洗时，欲使膜元件恢复初始性能，β 值低于 1.2 时所需清洗时间较少，且基本稳定。β 值高于 1.2 之后所需清洗时间较长，且清洗时间随 β 值的上升而迅速增加，由此以 1.2 为 β 值上限较为合理。

（3）浓差极化极限收率

根据6.6节（系统结构与参数分布）的讨论，膜堆结构决定着各元件浓淡水的比例关系，进而决定着系统的浓差极化度 β，当 β 值以 1.2 为极限数值时，特定膜堆结构下的系统回收率存在相应的极限数值。因此，由膜堆结构与浓差极化限值 1.2 所决定的系统最大收率称为"浓差极化极限收率"。

表 6.5 给出的 2-1 排列结构系统中，针对不同流程长度系统的浓差极化极限收率表明：流程越长系统的浓差极化极限收率越高。

表 6.5　不同元件排列结构系统的浓差极化极限收率 [15℃、200mg/L、25.3L/(m^2·h)、ESPA2]

排列结构	极限收率	排列结构	极限收率	排列结构	极限收率	排列结构	极限收率
2-1/8	89%	2-1/7	87%	2-1/6	83%	2-1/5	77%

6.5.3 壳浓流量极限收率

前5.2.2节明确了膜元件的最低浓水流量限值，在串并联结构系统中的元件最低浓水流量总是发生在系统末段元件之上，而且最低浓水流量同时决定于系统浓水的总流量与系统末端并联元件数量。

当系统的平均通量（或产水流量）给定时，系统的回收率越高，则系统的浓水流量越小，末端元件浓水流量越少；而且系统末端并联元件数量（即并联膜串或膜壳数量）越多，末端元件浓水流量越少。在给定膜堆结构条件下，元件或膜壳浓水流量限值决定的系统最大收率称为"壳浓流量极限收率"。

设系统的产水流量为 $Q_{p\,sys}$、系统的壳浓流量极限收率为 $R_{e\,con}$、系统浓水流量下限为 $Q_{c\,min}$、系统末段并联膜串数量为 N，则上述各量值之间存在如下关系：

$$Q_{c\,min} = Q_{p\,sys} \times \frac{1 - R_{e\,con}}{NR_{e\,con}} \quad 或 \quad R_{e\,con} = \frac{Q_{p\,sys}}{NQ_{c\,min} + Q_{p\,sys}} \qquad (6.33)$$

表6.6给出的2-1排列结构系统中，针对不同流程长度系统的壳浓流量极限收率也表明：系统流程越长，系统的壳浓流量极限收率越高。

表6.6 不同元件排列结构系统的壳浓流量极限收率 [15℃、200mg/L、25.3L/(m² · h)、ESPA2]

排列结构	极限收率	排列结构	极限收率	排列结构	极限收率	排列结构	极限收率
2-1/8	89%	2-1/7	87%	2-1/6	86%	2-1/5	83%

如第5章所述，膜元件的极限参数中还有给水流量上限，但在系统中首端元件给水流量的越限现象只在系统较长且收率较低情况之下方能发生。因绝大多数系统是力求最大收率，故系统首端元件给水流量上限一般不需列入极限收率参数的考虑范围。

6.5.4 系统的极限回收率

通过6.4节内容的讨论可得出结论：膜系统的极限回收率主要受到难溶盐、浓差极化及浓水流量三大因素的限制，故系统的极限回收率 $R_{e\,max}$ 应为该三项极限收率的最小值：

$$R_{e\,max} = \min(R_{e\,salt}, R_{e\,pola}, R_{e\,con}) = \min(R_{e\,salt}, R_{e\,stru}) \qquad (6.34)$$

这里，浓差极化极限收率 $R_{e\,pola}$ 主要由膜堆结构决定，壳浓流量极限收率 $R_{e\,con}$ 也主要由膜堆结构决定，故将 $R_{e\,pola}$ 及 $R_{e\,con}$ 统称为结构性极限收率 $R_{e\,stru}$。

由于阻垢剂的作用受到限制，故难溶盐浓度基本属于外部限制条件，具有刚性限制性质；而结构性极限收率可以通过系统结构、平均通量或浓水回流等工艺及参数的调整加以改善，基本属于内部限制条件，具有柔性限制性质。本章后续内容将反映出，系统流程过长将产生更大系统能耗及更差的产水水质，因此构成了"系统收率设计原则"：

① 系统设计收率应等于难溶盐极限收率即系统末端膜表面难溶盐为临界饱和状态。

② 进行系统设计时应使系统结构的结构性极限收率略大于或等于难溶盐极限收率。

目前，国内膜工程企业多将系统结构设计为类2-1排列，系统收率约为75%，运行企业基本照此执行。实际上，75%的系统收率偏于保守，而提高设计收率的办法首先是增强工程企业的设计水平，其次是增强运行企业的运行水平，特别需要在运行实践过程中摸索经验，逐步提高系统运行收率。

6.5.5 软件中的极限收率

各膜厂商的设计软件在计算浓水中难溶盐的饱和度时，给出的是浓水径流的平均难溶盐的饱和度，但系统末端浓水侧膜表面的难溶盐浓度是平均浓度与浓差极化度的乘积，也正是该膜表面浓度决定了难溶盐是否饱和析出。因此，在使用海德能等系统设计软件时应注意："**软件给出的系统浓水中难溶盐饱和度与系统末端元件浓差极化度的乘积达到饱和值时对应的系统收率才是真正的系统难溶盐极限收率**"。

6.6 系统结构与参数分布

6.6.1 系统的串并联结构

系统结构设计即膜堆结构设计的基本问题之一是多支膜元件的排列模式。

例如，设某小型系统的给水含盐量 1000mg/L，系统产水流量 $Q_p=400$L/h，设计通量 F_m 为 20L/(m²·h)，设 4040 膜元件的面积 $S=8.4$m²，膜元件工作压力 0.8MPa，膜压降 0.02MPa，透盐率 1%。则系统的膜元件数量 N 应取为整数：

$$N = \mathrm{int}\left(\frac{Q_p}{SF_m}\right) = \mathrm{int}\left(\frac{400}{8.4 \times 20}\right) = \mathrm{int}2.38 = 2 \tag{6.35}$$

当 2 支膜元件并联运行时，因每支膜元件的浓淡流量比均不得超过 5:1，则每支膜元件的回收率均不得高于 16.6%。并联结构中的 2 支元件运行参数完全一致，系统最高回收率等于各元件最高回收率 16.6%。2 支并联元件系统在结构性极限收率制约下，简单计算的系统运行参数如图 6.14 所示，该计算满足了给水、产水及浓水三项径流的流量平衡、盐量平衡及压力平衡。

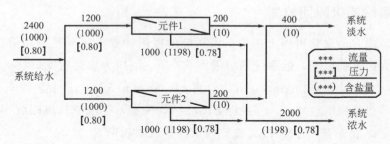

图 6.14 并联排列系统结构的参数分布

该并联系统的回收率仅为 240/400＝16.6%，透盐率为 10/1000＝1.0%。系统运行能耗为给水流量 Q_f 与工作压力 P_f 的乘积，系统浪费能量是浓水流量 Q_c 与浓水压力 P_c 的乘积，则系统效率 η 为比值：

$$\eta = \frac{Q_f P_f - Q_c P_c}{Q_f P_f} \times 100\% = \frac{2400 \times 0.8 - 2000 \times 0.78}{2400 \times 0.8} \times 100\% = 19\%$$

2 支膜元件串联运行时，前支膜元件的浓水成为后支膜元件的给水，全系统仅弃掉最后 1 支元件产水量 5 倍的浓水流量，从而使系统回收率较高。只要最后 1 支膜元件的浓淡水比例满足 5:1 即浓差极化度保持在 1.2 之内，则前面各支膜元件的浓淡比与浓差极化度可以自然得到满足。图 6.15 给出了 2 支串联元件系统的运行参数，其系统回收率为 400/1400＝

28.6％，透盐率 10.8/1000＝1.1％，系统效率

$$\eta = \frac{Q_f P_f - Q_c P_c}{Q_f P_f} \times 100\% = \frac{1400 \times 0.82 - 1000 \times 0.78}{1400 \times 0.82} \times 100\% = 32\%$$

总结图 6.14 及图 6.15 的串联与并联结构的系统运行参数，特别是根据图 6.16 所示曲线可知：

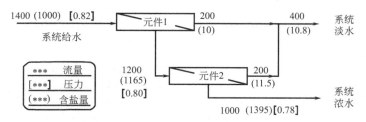

图 6.15　串联排列系统结构的参数分布

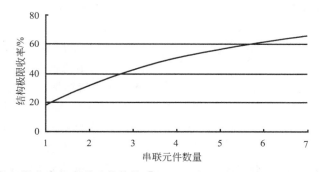

图 6.16　结构极限收率与串联元件数量 ［1000mg/L，15℃，EPSA2，20L/（m² ·h）］

① 并联结构系统的产水水质略优于串联结构系统。

② 串联结构系统收率与系统效率远高于并联系统。

由于系统脱盐率的提高主要依赖膜品种的脱盐水平，少于 7 支元件系统在一般情况下均采用串联结构。所以得出如此结论的原因是，在短流程系统中，串联结构系统的结构性极限收率特别是浓差极化极限收率大于并联系统，回收率提高主要优势在于水耗的降低，也常常意味着能耗的降低。

6.6.2　膜系统的分段结构

前节讨论了多支元件系统采用串联结构的优势，而表 6.7 所示计算数据表明：如以获得最大系统收率为目标，当一段串联元件数量大于 6 支后，全串联结构因受浓差极化极限收率限制，其系统回收率不大于末段串联 6 支元件的两段结构极限回收率，且工作压力、产水盐量、段通量比等系统指标均劣于后者；但是末段串联元件数量少于 6 支时，其浓差极化极限收率也低于末段串联 6 支元件的结构。因此，当系统元件数量大于 6 支时，应采用 2-1 排列的两段结构，而末段应为 6 支元件串联，故该结构形式简称为"六支段结构"。与"六支段结构"相似的还有所谓的"七支段结构"与"五支段结构"。

表 6.7 "六支段"膜堆结构计算参数 [15℃，300mg/L，ESPA2，19L/(m² •h)]

膜数	膜堆结构	工作压力/MPa	产水盐量/(mg/L)	首末段通量比	浓水流量/(m³/h)	浓差极化度	回收率/%
18	2/5-1/8	0.76	3.2	1.72	2.8	1.18	82
	2/6-1/6	0.74	3.1	1.62	2.8	1.20	82
	2/7-1/4	0.74	2.8	1.54	2.9	1.20	78
12	2/2-1/8	0.73	2.7	1.46	2.8	1.18	75
	2/3-1/6	0.71	2.6	1.38	2.8	1.20	75
	2/4-1/4	0.69	2.4	1.32	3.8	1.20	69
10	2/1-1/8	0.73	2.5	1.41	2.7	1.19	72
	2/2-1/6	0.70	2.5	1.33	2.7	1.20	72
	2/3-1/4	0.68	2.2	1.26	3.8	1.20	65
8	1/8	0.72	2.3	1.29	2.8	1.20	67
	2/1-1/6	0.70	2.3	1.29	2.8	1.20	67
	2/2-1/4	0.68	2.1	1.23	3.9	1.20	59
6	1/6	0.68	2.1	1.18	2.8	1.20	60
	2/1-1/4	0.68	2.0	1.18	3.9	1.20	52

　　根据 6.5.4 节给出的"系统收率设计原则"，结构性极限收率应约等于难溶盐极限收率，如果系统难溶盐极限收率即系统收率已经分别设定为 80%、75% 及 70% 时，表 6.8 则给出系统相关支段结构的计算参数。根据表中数据可以得出结论：设计收率为 80% 系统的最佳膜堆结构为"六支段结构"，设计收率为 75% 系统的最佳膜堆结构为"六支段结构"或"五支段结构"，设计收率为 70% 系统的最佳膜堆结构为"五支段结构"；这里最佳结构的工作压力、产水盐量、段通量比、浓水流量及浓差极化度等指标均优于其他结构。

　　尽管表 6.8 所示算例针对的是较低给水盐率、较低压力元件及较低平均通量的运行条件，但读者可以自己通过各种系统设计条件验证，该结论具有较为普遍的规律性。因此可以得出适应不同系统收率的最佳膜堆结构的基本结论为：**少数收率大于 80% 系统的最佳膜堆结构为"七支段结构"，多数收率为 75%～80% 系统的最佳膜堆结构为"六支段结构"，少数收率为 70% 系统的最佳膜堆结构为"五支段结构"**。换言之，随着难溶盐极限收率的下降，结构性极限收率随之降低，系统的流程长度也应相应缩短。这里的结论也是对目前多为 75%～80% 收率系统普遍采用"六支段结构"膜堆形式的肯定与论证。

表 6.8 不同收率系统的膜堆相关"支段结构"计算参数 [15℃，300mg/L，ESPA2，19L/(m² •h)]

元件数量	膜堆结构	工作压力/MPa	产水盐量/(mg/L)	首末段通量比	浓水流量/(m³/h)	浓差极化度	回收率/%
21	2/7-1/7	0.78	3.1	1.87	3.7	1.16	80
18	2/6-1/6	0.75	3.0	1.62	3.2	1.19	
15	2/5-1/5	0.71	2.9	1.45	2.6	1.22	
18	2/6-1/6	0.75	2.7	1.67	3.8	1.16	75
15	2/5-1/5	0.72	2.7	1.46	3.3	1.19	
12	2/4-1/4	0.69	2.6	1.32	2.7	1.24	
18	2/6-1/6	0.77	2.5	1.76	4.4	1.14	70
15	2/5-1/5	0.72	2.4	1.47	3.8	1.17	
12	2/4-1/4	0.69	2.4	1.32	3.1	1.21	

　　所谓典型的"六支段结构"包括 2-1/6、4-2/6 及 6-3/6 等膜堆结构形式，所谓典型的"五支段结构"包括 2-1/5、4-2/5 及 6-3/5 等膜堆结构形式。关于非典型"六支段结构"的讨论见第 8 章内容。

6.6.3 沿流程的参数分布

2-1结构六支段系统的流程长度为12m，沿流程各元件的运行条件及运行指标均有变化。图6.17～图6.20给出特定系统 [2000mg/L、5℃、75%、20L/(m²·h)、CPA3-LD、2-1/6] 的沿流程各参数分布曲线。

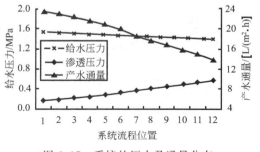

图6.17 系统的压力及通量分布

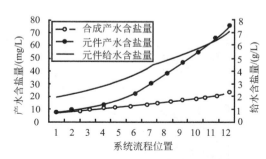

图6.18 系统给水与产水含盐量分布

图6.17曲线表明，因膜压降的作用，沿流程各元件的工作压力逐渐降低；因给水被浓缩，沿流程各元件的给水渗透压逐渐上升；给水压与渗透压差值的纯驱动压加速下降，使沿流程的元件产水流量或产水通量的下降梯度大于工作压力的下降梯度。图6.18曲线给出了沿流程各元件给水含盐量及产水含盐量的上升过程。其中，首末两元件的产水含盐量相差10倍有余，而沿流程混合而成产水径流的含盐量变化幅度要小得多（这里产水径流与给水径流同向）。

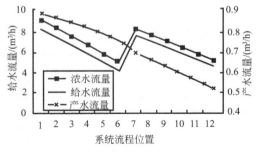

图6.19 系统的三项径流量分布

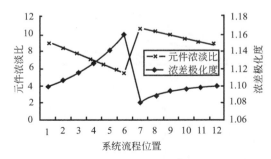

图6.20 系统浓淡比浓差极化度分布

图6.19曲线示出，随元件产水流量的分流，沿流程各元件给水流量及浓水流量的逐渐下降过程，但进入末段前端时因汇流效应使给浓水流量均有一个跃升现象。同样由于产水的分流作用，图6.20示出的浓淡水比例在段内呈逐步下降趋势，且于段间呈跃升现象。首末两段的浓差极化度曲线中，首段曲线均呈上升过程，末段曲线或上升或持平或下降（参考图6.11）。首段曲线的上升主要源于浓水流量的不断下降，末段曲线的下降主要源于产水流量的不断下降。

虽然各膜元件脱盐水平一致，但因产水通量沿流程不断下降，故膜元件透盐率沿系统流程呈上升趋势，末端与首端元件的透盐率相差1.10/0.35＝3.1倍。且因沿流程给浓水含盐量逐渐升高，产水的透盐量沿流程呈图6.21曲线所示快速上升趋势，末端与首端元件的透盐量相差38.7/6.1＝6.1倍。由此可知系统产水中的大部分盐分来自系统末端。

系统中各元件的运行参数不仅随流程位置而变化，其变化趋势还随着给水盐量、给水温度、平均通量、污染程度、元件品种以及系统收率等系统参数而变化。下面以特定系统 [2-1/6、2000mg/L、5℃、75%、20L/(m²·h)、CPA3-LD、0a] 为基础，分别改变给水温度、给水盐量、平均通量、污染程度、元件品种等各参数进行系统计算，并分别给出膜元件通量及产水含盐量两参数沿系统流程的分布曲线。由于系统收率产生的膜元件通量及产水含盐量两参数分布变化较小，这里未加描述。

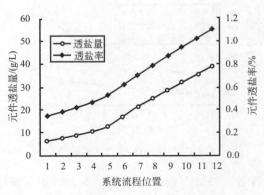

图 6.21　膜元件透盐率与透盐量分布

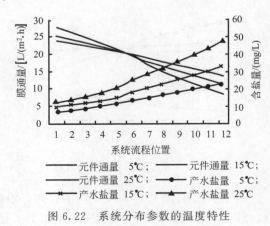

图 6.22　系统分布参数的温度特性

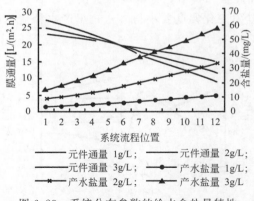

图 6.23　系统分布参数的给水含盐量特性

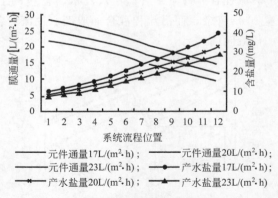

图 6.24　系统分布参数的膜均通量特性

① 分布参数的给水温度特性。图 6.22 所示曲线表明，系统给水温度较低时，沿程的通量均衡度与产水含盐量均衡度都较高，而系统给水温度较高时的情况相反。

② 分布参数的给水含盐量特性。图 6.23 所示曲线表明，系统给水盐量较低时，沿程的通量均衡度与产水含盐量均衡度都较高，而系统给水盐量较高时的情况相反。

③ 分布参数的膜均通量特性。图 6.24 所示曲线表明，系统平均通量较低时，沿程的通量均衡度与产水含盐量均衡度都较低，而系统膜均通量较高时的情况相反。

④ 分布参数的污染程度特性。图 6.25 所示曲线给出不同运行年份的参数分布状况，其实质内容是表征系统的不同污染程度。曲线表明，重污染系统沿程的通量均衡度与产水含盐量均衡度都较高，轻污染系统的情况相反。值得注意的是，目前各膜厂商设计软件关于污染的设置均为均匀污染且不计有机与无机污染的区别，这样处理与实际情况存在很大差异。

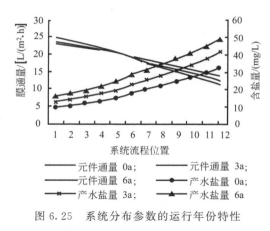

图 6.25 系统分布参数的运行年份特性

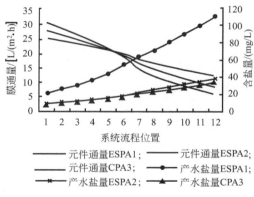

图 6.26 系统分布参数的元件品种特性

⑤ 分布参数的元件品种特性。如果认定 ESPA1、ESPA2 及 CPA3 系列各膜品种的工作压力及脱盐水平依次更高,则高工作压力及高脱水平膜品种系统的沿程的通量均衡度与产水含盐量均衡度都较高,低工作压力及低脱水平膜品种系统的情况相反。图 6.26 所示曲线表示了此项规律。

 系统的运行能耗分析

对于反渗透系统而言,节能是除节水之外降低运行成本的重要环节。

针对特定系统 [2000mg/L、5℃、75%、20L/(m²·h)、2-1/6],选用不同膜品种时的运行参数见表 6.9,其中工作压力较低,膜品种的系统能耗及吨水能耗也较低。

表 6.9 膜品种与系统能耗分析 [2000mg/L、5℃、75%、20L/(m²·h)、2-1/6]

膜品种	工作压力/MPa	产水盐量/(mg/L)	段通量比	系统能耗/kW	吨水能耗 /(kW·h/m³)
ESPA4	0.91	91.9	24.9/10.0=2.49	5.8	0.44
ESPA1	1.09	74.6	23.6/12.8=1.84	7.0	0.52
ESPA2	1.32	25.2	22.7/14.4=1.58	8.5	0.63
PROC10	1.54	18.9	21.8/16.4=1.33	9.9	0.74
PROC20	1.10	35.3	22.8/14.3=1.59	7.1	0.53

由于不同膜品种同时具有工作压力、脱盐率及段通量比三项运行指标,系统能耗低的膜品种,其产水水质及段通量比等指标一般也较差;系统能耗高的膜品种,其产水水质及段通量比等指标一般也较好。一般而言,系统设计时,应在满足产水水质及段通量比等技术指标基础之上,尽量选用工作压力较低膜品种,以降低系统能耗及吨水能耗等经济技术指标。

恒量运行的设备保证

预处理系统中的水泵设计主要是保证恒定出水流量,膜系统设计主要是同时保证恒系统收率与恒产水流量。实际运行过程中,运行系统收率应小于等于设计系统收率,运行产水流量应大于等于设计产水流量。

6.8.1　高压水泵规格

给水高压泵是反渗透系统的重要设备，是系统运行的动力来源，是系统设计中的重要内容，也是系统控制重要对象。膜系统高压泵的主要参数是最高工作压力 P_{pump} 与最高给水流量 Q_{pump}，也称高压泵的设计工作点。

高压泵的最高给水流量 Q_{pump} 应大于设计产水流量 Q_p 与设计系统收率 R_e 的比值

$$Q_{pump} \geqslant Q_p / R_e \tag{6.36}$$

高压泵的最高工作压力 P_{pump} 应大于最恶劣工作条件下的系统最高工作压力 P_{oper}

$$P_{pump} \geqslant P_{oper} \tag{6.37}$$

所谓最恶劣工作条件系指同时发生的最低给水温度、最高给水盐量、最长工作年份及最大污染程度四项恶劣工作条件。其中，最长工作年份隐含最大不可恢复膜性能衰减，最大污染程度隐含最大可恢复膜性能衰减。

四大恶劣工作条件中，给水盐量的波动一般有限，自然水体年内给水温度变化幅度的影响一般较大，而系统污染甚至很难准确加以预计。各膜厂商提供的设计软件中，虽然具有运行年份与透水年衰率及透盐年增率等反映污染程度的方式，但其存在以下问题：

①　对于污染速率估计不足　例如，海德能软件初设膜元件的透水年衰率为 7%，透盐年增率 10%。该数值对于较好的水源条件及较好的预处理工艺还较为接近，而对于较差水源及预处理工艺则相距其远。

②　污染及清洗的实际区别　设计软件中的所谓透水年衰率及透盐年增率只能理解为经过在线或离线清洗之后的清洁膜元件不可逆性能变化率，而对于清洗之前的污染膜元件可逆性能变化很难准确估计与处理。

此外，实际选泵时还应为高压泵的最高给水流量 Q_{pump} 与最高工作压力 P_{pump} 留有余量，以防止水泵产品的实际参数与标称参数间的差异。换言之，在图 6.27 所示相关位置中，所选水泵规格固有的流量压力特性曲线应在水泵设计工作点上方。

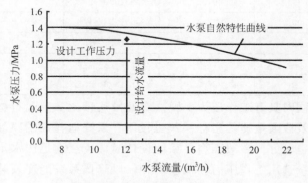

图 6.27　水泵特性与系统工作点

6.8.2　浓水截流阀门

可以认为反渗透膜系统主要由膜堆、膜壳及水泵三大件组成，但浓水阀门也是形成工作压力的重要手段，特别是决定系统收率的必要设备。

浓水阀门全开时，系统工作压力只是管路压降与元件压降的总和，该状态一般对应的是系统的水力冲洗与药剂清洗。届时的流量很大而压力很低，基本没有系统产水。

浓水阀门全关时，系统的工作压力与产水流量均达到最大值，而浓水流量为零。该状态将使系统形成全流过滤，将造成快速且严重的系统污染，因此全部关闭浓水阀门属于高危操作。

适度调整浓水阀门可以有效调整系统收率、产水流量及工作压力。阀门开度加大时，系统收率降低、工作压力下降、产水流量减少；阀门开度减小时，系统收率上升、工作压力增高、产水流量增加。

浓水调节阀门一般包括针阀、球阀、闸阀及蝶阀等不同种类，微型系统可以用针阀，小型系统可以用球阀，大型系统一般用闸阀，各类系统均要求浓水阀门可以在较宽范围内有效调节浓水流量及工作压力。必要时可在控制闸阀一侧，旁路一个泄流蝶阀，以便在系统冲洗时快速打开蝶阀，进行有效的系统冲洗。

图 6.28 浓水阀门的不同组合方式

如果需要自动调节系统回收率，则要求浓水调节阀门为开度可调的伺服阀门，即阀门的伺服控制电机可随时调整阀门开度。理想情况下，伺服阀门的开度与阀门的旋转角度呈线性关系。图 6.28 给出不同的浓水阀门组合。

6.9 阻垢剂的功能与使用

无论预处理采用混凝砂滤或超滤微滤工艺，膜系统给水中总存在着各类 $CaCO_3$、$CaSO_4$、$BaSO_4$、$SrSO_4$、CaF_2 等无机结垢物质。理论上讲，随着沿流程的给浓水被逐步浓缩，当结垢物浓度未达到饱和时不能形成沉淀，当其浓度过饱和时将形成结晶、结垢及沉淀。

如图 6.29 所示，结垢物浓度欠饱和时称为稳定区，浓度过饱和但未形成沉淀的浓度区称为介稳区，浓度超过介稳区时称为非稳区。浓度达到非稳区时结垢物产生沉淀，而处于介稳区浓度的污染物如遇晶种或其他杂质将会诱导沉淀发生。因此，被无机污染的系统或流程位置易于加重无机污染，且被有机物甚至微生物污染的系统或流程位置也易于产生无机污染。

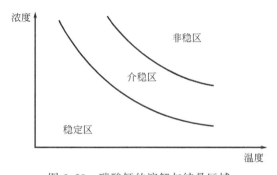

图 6.29 碳酸钙的溶解与结晶区域

中小系统的无机污染主要依靠软化预处理工艺消除系统进水中的结垢物质，大型系统的无机污染主要依靠阻垢剂加以抑制。阻垢剂吸附在结晶的晶核周围，可以阻止难溶盐与晶核的接触，以迟滞难溶盐垢层的形成。此外，许多阻垢剂具有分散性，带阴离子负电荷的阻垢剂可将悬浮的结晶体被有机物包裹，使被包裹的结晶体间相互排斥，从而防止了结晶体的聚合与沉淀。

主要的阻垢剂品种有六偏磷酸钠（SHMP）、有机磷酸盐与多聚丙烯酸盐三大类型。阻垢剂的作用是扩大结垢物质的介稳区间，提高结垢时的结垢物质浓度，进而在特定收率条件下防治或减轻系统中的难溶盐结垢。

系统给水中投加六偏磷酸钠的浓度一般为 5mg/L，75％回收率时的系统浓水中的浓度将达到 20mg/L。有机聚合阻垢剂较六偏磷酸钠更为有效，但需防范与预处理工艺过程中投加的阳离子聚电解质或高价阳离子产生沉淀。

第7章

反渗透膜系统特殊工艺

串并联及多分段结构是系统膜堆的基本结构,具有较高的系统收率、较低的系统能耗与较高的产水水质。但是,为了进一步提高回收率与脱盐率,提高通量均衡度,常在基本结构基础上增加浓水回流、淡水背压、段间加压、淡水回流、分质供水等项工艺措施,并将其统称为膜系统的特殊工艺。图7.1示出部分特殊工艺流程及相关术语。

当存在浓水或淡水回流工艺时,系统中具有两个回收率与两个透盐率,系统产水与系统给水之比为"膜堆回收率",系统产水与系统进水之比为"系统回收率",产水含盐量与给水含盐量之比为"膜堆透盐率",产水含盐量与进水含盐量之比为"系统透盐率"。当不存在两个回流工艺时,进水与给水相等,两个回收率相等,两个透盐率相等。

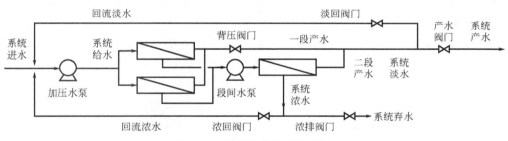

图7.1 膜系统特殊工艺流程

7.1 浓水回流工艺

一般而言,膜系统的难溶盐极限收率可达 $75\% \sim 80\%$,相应的系统流程长度可达12m即可。采用 2-1/6 排列结构,该结构对于 8in 膜元件系统的产水流量为 $10 \sim 15m^3/h$ [$15 \sim 22L/(m^2 \cdot h)$],对于 4in 膜元件系统的产水流量为 $2 \sim 3m^3/h$ [$14 \sim 21L/(m^2 \cdot h)$]。当产水流量低于该水平时,系统元件数量不足18支,系统流程短于12m,结构性极限收率下降,其值低于难溶盐极限收率。在此情况之下,为提高结构性极限收率,以期与难溶盐极限收率持平,即实现较高的系统收率水平,可以引入浓水回流工艺。

图7.1所示系统典型工艺中末段浓水即为系统浓水,经浓水阀门控制流量后直接排放。图7.2所示浓水回流工艺中的末段浓水经浓排阀门及浓回阀门两路阀门的控制,流经浓排阀门的为系统弃水被直接排放,流经浓回阀门的为回流浓水又回到泵前。届时,系统给水是系统进水与回流浓水的混合水体,给水含盐量高于进水含盐量。设系统的进水含盐量为 C_i,进水流量为 Q_i,给水含盐量为 C_f,给水流量为 Q_f,浓水含盐量为 C_c,浓水流量为 Q_c,浓回流量为 Q_b,浓排流量为 Q_o,则

给水含盐量 $\quad C_f = (C_i Q_i + C_c Q_b)/(Q_i + Q_b)$ (7.1)

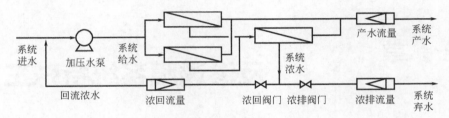

图 7.2　浓水回流工艺示意图

系统回收率　$R_{i\,sys}=Q_p/Q_i$　　系统透盐率　$P_{s\,sys}=C_p/C_i$ 　　　　(7.2)

膜堆回收率　$R_{f\,mem}=Q_p/Q_f$　　膜堆透盐率　$P_{s\,mem}=C_p/C_f$ 　　　　(7.3)

表 7.1　特定系统中浓水回流工艺参数 ［2000mg/L，20L/(m²·h)，5℃，1/6，CPA3-LD，0a］

进水流量 /(m³/h)	给水压力 /MPa	给水流量 /(m³/h)	浓水压力 /MPa	浓水流量 /(m³/h)	浓回流量 /(m³/h)	浓水盐量 /(mg/L)	产水流量 /(m³/h)	产水盐量 /(mg/L)	浓差极 化度	系统收率 /%	膜堆收率 /%
7.41	1.43	7.41	1.38	3.0	—	4977	4.45	15.5	1.20	60	60
6.85	1.47	7.41	1.42	3.0	0.6	5677	4.45	19.3	1.19	65	60
7.41	1.45	8.00	1.39	3.6	0.6	4974	4.45	16.9	1.16	60	56

如表 7.1 所示，无浓水回流工艺的系统回收率与膜堆回收率相等，而浓水回流工艺可有恒膜堆收率与恒系统收率两类模式。恒膜堆收率模式中，保持了无浓水回流时膜堆的给、浓、产水三项径流流量，降低了系统的进水流量，保持了浓差极化指标，提高了系统回收率。恒系统收率模式中，保持了无浓水回流时系统的进、浓、产水三项径流流量，提高了膜堆的给水流量，降低了浓差极化指标，降低了膜堆回收率。一般水处理工艺多采用恒膜堆收率模式，而恒系统收率模式多用于特殊料液的浓缩工艺。

图 7.3 分别给出 1 支、3 支、6 支 4in 元件串联结构的恒膜堆回收率系统，对应不同浓水回流量条件的系统浓差极化极限收率与相应的系统脱盐率指标。图示曲线表明，欲达到特定浓差极化极限收率，系统流程越短，所需浓水回流量越高，且系统脱盐率越低。

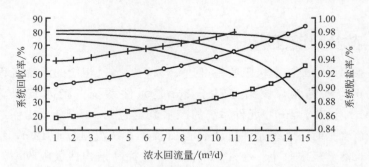

图 7.3　浓水回流工艺对应的极限回收率与脱盐率

—□— 1支膜-回收率;　—○— 3支串-回收率;　—+— 6支串-回收率

—— 1支膜-脱盐率;　—— 3支串-脱盐率;　—— 6支串-脱盐率

一般而言，流程为 12m（即 2-1/结构）系统的浓差极化极限收率可以达到 75%，与难溶盐极限收率接近，而在系统脱盐率允许条件下，元件数量少于 15 支（无论 4in 元件或 8in 元件）或流程短于 10m 的系统常采用浓水回流工艺。

值得注意的是，在图 7.2 所示浓水回流工艺图中，浓回流量、浓排流量及系统收率三个指标是由浓回阀门与浓排阀门共同进行调节，故应配置产水流量、浓回流量及浓排流量三个流量监测仪表。

7.2 通量均衡工艺

如图 6.17 曲线所示，由于沿流程各元件的工作压力逐步下降且给水渗透压逐步上升，沿流程各元件的产水通量必然逐渐下降，即必然产生沿流程各元件的通量失衡。根据 6.6.3 节的讨论，系统流程越长、给水温度越高、给水盐量越高、系统通量越低、膜品种透水压力越低，则系统首末段平均通量之比（也称段通量比）或系统前后端元件通量之比（也称端通量比）就越大，系统各元件通量越不均衡。

根据第 10 章相关内容的讨论，相同膜段中不同安装高程膜壳的给浓水平均压力不尽相同，给水与浓水母管中的径流方向也有影响，这些都导致了同段各壳元件平均产水通量的失衡。

7.2.1 通量失衡相关问题

（1）通量失衡与产水水质

① 串联元件通量失衡与产水含盐量 当膜系统的回收率给定时，系统浓水对给水的浓缩倍数基本确定，即浓水中的含盐量基本确定。如图 7.4 所示，假设系统流程各位置膜元件产水通量均衡，则系统的给浓水将沿系统流程平稳浓缩，给浓水含盐量沿系统流程平稳增长；如忽略淡水含盐量的渗透压作用，则沿流程各元件的透盐通量也平稳增长。如果系统前端通量高于后端通量，给浓水在系统前端的浓缩速率高于在后端的浓缩速率，给浓水含盐量增长速率沿系统流程前快后慢，将使沿流程各元件的给浓水含盐量普遍提高。

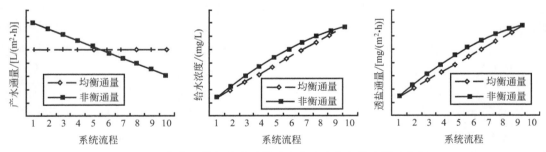

图 7.4 均衡通量与非衡通量系统的透盐率参数比较示意图

由于元件盐通量与给浓水含盐量约成正比，则系统总盐流量是元件盐通量对膜面积的积分，相当于沿系统透盐通量曲线以下的面积。产水含盐量为系统盐流量与系统产水量之比，因系统产水量恒定，系统产水含盐量也正比于透盐通量曲线以下的面积。由于非线性透盐通量曲线以下面积大于线性透盐通量曲线以下面积，可以推定：通量失衡系统的透盐率高于通量均衡系统的透盐率。

据图 7.4 相关曲线分析，如末段通量高于首段通量，则图 7.4 中的虚线对实线呈镜像翻转，系统的透盐率会更低。换言之，仅从透盐率观点出发，末段通量越大，系统透盐率越低。

② 并联元件通量失衡与产水含盐量 图 7.5 中实线表示某膜串中 6 支元件的平均通量在 $14L \sim 22/(m^2 \cdot h)$ 范围内变化时对应膜串的产水含盐量。正是由于该曲线呈下凹形式或称二阶导数大于零，当并联的相同两膜串各自的产水通量出现正负等值偏差时，两膜串合

成产水含盐量（见图中虚线）较膜串通量相同时的产水含盐量（见图中实线）有所增长。

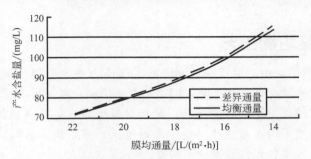

图 7.5　并联膜壳通量与水质关系示意曲线

上述分析表明，尽管串联元件通量失衡对于产水含盐量的影响远大于并联元件通量失衡的影响，但总可以得出结论：膜系统中各位置串联或并联各元件通量的失衡总会造成一定程度系统产水含盐量的上升，即系统产水水质下降。

（2）通量失衡与系统污染

① 并联通量失衡与污染　根据第10章所述，同段系统并联各膜壳的小幅通量失衡，也会扩展成为膜壳之间的严重污染失衡。因此，合理设计膜堆中给浓水的径流方向及给浓水流道中的压力损失，使同段系统中各膜壳的通量尽可能均衡具有重要意义。

② 两段通量失衡与污染　如图6.17曲线所示，系统首段通量远高于末段通量时，其至会出现系统末端元件不产水现象时，系统首段因超重负荷而严重污染，致使系统运行稳定性受到威胁。因此，两段结构系统中，首末段通量的比值不易过高。

此外，由于反渗透膜对有机物或无机物均有较高脱除率，末段给浓水中的污染物浓度远高于首段，绝对的段均通量均衡系统会造成末段系统污染远大于首段，而末段污染（特别是无机污染）不仅使系统脱盐率下降，还会对系统的运行稳定性造成威胁。在特定的给水温度、给水 pH 值、污染物种类、已有污染程度条件下，可以近似认为元件污染速度 $v_{pollute}$ 是各类污染物浓度 $\overline{C}_{fc}^{*}$、膜元件通量 F_p 及浓差极化度 β 的乘积

$$v_{pollute} = k\overline{C}_{fc}^{*}F_p\beta \tag{7.4}$$

当系统流程各位置元件的污染速度均衡时，全系统性能的衰减速度最低，系统的清洗与换膜频率最低，则"均衡污染"不仅应为重要概念，还应是均衡通量的最终目标。从均衡污染观点出发，两段结构系统中，首末段通量的比值不易过低。总之，从沿流程方向均衡污染概念出发，应使同级中首末段均通量比值保持适当水平；从沿高程方向均衡污染概念出发，应使同段中上下层壳均通量比值保持尽量一致。

（3）通量均衡的技术指标

系统设计领域中，同时存在"恒定通量"与"均衡通量"两个关于通量的不同观念。恒定通量系指系统中各元件通量均值在时间域内的恒定，均衡通量系指系统中各元件通量之间在空间域内的均衡。

与系统收率及浓差极化等指标不同，通量均衡程度并无明确限值。通量均衡包括沿系统流程的纵向均衡与沿膜堆高程的横向均衡（见第 10 章内容），纵向均衡还存在"首末段通量比"与"前后端通量比"两项指标。前者为首末两段的各自平均通量之比，简称"段通量比"；后者为系统或段内前后两端元件通量之比，简称"端通量比"。

通量均衡程度既与系统脱盐效果有关，也与系统污染速率有关，故系统通量的最佳均衡程度是系统设计与系统运行领域中的一个典型问题。保持沿系统流程的通量均衡主要有淡水背压、段间加压与元件配置等三项工艺措施。

7.2.2 首段淡水背压工艺

系统中沿流程的首末段通量比与前后端通量比两项指标中，前者的检测与控制远较后者容易，因此通量均衡工艺应直接针对段通量比指标，而间接影响端通量比指标。图 7.6 给出淡水背压的工艺结构示意图。

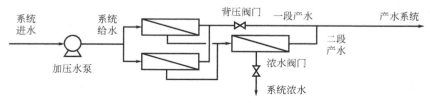

图 7.6 淡水背压工艺示意图

根据式（5.2）给出的膜元件产水流量关系，如忽略产水渗透压 π_p 的作用，则首段通量 F_p 可表征为如下形式：

$$F_p = A[(P_f - P_p) - (\pi_f - \pi_p)] \approx A(P_f - P_p - \pi_f) \tag{7.5}$$

这里的给水渗透压 π_f 是由给水含盐量决定的不可控因素，如果假设首段工作压力 P_f 不变，则首段平均通量 F_p 的降低可以通过增加首段淡水背压 P_p 予以实现。如淡水背压只施加于系统首段，则可相对降低首段通量，且相对提高末段通量，以使系统首末两段通量趋于均衡。首段平均通量的控制只需在首段产水管路中增设背压阀门，适度调节阀门开度即可达到工艺目标。

由于首段淡水背压的存在，增加了系统产水的总体阻力，背压阀门两侧压差与通过流量的乘积构成了附加能量损耗，因此加压水泵需要增加压力以输入更多能量。图 7.7 给出特定系统条件下，采用不同淡水背压水平时，沿系统流程各元件通量的变化过程。图示无淡水背压系统中，由于高给水盐量、高给水温度、低透水压力元件等因素的共同作用，可能出现系统末端元件产水为零。届时，淡水背压工艺既十分必要，也相应有效。

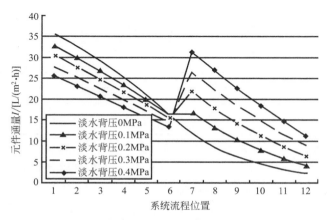

图 7.7 段间加压对通量均衡的工艺效果图

表 7.2 所示上述系统淡水背压工艺的运行指标表明，随着淡水背压的增高，首末段通

量比值不断下降，产水含盐量也在不断下降，但工作压力与系统能耗却在不断上升。而且，淡水背压使段通量比等于 1 之后，继续增加淡水背压，段通量比将小于 1，系统能耗继续上升，而系统产水水质还会继续向好，系统脱盐率继续上升。虽然该现象会造成系统后段加速污染，但也不失为提高产水水质的临时有效措施。

表 7.2　特定系统中淡水背压工艺的系统参数[2000mg/L, 25℃, 20L/(m² · h), 2-1/6, 75％, 0a, ESPA1]

指标名称	指标数值					
淡水背压/MPa	0	0.1	0.2	0.3	0.4	0.5
首段通量/[L/(m² · h)]	26.8	25.0	23.1	21.3	19.5	17.7
末段通量/L/[(m² · h)]	6.3	9.9	13.6	17.3	20.9	24.6
工作压力/MPa	0.82	0.87	0.92	0.98	1.03	1.09
浓水压力/MPa	0.61	0.65	0.69	0.73	0.77	0.82
系统能耗/(kW · h/m³)	0.39	0.42	0.44	0.47	0.49	0.52
产水水质/(mg/L)	168	155	144	134	125	117
两段浓水流量/(m³/h)	2.9/4.5	3.3/4.5	3.7/4.5	4.1/4.5	4.6/4.5	5.0/4.5

7.2.3　首末段间加压工艺

降低段通量比的淡水背压工艺具有设备简单的优势，但系统能耗较高，而能耗较低的工艺为段间加压。系统末段通量过高的原因之一是沿程工作压力的不断下降，如将式（7.5）视为末段通量的表达式，则提高末段工作压力 P_f 可增加末段通量。直接增加末段通量且相对降低首段通量的工艺是在首段浓水即末段给水管路之上增设段间泵，该系统结构见图 7.8。

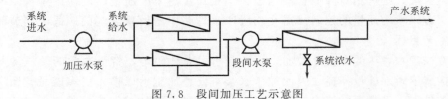

图 7.8　段间加压工艺示意图

表 7.3　特定系统中段间加压工艺的系统参数[2000mg/L, 25℃, 20L/(m² · h), 2-1/6, 75％, 0a, ESPA1]

指标名称	指标数值					
段间加压/MPa	0	1.0	0.2	0.3	0.4	0.5
首段通量/[L/(m² · h)]	26.8	25.0	23.1	21.3	19.5	17.7
末段通量/[L/(m² · h)]	6.3	9.9	13.6	17.2	20.9	24.6
工作压力/MPa	0.82	0.77	0.72	0.68	0.63	0.59
浓水压力/MPa	0.61	0.65	0.69	0.73	0.77	0.82
系统能耗/(kW · h/m³)	0.40	0.39	0.38	0.39	0.40	0.41
产水水质/(mg/L)	168	155	144	134	125	117
两段浓水流量/(m³/h)	2.9/4.5	3.3/4.5	3.7/4.5	4.1/4.5	4.6/4.5	5.0/4.5

如果将淡水背压改为段间加压，而且背压数值与加压数值均为 0.1MPa、0.2MPa、0.3MPa、0.4MPa、0.5MPa，则系统中各流程位置的元件通量分布曲线将与图 7.7 所示曲线并无差异。比较表 7.2 与表 7.3 所示数据可知，当施加压力相同时，对于首末段通量的调节效果完全相同，末段浓水压力及系统产水含盐量也均相同，所不同的仅是系统工作压力与系统能量损耗。

段间加压工艺中，随着末段压力及末段通量的增加，首段通量相应降低，所需首段工作压力即系统给水主泵输出功率相应降低。值得注意的是，段间加压工艺中，在段间水泵增压范围内，总系统能耗存在最低点，该点处的能耗低于无段间加压时的能耗，即适度段间加压可降低能耗。

执行段间加压的水泵应为离心泵，其流量应为系统浓水流量与末段产水流量（末段设计通量与末段元件面积的乘积）之和；水泵的压力只是末段所需增加的压力，而非末段实际压力。届时，末段工作压力是首段浓水压力与段间泵所增压力之和。

表 7.4　不同给水温度条件下的段间加压水平（2000mg/L，2-1/6，ESPA2，75%，0a）

给水温度/℃	工作压力/MPa	段间加压/MPa	段通量比	产水水质/(mg/L)
5	1.24	0.220	21.2/17.7＝1.2	23.6
15	0.98	0.270	21.2/17.7＝1.2	33.3
25	0.81	0.302	21.2/17.7＝1.2	46.5

表 7.4 中数据示出，不同给水温度条件下，为保持段通量比 1.2 水平所需的段间加压量值。实际上，针对特定系统而言，给水温度越高、给水含盐量越高及系统污染越轻，则系统段通量越不均衡，所需段间加压越高。因此。在选择段间加压泵压力时，需要考虑给水温度最高、给水含盐量最高及系统污染最轻等极端条件下所需段间加压量值。

7.2.4　元件品种优配工艺

如果将式（7.5）分别视为首末两段通量的表达式，在不改变首末段的工作压力及淡水背压条件下，于首末段配置不同透水系数 A 的膜元件，同样可以达到调整段通量比的目的。

一般系统中首末段膜品种一致，从而有段通量的首高末低，欲降低段通量比可以选择首末段膜元件的透水压力呈首高末低模式。海德能公司产品的透水压力 ESPA2 高于 ESPA1，CPA3 高于 ESPA2，时代沃顿公司产品的透水压力 ULP32 高于 ULP22，ULP22 高于 ULP12。

如图 7.9 所示，某系统全部采用透水压力较低 ESPA1 膜品种时的段通量比最高；全部采用透水压力较高 CPA3 膜品种时的段通量比较低；首段采用透水压力较高 CPA3 而末段采用透水压力较低 ESPA1 时的段通量比最低。

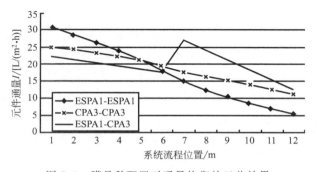

图 7.9　膜品种配置对通量均衡的工艺效果

[2000g/L，15℃，20L/（m² • h），2-1/6，75%，0a]

由于一般透水压力较低膜品种的透盐率较高，故采用膜品种配置调整段通量工艺时，系统的脱盐率、能耗率及工作压力三项指标，低于全为低透水压力膜品种系统，但高于全为高透水压力膜品种系统，相关数据示于表 7.5。

表 7.5 特定系统中膜品种配置工艺的系统参数 [2000mg/L，15℃，20L/（m²·h），2-1/6，75%，0a]

项目	CPA3-CPA3	ESPA1-ESPA1	CPA3-ESPA1
首段通量/[L/（m²·h）]	22.6	25.0	20.0
末段通量/[L/（m²·h）]	14.6	9.9	19.8
段通量比	1.55	2.53	1.01
产水盐率/（mg/L）	33.5	111.9	66.8
工作压力/MPa	1.22	0.92	1.09
系统能耗/（kW·h/m³）	0.58	0.44	0.52
两段浓水流量/（m³/h）	3.9/4.5	3.3/4.5	4.5/4.5

从降低系统透盐率观点出发，段通量比应该较小；因末段给浓水中污染物浓度高于首段，从均衡污染观点出发，段通量比应大于 1。由于段通量比指标涉及产水水质与污染速度等多个方面，针对不同系统，可采用不同数值，以协调各方面要求。一般而言，建议两段系统的段通量比应保持在 1.1~1.3 之间。

7.2.5 均衡通量附加功效

通过前述内容讨论已知，段间加压工艺在均衡通量的同时，可以在一定程度上降低系统能耗与提高产水水质，这里讨论均衡通量工艺的其他附加功效。

表 7.6 段间加压与浓差极化度的关系 [25℃，ESPA2，2-1/6，20L/（m²·h），0a]

给水盐量 /（mg/L）	无段间加压		有段间加压		
	首末段浓差极化度	首末段通量比	段间加压/MPa	首末段浓差极化度	首末段通量比
1400	1.22/1.05	25.0/10.1	0.35	1.13/1.13	19.9/20.3
800	1.21/1.09	23.5/13.1	0.24	1.15/1.15	20.3/19.7
200	1.19/1.13	22.1/15.8	0.10	1.16/1.16	20.8/18.5

根据图 6.11 曲线所示规律，两段系统中首末段中沿流程的浓差极化度不断变化，首段的极化度单调上升，而末段的极化度的变化趋势呈多样性。极化度过高易于形成污染，极化度过低表明产水通量过小即首末段通量失衡。表 7.6 所示数据表明，无论首末段的原极化度为如何变化趋势，段间加压等均衡通量工艺均可同时调整首末两段极化度使其趋于均衡，即使给浓水流道的流态得以改善。

而且，由于降低浓差极化度等价于提高系统的结构性极限收率，故均衡通量工艺可在一定程度上替代延长系统流程，以提高结构性极限收率。延长系统流程要增加系统能耗，且降低产水水质，而均衡通量工艺则可降低系统能耗，并提高产水水质。

表 7.7 所示数据表明，2-1/7 结构 14m 流程系统的结构性收率可以达到 80%，2-1/6 结构 12m 流程系统的结构性收率只能达到 75%，但 2-1/6 结构附加 0.335MPa 段间加压时，可使结构性收率达到 80%，而且透盐率仅有 3.81% 即小于 2-1/7 系统的 4.77%。

表 7.7 段间加压工艺与浓差极化极限收率的关系 [2000mg/L，25℃，17.9L/（m²·h），3a，ESPA2]

膜堆结构	系统收率 /%	段间加压 /MPa	首段通量 /[L/（m²·h）]	末段通量 /[L/（m²·h）]	段通量比	浓水流量 /（m³/h）	浓差极化度	系统透盐率 /%
2-1/6	80	—	23.0	7.8	2.95	2.4/3.0	1.23/1.04	4.64
		0.335	19.0	15.9	1.20	3.3/3.0	1.15/1.10	3.81
2-1/7	80	—	23.3	7.2	3.24	2.7/3.5	1.20/1.03	4.77

总之，均衡通量工艺特别是段间加压工艺在有效均衡段均通量的同时，可提高产水水质、降低系统能耗、优化浓差极化以及提高结构性极限收率。因此，段间加压以增加工

艺复杂性与设备投资为代价，可全面改善系统的多项性能指标。

段间加压与淡水背压相比，前者的设备成本较高而能量损耗较低，后者的能量损耗较高而设备成本较低。一般而言，需要调节压力数值较高时多采用段间加压，需要调节压力数值较低时多采用淡水背压。

7.2.6 端通量比与膜品种

膜系统中的通量失衡指标除段通量比之外还有端通量比。如前所述，无论段通量失衡达到何种程度，总可以通过淡水背压及段间加压工艺将其调整至希望水平。尽管段间加压工艺在降低段通量比的同时，也相应降低了系统的端通量比，但段内端通量比过高，特别是末段中的端通量比总是大于首段，就非段间加压等工艺能力所及。如图 7.10 所示，对于特定系统 [2000mg/L，25℃，0a，75%，20L/(m²·h)，2-1/6] 用段间加压工艺使段通量比均降至 1.2 水平，但采用高压 CPA3 或低压 ESPA1 两种不同透水压力膜品种时，将产生不同的端通量比，高压膜的端通量比为 1.94，低压膜的端通量比为 3.09。

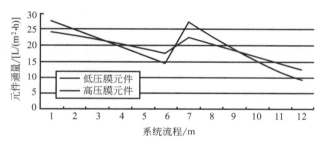

图 7.10　段通量比与端通量比关系曲线

一般而言，无论从均衡通量还是从均衡污染角度出发，均不希望端通量比过大，因此针对高给水含盐量及高给水温度等不利条件，为实现通量均衡目的，不仅需要采用段间加压等特殊工艺以降低段通量比指标，还需采用较高透水压力的膜品种以降低端通量比指标。

7.3 分段供水工艺

反渗透系统的工艺目的主要是脱盐，根据不同脱盐水平要求可以采用不同脱盐水平的膜品种，在特定膜品种基础上适度提高膜均通量及降低段通量比等工艺措施也可一定程度提高系统脱盐率，但更高脱盐率要求一般由两级系统加以满足。由于两级系统对脱盐率的提升幅度较大，工艺成本较高，如果系统用户对于产水同时存在高低不同水质要求与大小不同流量要求，则可采用图 7.11 所示分段供水工艺。

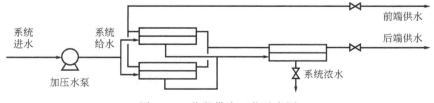

图 7.11　分段供水工艺示意图

图 6.18 所示曲线表明，系统沿程各个位置元件的产水含盐量快速上升，如将系统前后

端所产部分淡水分别以高低不同水质分供不同用途，可以同时解决不同用途的流量及水质要求。如图 7.12 曲线所示，在特定系统 [2000mg/L、15℃、20L/（m²·h）、2-1/6CPA3-LD、75%、0a] 中，从系统首端取用淡水时，取用流量越小，取用水质越好，而剩余部分从后端取用的淡水，剩余流量越小，其含盐量越高。如图 7.13 曲线所示，从系统末端取用淡水时，取用流量越小，取用水质越差，而剩余部分从前端取用的淡水，剩余流量越小，其含盐量越低。特别是在此两段结构中，首末段的产水流量分别为 10.1m³/h 与 3.3m³/h，产水含盐量分别为 18mg/L 与 81mg/L。

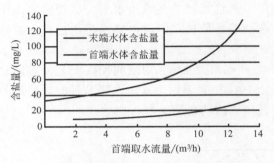

图 7.12　首端取淡水的流量与含盐量曲线

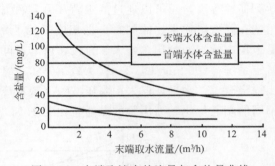

图 7.13　末端取淡水的流量与含盐量曲线

在产水流量中分段取水时，只需将两段产水间管路断开，分两路将两段产水引出。如需分流程元件位置取水时，需将该位置前后元件的淡水连接器堵塞，并将两侧淡水分路引出。或者在产水管路前后端设置阀门，由两阀门开度的差异灵活分配前后端供水流量，但届时需防止因两阀门关闭程度过大形成的系统淡水背压。

7.4　淡水回流工艺

在一级系统基础上小幅提高系统脱盐水平的另一工艺是淡水回流。如图 7.14 所示系统的实际产水流量大于设计流量，则可将多余部分系统产出淡水引回至系统进水端，与系统进水混合后构成系统给水。部分淡水回流后，系统产水流量与进水流量将相应减少，系统给水流量维持恒定，但给水含盐量降低，产水含盐量自然降低。换言之，如保持非回流淡水部分的产水流量及产水通量，则淡水回流工艺是以增加系统规模即增加元件数量为代价换取产水水质的提高。

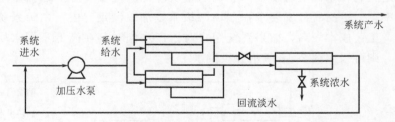

图 7.14　淡水回流工艺示意图

回流淡水的方式可有三种：一是全系统合成淡水的部分回流；二是系统后端淡水回流；三是系统前端淡水回流。从图 7.12 与图 7.13 曲线的分析可知：①如从系统前端取较好淡水回流，而用后端较差淡水输出，则前者的正向作用将被后者的反向作用抵消大半，最终的产水水质提高幅度很小。②如从系统后端取较差淡水回流，而用前端较好淡水输出，则

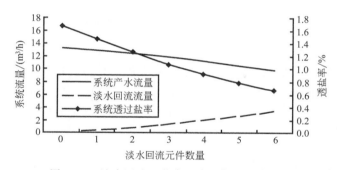

图 7.15　淡水回流工艺中回流流量与透盐率曲线

前者的正向作用与后者的正向作用相互叠加，最终的产水水质提高幅度很大。③如采用部分合成淡水回流，其效果将介于从前后两端回流淡水的优劣效果之间。

针对特定系统 ［2000mg/L、15℃、20L/(m²·h)、2-1/6CPA3-LD、75％、0a］，从系统后端回流淡水的不同产水流量所产生的系统参数变化见图 7.15。图中数据表明，回流淡水为 4m³/h（产水流量减少 30％）时，系统透盐率从 1.6％下降至 0.6％，可见工艺效果十分显著。

7.5　一级半脱盐工艺

如图 7.16 所示，如将一级系统首段高水质产水短接至二级系统产水，而将一级系统末段低水质产水作为二级系统给水进行二级处理，则全系统产水量与透盐率均介于一级与二级系统之间，可称为一级半系统或 5/3 级系统。

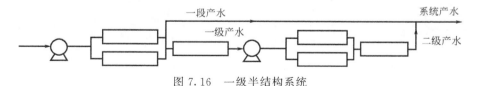

图 7.16　一级半结构系统

如前所述，反渗透系统的脱盐率水平主要决定于系统中膜品种的脱盐率水平。但是，实际系统脱盐率的要求可能很宽泛，而膜品种的脱盐率水平限制，系统脱盐率过低不能满足工程要求，系统脱盐率过高也将造成脱盐能力的浪费，因此可能需要多等级系统结构以满足不同工程要求。

50％脱盐水平纳滤膜的系统脱盐率可达到 30％，可称之为 1/3 级系统。

80％脱盐水平纳滤膜的系统脱盐率可达到 60％，可称之为 2/3 级系统。

99％脱盐水平反渗透的系统脱盐率可达到 95％，可称之为 3/3 级系统。

采用淡水回流工艺可以提高一级系统的脱盐率，可称之为 4/3 级系统。

一级半系统可以进一步提高一级系统脱盐率，可称之为 5/3 级系统。

标准的两级工艺可以使系统脱盐水平达到更高，可称之为 6/3 级系统。

总之，采取纳滤元件、淡水回流、级半系统与两级系统等工艺形式，反渗透或纳滤系统可以得到不同脱盐率等级水平的膜系统设计方案。第一级系统的脱盐率一般可达 95％，第二级系统的脱盐率一般只有 80％，由于第三级系统的脱盐率效率极低，故实际工程中不采用第三级系统脱盐。

7.6　监测控制系统

膜系统监测与控制的目的是在系统运行过程中实时监测系统运行状况，并对运行状态做出相应的及时调节与控制。各系统主结构的差异相对较小，而监控系统的差异可能很大。监控系统的形式可简可繁，主要分为仪表监测手动控制、仪表监测自动控制及远程移动监视控制三类水平。

7.6.1　仪表监测手动控制

图 7.17 所示简单仪表监控系统中，监测仪表只有产水电导仪、产水流量计与浓水流量计、首中末端的三只压力表，动力设备为水泵电机，控制设备为浓水阀门，外加原水及产水水箱的液位开关。基于固有的水泵特性与膜堆特性，调节浓水阀门的开度，可以得到相应的产水流量与浓水流量，进而得到系统收率指标。原水箱的低水位与产水箱的高水位，两个水位控制保证了水泵不空转及水箱不溢出。监控系统具有以上配置，即可满足系统运行与监控的基本要求，但存在以下问题：

① 水泵特性无法调节，故无法同时得到预期的系统收率与产水流量。

② 只能监测系统产水流量与各段工作压力，无法得知各段产水流量。

③ 无原水的温度与电导，故无法了解系统脱盐率及标准化运行指标。

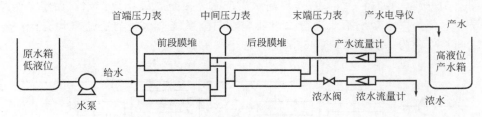

图 7.17　简单仪表监控系统

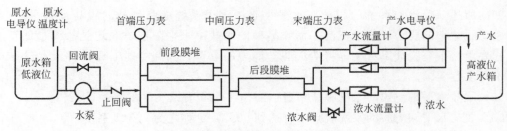

图 7.18　完整仪表监控系统

系统的简单监控只能了解系统的产水流量与产水水质，但不知所以具有如此运行指标的原因与背景，关于标准化运行指标见 10.8 节。较为完整的仪表监控系统如图 7.18 所示，主要增加了原水温度、原水电导、分段流量、止回阀门及泵回阀门。水泵与膜堆间的止回阀可以防止水泵断电停运时，膜堆中浓水倒流对水泵的反向冲击及对膜堆的水锤效应。由于泵回阀门的存在，从而可以调节水泵特性曲线，泵回阀门与浓水阀门的联动调节可以同时达到预期的产水流量与系统收率。如果为水泵电机设置变频调速器以实现水泵特性调整及水泵缓启缓停操作的运行效果自然优于泵回阀与止回阀的使用效果。一些膜厂商甚至明确提出系统启动的工作压力上升过程应不少于 30～60s，产水流量上升过程应不少于 15～20s。

完整系统中还可分别得到首末段的产水流量及首末段的产水电导，从而清楚地观察末段膜污染造成末段的产水量及产水质明显下降的现象。为了更加准确地监测系统中各膜壳产水的水质，可以在各膜壳产出水端各配置一个取样阀，通过对同段异壳产出淡水电导数值的差异，了解各膜壳元件的运行状况。

由于完整监测系统监测了原水的温度与电导，满足了运行指标标准化（见 10.8 节）所需各项数据要求，为实现运行指标标准化及深入了解系统污染奠定了基础。能否实现系统实时运行参数的标准化是衡量监视系统水平的重要标志。

完整仪表监控系统中，除了仪表的分散监测之外，如各仪表还具有 0～5V、4～20mA 或串行数据传输功能，即可以采用 PLC、单片机及触摸屏等电子设备，将分散于各仪表的系统运行参数传输且汇集于现场的监视屏或主控室的监控屏。所谓手动控制即浓水阀门与泵回阀门（或变频调节）均由操作人员手工操作，由自动监测与手动控制形成的监控系统构成了开环监控系统。

7.6.2　仪表监测自动控制

所谓仪表监测与自动控制，必须具备以下功能：①实现完整系统监测；②实现监测数据的自动传输至控制器；③通过控制器的分析判断，对水泵电机与浓阀电机发出指令，实时调节水泵运行频率与浓阀开启角度，即实时调节系统收率与产水流量，以实现系统的恒通量与恒收率控制。

图 7.19 所示微机自动监控系统，不仅是"系统运行—数据采集—分析控制—执行操作—系统运行"全过程的闭环监控过程，而且需要完成"水泵转速与浓阀开度对于产水流量与系统收率"的双项目标的双闭环控制。目前国内不少系统实现了运行数据的采集、显示与保存，但监测数据的标准化处理及状态控制的恒收率与恒通量控制尚未普及，而这两项内容正是系统监控的更高层次。系统设计领域中，回收率与产水量是两个重要指标，在系统运行过程中真正执行了此两项指标，才能实现设计与运行的统一。

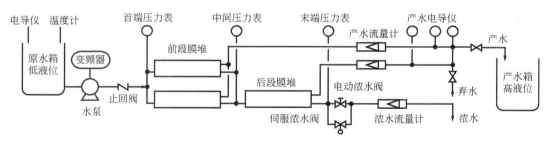

图 7.19　典型的微机监控系统

随着通信技术的提高与普及，进行远程监控甚至移动监控已非难事。因此，仪表检测、自动控制、物联网及移动通信的高度融合，可以使系统运行监控达到更高水平。

7.7　在线清洗系统

反渗透膜系统结构中，除主系统之外，还常附属清洗系统，以便于系统的在线清洗，且主系统与清洗系统总是成并联形式。在分段主系统中，首段并联膜壳数量一般为末段并联膜壳数量的一倍，且在此结构形式下，首末两段各膜壳中的运行给浓水流量基本相等。如果在主系统结构基础上直接进行全系统清洗，将造成首末段的洗液流量相差一倍，从而使首段清洗流量低于末段。而且由于清洗流程过长，会使首段的洗脱物污染末段系统；或因首段药液已经部分反应，而使末段药液作用不足。

图 7.20 所示分组清洗系统中，由于首末两段的给药阀与回药阀的存在，在清洗某膜段时开启该膜段给药阀与回药阀，并关闭另膜段给药阀与回药阀，从而形成首段与末段的分别清洗模式。而且，由于首段组阀的存在，可以通过开闭首段部分组阀使首段膜堆规格与末段一致（或基本一致），从而使药洗泵的规格与末段膜堆相匹配。这里的搅拌阀用来进行药箱投药后的循环搅拌，过滤器用于洗脱液的污物滤清。

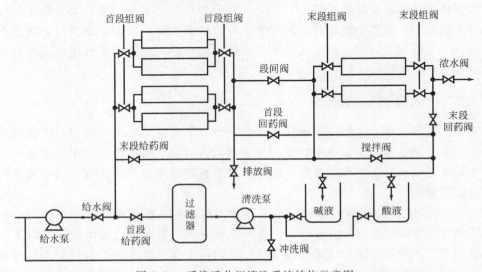

图 7.20　反渗透分组清洗系统结构示意图

图 7.20 所示分组清洗系统中，可以关闭部分本段膜壳控制阀，以着力清洗本段其余部分组件；而且可以灵活调整膜堆的组件数量，即调整主系统的结构，以实现 12.3 节所述系统通量调节。例如，如果给水泵具有足够的压力调节裕度，当系统污染后的产水水质不能达标时，可以通过关闭相关膜壳控制阀门来关闭部分组件，在保证产水流量条件下，以提高系统通量的方式，达到提高产水水质的目的。该图系统的缺点是设备投资较多、操作较为复杂、易出操作错误即形成所谓"浓水陷阱"。

膜系统典型设计与分析

第 5 章讨论了反渗透膜元件的运行特性，各膜厂商正是根据元件的运行特性编制了膜系统的设计软件。第 6 章讨论了反渗透膜系统设计要点，为系统设计明确了三项设计依据与设计通量及极限收率等设计指标，明确了串并联、两分段及六支段等基本膜堆结构。第 7 章讨论了系统常用的浓水回流、段间加压、淡水背压、淡水回流等特殊工艺形式。本章基于前述设计原则与方法，具体介绍小型、中型及大型反渗透系统的基本设计模式及典型设计范例。

8.1 小型规模系统设计

这里的所谓小型反渗透系统系指纯 4040 元件系统。小型系统与中型或大型系统相比，其主要特征是元件数量少，元件规格小，系统流程短。小型系统的膜堆结构简单，主要结构为单段串联结构、两段 2-1 结构或三段 3-2-1 结构三种形式。

小型系统的设计指标主要是 6.2.2 节中指出的平均通量、系统收率、脱除盐率、浓差极化、浓水流量、段均通量及系统能耗七项内容（段壳浓水比问题将在后续大型系统设计中进行讨论），系统设备主要为膜、壳、泵三大部件。

8.1.1 单段结构系统

根据"六支段"结构的概念，单段串联系统的流程为 $1 \sim 6m$，系统结构最为简单，但设计过程仍然关系到系统设计领域中的多数问题。因而，全面掌握简单的单段结构系统设计，是进行复杂的多段结构系统设计的基础。

首先，假设某系统进水含盐量 $1100 \sim 1500mg/L$，给水硬度 $80 \sim 100mg/L$（以 $CaCO_3$ 计），给水温度 $10 \sim 25℃$，地表水源经传统预处理，产水流量 $1000L/h$。要求产水含盐量低于 $40mg/L$ 及系统收率 70%，试求系统设计方案。

该系统设计过程如下。

（1）确定计算条件与计算背景

因高温条件下系统产水水质下降，且低温条件下系统工作压力上升；所以，计算最差系统产水水质时采用高温条件，进而确定膜品种；计算最高系统工作压力时采用低温条件，进而确定水泵压力。因污染条件下产水水质下降且工作压力上升，故计算此两项指标时均应采用重污染情况（如 3 年运行年份）。因高给水含盐量条件下的产水水质下降且工作压力上升，故计算此两项指标时均应采用高给水含盐量。总之，系统设计两项原则为：**高温度、重污染及浓给水三条件下计算系统脱盐率，低温度、重污染及浓给水三条件下计算水泵工作压力**。

系统设计软件中并未标明透盐率年增率 10% 或透水率年衰率 7% 两项参数的具体背景。这里假设此两参数均为洁净（即清洗后）膜元件的变化率，而不包括污染（即清洗前）膜元件的变化。为了表征运行 3 年后期污染条件下的系统状况，设计计算时采用运行年份 5，其中前 3 年表征实际运行年份，后 2 年表征系统污染状态。

系统能耗计算如果只针对某个具体工况并无代表意义，可以按照运行年份 2.5 年处理，即实际运行年份与系统污染状态均取中值，以计算系统长期运行中的平均能耗。

（2）确定系统通量及系统结构

依据表6.2所示系统设计导则，可以根据原水性质及预处理工艺确定系统设计通量。地表水源经传统预处理，其设计通量应在 $17\sim24L/(m^2\cdot h)$ 之间，取其中值可选通量 F_p 约为 20.5L/$(m^2\cdot h)$。因单支 4in 元件面积 S 为 7.9m^2，故取用 6 支膜元件，设计通量为 21.1L/$(m^2\cdot h)$。

$$N=\frac{Q_p}{F_p S}=\frac{1000}{21\times7.9}=6.03\approx6 \qquad 设计通量 \quad F_p=\frac{Q_p}{NS}=\frac{1000}{6\times7.9}=21.1L/(m^2\cdot h)$$

根据"六支段"概念，只有 6 支元件系统的膜堆应为全串联 1/6 结构。

（3）确定浓回流量与系统收率

根据进水条件，设计软件的进水离子分布可以是 Ca^{2+} 2meq、HCO_3^- 2meq、Na^+ 23meq、Cl^- 23meq，合成 TDS 为 1507mg/L，朗格里尔指数为 -0.9。根据系统计算条件 $[1507mg/L，25℃，5a，1/6，ESPA2-4040，1000L/h，21.1L/(m^2\cdot h)]$ 计算，且系统收率为 70%，则系统浓水流量仅为 430L/h（小于 4040 元件浓水流量限值 700L/h），浓差极化度 1.27（大于上限 1.2），因此需要增加浓水回流 300L/h。届时，浓水流量升至 700L/h，浓差极化度降至 1.16，产水含盐量 47.6mg/L（高于产水限值 40mg/L），朗格里尔指数为 $+0.5$。对于小型系统而言，解决硬度问题可采用软化工艺。

可以认为在预处理系统中采用软化工艺后，膜系统进水中不再包含硬度成分，TDS 还保持原数值 1500mg/L。届时，朗格里尔指数等于 0，系统收率可以达到 70%。

（4）确定浓回流量及元件品种

根据"高温度、重污染及浓给水"系统计算条件 $[1500mg/L，25℃，1500L/h，21.1L/(m^2\cdot h)，70%，5a，1/6，ESPA2-4040]$，即采用 ESPA2-4040 元件，产水盐量只能达到 46.4mg/L$>$40mg/L，未能达到设计要求，因此需要改用 CPA5-LD4040 元件 $[系统通量 22.4L/(m^2\cdot h)]$ 以降低产水盐量至 34.2mg/L$<$40mg/L。

届时，系统工作压力为 1.33MPa，端膜通量分别为 25.0L/$(m^2\cdot h)$ 与 19.3L/$(m^2\cdot h)$，端通量比为 1.3，浓差极化度 1.18$<$1.20，各项运行指标均已达到设计要求。

（5）确定工作压力及水泵规格

根据"低温度、重污染及浓给水"系统计算条件 $[1500mg/L，10℃，1500L/h，22.4L/(m^2\cdot h)，70%，5a，1/6，CPA5-LD4040]$，可得系统工作压力即水泵设计压力为 1.95MPa，产水盐量 21.0mg/L，端膜通量分别为 24.0L/$(m^2\cdot h)$ 与 20.4L/$(m^2\cdot h)$，端通量比为 1.18，浓差极化度 1.19$<$1.20。给水泵的最低工作流量决定于产水流量与系统收率，即 1m^3/h 除以 0.7 等于 1.43m^3/h。

水泵应在其流量压力曲线经过或超过 1.43m^3/h 及 1.95MPa 工作点的各规格中选择。根据南方泵业系列立式多级离心泵的技术数据，可选水泵规格为 CDLF2-24 或 CDLF3-33。

计算水泵平均年耗电量时应取其平均工况，设膜寿命期 3 年，污染折合运行年份 2 年，计算用运行年份（3＋2）/2＝2.5 年，年平均进水含盐量 1300mg/L，平均温度 17.5℃，平均收率70%，则平均水泵工作压力1.34MPa，平均水泵流量1.43m³/h。设水泵为变频调速，且基频向下调频的水泵输出功率参照平均工作点的相应水泵输出功率，则1.34MPa与1.43m³/h工作点对应CDLF2系列水泵中的CDLF2-16规格，或对应CDLF3系列水泵中的CDLF3-23规格，因此可以用CDLF2-16或CDLF3-23水泵的长期稳定运行能耗表征CDLF2-24或CDLF3-33水泵的长期平均运行能耗。

查水泵技术手册可知，CDLF2-16在该工作点处的单级水泵输入功率0.08kW，该工作点电机输出功率为$0.08 \times 16 = 1.28kW$，CDLF3-23在该工作点处的单级水泵输入功率0.05kW，该工作点电机输出功率为$0.05 \times 23 / 0.47 = 1.15kW$，如果忽略电动机与变频器效率，并按照1元/（kW·h）电价及系统每年运行8000h计算，CDLF2-16的年运行电费为$1.28 \times 1 \times 8000 = 10240$元，CDLF3-23的年运行电费为$1.15 \times 1 \times 8000 = 9200$元，年电费相差1040元。由于CDLF3-33规格水泵的长期平均运行电费明显低于CDLF2-24规格水泵，而两泵价格不可能相差如此悬殊，故应选用CDLF3-33规格水泵。

（6）采用不同元件数量的比较

表8.1 例题对应的5支或6支4in元件系统设计指标比较

（1500mg/L，70%，5a，2-1/6，低温10℃/高温25℃）

膜品种	元件数	膜通量 /[L/(m²·h)]	回流量 /(m³/h)	产水水质 /(mg/L)	工作压力 /MPa	端通量比
CPA5-LD4040	6	22.4	300	21.0/34.2	1.95/1.33	1.18/1.30
	5	26.9	400	18.4/29.9	2.29/1.54	1.13/1.22
ESPA2-4040	6	21.1	300	28.3/46.4	1.47/1.04	1.28/1.50
	5	25.3	400	24.8/40.3	1.71/1.19	1.21/1.36

表8.1数据表明，本例中如采用5支元件，则平均通量将达到25～27L/(m²·h)的较高水平，系统污染速度较快，但高通量会导致较低透盐率。如采用6支元件，则平均通量将达到21～22L/(m²·h)的较低水平，系统污染速度较慢，但低通量会导致较高透盐率。系统采用高透盐率的ESPA2-4040膜品种时，无论通量高低均不能达到产水水质要求，故必须采用低透盐率的CPA5-LD4040膜品种。

（7）本例题适用范围的再扩展

对于例题相似的1/1至1/5支的单段结构更短流程系统，如欲达到较高的系统收率，且欲满足浓差极化及浓水流量要求，均需要增加浓水回流工艺。对于特定的系统收率，系统流程越短，结构性极限收率越小，要求的浓水回流量越大，系统的工作压力越高，产水水质越差。为克服浓水回流工艺带来的产水水质下降，需要采用高脱盐率膜品种或较高的系统设计通量。例如，1/4及1/2结构4in元件系统的设计指标见表8.2。

表8.2 短流程1/4及1/2结构4in元件系统设计指标

[1000mg/L，25.3L/(m²·h)，3a，ESPA2-4040，低温5℃/高温25℃]

回收率/%	1/4结构			1/2结构		
	回流量/(L/h)	产水质/(mg/L)	工作压力/MPa	回流量/(L/h)	产水质/(mg/L)	工作压力/MPa
70	500	10.6/20.5	1.64/0.97	700	13.1/25.1	1.65/0.98
60	300	7.0/13.5	1.59/0.92	600	8.6/16.4	1.59/0.92
50	100	5.3/10.2	1.56/0.89	500	6.5/12.1	1.55/0.89

（8）单段结构膜堆的膜壳排列

1～6m流程的单段串联系统，一般可用1m膜壳6层卧式排放，2m膜壳3层卧式排放，3m膜壳2层卧式排放，甚至可以采用1m膜壳立式排放。但是，无论用几米长度膜壳且如何排放，只要前支膜壳浓水为且仅为后支膜壳给水，则应将该系统膜堆视为单段串联结构，1/6 结构膜堆的各种元件与膜壳排放方式见图 8.1。其中，膜壳的数量和规格与元件的数量和规格相关，膜壳的长度可短于膜段流程长度。

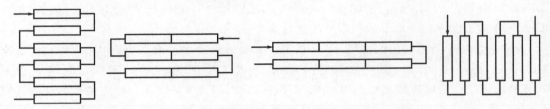

图 8.1 6 支单段串联系统的各种排放方式

8.1.2 两段结构系统

典型的两段小型系统为 2-1/6 膜堆结构，也包括 2/1-1/6、2/2-1/6、2/3-1/6 及 2/4-1/6 等较短流程两段膜堆结构。两段系统与一段系统的主要区别是形成两段结构且流程更长；其优势是结构性极限收率较高甚至超过难溶盐极限收率，因此浓水回流量减小甚至无需浓水回流工艺即可达到应有的结构性极限收率；其劣势是首末两段的平均通量比较大，甚至需要淡水背压或段间加压以降低段通量比指标。

为了全面分析两段系统的设计工艺及设计指标，这里特别针对最大段通量比为 1.2 的两段结构系统，分析不同的平均通量、给水盐量、元件品种与给水温度，分析系统的设计工艺及运行参数。

表 8.3 典型两段系统的设计参数比较（2-1/6，3a，75%）

产水流量 /(m³/h)	元件品种	给水温度 /℃	给水盐量 /(mg/L)	段间加压 /kPa	工作压力 /MPa	产水盐量 /(mg/L)	透盐率/%
2.5	ESPA2-4040	5	500	12	1.15	4.6	0.92
			4000	430	1.57	83.2	2.08
		25	500	92	0.66	9.0	1.80
			4000	535	1.09	164.2	4.11
	CPA5-LD4040	5	500	0	1.54	3.4	0.68
			4000	335	2.01	61.6	1.54
		25	500	20	0.87	6.6	1.32
			4000	465	1.31	120.2	3.01
3.5	ESPA2-4040	5	500	8	1.60	3.3	0.66
			4000	443	2.04	59.1	1.48
		25	500	121	0.91	6.4	1.28
			4000	568	1.35	116.2	2.91
	CPA5-LD4040	5	500	0	2.1	2.4	0.48
			4000	305	2.7	43.8	1.10
		25	500	6	1.2	4.8	0.96
			4000	465	1.7	85.2	2.13

根据表 8.3 所示数据可知所施加的段间加压存在如下规律：高给水温度、高给水盐量、大产水流量及低压膜品种条件下，为保持特定段通量比所需段间加压量值较高。

表 8.4 中给出不同运行年份及不同收率系统的段间加压量值，其中系统收率越高，要求段间加压越小；运行年份越长即系统污染越重要求段间加压越小（模拟计算效果与实际情况相反）。

表 8.4　典型两段系统的设计参数比较［ESPA2-4040，20L/(m² ·h)，15℃，2000mg/L，2-1/6］

运行年份/a	系统收率/%	段通量比	段间加压/MPa	工作压力/MPa	透盐率/%
0	70	21.2/17.6＝1.2	0.175	0.68	3.04
	75	21.2/17.6＝1.2	0.171	0.68	3.45
3	70	21.2/17.6＝1.2	0.152	0.80	3.90
	75	21.2/17.6＝1.2	0.150	0.80	4.42

总之，高给水盐量、高给水温度、低压膜品种、长系统流程、低系统收率及非污染系统的段通量比较高，欲保持较低的段均通量比值，需要加大段间加压量值，反之亦然。关于段间加压时的产水水质提高及工作压力降低等特点已于第 7 章讨论，这里不再赘述。

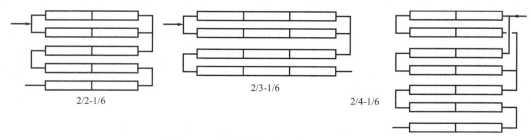

2/2-1/6　　　　　　　2/3-1/6　　　　　　　2/4-1/6

图 8.2　两段结构系统的各种排放方式

由于小型系统设计一般力求工艺简单，克服段通量比较大的工艺措施，或采用淡水背压，或采用高压膜品种。对于给水含盐量与给水温度较高系统，其至可以采用海水膜品种。

介于典型的单段与两段结构之间的 2/1-1/6、2/2-1/6 等较短流程系统，建议采用高压膜品种，对于 2/3-1/6、2/4-1/6 等较长流程系统可以采用淡水背压工艺。对于典型的 7 支段 2-1/7 结构 21 支膜元件系统，由于系统流程更长，有必要采用高压膜品种，并同时采用淡水背压或段间加压以降低段通量比。对于扩展的 6 支段 4-2/6 结构 36 支膜元件系统，相当于并联的两套 2-1/6 结构 18 支膜堆，其工艺特点与单套膜堆类似，只是各项流量加倍。图 8.2 示出 3 类典型两段系统的元件与膜壳排放形式。

8.1.3　三段结构系统

24 支元件小型系统的典型结构不是 3-1/6 或 2/12，而是三段 3-2-1/4 结构，系统流程仍为 12m，系统收率可以达到 75%～80%。由于三段式结构一般不可能设置 2 台段间加压泵，又要保持各段平均通量差异较小，因此三段式结构系统一般适用于较低给水盐量条件，并多采用高压膜品种以克服通量失衡。典型三段系统的设计参数比较见表 8.5。

表 8.5　典型三段系统的设计参数比较（1000mg/L，3-2-1/4，CPA5-LD4040，3a，75%，25℃）

产水流量 /(m³/h)	首段通量 /[L/(m² ·h)]	中段通量 /[L/(m² ·h)]	末段通量 /[L/(m² ·h)]	首段浓水 /(m³/h)	中段浓水 /(m³/h)	末段浓水 /(m³/h)
3	19.2	15.8	11.9	0.76	0.68	1.00
4	25.1	21.3	16.9	1.03	0.92	1.33
5	31.0	26.7	21.7	1.30	1.16	1.67

值得注意的是，三段系统中各段浓差极化现象并不严重，但当平均通量较低、系统污染较轻及给水盐量较高时，三段中某段（这里为中段）的浓水流量可能过低。因此，三段系统的设计通量较高为佳。

三段结构系统的典型问题是实现两级段间加压很难，但尚可实现两级淡水背压。例如在特定系统条件下（3000mg/L，3-2-1/4，ESPA2-4040，3a，75%，25℃），如不采用淡水背压，则三段通量分别为 $29.6L/(m^2 \cdot h)$、$16.0L/(m^2 \cdot h)$ 与 $5.9L/(m^2 \cdot h)$，即段通量比极大；如对第一段淡水实行 $0.54MPa$ 背压，且对第二段淡水实行 $0.31MPa$ 背压，则三段通量分别为 $23.2L/(m^2 \cdot h)$、$19.9L/(m^2 \cdot h)$ 与 $17.1L/(m^2 \cdot h)$，即可使第一段与第二段的通量比及第二段与第三段的通量比均为 1.16。

8.1.4 小型系统总结

这里的 8.1.1 节至 8.1.3 节内容，已经较为全面地讨论了 1～36 支 4in 膜元件，产水流量涵盖 $0.2～8.0m^3/h$ 范围的系统结构与系统工艺，已经涉及了系统设计中的多个方面。除了运用第 6 章与第 7 章的设计理论与设计方法之外，这里讨论的小型系统设计还增加以下内容，而所增内容也适合各中大型系统。

① 设计系统膜堆应该遵循六支段或其他支段结构。
② 高温度、重污染及浓给水条件计算系统脱盐率。
③ 低温度、重污染及浓给水条件计算给水泵压力。
④ 系统产水量与系统回收率之比决定给水泵流量。
⑤ 段间泵流量为系统浓水流量与末段产水量之和。
⑥ 段间泵压力为浓给水、低压膜、高温度、高通量、高污染工况下所需增压。

需要说明的是，利用设计软件计算时，软件按照系统首末均衡污染进行处理，即高污染系统的段通量比较低，所需段间加压量值较小。实际系统中，末段污染远重于首段，即高污染系统的段通量比较高，所需段间加压量值较大。

各个膜段之间必有相关管路进行连接，自然会产生附加的管路压降，从而增加首末段通量失衡，且过多的分段不利于淡水背压或段间加压设备调节各段通量，因此反渗透系统一般不采用三段结构，特别是不存在四段结构。

一般小型系统的元件数量最多为 3-2-1/＝24 支，产水流量最多为 $3.5m^3/h$。由于 4in 设备（包括元件及膜壳）的成本高于 8in 设备，更大规模的 4in 膜系统将失去其优势，故更大规模系统应采用 4/8in 混合设备或 8in 设备。

8.2 混型元件系统设计

4in 膜元件面积一般为 $85ft^2$ 即 $7.9m^2$，8in 膜元件面积一般为 $400ft^2$ 即 $37.2m^2$。以 $20L/(m^2 \cdot h)$ 通量计算，典型 3-2-1/4 结构的 4in 膜堆产水量为 $3.6m^3/h$，典型 2-1/6 结构的 8in 膜堆产水量为 $13.4m^3/h$。介于 $3.6～13.4m^2/h$ 流量之间而收率均约 75％的中小型规模系统，应该采用何种规格膜元件成为系统设计的典型问题之一。

表 8.6 纯 8in 结构与 4/8in 混合结构系统的设计指标比较
[$500mg/L$、5℃、$20L/(m^2 \cdot h)$、75％、3a、CPA3-LD 或 CPA5-LD4040]

膜堆结构	产水流量 /(m³/h)	透盐率/%	工作压力/MPa	段通量比	浓水回流	浓差极化度
2/2-1/6 * 8in	7.42	0.74	1.53	20.8/19.4		1.20/1.24
2/2-1/6 * 8in	7.42	0.90	1.56	20.9/19.4	1.0	1.18/1.18
6-3/6 * 4in	8.02	0.56	1.64	20.7/18.6		1.13/1.10

对介于 $5.35～13.35m^3/h$ 流量之间的约 $8m^2/h$ 系统而言，表 8.6 中第 1 行数据所示纯 8in 元件 2/2-1/6 结构的系统流程较短，浓差极化极限收率较低，75％高收率条件下将产生浓差极化度越界（1.24＞1.20）。表中第 2 行数据所示纯 8in 元件结构中采用浓水回流工艺加以补偿时，系统的产水水质将相应下降，工作压力也有所上升。表中第 3 行数据所示纯

4in 元件的 6-3/6 结构，虽可保证系统脱盐率与浓差极化度的要求，但由于小规格的元件、膜壳及管路的成本较高，使系统的设备成本上升，而且安装过程及运行操作均较复杂。

表 8.7 4040/8040 元件混成结构系统参数

[500mg/L、5℃、20L/(m²·h)、75%、3a、CPA3-LD 或 CPA5-LD4040]

膜堆结构	产水流量/(m³/h)	系统透盐率/%	工作压力/MPa	段通量比	浓差极化度
2-1/6 * 8in	13.35	0.76	1.57	20.7/18.6	1.15/1.13
2-1/4 * 8in+3/4 * 4in	10.70	0.72	1.57	21.0/19.6/17.2	1.17/1.12/1.09
1/6 * 8in+3/6 * 4in	7.15	0.68	1.61	21.2/18.2	1.14/1.14
1/6 * 8in+2/6 * 4in	6.23	0.70	1.58	20.8/17.8	1.18/1.11
1/3 * 8in+(3/3+2/6) * 4in	5.35	0.68	1.61	21.7/19.7/18.0	1.15/1.11/1.13
3-2-1/4 * 4in	3.57	0.64	1.64	21.0/19.6/18.0	1.14/1.15/1.10

如表 8.7 所示，在纯 8in 元件的产水流量 13.35m³/h 系统与纯 4in 元件的产水流量 5.35m²/h 系统之间，可以形成多个 8in 与 4in 混成系统，使产水流量形成一个较完整系列。这些系统的一个共同特点是其流程长度均为 12m，在无浓水回流工艺条件下，即可实现结构性极限收率与难溶盐极限收率基本吻合。

总之，产水流量在 5~15m³/h 流量范围内的系统，采用 4in 与 8in 规格元件混成结构较纯 8in 或纯 4in 规格元件结构更为合理，其膜堆结构与排列方式如图 8.3 所示。4/8in 系统中关于膜通量、回收率、透盐率、泵规格等问题的处理与小型系统相同。

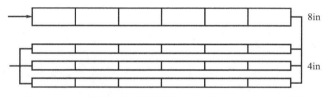

图 8.3 4in 与 8in 混成系统的 1/6 * 8in+3/6 * 4in 排列

8.3 中型规模系统设计

所谓中型系统一般是指典型 8in 元件的 2-1/6 两段结构系统与 3-2-1/4 三段结构系统，以 13~26L/(m²·h) 通量计算时的产水流量为 9~24m³/h，系统收率为 75%~80%。中型系统实际上是大型系统的基本结构，在中型结构基础上增加各段的并联膜壳数量即可成为大型系统。

设计导则根据给水中有机物含量规定了系统通量范围，系统结构与元件数量相关，如 18 支元件的 2-1/6 两段结构与 24 支元件的 3-2-1/4 三段结构。如果取 18~24 支元件间的任何元件数量，其系统结构将很难排布；而仅用 2-1/6 与 3-2-1/4 结构，且较为灵活地采用不同的系统通量，也可由相对固定的系统结构及元件数量来满足较为宽泛的系统产水流量要求。表 8.8 数据给出 8in 元件 2-1/6 与 3-2-1/4 结构实现不同产水流量条件时对应的系统通量。

表 8.8 两种结构系统不同产水流量对应的系统通量

[元件品种 ESPA2 或 CPA3，产水流量量纲 m³/h，系统通量量纲 L/(m²·h)]

2-1/6 结构	产水流量	9	10	11	12	13	14	15	16	17	18
	系统通量	13.5	14.9	17.9	16.4	19.4	20.9	22.4	23.9	25.4	26.9
3-2-1/4 结构	产水流量	15	16	17	18	19	20	21	22	23	24
	系统通量	16.8	17.9	19.1	20.2	21.3	22.4	23.5	24.7	25.8	26.9

表 8.9 所示数据再次表明，在 2-1/6 结构系统中，高给水盐量、高给水温度、高产水通

量及低膜品种压力等系统运行条件下，段通量比的数值较高，保持特定段通量比时所需段间加压的数值也较高。此外，这里的计算也验证了 7.2 节所述：段间加压等通量均衡工艺，在均衡段通量的同时，还可有效增大首段浓水流量、有效降低首段浓差极化度，有效降低系统透盐率，是一种全面提高系统运行指标的工艺措施。

表 8.9　2-1/6 结构系统中产水流量及系统回收率与段间加压的关系

(2000mg/L，25℃，3a，ESPA2，2-1/6)

产水流量 /(m³/h)	系统回收率 /%	段间加压 /MPa	首段通量 /[L/(m²·h)]	末段通量 /[L/(m²·h)]	段通量比	浓水流量 /(m³/h)	浓差极化度	系统透盐率 /%
12	75	—	22.1	9.6	2.30	3.1/4.0	1.18/1.05	3.80
		0.275	19.0	15.9	1.20	3.8/4.0	1.13/1.09	3.32
	80	—	23.0	7.8	2.95	2.4/3.0	1.23/1.04	4.64
		0.335	19.0	15.9	1.20	3.3/3.0	1.15/1.10	3.81
15	75	—	27.0	13.2	2.05	4.0/5.0	1.18/1.06	2.97
		0.292	23.7	19.8	1.20	4.7/5.0	1.13/1.09	2.65
	80	—	27.8	11.8	2.36	3.2/3.8	1.22/1.06	3.53
		0.346	23.7	19.8	1.20	4.1/3.8	1.15/1.11	3.02

实际上，8in 膜元件的 2-1/6 结构系统与 4in 膜元件的 2-1/6 结构系统的区别仅在于给水、浓水及产水的流量增加，而其他各项工艺及指标完全一致。此外，中型系统中关于膜通量、回收率、透盐率、泵规格等问题的处理与小型系统相同。

8.4 　大型规模系统设计

所谓大型系统一般系指 8in 元件的数量多于 24 支，产水流量大于 18m³/h，膜堆为类 2-1/6 结构，系统流程为 12m 且收率为 75%～80% 的膜系统。大型系统中关于膜通量、回收率、透盐率、泵规格等问题的处理完全可以仿照中型 2-1/6 结构中型系统的处理方式，不同规模大型系统与 2-1/6 结构中型系统的主要区别是元件数量的增加。

8.4.1　系统的段壳浓水比值

一般而言，典型的 2-1/6 结构中，首段膜壳数量与末段膜壳数量之比（简称"段壳数量比"）为 2，如设各膜壳产水流量一致且系统收率为 75% 时，首段壳均浓水流量与末段壳均浓水流量之比（简称"段壳浓水比"）为 1，有图 8.4 所示系统流量参数分布。该流量分布的首末段各膜壳给水、浓水及产水的径流量及其比值完全一致，浓差极化度自然也一致，可以认为该状态是系统各流量分布的理想状态。

在 2-1/6 结构中型系统中增加膜壳数量后所遇到的新问题几乎只是首末段膜壳浓水流量不再均衡。如果认为 6.2.2节中所列系统设计各项参数指标之间存在 10 大基本关系中的 9 项已于第 6 章、第 7 章及第 8 章以上部分相继解决，则大型系统设计主要解决的是第 10 项：段壳

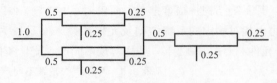

图 8.4　收率 75% 结构 2-1/6
系统的理想流量分布

浓水比主要决定于膜堆中各段膜串的比例关系，即根据系统的合理"段壳浓水比"，设计系统结构的"段壳数量比"。

8.4.2 大型规模的系统结构

与中小型系统设计相比，大型系统设计主要是解决系统膜堆的结构问题。由于大型系统的元件数量基数较大，增加元件的数量总是采用在某段上增加一个整壳（6支元件）方式进行。

（1）30支元件系统 ［20L/（m²·h），22.3m³/h］

如果系统由30支元件组成，可选结构几乎只有4-1/6与3-2/6形式，相关设计指标示于表8.10。表中数据表明，4-1/6结构中的段壳数量比为4＞2，段壳浓水比约为0.35＜1，即首段各壳浓水流量过小而末段各壳浓水流量过大，必然造成两段浓差极化度严重失衡，甚至首段的浓差极化度与浓水流量值越界。3-2/6结构中段壳数量比为1.5＜2，段壳浓水比约为1.32＞1，由于末段污染普遍较重，本应末段各壳浓水流量较大，而实际工况相反，故此种现象不尽合理。根据两弊相衡取其轻的原则，可以认定30支元件12m流程系统取3-2/6结构为宜。

表8.10 30支元件各结构系统设计指标［1500mg/L，0a，15℃，20L/(m²·h)，75%，CPA3-LD］

系统结构	工作压力/MPa	产水盐量/(mg/L)	段壳数量比	段壳浓水流量/(m³/h)	产水通量/[L/(m²·h)]	浓差极化度
4-1/6	1.11	21.5	4/1=4.0	2.6/7.4=0.35	21.5/14.1	1.23/1.05
3-2/6	1.14	21.6	3/2=1.5	4.9/3.7=1.32	22.5/16.2	1.14/1.12

（2）36支元件系统 ［20L/（m²·h），26.8m³/h］

对于36支元件的系统而言，4-2/6是典型的膜堆结构，它也是2-1/6结构的简单扩展形式。根据对30支元件系统4-1/6结构的分析，5-1/6结构越发不合理。3-3/6结构的实质就是3/12结构，如此长串结构必然造成产水水质下降、工作压力过高、浓水流量过低，故而绝不可取。4-3-2/4结构也可形成12m系统流程，但两组段间加压或淡水背压的工艺更为复杂，与4-2/6结构相比并无优势可言。各种膜堆结构比较的结果表明，36支元件系统几乎无选择地应采用4-2/6结构，相关技术数据见表8.11。

表8.11 36支元件各结构系统设计指标［1500mg/L，0a，15℃，20L/(m²·h)，75%，CPA3-LD］

系统结构	工作压力/MPa	产水盐量/(mg/L)	段壳数量比	段壳浓水流量/(m³/h)	产水通量/[L/(m²·h)]	浓差极化度
5-1/6	1.11	21.4	5/1=5.0	2.4/8.9=0.27	21.3/13.5	1.25/1.04
4-2/6	1.13	21.6	4/2=2.0	4.0/4.5=0.89	22.2/15.6	1.16/1.10
3-3/6	1.17	21.5	3/3=1.0	6.7/3.0=2.23	23.1/16.9	1.10/1.15

（3）42支元件系统 ［20L/（m²·h），31.2m³/h］

如果系统由42支元件组成，可选结构一般只有5-2/6与4-3/6形式，相关设计指标示于表8.12。从5-2/6与4-3/6两结构的膜壳浓水流量与浓差极化指标分析，两系统结构均属可接受范围。

5-2/6结构的段壳数量比为2.5＞2，首段膜壳浓水流量远小于末段；4-3/6结构的段壳数量比为1.3＜2，首段膜壳浓水流量远大于末段。由于一般系统的末段污染大于首段，末段膜壳浓水流量大于首段或末段浓差极化度低于首段时有利于均衡系统首末段污染速度，因此根据均衡污染观念选择 5-2/6 结构为宜。

表 8.12　42 支元件各结构系统设计指标 ［1500mg/L，0a，15℃，20L/（m²·h），75%，CPA3-LD］

系统结构	工作压力/MPa	产水盐量/（mg/L）	段壳数量比	段壳浓水流量/（m³/h）	产水通量/[L/（m²·h）]	浓差极化度
5-2/6	1.12	21.6	5/2=2.5	3.4/5.2=0.65	21.9/15.2	1.19/1.10
4-3/6	1.15	21.6	4/3=1.3	5.3/3.5=1.51	22.7/16.4	1.13/1.13

（4）48 支元件系统 ［20L/（m²·h），35.7m³/h］

12m 流程 48 支元件的系统一般可以是 6-2/6 或 5-3/6 膜堆结构。根据表 8.13 所示数据，基于通量均衡观念，段通量比应该较小，即 5-3/6 结构优于 6-2/6 结构；基于污染均衡观念，段壳浓水比应该较小，即 6-2/6 结构优于 5-3/6 结构。由于均衡通量的最终目的仍是均衡污染，可以认为采用 6-2/6 结构形式为宜。

表 8.13　48 支元件各结构系统设计指标 ［1500mg/L，0a，15℃，20L/（m²·h），75%，CPA3-LD］

系统结构	工作压力/MPa	产水盐量/（mg/L）	段壳数量比	段壳浓水流量/（m³/h）	产水通量/[L/（m²·h）]	浓差极化度
6-2/6	1.12	21.6	6/2=3.0	3.1/5.9=0.53	21.7/14.8	1.20/1.10
5-3/6	1.14	21.6	5/3=1.7	4.5/4.0=1.23	22.4/16.0	1.15/1.11

（5）54 支元件系统 ［20L/（m²·h），40.1m³/h］

12m 流程 54 支元件的系统一般可有表 8.14 所示 7-2/6、6-3/6 或 5-4/6 等多种结构。7-2/6 结构与 5-4/6 结构的段壳浓水比分别为 0.42 与 1.65，均与理想值 1.0 的差距较大。而且，5-4/6 结构的末段壳浓流量小于首段，末段浓差极化度大于首段，两项指标均不合理；7-2/6 结构的首段浓差极化度又严重超标。6-3/6 结构中，末段的膜壳浓水流量均略大于首段，浓差极化度也均是末段低于首段，因此选用 6-3/6 结构应无争议。

表 8.14　54 支元件各结构系统设计指标 ［1500mg/L，0a，15℃，20L/（m²·h），75%，CPA3-LD］

系统结构	工作压力/MPa	产水盐量/（mg/L）	段壳数量比	段壳浓水流量/（m³/h）	产水通量/[L/（m²·h）]	浓差极化度
7-2/6	1.11	21.5	7/2=3.5	2.8/6.7=0.42	21.6/14.4	1.22/1.06
6-3/6	1.13	21.6	6/3=2.0	4.0/4.5=0.89	22.2/15.6	1.16/1.10
5-4/6	1.16	21.6	5/4=1.3	5.6/3.3=1.70	22.8/16.5	1.12/1.13

（6）60 支元件系统 ［20L/（m²·h），44.6m³/h］

12m 流程 60 支元件的系统可选 7-3/6 或 6-4/6 结构。表 8.15 所示数据说明 CPA3-LD 高压膜品种 7-3/6 结构的末段膜壳浓水流量大于首段、末段浓差极化度小于首段，此两项指标均优于 6-4/6 结构，故选用 7-3/6 结构为合理。

表 8.15 中示出的 ESPA1 低压膜品种系统的合理结构也应为 7-3/6。推而广之，无论元件透水压力如何、给水盐量大小、给水温度高低、系统污染轻重，只要系统规模相同，膜堆的最佳结构均应保持一致。

表 8.15　60 支元件各结构系统设计指标 ［1500mg/L，0a，15℃，20L/（m²·h），75%］

系统结构	工作压力/MPa	产水盐量/（mg/L）	段壳数量比	段壳浓水流量/（m³/h）	产水通量/[L/（m²·h）]	浓差极化度
膜元件品种 CPA3-LD						
7-3/6	1.13	21.6	7/3=2.3	3.6/5.0=0.72	22.0/15.3	1.18/1.10
6-4/6	1.14	21.6	6/4=1.5	4.9/3.7=1.32	22.5/16.2	1.14/1.12
膜元件品种 ESPA1						
7-3/6	0.82	71.9	7/3=2.3	3.2/5.0=0.64	23.9/10.9	1.19/1.05
6-4/6	0.85	72.0	6/4=1.5	4.3/3.7=1.16	25.0/12.4	1.15/1.07

（7）66支元件系统 ［20L/（m²·h），49.1m³/h］

12m流程66支元件的系统一般可以是8-3/6或7-4/6膜堆结构。表8.16数据反映出的规律与前述规律相同，66支元件系统中8-3/6结构优于7-4/6结构。

表8.16 66支元件各结构系统设计指标［1500mg/L，0a，15℃，20L/（m²·h），75%，CPA3-LD］

系统结构	工作压力/MPa	产水盐量/（mg/L）	段壳数量比	段壳浓水流量/（m³/h）	产水通量/[L/（m²·h）]	浓差极化度
8-3/6	1.12	21.6	8/3=2.7	3.3/5.5=0.60	21.9/15.0	1.19/1.10
7-4/6	1.14	21.6	7/4=1.7	4.4/4.1=1.07	22.3/15.9	1.15/1.11

（8）72支元件系统 ［20L/（m²·h），53.5m³/h］

12m流程72支元件的系统一般可以是9-3/6、8-4/6或7-5/6膜堆结构。与前述分析相同，72支元件中8-4/6结构优于9-3/6结构与7-5/6结构（见表8.17）。

表8.17 72支元件各结构系统设计指标［1500mg/L，0a，15℃，20L/（m²·h），75%，CPA3-LD］

系统结构	工作压力/MPa	产水盐量/（mg/L）	段壳数量比	段壳浓水流量/（m³/h）	产水通量/[L/（m²·h）]	浓差极化度
9-3/6	1.12	21.6	9/3=3.0	3.1/5.9=0.53	21.7/14.8	1.20/1.10
8-4/6	1.13	21.6	8/4=2.0	4.0/4.5=0.89	22.2/15.6	1.16/1.10
7-5/6	1.15	21.6	7/5=1.4	5.1/3.6=1.42	22.6/16.3	1.13/1.12

（9）144支元件系统 ［20L/（m²·h），107.0m³/h］

12m流程144支元件的更大系统一般可以有17-7/6、16-8/6或15-9/6膜堆结构。根据前述分析，表8.18所示144支元件中16-8/6结构优于17-7/6结构与15-9/6结构。

表8.18 144支元件各结构系统设计指标［1500mg/L，0a，15℃，20L/（m²·h），75%，CPA3-LD］

系统结构	工作压力/MPa	产水盐量/（mg/L）	段壳数量比	段壳浓水流量/（m³/h）	产水通量/[L/（m²·h）]	浓差极化度
17-7/6	1.12	21.6	17/7=2.4	3.5/5.1=0.69	22.0/15.2	1.18/1.10
16-8/6	1.13	21.6	16/8=2.0	4.0/4.5=0.89	22.2/15.6	1.16/1.10
15-9/6	1.14	21.6	15/9=1.7	4.5/4.0=1.13	22.4/16.0	1.15/1.11

8.4.3 大型系统的膜堆特征

上述30～177支元件不同规格的75%收率大型系统设计中，选择膜堆结构的基本概念是均衡系统流程中的污染程度，继而要求末段膜壳浓水流量略大于首段，即段壳浓水比小于且接近1.0所对应的系统结构。唯一的例外是30支系统最佳结构不是4-1/6（段壳浓水比=0.35）而是3-2/6（段壳浓水比=1.32），其原因是前者的浓水流量值与浓差极化度越限。

因此，大型系统设计的最佳结构应遵循以下两项法则，如满足前项法则结构对应的浓水流量值或浓差极化度越限，则应遵循后项法则。

① **系统的段壳浓水比小于且最接近1.0。**

② **系统的段壳浓水比大于且最接近1.0。**

换言之，根据段壳浓水比选择的最佳系统结构应符合以下第一特征，如符合第一特征结构的浓水流量值或浓差极化度越限，则应符合第二特征：

① **系统的段壳数量比等于2或略大于2。**

② **系统的段壳数量小于等于2或略小于2。**

　　符合第一特征的多数膜堆结构为 2-1/6 的整倍结构，或在 2-1/6 整倍结构基础上于首段增加 1～2 组膜壳。该结论对于不同给水温度、给水盐量、系统收率、元件品种、运行年份及段通量比等条件的系统具有较为广泛的适用性，针对特殊系统可以根据特殊条件以段壳浓水比小于且最接近 1.0 为原则进行特殊结构设计。

8.5　系统的规模与成本

　　判别系统设计方案优劣的重要经济技术指标是系统收率、投资成本与运行成本。

　　（1）系统的投资成本

　　系统投资成本所涉及的主要设备是元件、膜壳与水泵。

　　虽然一般 37.2m² （400ft²） 大面积元件价格高于 33.9m² （365ft²） 小面件元件 3%，但是一般大面积元件的单位膜面积价格只是小面积元件的 94%。对于容纳相同膜面积而言，4in 膜壳成本远高于 8in 膜壳。8in 膜壳的长度越长则价格越高，但其单位长度的成本越低。对于相同工作压力水泵而言，水泵的流量越大则价格越高，但单位流量的成本越低。图 8.5 与图 8.6 分别示出某厂商单位装膜数量的膜壳价格与 1.5MPa 压力条件下单位流量 （1m³/h） 的水泵价格。

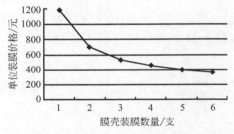

图 8.5　单位装膜数量的膜壳价格

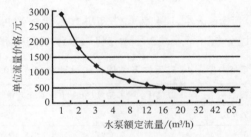

图 8.6　单位流量及 1.5MPa 压力的水泵价格

　　从降低投资成本观点出发，系统设计应尽量采用大面积元件、长规格膜壳及所谓大"单元系统"。但是，从提高系统可靠性观点出发，一个大型系统应分为几个相同规模，各由一台给水泵与一组膜堆构成的"单元系统"。由于给水泵的可靠性低于其他设备，给水泵的数量甚至应多于单元系统数量以作备用。

　　无论是各项固定成本或各项可变成本，系统规模越大，单位产水成本越低。

　　（2）系统的运行成本

　　系统运行成本所涉及的重要指标是运行压力，而运行压力部分决定于所用元件品种的透水压力。单从经济性观点出发，系统设计应尽量采用低透水压力膜品种。但是，由于低压膜系统的通量失衡严重，而且脱盐水平较低，膜品种的透水压力也不宜选得过低。

　　（3）膜系统的回收率

　　系统设计的主要技术指标之一是系统收率。从降低投资成本观点出发，高收率不仅对应较长的系统流程，从而对应较长的膜壳规格，特别是降低了预处理的工艺规模。

　　从降低运行成本观点出发，高系统收率指标，直接降低了膜处理系统的弃水流量，间接降低了预处理系统的进水流量，不仅降低了单位产水的原水耗率，而且降低了预处理系统的工艺成本。

但是，从投资与运行两个方面的观点出发，系统收率也不宜选得过高。过高的系统收率必然产生过快的系统污染，从而增加系统清洗成本与元件更换成本。

 ## 系统设计基本要务

上述大中小型系统设计中，受元件数量与膜壳数量的影响，系统产水流量形成了一个非等差数列。欲使系统产水流量取为该数列中间的某连续数值时，只需改变系统平均通量即可。

总结前述第 6 章至第 8 章关于大中小各型系统的设计过程，可以得出以下结论：

① 系统设计的基础数据是 6.2.2 节所述的三项设计依据。
② 系统设计的主要内容是 6.2.2 节所述膜堆与设备参数。
③ 设计方案优劣的判据是 6.2.2 节所述经济与技术指标。
④ 系统设计需要遵循的是 6.2.2 节所述共十项基本关系。
⑤ 大型膜堆结构设计应遵循 8.4.3 节所述前后两项法则。
⑥ 各型系统设计参数均应依 8.1.4 节所述六项增加内容。

设计软件计算误差

本章所示各项数据均依赖于海德能设计软件的模拟计算，但该软件及各膜厂商设计软件普遍存在三个问题：一是系统污染只表现为工作压力及透盐率的上升，而未反映或未充分反映膜压降的上升；二是系统污染表现为全系统整个流程的均匀污染，而未反映系统首末端的污染失衡；三是系统运行年份只反映速度较慢的永久性污染，未反映速度较快的临时性污染。

正是由于这三个问题的存在，利用设计软件进行系统模拟分析时，一是对膜压降增大导致的通量失衡及其影响估计不足；二是对非均匀污染导致系统透盐率的上升幅度估计不足；三是对非均衡污染导致末段产水通量的下降幅度估计不足。模拟分析中均衡污染的假设，会因各元件工作压力的普遍上升，表现出段通量比下降；而实际情况是段通量比上升。模拟分析计算时，可用更多运行年份模拟系统污染造成的透盐率大幅下降与工作压力大幅上升。

针对这三问题的存在，计算系统脱盐率时，要在高温度、重污染及浓给水三条件下计算脱盐率基础上，为系统脱盐率留出更大余量；计算给水泵工作压力时，要在低温度、重污染及浓给水三条件下计算水泵压力基础上，为水泵最高工作压力留出更大余量；对于段间加压泵也需要进行同样处理。

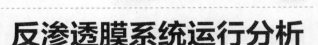

第**9**章 反渗透膜系统运行分析

第 8 章相关内容是针对各项设计依据，决定各项设计指标，面对的是待建系统的设计问题。本章所谓运行分析，是针对特定水泵及特定膜堆，进行系统收率、给水温度、运行年份等运行条件变化时的产水流量、给水压力及脱除盐率等运行参数的分析，面对的是现存系统的运行问题。

9.1 膜系统中各项平衡关系

9.1.1 系统的流量压力平衡

反渗透系统的运行过程中，除了给水、产水及浓水三项径流中的盐量平衡之外，还时刻保持着简单压力平衡、简单流量平衡及压力-流量综合平衡三项平衡关系。由于水体基本不可压缩，系统中的给水流量为浓水流量与淡水流量之和，从而构成了系统中的简单流量平衡。如果忽略浓水阀门后端压力（包括排水管路压力损失及排水管路出口压力），系统中的给水压力为系统给浓水管路压降、元件给浓水流道压降与浓水阀门压降之和，从而构成了系统中的简单压力平衡。

如无变频调速或泵回阀门对水泵特性的调节，系统及各部分的流量与压力关系较为复杂：

① 如图 2.19 所示，水泵始终运行于特定的流量-压力特性曲线的某工作点之上，从而构成水泵的流量-压力关系，其特点是随工作流量上升而工作压力下降。

② 系统中的给浓水管路压降又分为弯路的局部压降与直路的沿程压降，而管路各处的流量-压降关系总呈现为：管路的压降与流量的平方呈正比。

③ 元件中的给浓水流道的流量-压力关系较为复杂。一方面，给浓水平均流量越大，给浓水流道压降越大。另一方面，无论元件的透水压力大小、元件的透盐率高低或膜两侧渗透压差异，给浓水平均压力越高，产水流量越大，浓水流量越小，给浓水压降越小。

④ 无论浓水阀门为何种结构形式，其特定阀门开度均对应着特定的流量-压降特性曲线，不同的阀门开度形成特定的流量-压力曲线族，族中各曲线的特点是随阀门的流量上升而阀门的压降上升。

⑤ 系统的流量-压力综合平衡是实现系统中简单压力平衡与简单流量平衡的同时，还必须满足水泵、管路、流道及浓阀各部分的流量-压力关系。

在无变频或阀门对水泵特性调节环境下，系统的流量-压力综合平衡或称系统收率与产水流量指标只依靠固有的水泵特性与可变的浓阀开度进行调节，属于 "**泵特性运行模式**"。该运行控制模式下，根据浓水阀门的单项操作，系统给水的流量与压力只能沿着固有水泵的流量-压力特性曲线移动，水泵的输出压力随输出流量上升而递减，而管路、流道与阀门合成为水泵负载的压降随流量的上升而递增。正是由于水泵与负载的流量-压力曲线的交错特性，使得两特性曲线如图2.23所示总在水泵固有的流量-压力特性曲线上有交汇点。

在泵特性运行模式下，只有浓水阀门的开度可调，其调节的目标或为特定系统收率或为特定产水流量，但两者不能兼顾。因此，泵特性运行模式系统几乎不可能按照系统设计的流量-压力工作点运行。

表9.1 相同膜堆参数不同水泵规格对应75%收率系统的运行参数

(1000mg/L，5℃，0a，2-1/6，75%，ESPA2-4040)

水泵规格	4-120	4-140	4-160
产水流量/(m³/L)	2.62	2.85	3.17
给水流量/(m³/L)	3.49	3.80	4.23
浓水流量/(m³/L)	0.87	0.95	1.06
给水压力/MPa	1.082	1.175	1.288
产水盐量/(mg/L)	9.3	8.5	7.7

表9.1所示数据表明，相同的系统条件（1000mg/L，5℃，0a，2-1/6，ESPA2-4040）及75%系统收率，对应不同水泵规格，将产生不同的系统运行工况即不同的工作压力与产水流量。水泵规格较大时，产水流量与给水压力较大，产水含盐量较低；反之亦然。

如设变频调速或泵回阀门，且水泵及泵阀的调节范围足够宽，则"泵特性运行模式"中的后4项流量-压力关系依旧，而第1项中水泵的流量-压力关系不再局限于固有的流量-压力特性曲线。在水泵特性与浓阀开度双项调节的合成作用之下，系统给水的流量-压力工作点理论上可以运行在流量与压力直角坐标系第一象限中的任何位置，调节目标可同时实现特定系统收率与特定产水流量，即同时实现恒收率与恒流量。此种系统运行控制模式可称为"双恒量运行模式"。

在水泵电机上加装变频调速器，或在水泵相关管路上加装回流或截流阀门，均可实现系统的"双恒量运行模式"。因此，可以认为多数系统的多数情况下可以实现"双恒量运行模式"。但是，而当水泵未装任何控制装置时，特别是当频率达到50Hz、回流阀全关或截流阀全开即水泵组达到最大运行方式时，膜系统将从"双恒量运行模式"自然转换为"泵特性运行模式"。因此，两类系统运行模式的特征均需加以分析。

9.1.2 系统功耗与功率平衡

如以水泵的输出功率为膜系统的输入功率，则该功率消耗于膜过程功耗、给浓水流道功耗、管路流程功耗、浓水阀门功耗甚至产水流道功耗等项内容。

① 浓水阀功率损耗 浓水阀门是调节系统工作压力及系统收率的重要设备，如果忽略浓水阀门后端的排水管路压力损失以及排水管路的出口压力，系统的浓水压力与浓水流量的乘积就是浓水阀门上消耗的功率，该消耗功率转换的热量会使排放浓水的温度略有上升。由于海水淡化系统的收率很低，海水淡化系统中浓水阀门上的消耗功率接近系统输入功率的一半，致使海水淡化系统的工作效率很低，因此需要由能量回收装置替代浓水阀门以回收高压浓水中的能量。

② 各管路功率消耗 系统给水管路、浓水管路甚至产水管路在通过给水、浓水及产水径流时，均会产生沿程压力损失与局部压力损失，压力损失与径流流量的乘积即为相应的管路功率损耗。给浓产水管路中各处功耗之和即为系统管路功耗。降低管路功耗的有效措施是加大管路直径，简化管路结构，或将连接各膜壳的**管道结构**改为**壳联结构**。

③ 膜过程功率损耗　系统中各元件的内部损耗又可分为膜过程功耗与流道损耗。膜过程中给浓水侧压力与产水侧压力之差乘以产水流量即为膜过程损耗,该损耗包括了产水过膜损耗与克服渗透压差所需损耗。如果认为前者为各压力驱动膜过程的普遍损耗,则后者为脱盐的反渗透与纳滤膜过程的专有损耗;前者可以通过低压及超低压膜技术予以降低,后者则决定于给浓水含盐量及元件脱盐率。

④ 各流道功率损耗　膜元件内部给浓水流道中流量与压降的乘积为给浓水流道功耗,产水流道中流量与压降的乘积为产水流道功耗。元件制备领域中的浓水隔网技术就是要平衡流道阻力与有效面积间的矛盾,且在形成流道的有效紊流前提下提高元件的抗污能力。元件中的淡水隔网技术就是要少占空间又要减小元件的淡水背压。

如认为水泵的输出功率为系统的输入功率 P_fQ_f,且认为输入功率 P_fQ_f 与浓排功率 P_cQ_c 的差值为有效功耗,则膜系统工作效率 η_{sys} 为

$$\eta_{sys} \approx \frac{P_fQ_f - P_cQ_c}{P_fQ_f} \tag{9.1}$$

如果忽略元件中给浓水流道的压力损失,则系统效率 η_{sys} 可近似为系统收率 R_e:

$$\eta_{sys} \approx \frac{P_fQ_f - P_cQ_c}{P_fQ_f} \approx \frac{P_fQ_f - P_fQ_c}{P_fQ_f} = \frac{P_f(Q_f - Q_c)}{P_fQ_f} = \frac{Q_p}{Q_f} = R_e \tag{9.2}$$

因此,系统收率不仅是系统的水利用率,也近似为系统的电利用率。

膜系统运行的压力与流量的原动力是水泵电机变频器的输入电能,从变频器输入功率至给水泵输出功率之间的三大设备均存在特定效率。变频器效率为97%～98%,电动机效率为85%～90%,给水泵效率为40%～75%。电机容量与水泵规格越大,它们的额定效率越高;而实际工作频率越低,它们的实际效率越低。因此,水泵规格选择得越大,系统运行对于温度及污染等因素变化的调节能力越强,但电机与水泵的长期工作平均工作效率越低,系统运行的长期工作平均能耗越大。换言之,系统的"双恒量运行模式"的平均能耗大于"泵特性运行模式"。前者具有较大技术优势,但需以较高能耗为代价。

当给水泵配备回流或截流阀门时,其损耗为阀门两侧的流量与压差的乘积,在调节阀门开度以实现双恒量运行模式时,虽未降低电机与水泵的效率,但降低了水泵与阀门组合装置的效率。

总之,水泵规格越大,系统运行越灵活,如为泵特性运行模式则与设计运行工况距离越远,如为双恒量运行模式则系统运行能耗越大。

9.2　可调节水泵系统的运行

所谓可调节水泵系指由于存在变频调速、泵回阀门、截流阀门等水泵调节措施的水泵组,在膜堆及浓水阀门构成的负荷发生变化时,可以实现水泵实际流量压力特性的变化,从而使系统得以同时实现恒定流量抑或恒定收率的运行模式。

9.2.1　收率变化的影响

如果特定系统(1000mg/L,5℃,0a,2-1/6,ESPA2-4040)为恒定产水流量(2.85m³/h),则随浓水阀门开度的增大,系统收率逐步降低。届时,为克服增大给水流量造成的系统沿程压降上升,给水压力有所上升;由于给水流量增大,也造成给浓水平均含盐量下降,致使系统产水含盐量有所降低,相关曲线如图9.1所示。换言之,恒产水流量系统的回收率越低,系统的脱盐率越高,系统工作压力也越高。

如果该系统为恒定给水压力（1.17MPa），则随浓水阀门开度的增大，系统收率逐步降低。届时，因系统沿程压降上升使给浓水平均压力下降，将使产水流量不断下降；因给浓水平均盐量下降，将使系统产水含盐量逐步降低，相关曲线如图9.2所示。换言之，恒给水压力系统的回收率越低，系统的脱盐率越高，系统产水流量也越低。

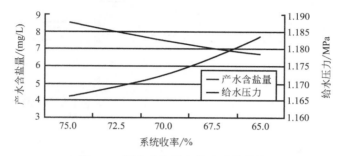

图 9.1　恒产水流量变收率系统特性

（1000mg/L，5℃，0a，2-1/6，2.85m³/h，ESPA2-4040）

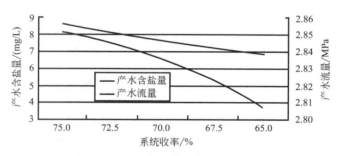

图 9.2　恒给水压力变收率系统特性

（1000mg/L，5℃，0a，2-1/6，1.17MPa，ESPA2-4040）

根据图9.1与图9.2中产水盐量曲线的比较可知，在相同运行条件基础上及相同收率该变化过程中，恒流量调控方式与恒压力调控方式的系统脱盐率差别不大，而系统产水量差异较大。

9.2.2　温度变化的影响

如果特定系统（1000mg/L，0a，2-1/6，75%，ESPA2-4040）为恒定产水流量（2.85m³/h），当系统给水温度上升时，如图9.3所示，因膜元件透水系数加大，给水压力下降；因膜元件透盐系数加大，产水盐量将随之上升。

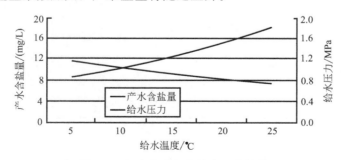

图 9.3　恒产水流量变给水温度特性

（1000mg/L，0a，2-1/6，2.85m³/h，75%，ESPA2-4040）

如果该系统为恒定给水压力（0.915MPa），当系统给水温度上升时，如图9.4所示，

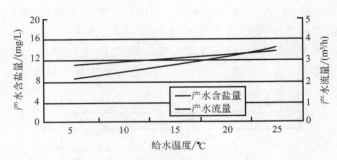

图 9.4 恒给水压力变给水温度特性

（1000mg/L，0a，2-1/6，0.915MPa，75％，ESPA2-4040）

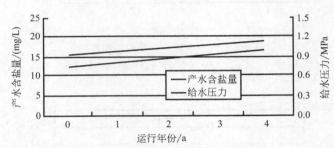

图 9.5 恒产水流量变运行年份特性

（1000mg/L，15℃，2-1/6，2.85m³/h，75％，ESPA2-4040）

因元件的透水系数加大，产水流量上升；因元件的透盐系数加大，使产水含盐量上升。

从图 9.3 与图 9.4 所示两条产水含盐量曲线的差异可知，对应相同的给水温度上升范围，恒压力系统产水含盐量的上升幅度小于恒流量系统。该现象是由于恒压力系统在高温条件下的产水量上升，稀释了产水径流中的盐分。

9.2.3 污染加重的影响

如果特定系统（1000mg/L，15℃，2-1/6，75％，ESPA2-4040）为恒定产水流量（2.85m³/h），当系统运行年份及系统污染程度增加时，如图 9.5 所示，因膜元件透水系数下降，给水压力上升；因膜元件透盐系数上升，使产水盐量上升。

如果该系统为恒定给水压力（0.915MPa），当系统运行年份增加时，如图 9.6 所示，因膜元件透水系数下降，产水流量降低；因膜元件透盐系数上升，使产水盐量上升。

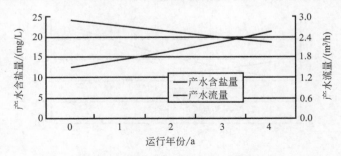

图 9.6 恒给水压力变运行年份特性

（1000mg/L，15℃，2-1/6，0.915MPa，75％，ESPA2-4040）

从图 9.5 与图 9.6 所示两条产水含盐量曲线的差异可知，对应相同的运行年份增加范围，恒压力系统产水含盐量的上升幅度大于恒流量系统。该现象是由于恒压力系统在系统污染条件下的产水量下降，致使产水径流中的含盐分比例提高。

9.2.4　恒流量与恒压力

压力传感器较流量传感器的成本低、精度高且易安装，因此系统实现恒压力控制更加容易。但是，由于膜系统所服务的对象工艺多是以恒定供水流量为要求，而且膜系统的恒流量恒收率运行方式也有利于其前后处理工艺的设计与运行。因此，膜系统的低级运行控制为泵特性运行模式，高级运行控制为双衡量运行模式，只在受到设备程压限制时才采用恒压力运行模式。

9.3　无调节水泵系统的运行

9.3.1　收率变化的影响

如前所述，针对特定水泵型号规格 4-140 的流量压力特性（$p_{pump} = 1.356 + 0.000398Q_{pump} - 0.01268Q_{pump}^2$）与特定膜堆参数（1000mg/L，5℃，0a，2-1/6，ESPA2-4040），减小浓水阀门开度，将使膜堆与阀门形成的水泵负荷的阻力增大，浓阀的压降上升而流量下降，水泵的压力上升而流量下降，膜堆产水流量增长、系统回收率相应变化，其中的给水流量与给水压力两参数必须与水泵的流量-压力曲线相吻合。如果用设计软件进行模拟计算，针对特定的系统收率，需要不断调整产水流量，致使给水压力与给水流量与水泵特性曲线相一致。

例如，用海德能设计软件模拟计算，针对上述特定水泵及特定膜堆，可设系统收率为70％。如设产水流量大于 2.8m³/h，则给水流量将大于 2.8/0.70＝4m³/h，系统给水压力将高于 1.155MPa。如设产水流量小于 2.8m³/h，则给水流量将小于 2.8/0.70＝4m³/h，系统给水压力将低于 1.155MPa。由于特定水泵的流量压力特性在流量为 4m³/h 点处的压力为 1.155MPa（$1.155＝1.356＋0.000398×4－0.01268×4^2$），故回收率为70％的系统，如设产水流量为 2.8m³/h，则工作压力只能是 1.155MPa 才符合水泵特性。参照本例，可逐一得出不同系统收率条件下的产水流量与给水压力，并可分别绘出图 9.7 所示给水流量及给水压力的系统回收率特性曲线。如以给水流量为横坐标并以给水压力为纵坐标，所形成的流量-压力曲线就是给水泵的流量-压力特性曲线。

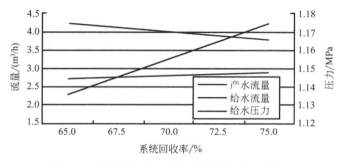

图 9.7　特定系统中各流量及压力的回收率特性
（1000mg/L，5℃，0a，2-1/6，EPSA2-4040，泵 4-140）

图 9.8 示出特定给水泵的流量-压力特性曲线，同时也示出膜堆 75％、70％、65％三个

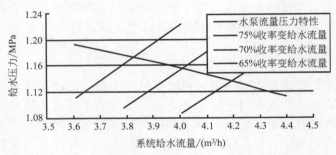

图 9.8　特定系统中给水流量的给水压力特性

（1000mg/L，5℃，0a，2-1/6，ESPA2-4040，泵 4-140）

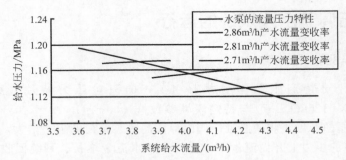

图 9.9　特定系统中给水流量的给水压力特性

（1000mg/L，5℃，0a，2-1/6，ESPA2-4040，泵 4-140）

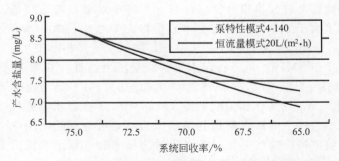

图 9.10　特定系统中系统收率的产水含盐量特性

（1000mg/L，5℃，0a，2-1/6，ESPA2-4040）

不同收率时的给水流量-给水压力特性曲线族。水泵特性曲线与不同膜堆收率特性曲线的交点即是不同系统收率对应的系统工作点：75%收率的工作点为给水流量 3.825m³/h 与给水压力 1.174MPa，70%收率的工作点为给水流量 4.010m³/h 与给水压力 1.157MPa，65%收率的工作点为给水流量 4.180m³/h 与给水压力 1.133MPa。该图中横坐标的给水流量乘以各曲线对应的回收率即为各曲线对应的产水流量变化。

　　图 9.9 示出特定给水泵的流量-压力特性曲线，同时也示出膜堆 2.86m³/h、2.81m³/h、2.71m³/h 三个不同产水流量时的给水流量-给水压力特性曲线族。水泵特性曲线与不同膜堆产水流量特性曲线的交点即是不同系统产水流量对应不同系统给水压力的工作点。该图中各曲线对应的产水流量除以横坐标的给水流量即为各曲线对应的回收率变化。

　　图 9.10 示出的水泵 4-140 系统对应收率变化时的产水含盐量变化曲线表明，浓水阀门

开度增大即系统回收率下降时，系统的产水含盐量下降，系统脱盐率上升。图 9.10 中所以出现系统收率降低时，泵特性模式下产水含盐量高于恒流量模式的现象，是由于届时泵特性模式的产水流量降低，致使产水中的含盐量相对较高；而恒流量模式的产水流量恒定，导致产水中的含盐量相对较低。

9.3.2 温度变化的影响

针对特定水泵与特定膜堆，当系统给水温度上升时，产水流量上升，给水压力下降。如果在温度上升时调整浓阀开度以保持系统收率不变，则给水压力与产水流量两变化过程曲线将如图 9.11 所示。该图的给水流量（产水流量除以系统收率）与给水压力曲线中的任何一组数值均与相应水泵的特性曲线相吻合。

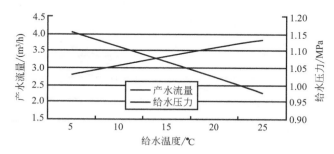

图 9.11 特定系统中给水温度的流量及压力特性
（1000mg/L，0a，2-1/6，70％，ESPA2-4040，泵 4-140）

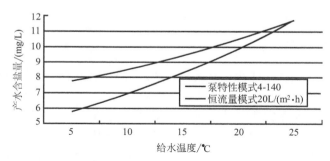

图 9.12 特定系统中给水温度的产水含盐量特性
（1000mg/L，0a，2-1/6，70％，ESPA2-4040）

图 9.12 示出特定系统在恒流量及泵特性两种运行模式下，随给水温度变化的产水含盐量的变化过程。在给水温度降低时，所以出现泵特性模式的产水含盐量高于恒流量模式现象，是由于届时泵特性模式的产水流量降低，致使产水中的含盐量相对较高；恒流量模式的产水流量恒定，导致产水中的含盐量相对较低。

9.3.3 污染加重的影响

针对特定水泵与特定膜堆，当系统运行年份增长即污染程度增加时，系统的产水流量下降，给水压力提高。如果在运行年份上升时始终保持系统收率不变，则给水压力与产水流量两变化过程曲线将如图 9.13 所示。该图的给水流量（产水流量除以系统收率）与给水压力曲线中的任何一组数值仍均与相应水泵的特性曲线相吻合。

如图 9.14 曲线所示，恒流量运行模式之下，运行年份越长，污染越发严重，系统透盐率上升，产水含盐量自然上升。而在泵特性运行模式之下，除透盐率上升之外，加之产水

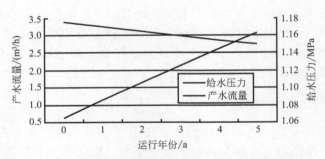

图 9.13　特定系统中运行年份的流量及压力特性
（1000mg/L，15℃，2-1/6，70％，ESPA2-4040，泵 4-140）

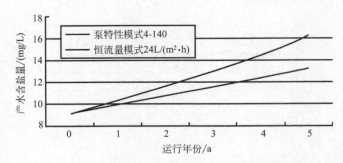

图 9.14　特定系统中运行年份的产水含盐量特性
（1000mg/L，15℃，2-1/6，70％，ESPA2-4040）

流量下降，产水含盐量的上升速度必然更快。

9.3.4　回收率与产水质

泵特性运行模式系统中，当收率变化时，产水含盐量的变化趋势是系统运行中的典型问题之一。

当收率上升时，产水含盐量同时存在两个不同变化趋势：一是随收率上升给水流量减少，给浓水平均浓度 C_{fc} 上升，根据 $Q_s = B\Delta C$ 则系统透盐量上升，即产水含盐量上升；二是随收率上升水泵压力即给水压力增大，产水纯驱动压 NDP 上升，根据 $Q_p = ANDP$ 则系统透水量上升，即产水含盐量下降。但是，首先给浓水平均浓度 C_{fc} 上升时，$NDP = \Delta P - \Delta \pi \approx P_{fc} - \pi_{fc}$ 中 π_{fc} 的上升抵消了部分 P_{fc} 的作用，故 Q_p 的上升幅度低于 P_f 的上升幅度；因此，系统收率上升时的透盐增量 ΔQ_s 高于透水增量 ΔQ_p，产水含盐量上升。

进行粗略计算分析时，可设给水含盐量 $C_f = 1000$mg/L，系统收率从 $R_e = 75\%$ 上升至 80% 时，给浓水含盐量 C_{fc} 将从 2500mg/L 上升至 3000mg/L，即收率上升 6.6% 时，给浓水含盐量上升 20%，且系统透盐量上升 20%，而当收率由 75% 升至 80% 时，一般离心式水泵的工作压力不可能上升 20%，相应的透水量更不可能上升 20%；故系统收率上升时，产水含盐量上升。

9.4　提高产水量的应急措施

系统运行过程中，由于系统污染、给水温度及给水含盐量等原因，可能造成系统产水量的降低，届时需要采取有效措施以恢复系统产水流量。

9.4.1 有调节水泵条件

对于有调节水泵而言，或减小水泵回流调节阀门开度，或增大水泵出口调节阀门的开度，或提高水泵电机的频率，均可增大水泵的出口流量与出口压力，其效果类似于水泵特性曲线从低压力泵转为高压力泵，且从小流量泵转为大流量泵。其给水压力与产水流量变化过程可参考表 9.1 中，从 4-120 规格转换至 4-140 规格，甚至再转换至 4-160 规格时的参数变化过程。此时，不仅系统产水流量增加，系统脱盐率也将有所上升。由此可知，系统设计时选择较大规格（包括流量与压力）水泵便于处理系统运行时发生的不利情况。

9.4.2 无调节水泵条件

对于无调节水泵，或有调节泵的调节量已至极限时，减小浓水阀门的开度即提高系统收率，可及时而有效地提高系统的产水流量；但此种调节方式在增加系统产水流量的同时，将使系统脱盐率下降。届时，产水量与脱盐率两者随系统收率的变化见图 9.7 与图 9.10 所示相关曲线。

由于系统设计一般总是将系统回收率指标提高到临界或接近临界值，提高系统回收率必然加速难溶盐的沉淀结垢速率。因此，提高收率只能是短时间及临时性措施。

9.4.3 可调节水温条件

对于具有前置换热器的系统而言，在原工作压力条件下，调整热交换运行参数以提高系统给水温度时，可有效提高系统产水流量。

提高给水温度以增加产水流量时，总会伴随产水含盐量的上升。因此，提高产水流量的措施首先应是增加给水压力，只是在水泵压力达到上限之后，才应采取给水加温措施。

9.5 提高脱盐率的应急措施

系统运行过程中，由于系统污染及给水高温等原因，均可能造成系统脱盐率的降低。如果预处理系统中存在温度调节工艺，适当调低膜系统进水温度可使膜系统脱盐率相应提高，如不能调低进水温度可有以下应急措施。但是，各种临时性应急措施运行时间过长，必将造成系统较为严重的污染。

9.5.1 改变工艺或参数

在有调节水泵条件下，为提高产水量而采取的增加水泵电机频率时，不仅提高了系统的产水量，也同时提高了系统的脱盐率，参考表 9.1 即可，这里不再赘述。但是，当电机频率已经提到最高的 50Hz 而系统脱盐率仍不能达标时，可以采用无调节水泵条件所采用的各项相关措施。

（1）降低系统收率

根据图9.10曲线所示规律，增加浓水阀门的开度即降低系统收率时，可以在一定程度上提高系统脱盐率。但是，该方法存在以下三个问题：一是以回收率降低为代价；二是以产水量降低为代价；三是脱盐率增加的幅度有限。

（2）提高段间加压

如7.2.2节所述，由于提高末段通量可有效提高系统脱盐率，在具有段间加压水泵且水泵频率还有上调空间条件下，如遇系统脱盐率不达标时，将水泵频率上调即可在一定程度上提高脱盐率。

（3）分段供水工艺

如果系统用户具有不同水质要求，或可以临时供应不同水质产水，则可利用第7.3节介绍的分段供水工艺，将系统首段或系统首端的产出淡水作为高质量产水供应高要求用户，将系统末段或系统末端的产出淡水作为低质量产水供应低要求用户。

（4）淡水回流工艺

临时组装相关管路，将部分产出的淡水，特别是系统末端产出的淡水，回送至系统进水水箱，形成第7.4节介绍的淡水回流工艺，可有效提高系统产水的脱盐率。

9.5.2 改变膜堆的结构

（1）减少膜壳数量

设有流量压力特性为 $p_{pump} = 1.4275 + 0.00792Q_{pump} - 0.0146Q_{pump}^2$ 的 16-100 规格水泵，对应膜堆参数为（1000mg/L，5℃，8-4/6，75%，ESPA2-4040）。如表9.2上半部分数据所示，此系统在运行初期及第一年末的产水含盐量为 8.3mg/L 与 9.4mg/L，均可以保持在 10mg/L 水平之下。如以 10mg/L 作为产水含盐量的标准，则该系统在第 2 年末的产水水质将不能达标。

作为临时性措施，如在 8-4/6 膜堆结构中关闭部分膜壳，即同时关闭相关膜壳的给水与浓水阀门（系统设计结构中必须预留相关阀门），可以使系统产水的含盐量有所降低。

表 9.2　减少膜壳数量以提高系统脱盐率工艺参数（1000mg/L，5℃，75%，ESPA2-4040，泵 16-100）

运行年份 /a	膜堆结构 （壳/膜）	产水流量 /(m³/h)	给水流量 /(m³/h)	给水压力 /MPa	产水盐量 /(mg/L)	减膜数量 /支	膜均通量 /[L/(m²·h)]
0	8-4/6	11.70	15.60	1.196	8.30	0	20.6
1	8-4/6	11.25	15.00	1.218	9.40	0	19.8
2	8-4/6	10.80	14.40	1.239	10.70	0	18.9
2	8-3/6	10.22	13.63	1.264	10.29	6	19.6
2	7-4/6	10.05	13.40	1.271	10.46	6	19.3
2	7-3/6	9.48	12.64	1.294	10.09	12	20.0
2	6-3/6	8.66	11.55	1.324	9.93	18	20.3

如表9.2下半部分数据所示，在 8-4/6 结构中关闭 1 组首段膜壳成 7-4/6 结构，关闭 1 组末段膜壳成 8-3/6 结构，其至关闭首末段各 1 组膜壳成 7-3/6 结构，均不能有效降低产水含盐量；只有首段关闭 2 组膜壳且末段关闭 1 组膜壳成 6-3/6 结构，方可使产水含盐量降至 10mg/L 以下。而且，此种提高系统脱盐率方法还付出了产水流量大幅降低的代价。

（2）减小流程长度

针对相同的水泵特性 $p_{pump} = 1.4275 + 0.00792Q_{pump} - 0.0146Q_{pump}^2$ 及相同的膜堆参数（1000mg/L，5℃，8-4/6，75%，ESPA2-4040），以及同样的第 2 年末的产水水质将不能达标问题，还可采取减小系统流程长度的方法。这里所谓的减小流程长度是把各首段膜壳或各末段膜壳中拆出 1 支或 2 支膜元件（在原有膜元件的位置上配置淡水接管），或者是将膜壳不出淡水一端的 1 支或 2 支膜元件的淡水中心管堵塞，以减少系统内实际运行的元件数量与流程长度。

如表9.3下半部分数据所示，在 8-4/6 即 8/6-4/6 结构中首段流程减小 1 支（8/5-4/6）或末段流程减小 1 支（8/6-4/5），均不能明显降低产水含盐量，但首段流程减少 2 支（8/4-

4/6)、末段流程减少2支（8/6-4/4）及首末段各减1支（8/5-4/5）均可使产水含盐量降至 10mg/L以下。而且，减小流程长度的过程中，膜元件减少越多，脱盐率提高越多，产水量 也减少更多。图9.15示出原始膜堆结构与减膜壳或减流程膜壳结构的示意图。

表9.3　减小流程长度以提高系统脱盐率工艺参数（1000mg/L，5℃，75%，ESPA2-4040，泵16-100）

运行年份 /a	膜堆结构 （壳/膜）	产水流量 /(m³/h)	给水流量 /(m³/h)	给水压力 /MPa	产水盐量 /(mg/L)	减膜数量 /支	膜均通量 /[L/(m²·h)]
0	8/6-4/6	11.70	15.60	1.196	8.30	0	20.6
1	8/6-4/6	11.25	15.00	1.218	9.40	0	19.8
2	8/6-4/6	10.80	14.40	1.239	10.70	0	18.9
2	8/6-4/5	10.46	13.95	1.254	10.25	4	19.5
2	8/6-4/4	10.10	13.47	1.269	9.88	8	20.0
2	8/5-4/6	10.03	13.37	1.272	10.08	8	19.8
2	8/4-4/6	9.16	12.21	1.306	9.56	16	20.7
2	8/5-4/5	9.65	12.87	1.288	9.71	12	20.4

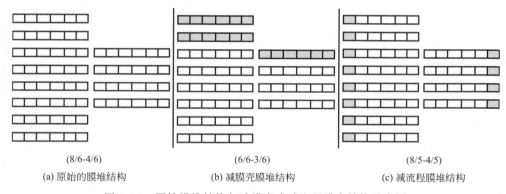

(8/6-4/6)　　　　　　　　(6/6-3/6)　　　　　　　　(8/5-4/5)

(a) 原始的膜堆结构　　　　(b) 减膜壳膜堆结构　　　　(c) 减流程膜堆结构

图9.15　原始膜堆结构与减膜壳或减流程膜壳结构示意图

上述分析表明，减小系统流程长度的方式较之减少膜壳数量的方式，对于提高系统脱 盐率更为有效，但操作难度也较大。

9.6　系统的装卸与启停过程

9.6.1　系统的安装过程

这里的所谓系统安装过程系指膜元件之外，包括机架、膜壳、水泵、管路、阀门、仪 表、电控等设备的安装过程。膜系统安装过程中，在一般工程设备安装事项之外，还需要 注意以下内容：

① 给水泵前管路不宜过长过细，弯路不宜过多，以防止水泵吸程不足而造成气蚀。

② 系统产水管路不宜过长过细，弯路不宜过多，以防止背压过高造成的不良影响。

③ 产水管路出口位置过高产生的反压与系统骤停产生的水锤，能造成复合膜脱落。

④ 为了得到有效的标准化运行参数，各项仪表特别是流量计应保证较高精度水平。

⑤ 系统中各处压力表均应具备较高的振荡阻尼效果，以防仪表损坏并能正常显示。

⑥ 转子流量计的径流应下进式，涡轮流量计安装要求较高并应保证前后直管长度。

⑦ 必要时设置系统最高点的排气阀，系统最低点的排水阀，各膜壳的产水取样阀。

9.6.2　元件的装载过程

对于干式膜元件，打开包装后即可进行元件装载；对于湿式膜元件，包装袋内存有 1%浓度的亚硫酸氢钠保护液，沥出保护液时应注意操作人员手及眼的防护。

为了降低连接元件用淡水连接器的装载过程阻力，且为降低膜元件装入膜壳过程的阻力，应在淡水连接器的 O 形密封胶圈及元件浓水 V 形密封胶圈处涂抹甘油（丙二醇）或清水，但不应涂抹凡士林、洗涤剂、汽油等石油类润滑剂。石油类润滑剂可以起到及时润滑作用，但对于胶圈产生老化性损伤，密封胶圈的膨胀（导致密封不严及无法装载）的主要原因也是石油类润滑剂的使用。

无论是新老系统，在膜元件装载前均应清洗系统管路与各支膜壳，以防止各类异物或有害药剂损伤膜元件，甚至可用 50%的甘油溶液擦洗膜壳内壁，以减少元件装载阻力。

元件装载时需注意元件浓水 V 形圈的开口方向应朝向给水来向，在给水径流冲击下 V 形圈自然打开，以实现元件给水区与浓水区的隔离。浓水 V 形圈既可以安装在元件给水端，也可以安装在元件浓水端，但 V 形圈的开口方向不可装错。如果 V 形圈方向装反，将造成给浓水的部分短路，形成所谓"浓水陷阱"（该概念详见第 10 章），从而引发严重的元件污染。

膜壳端板的安装过程中，先要安装浓水端板，浓水端板与端末支元件之间，需安装产水适配器以导出膜壳产水。浓水端板处还要安装止退器以防止过高的膜压降使元件卷置层平移，进而造成膜元件的损伤。膜元件推入膜壳的方向应尽量采用与给水流量相一致，以减小推入阻力，并防止膜壳内壁划伤浓水 V 形圈。两元件之间要注意安装产水连接器，以连接两元件之间的产水。全部元件装载完毕后需要从给水端将一串元件堆实，以保证各元件之间紧密连接。膜壳中给水端首支元件与膜壳给水端板之间，需安装产水适配器以导出膜壳产水。当产水适配器与端板之间的间隙过大时，要加装相应厚度及数量的垫片，以防止系统停运时水锤现象的作用造成元件在膜壳中的冲撞。

此外，为了有针对性地进行离线元件清洗与系统重装，每次系统的元件装载过程中，应完整记录每支元件的系统位置（包括膜壳位置、流程位置及安装方位），具体含义见第 10 章内容。

9.6.3　系统的启动过程

新装系统的启动调试过程中，需要甄别包括系统排气、给水压力、产水水质、系统压降、系统泄漏甚至仪表精度等多项内容。以下部分内容也适于换膜后系统的启动过程。

① 膜元件装载完成后需要将管路、膜壳与元件中的气体排出。管路、膜壳及元件给浓水流道中的空气经浓水管路排出，届时浓水流量计中将出现气水混合流体。元件产水流道中的空气经产水管路排出，届时产水流量计中将出现气水混合流体。当浓水与产水流量计中无混合气体时，系统排气过程结束。

② 系统的启动过程中的气水两相流过程对于膜元件具有一定的损伤，减小两相流冲击的具体措施包括：浓水阀门全开，采取低压力（小于 0.3MPa）低流量（8in 膜壳 $8\sim12\text{m}^3/\text{h}$，4in 膜壳 $1.8\sim2.5\text{m}^3/\text{h}$）启动方式。系统给水压力升速应低于 0.07MPa/s。给水压力不足的多数原因是给水箱水位、泵阀工位及电机相位等问题。

③ 可以用系统给水流量、浓水流量及产水流量三项流量的相互关系校核流量计精度，

$$Q_f = Q_p + Q_c \tag{9.3}$$

④ 可用给水盐流量、浓水盐流量及产水盐流量三项参数的相互关系校核电导仪精度，

$$Q_fC_f = Q_pC_p + Q_cC_c \tag{9.4}$$

⑤ 进行系统运行指标分析之前，需要系统进入性能稳定状态。根据干膜与湿膜的差异，连续运行系统的稳定期不等。湿膜系统的稳定期为 1～3h，干膜系统的稳定期为 24～72h。

⑥ 系统进入稳定运行状态后，需要确认工作压力、产水水质及系统压降三项运行指标合理性，该项工作主要参考系统设计软件的计算结果。在与设计软件计算结果进行比较时，应保证系统收率、产水流量、给水温度、给水盐量、元件品种、运行年份、膜堆结构等运行参数与计算参数相同。

理论上讲，计算参数与运行参数应该基本一致，但由于元件性能指标的离散性及软件的模型误差与计算误差等原因，两类参数普遍存在差异。而且，系统规模越小，两者差异越大，4-2/6 结构 36 支以上规模系统中的两类指标应该较为接近。

⑦ 系统组装完成后的重要环节之一是加压检漏。各段管路、各只膜壳及各个阀门及仪表连接部分的表面泄漏易于观测，自然需要逐一处理，而更重要的是检测膜壳内部给浓水向产水的泄漏。膜壳内部的泄漏点包括膜壳两端适配器与元件之间连接器的淡水"O"形胶圈，适配器与连接器的结构缺陷或胶圈渗漏将直接导致相关膜壳产水水质的大幅下降。在线检测膜壳内各密封胶圈泄漏，可以从膜壳端板产水口插入柔性"检测探管"，根据探管的插入深度与探管取水的水质变化分析密封破损的位置。关于检测探管及相关技术见海德能等公司的产品技术手册。

9.6.4 系统的运行过程

系统运行调试结束后随即进入运行状态，系统运行过程中应注重以下几项问题：

① 由于反渗透或纳滤膜均为高分子材料，频繁的系统启停将造成膜片的机械疲劳，加速其性能的衰减。此外，频繁的启停对于电机、水泵、阀门甚至管路均会产生一定损伤。因此，在满足产水水质要求前提下，系统应尽量保持稳定的产水量即降低系统启停频率。

② 预处理工艺中含氧化剂工艺或以自来水为水源的系统中，在系统运行过程中应及时观察氧化还原电位 ORP 的 mV 数值。以超微滤为预处理工艺时，也需防止超微滤采用次氯酸钠清洗后的残留氧化剂对于反渗透或纳滤系统的氧化作用。

③ 欲实现运行指标参数的标准化，或系统运行工况的完整评价，均需依靠系统运行参数的准确与完整。因此，系统运行过程中应始终保持监控系统中下层仪表、上层微机及数据通道的正常与完整。

9.6.5 系统开停机过程

新装或换膜系统进入运行状态后，因多种原因需要再次的停机与开机。

系统停机过程中的主要问题是防止水泵急停时产生的压力及水流的震动以及水锤现象的发生，采用水泵电机的变频缓停效果最佳，一些膜厂商要求系统停机过程的降压速度不超过 0.07MPa/s。管路及膜壳中的绝大部分空气将被水流挤出或随水流排出系统，只有少量不易排出的气体被压缩并保留在膜壳与元件之间的上部缝隙内，且由元件浓水胶圈隔绝为数段。该部分气体在水泵突然失压时会迅速且大比例膨胀，从而加剧了突然停机时的水锤作用。

系统开机过程中，由于系统内残存空气较少，气水两相流现象的时间很短。为减轻对系统的冲击，系统启动时仍应坚持：浓水阀门全开，电机慢速启动。

9.6.6　系统的停运保护

系统运行过程中，给浓水流道中存在浓差极化现象，即存在较高浓度的无机物与有机物。高浓度无机物将在流道中继续沉淀结垢，高浓度有机物将促成微生物的滋生，海水淡化系统中的浓盐水还将造成设备腐蚀。因此，系统停运时需将浓水阀门打开，进行 5～15min 的系统冲洗，一般水源采用系统给水冲洗即可，海水水源需用系统产出淡水进行冲洗。

（1）短期系统保护

系统停运时间在5～30d 范围内的属于短期停运。短期停运时需要进行系统冲洗，且每隔 5d 还需进行一次系统冲洗。

（2）长期系统保护

系统停运30d 以上的属于长期停运。长期停运时需要进行在线化学清洗以清除系统中的有机与无机污染，并采用 0.1％～1.0％的甲醛或戊二醛溶液进行浸泡以保持长效杀菌。如采用杀菌剂保护系统，则在系统再次启动运行之前需将杀菌剂彻底冲洗干净。

9.6.7　元件的卸载过程

元件更换或离线清洗之前，膜元件需要从膜堆中卸载，该过程分为人工卸载与压力卸载两种方式。人工卸载是打开膜壳的给水端板与浓水端板，依靠人力将膜壳内各元件从给水端向浓水端依次推出。反向推出元件的阻力更大，且易使浓水胶圈被膜壳内壁划伤。

压力卸载过程中，封闭其他非待卸载膜壳端板及管路，仅打开待卸载膜壳的浓水端板，点动而非开启给水泵，依靠水泵的可控给水压力，将各元件从待卸载膜壳中缓慢且逐一推出。在系统换膜过程中常是：卸载一组膜壳，将其重装之后，再卸载另一组。

为高效离线清洗的需要，膜堆卸载过程中，应完整记录每支元件的系统位置，其记录内容与装载过程一致。

9.6.8　系统的清洗周期

反渗透系统较纳滤系统对于有机物及无机物的截留率更高，其污染速度也更快。一般而言，具有较好预处理工艺的反渗透系统，需要三个月或更长的运行期后进行在线清洗，必要时每一年进行一次离线清洗，或每三次在线清洗后进行一次离线清洗。由于离线清洗是使用专用设备且针对特定污染的高强度逐个元件清洗，其效果远优于在线清洗。

系统需要清洗的判据可以有两个：

① 水泵运行已达到极限状态，但仍未满足系统产水量或产水质要求时的被动性清洗。

② 水泵运行未达到极限状态，且仍能达到系统产水量及产水质要求时的主动性清洗。被动清洗的目的是为达到系统的产水量或产水质要求，主动清洗的目的是为使系统保持长期稳定运行，即总的清洗费用与换膜费用最低。

一般膜厂商建议系统主动清洗的判据包括：①产水流量下降 10％～15％；②系统压降上升 15％；③产水盐量上升 10％～15％，而此 3 项指标均属于标准化数值。

为达到设计要求的产水量与产水质而需要过于频繁的在线及离线清洗时，或清洗的成本已超出换膜成本时，则应进行系统换膜，全系统膜元件的正常更换周期应为三年以上。

9.7 膜工艺系统的中型试验

一般大型规模项目的建设周期较长，其中的重要环节是在现场的中型试验。中试过程中涉及项目甲方、项目乙方及膜供应商等多方企业，中试结果常常直接决定招投标的结果，在一定程度上决定项目的成败，因此有必要认真讨论中试过程中的相关问题。

9.7.1 中试的必要与可行

大型项目建设的周期较长与投资巨大，工程失败造成的时间延误与经济损失远大于中试所需时间与经费。此外，进行工艺设计与制定运行规范，也都需要中试数据的必要支持。

目前国内的膜工艺项目的水源已经很少是江河或地下水源，而多是市政、生活甚至工业污水或废水。工程的供水对象或产水要求又千差万别，可能具有不同的指标项目与指标水平。因此，预处理及膜处理可能具有多项工序，每项工序又有多项参数，需要各工序之间的合理搭配及多参数之间的优化组合。工程乙方或膜供应商往往不具备足够的工程经验，因此需要一个中试过程。

特别是目前国内工程企业的技术水平参差不齐，以往经验的侧重各有差异，不经实践检验很难证明各工程企业投标方案的可行与优劣。总而言之，大型且复杂的工程项目，有可能也有必要进行相应的中型试验，以保证招标过程有效及设计方案可行。

9.7.2 中试过程注意事项

（1）提供真实的试验水源

中试过程一般是在工程现场进行，并取用工程实际水源进行试验，但即使如此也还存在水温及水质等与实际工程的差异。如果工程项目属于当前现有的污废水处理，则中试过程要安排最为恶劣的冲击性水源进行处理；如果工程项目属于尚未形成的污废水处理，则中试过程应安排在相近水源环境下进行。

因冬季水温较低，如仅在夏季试验将不能很好了解冬季低温条件对于系统工作压力的影响；因夏季原水中的有机物及微生物浓度较高，且碳酸钙结垢趋势严重，如仅在冬季试验将无法很好了解夏季高温条件对于系统污染的影响。因此，中试时间应尽可能跨越冬夏两季，或中试结论应充分估计到极端温度及环境的影响。

（2）保证连续的试验工艺

预处理系统往往是多工序长流程，一些中试项目常由前后几个主要工序的分项中试拼接而成。例如一个污废水资源化回用工程可由生化工序、传统预处理工序、超滤工序及反渗透工序等分项中试。分项中试的优点是试验周期短、试验成本低，且易于获得分项的最佳参数，但由于系统是各分项工序的联合运行，各分项工序的最佳参数未必是联合系统的最佳参数。例如，生化工序的较好产水水质对于后序工序处理一般较为有利，而传统预处理产水的浊度值对于超微滤的影响较为复杂，并非浊度越低越好；混凝-砂滤工序的最佳絮凝剂品种也可能对于超微滤甚至反渗透工艺产生不利影响。

因此，当各分项中试结束后，必须进行各分项工序的联合试验，甚至联合试验的周期要长于分项试验。分项试验的结果只应成为联合试验的基础，只有联合试验的最优参数才是系统中试的最终结果。

（3）仿真度高的试验设备

试验设备的规格小于实际工程设备常常成为工程失败的重要原因，因此试验设备应具有对实际设备较高的仿真度。超微滤设备属于并联运行的单元结构，故采用一支或两支与实际工程相同规格的膜元件进行中型试验即可。

实际系统中的反渗透膜堆一般具有 12m 流程及 75% 的回收率，因此采用一支或两支膜元件的中试装置仿真实际系统时，很难体现实际系统末端的高浓度污染环境。较好的反渗透中试装置可以由 18 支 4040 规格元件组成 2-1/6 结构 12m 流程的 75% 收率系统，其系统仿真度较高，且试验用水量也有限。

（4）自动监控的试验设备

对于大型项目的中试而言，试验设备的自动监控具有重要意义。只有在长期稳定的运行条件下得到的试验效果才真实有效，人为随时改变操作条件的试验参数自然不是真实的中试结果，而自动的程序控制是工艺设备长期稳定运行的软件保证。

除了工艺设备长期稳定运行的控制之外，设备运行参数（包括进水及产水水质）的自动（或定时）监测，是完成试验任务的重要保证。通过完整而准确的试验数据，不仅可以正确评价当前试验方案的优劣，可以与前期试验方案的效果进行比较，还可以为选择进一步的试验方案提供依据。优化的工序方案或工序参数多数是在大量试验数据基础上分析得出，因此试验过程中数据的自动记录具有重要意义。

（5）甲方掌控的试验过程

目前国内大型中试的多家工程企业将试验设备配置于标准集装箱内，各企业集装箱集中于工程甲方试验现场进行同步试验，但试验设备由各企业分别进行操控，试验数据也由各企业分别采集与分析。该种试验模式下项目甲方只负责为试验设备给水与排水且提供电源，而乙方不仅提供设备还需各自派出试验人员长期坚守现场。

此种中试模式的主要弊端是甲方并不直接掌握试验过程与试验数据，对于试验数据的真实性及其背景无从把握，而由甲方完全掌控或委托第三方掌控也多不可行。因此，建议具有一定规模与能力的工程甲方，应预先培训自己的试验操控人员。试验操作过程主要由甲方人员长期负责，而由乙方人员短期配合，由此可使甲方深入了解各乙方企业的试验过程，并便于对各乙方中试效果进行比较评价。

第10章 系统污染、故障与清洗

膜工艺过程以截留有机物、无机物或微生物为主要工艺目的，各类被截留物质在膜表面的吸附、淤积、沉淀或滋生总称为膜污染，故膜污染是膜过程中不可避免的伴生现象之一。当恒通量系统受到严重污染时，工作压力上升、产水水质下降、系统压降增大。如果工作压力或产水水质不能满足用户要求时，需要进行系统的在线清洗、离线清洗或元件更换。所谓系统故障系指系统调试期或系统运行期内出现的非正常状态及参数，需要及时处理以避免故障扩大或污染加重。

10.1 污染的分类与分布

10.1.1 膜系统的污染分类

反渗透或纳滤系统因其特有的错流工艺与截留物质，决定其污染物性质主要包括无机污染、有机污染及生物污染。不同污染物在系统中的表现各不同：无机污染在系统中主要是一个浓缩过程，当浓度达到非稳定区间时，逐渐形成晶核并开始晶体的生长，从而增加了膜表面的盐浓度并堵塞给浓水流道；有机物在系统中主要是一个浓缩、沉积及积累过程，甚至形成滤饼层，从而降低了膜表面的盐浓度并堵塞给浓水流道；生物污染在系统中主要是速度不等的微生物生长与繁殖过程。

难溶无机盐浓度只有在过饱和的非稳定区内产生沉淀污染，是决定系统极限收率的主要因素，投加阻垢剂可使无机污染物的稳定区扩大，进而减少无机污染并提高极限收率。

反渗透膜对于大于 100Da 分子质量有机物的脱除率几近 100%，对于小于 100Da 分子质量有机物的脱除率较低，与膜表面持相反电荷的有机物还存在吸附现象。被膜吸附的有机物属于典型的深度膜污染，而被截留的有机物将可能在膜表面形成污染。未被预处理工艺截留的有机物进入膜系统后，少数会附着在膜表面与浓水隔网之上，多数会随浓水排出系统。因此，除了及时有效地进行系统清洗之外，保持系统沿程各位置上的合理浓差极化度及错流量，成为抑制有机与无机污染的重要措施。

微生物中的细菌粒径为 $1 \sim 3\mu m$，病毒粒径为 $0.2 \sim 0.01\mu m$，带负电荷。细菌又分为无机营养型的滋养菌与有机营养型的异养菌；异养菌是反渗透膜系统中的主要细菌类型，能够从周围流经的水中获取 TOC 及 COD 等营养物质而滋生繁衍。微生物污染不仅是一个累计过程，更是一个繁殖过程，于适宜环境之下，微生物在 $20 \sim 30min$ 内即可翻倍繁殖。微生物的生存多以生物黏膜形式存在，并牢固地附着在膜表面及浓水隔网表面，并于其上繁衍。生物膜的黏附力很强，可保护微生物免受水流剪切力的作用，因其难于清洗，故应以预防为主。

膜系统中的污染还包括铁、锰及二氧化硅结垢等污染，而这些污染并无特定药剂加以防止，只有依靠在预处理过程中将相关污染物加以去除。对于已经形成的污染，只有依靠有效清洗加以去除。

预处理系统中残留的絮凝剂与膜系统中投加的阻垢剂分别对前后工艺系统的运行起着重要作用，但预处理工艺中残留的聚合阳离子絮凝剂如与膜工艺中投加的聚合有机阻垢剂相遇时，将产生药剂污染会使膜系统前端产生严重的胶体沉淀。

除单一物质污染之外，无机、有机与生物污染物之间的混合污染增加了污染的概率与污染的速度，而且大大增加了系统清洗的难度。

10.1.2　沿流程的污染分布

尽管反渗透系统均有一定水平的预处理工艺，使膜工艺系统进水的各项指标均已达到相关要求，但膜系统进水中必然仍含有一定浓度的有机物、难溶盐及微生物。在膜系统的长期运行过程中，这些物质必然会在给浓水流道内，特别是在膜表面产生吸附、淤积、沉淀或滋生，以形成系统污染。系统污染的性质、成分、程度及其分布问题的研究，是减轻污染、有效清洗及有效换膜等工艺措施的基础。

膜污染的典型表现是污染物增加了膜元件的重量，因此元件及膜片增重是了解系统及元件污染的重要指标。

（1）沿流程各元件有机污染分布

有机物的污染程度与元件透过率（或污染物浓度）、膜元件通量及膜元件收率三项运行指标密切相关。污染膜系统的有机物还可以按照分子量分为大分子与小分子有机物，或按照溶解状态分为分子态与离子态有机物。反渗透膜（或纳滤膜）对于不同类别有机物具有不同的透过率。

由于反渗透或纳滤膜对于有机物具有较高的截留率，即每支膜元件产水中有机物浓度总低于给水，给浓水流道中沿系统流程的有机物浓度总是逐步增大。图10.1给出一般膜系统的有机污染物的质量分布曲线。

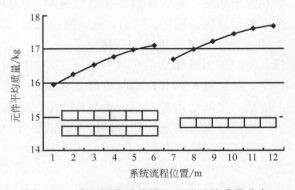

图 10.1　有机污染系统沿流程的元件质量分布

图10.1曲线所示系统流程中同段元件污染速率沿流程趋缓的原因是后部元件的给水压力及纯驱动压下降，致使元件通量下降及污染速度下降。末段首端元件污染低于首段末端元件的原因是末段首端元件的回收率低于（或错流比高于）首段末端元件，进而不易形成污染物的沉积。

（2）沿流程各元件无机污染分布

因系统给水中的难溶无机盐被系统浓缩并达到其饱和浓度时才开始沉淀析出，且错流过程中形成的浓差极化现象可促进难溶盐的饱和析出，故系统中的无机污染应发生在系统沿程某具体位置之后的膜表面。而且，越到系统末端，难溶盐浓度越高，错流比越小，系统污染越重。

实际上，如果没有浓水隔网，给浓水流道中不易形成紊流，浓差极化严重，易于形成污染；采用浓水隔网之后，系统整体情况大为好转，但隔网本身也将形成局部给浓水涡流，易于构成局部污染。因此，实际发生无机污染的流程位置一般较理论位置更靠近系统前端。受到典型的无机污染后，沿流程的膜元件质量分布将如图10.2曲线所示。

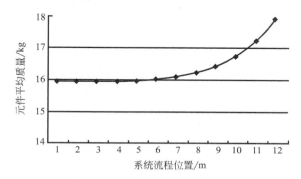

图10.2 无机污染系统沿流程的元件质量分布

（3）沿流程的元件生物污染分布

由于微生物主要以有机物为养分而生存，微生物污染的程度分布及污染物的质量分布，多与有机污染分布相一致。

无机、有机与生物的混合污染与三类成分的比例相关，一般的混合污染在系统流程的前部较轻而后部较重。此外，为简化分析，本章关于系统及元件内部污染分布的分析中，基本上忽略了产水流道背压变化的影响。

10.1.3 沿高程的污染分布

在系统的相同流程位置上，各元件的给浓水污染物浓度及元件回收率基本相同。因各膜壳于膜堆中的安装高程不同，各壳中元件承受的"静压"不同，且因给水母管及浓水母管的径流方向不同，各壳中元件承受的"动压"也不同。由于各壳中元件承受的"总压"（即"静压"与"动压"之和）不同，其产水通量、污染负荷及污染速率皆不同。

纵列安装各膜壳的安装高程一般相差300mm即工作压力相差3kPa。如忽略系统母管压降的影响，膜壳安装位置越低，元件静压越高，产水通量越大，元件的污染速度越快，图10.3给出某系统中受污染膜元件的质量与其安装高程间关系曲线。

如果计及系统给水及浓水母管压降的影响，则给水及浓水动压沿母管的径流方向逐步下降。给水及浓水母管径流方向均为由下至上时，径流的动压梯度方向与静压梯度方向相同，膜堆内上下位置各膜壳的工作压力的差值增大，各壳中元件污染程度的差异增大。给水及浓水母管径流方向均为由上至下时，径流的动压梯度方向与静压梯度方向相反，膜堆内上下位置各膜壳的工作压力的差值减小，各壳中元件污染程度的差异减小；如果动压梯

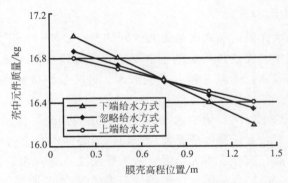

图 10.3 沿高程的元件质量分布

度大于静压梯度,且与静压梯度方向相反,甚至会出现各膜壳工作压力上大下小,污染程度上重下轻的现象。

此外,系统运行过程中,在各膜壳元件内,一旦因污染速度失衡而导致污染程度失衡,重污染膜壳元件内的流道阻力加大,浓水流量降低,浓差极化加剧,从而会使各膜壳污染程度差异不断扩大,污染程度越发失衡。

10.1.4 元件内的污染分布

作为卧式柱状膜元件,元件内部沿轴向的污染分布可归于沿系统流程污染分布问题,这里主要讨论元件内部沿高程、沿径向及依朝向的污染分布。

(1)沿高程的膜片污染分布

膜堆中不同高程位置膜壳及元件具有的不同重力压强,产生了不同的元件通量及不同的元件污染;元件内不同高程位置膜片具有的不同重力压强,也产生了不同的膜片通量及膜片污染。所不同的是,膜堆中元件污染程度还与给浓淡水径流方向相关,而元件中膜片污染程度与这些因素无关。

膜片上污染物的质量与膜片的面积密切相关,为消除膜片面积的影响,衡量膜片上污染物质量采用污染物相对质量指标:

$$污染物相对质量/\% = \frac{污染干膜片质量 - 洁净干膜片质量}{洁净干膜片质量} \times 100\% \qquad (10.1)$$

如将膜元件径向截面按照夹角分为12等份,每个等份的面积具有相应的平均高程,而采用不同夹角面积中的膜片平均质量可以表征相应高程膜片平均质量。由于12等份夹角面积的高程之间呈正弦函数关系,图10.4所示各等份夹角面积的平均膜片污染物相对质量曲线也呈正弦函数关系,即高程位置较高膜片的污染较轻。

(2)依朝向的膜片污染分布

实测数据如图10.5所示,元件中相同高程位置上致密层内凹膜片污染物较重,致密层外凸膜片污染物较轻,两类膜片的污染物相对质量存在0.17%的差值。产生该现象的影响因素较为复杂。

① 两朝向膜片的水通量差异 卷式膜元件的给浓水流道与淡水流道均呈卷式结构,但元件的给浓水从元件给水端沿径向流至浓水端,而元件的产出淡水沿轴向旋转流道进入淡水中心管,元件内的给浓水与淡水两项径流的流向呈十字正交。对于某层给浓水径流而言,

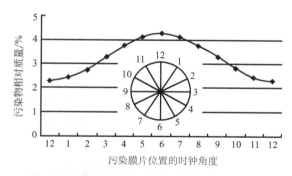

图 10.4　元件中膜片污染物质量沿高程的分布

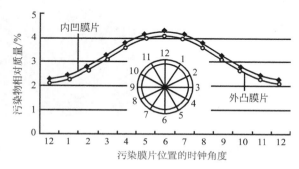

图 10.5　内凹与外凸膜片的污染物质量分布

径流内侧（外凸）膜片的淡水进入内侧淡水流道后，在淡水流道中的流程较短；径流外侧（内凹）膜的淡水进入外侧淡水流道后，在淡水流道中的流程较长。如以中心管内的淡水压强为基点，则流程较长的外侧淡水流道中的产水背压较高，产水通量较低，膜污染程度较轻及污染物质量较小；而流程较短的内侧淡水流道中的产水背压较低，产水通量较高，膜污染较重及污染物质量较大。

　　② 两朝向膜片的受压形变差异　系统在线运行时给浓水的工作压力使膜片产生形变，即内凹膜片承受拉力而使膜面积增大，而外凸膜片承受压力而使膜面积缩小。系统运行时，设形变后膜面积上的污染速度一致，污染物相对质量无异；但无压检测时，两朝向膜片恢复原有面积，因污染物绝对质量保持不变，内凹膜片上污染物相对质量增加，而外凸膜片上的污染物相对质量减少。

　　此外，如果认为膜片在工作压力作用之下，内凹膜片的厚度变小，外凸膜片的厚度变大。由于通量与膜厚度相关，内凹膜片的相对通量较大，污染速度相对较快，运行积累的污染物质量也就相对较大，外凸膜片的污染物质量也就相对较小。

　　③ 两朝向膜片的表面流态差异　若从元件径向截面观察单层给浓水流道，可近似将其视为一个同心环形通道。由于该环形通道的外侧湿周大于内侧，即流道外侧（内凹）膜表面的阻力大于内侧（外凸）膜表面的阻力，则外侧膜表面切向流速小于内侧。如设给浓水流道内外侧的膜通量相等即内外侧过膜的垂向流速相等，则外侧（内凹）膜表面的错流比较低，从而造成外侧（内凹）膜表面的污染重于内侧（外凸）。

　　由于上述三项因素中，后两项的合成作用大于前一项，从而形成了内凹膜片的污染重于外凸膜片。

（3）依曲率半径的膜片污染

在不同朝向膜片的污染物质量影响因素中，受力形变与表面流态两因素只影响相向两膜片的污染差异。而产水通量差异不仅影响相向膜片的污染差异，也使与中心管距离不同膜片即不同曲率半径膜片产生了不同的污染程度。由于曲率半径较小的相向两膜片的产水背压均小于曲率半径较大的相向两膜片的产水背压，故前者的产水通量、污染速度及污染程度均大于后者。图 10.6 示出沿膜元件径向截面中不同曲率半径膜片的污染物质量分布。

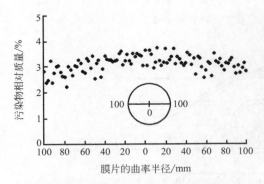

图 10.6　膜片曲率半径的污染物相对质量分布

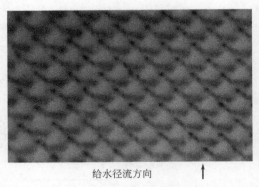

给水径流方向

图 10.7　膜片表面污染物照片

（4）浓水隔网影响污染分布

元件的给浓水隔网总成某种网状结构，其形成有效的给浓水流道及紊流流态的同时，也在给浓水流道中形成鳞状分布的涡流区域，进而产生鳞状分布的局部污染区。图 10.7 示出鳞状污染膜表面的照片。正是由于鳞状局部污染分布的存在，加快了无机与有机污染物在系统较前流程位置上的沉积。系统浓水沿系统流程被不断浓缩过程中，难溶盐尚未达到饱和时即已析出沉淀的原因，一是浓差极化，二是鳞状污染。前者形成的是渐进的均匀污染，后者形成的是鳞状的非均匀污染。

（5）膜片局部污染失衡加剧

与沿高程各膜壳中元件污染分布相类似，元件中各位置污染分布失衡后，因径流阻力的失衡，径流流量失衡、浓差极化失衡，从而会使元件中各位置污染分布的差异不断扩大。

10.2　膜系统污染的影响

无机物在膜表面的沉积增加了膜表面无机盐浓度，必然加剧以浓度差为推动力的透盐过程，致使膜元件的透盐率上升。有机物在膜表面的沉积降低了膜表面无机盐浓度，必然缓解以浓度差为推动力的透盐过程，致使膜元件的透盐率下降。微生物污染对于元件透水透盐的影响类似于有机污染。此外，有机、无机及生物污染物在膜表面的沉积，均使透水阻力增加，致使膜元件的透水率下降。而且，各类污染物对于给浓水流道的堵塞作用，均会使膜压降上升。

本节将一个多元件系统流程分为前中后三端，以便分析典型有机与无机污染条件下的各端运行参数变化规律。

10.2.1　无机污染的影响

由于典型的无机污染主要出现在系统后端，图 10.8 示出一般无机污染系统中各端透盐率的变化过程中，后端的无机污染将使后端元件透盐率上升，从而带动全系统透盐率的上升。当系统透盐率为 3％时，后端的透盐率只有 4％，当系统透盐率上升至 10％时，后端的透盐率已接近 30％。

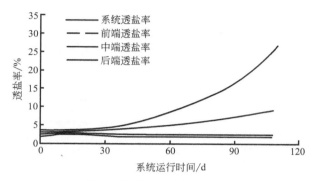

图 10.8　无机污染系统的透盐率变化过程示意图

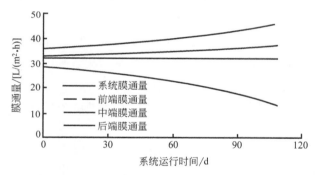

图 10.9　无机污染系统的膜通量变化过程示意图

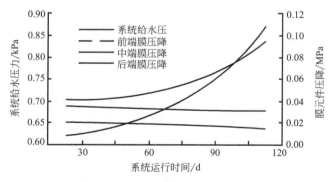

图 10.10　无机污染系统的压力与压降变化过程示意图

无机污染的另一表现是各端元件通量的严重失衡。系统后端的污染将导致后端元件通量的下降。对于恒通量系统，后端通量的下降还会引起前端及中端元件通量的相应上升，但后端通量的下降幅度远大于前端及中端通量的上升幅度，系统各端通量的变化过程见图 10.9 所示。

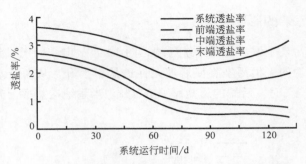

图 10.11　有机污染系统的透盐率变化过程示意图

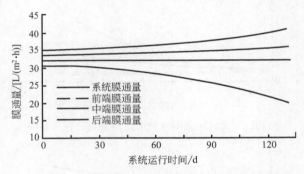

图 10.12　有机污染系统的膜通量变化过程示意图

无机污染还将使后端元件压降上升。图 10.10 所示各端膜压降的变化过程表明，当系统工作压力上升 20％（从 0.70MPa 升至 0.84MPa）时，后端膜压降已经上升 1000％（从 0.01MPa 升至 0.11MPa）。图中前端及中端压降的减小是由于后端流量降低使前端及中端给浓水流量相应下降。

由于典型无机污染发生时，后端元件的透盐率、膜通量及膜压降的变化同时发生，图 10.8～图 10.10 所示变化曲线是三项指标变化的综合效果。由于无机污染主要发生在系统后端局部位置，整个系统的工作压力、透盐率及压力降等指标的变化幅度有限，因此需要高度关注系统后端的局部运行指标变化。

10.2.2　有机污染的影响

由于有机污染一般贯穿系统流程全境，因此图 10.11 所示系统前后各端元件的透盐率均随污染的加重呈缓慢下降趋势。其中，后端元件的透盐率到运行后期的翘尾现象，应归咎于系统污染时后端元件的给水压力下降即后端膜通量的衰减。

贯穿全境的有机污染使反渗透膜的透水率下降，而低透水率系统的前后端膜通量趋于均衡，故有机污染系统中的膜通量变化同时存在两个倾向。普遍性的有机污染将使前后端的膜通量差异缩小，而后端的严重污染会使前后端的膜通量差异增大。图 10.12 示出了系统前中后端的膜通量变化趋势。

同样由于有机物污染贯穿整个系统流程，尽管图 10.13 所示有机污染系统中，前中后端元件的膜压降分别存在 12％、26％及 70％的不同增长幅度，但该压降值仍属于普涨性质，各端膜压降差异的幅度常小于无机污染下的膜压降差值的幅度。

由于有机污染发生时，系统各位置膜元件的透盐率、膜通量及膜压降的变化同时发生，

图 10.11～图 10.13 所示变化曲线是三项指标变化的综合效果。例如，图 10.13 所示系统工作压力的上升主要源于膜元件透水率的下降而非膜压降的上升。

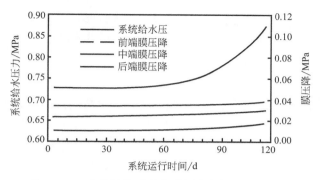

图 10.13　有机污染系统的膜压降变化过程示意图

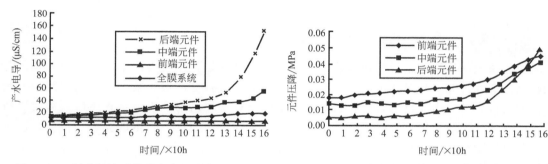

图 10.14　混合污染系统的产水电导率变化过程　　图 10.15　混合污染系统的元件膜压降变化过程

10.2.3　生物污染的影响

生物污染与有机污染相比具有以下区别：有机污染与污染物浓度、产水通量、元件收率密切相关，而生物污染与生物养料、工作温度、径流流速密切相关；有机污染在系统运行过程发生，而生物污染除在系统运行过程中发生之外，还在系统停运状态下发展；有机污染属于渐进过程，而生物污染会在适合环境中显现一个快速爆发。所以，一般水体系统的夏季运行或高有机物含量的污废水处理系统运行，均应高度关注生物污染。

生物污染对于系统透盐率及运行压力影响相对较小，而对于系统压降的影响较重。

10.2.4　混合污染的影响

（1）膜系统中的配合物污染

尽管低浓度的难溶盐并不直接产生无机沉淀，但有可能与高价阳离子有机物发生配合反应，从而形成配合污染。例如，低浓度 $CaSO_4$ 中的 Ca^{2+} 与腐殖酸分子构成的配合物降低了溶液的电负性，减少了膜表面与有机物分子间的静电斥力，使有机物更多地吸附在膜表面；同时，水体中游离的 Ca^{2+} 又能与膜表面的负电荷基团静电键合，在膜表面与有机物之间形成"盐桥"，使膜表面的荷电强度降低，进一步减弱膜表面和腐殖酸分子之间的静电斥力，从而加快了膜表面有机物污染。

配合物污染对于膜元件性能的影响主要是提高透盐率、降低透水率、增加膜压降。配合污染一般出现在系统流程的前后各个部分，污染速度远高于同浓度的有机污染及无机污染。

（2）有机污染与微生物污染

有机污染为系统中的微生物提供了着床与养料，从而促进了生物污染的产生与发展。快速繁殖的生物质堵塞了给浓水流道、减缓了给浓水的剪切流速，反过来也加快了有机物与其他污染的发生与发展。

（3）有机与无机的混合污染

膜系统中单纯的有机或无机污染极少发生，而大多数系统污染具有无机与有机的混合性质。图 10.14 与图 10.15 所示曲线源于某个有机与无机混合污染系统的运行数据，图中的前端与中端元件产水电导率及膜压降因存在有机污染而升速较缓，后端元件的早期无机污染因晶核形成的慢速过程而使运行指标恶化缓慢，后期无机污染因晶核生长的快速过程而使运行指标恶化加快。

10.3　系统的污染与运行

对于系统的恒流量运行模式，系统污染的反映之一是工作压力的不断上升，系统的污染包括永久性污染与临时性污染，前者属于膜性能衰减且为清洗无效，后者属于膜表面污染且为清洗有效。当运行压力上升到达特定上限或称系统污染到达特定程度时，需要进行系统的在线或离线清洗。每次系统清洗只能基本清除前次清洗后产生的膜表面污染，而不能消除日渐加重的膜性能衰减。图 10.16 示出一年的 52 周内系统在恒流量运行模式下的工作压力变化曲线，其中 1.40MPa 为其进行清洗的临界工作压力，不断抬升的压力曲线的下端包络线为膜性能衰减导致的最低工作压力。

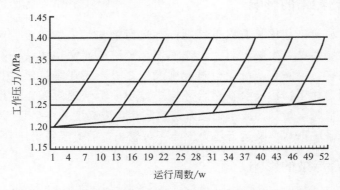

图 10.16　恒流量系统污染与清洗过程中的工作压力变化

此外，运行压力曲线尚有两大特征：一是每段压力上升曲线均呈加速上升趋势，表明在可清洗污染层基础上的后期污染速度更快；二是性能衰减后的压力增长加速，表明不可清洗污染层基础上的后期污染速度更快。两项特征合成的结果是膜系统寿命后期的污染速度远高于膜系统寿命初期。

图 10.17 所示系统运行过程中的系统透盐率变化曲线表明，如以运行压力上限为系统清洗判据，则系统透盐率随污染而上升，而随清洗而下降。图中，不断抬升的透盐率曲线的下端包络线为膜性能衰减导致的最低透盐率，不断抬升的透盐率曲线的上端包络线为膜性能衰减与膜表面污染共同导致的最高透盐率。此外，系统透盐率曲线与系统工作压力曲

线具有类似的两大特征。

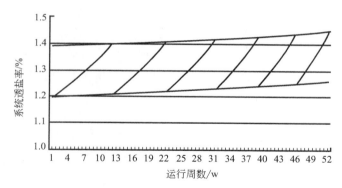

图 10.17 恒流量系统污染与清洗过程中的系统透盐率变化

如果给水泵压力具有足够上升余量，则系统清洗判据也可以是透盐率达到某个上限值，该情况下系统透盐率的变化过程与图 10.16 相近，而系统工作压力的变化过程与图 10.17 相似。

10.4 污染的发展与对策

10.4.1 膜系统污染的发展

系统中各元件污染的发生与发展主要决定于给水中污染物的性质及浓度、膜表面原有污染性质及程度、浓差极化与产水通量。由于膜污染的不可逆性质，除非进行清洗，否则系统污染不可能减轻，而只存在加快、趋异及趋同三大趋势。

无机污染存在一个晶核的生成过程，一旦成核其生长速度将加快；有机污染形成滤饼层后，更易于有机物的附着；各类微生物形成生物膜或附着于有机污染层，遇合适的温度时将会快速生长。因此，系统污染发展的主要趋势是污染的不断加快。

其次，系统末端的难溶盐饱和析出及有机物沉积污染将随时间不断加剧，进而形成系统首末段的污染失衡；相同流程位置不同高程膜壳工作压力的差异将形成各膜壳污染负荷的差异，进而使同段各膜壳间形成污染失衡。而且，一旦形成污染失衡，重污染部分更易于污染物沉积，故系统各个位置的污染在不断趋异。

此外，系统末段污染降低了系统末段通量，高工作压力膜壳污染降低了高工作压力膜壳通量，致使污染较轻的系统首段及低工作压力膜壳的通量相对升高，轻污染区的污染负荷加重，污染速度增加，从而使全系统的污染分布趋同。

一般而言，污染分布的趋异与趋同两过程中，前者为先、后者为迟，前者为主、后者为辅。因此，系统运行过程中，总的污染程度在不断加剧，工作压力与透盐率在不断上升；而污染分布差异的不断扩大，必然造成系统通量的进一步失衡及系统透盐率的进一步上升。

10.4.2 污染与通量的均衡

根据 7.2 节的讨论，沿系统流程及沿膜堆高程的通量失衡均将造成一定程度的产水水质的下降；根据 10.2 节的讨论，沿系统流程及沿膜堆高程的污染失衡将造成污染的进一步加剧；而污染速度与膜元件通量、污染物浓度、浓差极化度等因素相关。

从提高产水水质观点出发，应尽量均衡沿流程与沿高程的膜元件通量；从降低污染速度观点出发，应尽量均衡沿高程的通量，且使末段通量低于首段通量。

由于均衡通量与均衡污染都要求均衡沿高程的通量，因此希望系统设计时，通过合理配置膜堆中高低位置不同元件的透水压力，且合理设计系统管路的径流方向及管路参数，以均衡沿膜堆高程各元件的产水通量及污染负荷。关于系统管路优化问题见第 12 章相关内容。

为满足均衡系统污染与保证产水水质的双重要求，系统设计及系统运行时，通过合理配置段间加压或管路压降，以使首末段系统的污染速度均衡与段均通量平衡达到某种程度的统一。

10.4.3　污染膜元件的重排

克服不可逆污染普遍加剧的唯一方法是系统的及时清洗，而洗后元件位置的重新排列有可能缓解污染失衡趋势。但是，元件位置重排存在相互矛盾的两种概念。从混合污染会加速污染且会造成清洗困难的观念出发，系统中的元件位置应固定不变；而从均衡污染会提高产水水质的观念出发，系统中污染轻重的元件位置应及时调换。综合两种概念的重排方式可以是：系统轻污染时维持元件位置，系统重污染时调换轻重污染元件位置。实际运行中，运行时间较短的系统应保持元件位置，运行时间较长的系统应调换元件位置。如果几次在线清洗后进行一次离线清洗，则在线清洗时自然保持元件位置，而离线清洗时应该调换元件位置。

根据 10.1 节关于污染分布的讨论，膜元件位置的整体调换应包括四项内容：①系统膜元件流程位置的首末调换；②膜壳高程位置的高低调换；③各元件安装方位的垂直调换；④各元件安装方向的前后调换。

在图 10.18（a）所示系统中，如果认为末端下方元件污染最重，首端上方元件污染最轻，则调换后膜元件的位置应为图 10.18（b）所示，其中斜体数字表示膜元件调换位置时的重装方位旋转 180°。

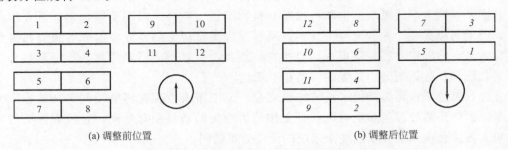

(a) 调整前位置　　　　　　　　　　　　　(b) 调整后位置

图 10.18　系统中膜元件整体调整方式示意图

根据图 10.7 所示膜片上污染物与给水方向的关系，甚至还可以将元件的给水与浓水径流方向调换。元件方向调换后，图 10.7 所示污物位置将在运行过程中得到给水径流的长期有效冲刷，可能出现较为明显的清污效果。该自清洗概念类似于超微滤装置中的"双向径流"工艺或电渗析装置中的"频繁倒极"工艺。方向调换过程中必须将元件的浓水 V 形圈反向安装，以防止"浓水陷阱"的发生。此外，欲进行膜元件位置的调换，则需要在拆卸系统时严格记录系统中元件的安装位置及安装方位。

10.5　污染与故障的甄别

对于系统运行指标的监测总是借助各种仪表，仪表的正常与准确是系统的污染及故障甄别的硬件基础，因此始终保证各项仪表的正常与准确十分重要。

系统污染的在线甄别，一是靠监测参数的标准化分析，二是靠监测参数的直观分析，标准化分析问题将于10.8节讨论，而监测参数的直观分析主要针对特定产水流量与系统收率条件下的工作压力、透盐率与膜压降三项指标。该三项指标的平稳上升是系统正常污染的表现，而其快速上升表明系统在设计方面存在某种缺陷或在操作过程中出现某些失误。一般而言：

① 甄别系统污染性质，首先要检测系统的硬度、COD、TOC、SDI、铁、硅等给水水质指标，一般可以由此得知系统污染的原因。

② 如果膜压降维持不变，而脱盐率与工作压力下降，应不属于污染物堵塞流道，而应属于膜性能的衰减，典型的问题是受到氧化后的性能衰减。

③ 如果脱盐率下降、工作压力上升、膜压降上升，即三大指标同时恶化，应属于典型的无机污染。末段指标恶化严重时，无机结垢的可能性很大。首段指标恶化严重时，金属氧化物污染的可能性很大。

④ 如果脱盐率上升、工作压力上升、膜压降上升，则属于典型的有机污染。

⑤ 如果脱盐率持平、工作压力上升、膜压降上升，则属于典型的生物污染。

⑥ 洁净膜系统12m流程两段结构的系统压降应在0.4MPa范围之内，超过该范围可视为系统污染。如系统设计为末段浓水流量大于首段，则系统的首段压降略小于末段压降，如果系统中出现末段压降远大于首段压降的现象，则可认定系统末段严重污染。

⑦ 观察保安过滤器中滤芯的污染状况及污染速度可以判断系统是否存在有机及胶体污染，而保安过滤器发生滤芯安装不善而产生短路时极易产生系统有机及胶体污染。

⑧ 监测微生物污染的措施包括监测系统给水的TOC及COD等指标及监测系统给水、浓水甚至产水的细菌总数（TBC）指标。

⑨ 系统脱盐率过低（如低于90%）可能是由于膜壳两端适配器与元件之间连接器的淡水"O"形胶圈泄漏，而脱盐率较低（如低于95%）可能是所谓"浓水陷阱"现象。形成该现象的典型原因是图10.19中的浓水胶圈缺失、反置、破损、窄小、硬化或者膜壳内径过大。膜元件外侧的"V"形浓水胶圈的作用是防止膜壳中的给水区与浓水区联通，迫使给水通过膜元件的给浓水流道，在产出淡水的同时形成一定的浓淡流量比例，即形成错流的径流形式。所以采用"V"形结构而非"O"形结构是为装卸时减小阻力。

上述浓水胶圈的异常现象将使膜壳给水侧与浓水侧直接联通，使元件内的给浓水流道供水不足甚至从给水及浓水两侧供水，从而构成类似死端的过滤形式，导致给浓水流道中的含盐量大增，形成严重的浓差极化现象，进而造成严重的有机与无机污染。随浓水陷阱现象的严重程度不同，膜元件的污染速度不同，反映出系统运行指标恶化的程度和速度也不同。

浓水陷阱的另一形式是图10.19所示结构中给水与浓水阀门的开闭状态不一致。如7.7节所述，当膜堆中各个膜壳或部分膜壳分别配置给水与浓水阀门时，会增加系统运行与清洗的灵活程度，但如果某只膜壳的给浓水两侧阀门一个打开一个关闭时，或两阀门的开度不一致时，均会使该膜壳内元件形成死端过滤即浓水陷阱现象。

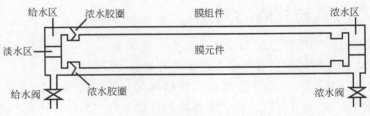

图 10.19　膜壳给水与浓水阀门示意图

10.6　在线与离线的清洗

由于系统污染是系统运行的伴生现象，而污染的持续加重将最终导致系统报废，故系统在长期运行过程中需要定时段或定指标清洗。系统的清洗又分为轻度污染的在线清洗与重度污染的离线清洗。膜系统的在线清洗首先需要在系统的设计及安装阶段建立合理且完整的在线清洗系统，具体内容参见 7.7 节。目前国内的在线清洗主要由系统业主企业、专业工程企业、专业清洗企业或专业服务企业完成。

由于给水温度等环境条件的差异影响系统的运行指标，系统是否需要进行清洗不应以实测运行指标为依据，而应以标准化运行指标为判据。系统需要进行清洗的具体判据一般为：标准工作压力上升 10%～15%、标准透盐率上升 15%～20%或标准系统压差增加 1.5 倍。即使系统污染较轻，也建议至少每半年进行一次在线清洗。

10.6.1　在线水力冲洗

水力冲洗是在低工作压力与大给水流量条件下对系统进行的初级清洗，是依靠高强度的紊流消除膜表面的浓差极化层与表层污染物。水力冲洗可以列入例行操作，即在每次系统启停时进行（或每天定时操作一次），清洗操作只需全开系统浓水阀门（或全开浓水旁路阀门），将系统浓水外排（届时不应有产水流量）。较为频繁的运行性冲洗可在一定程度上降低化学药洗的频率。

水力冲洗过程中需要注意几项要点：流量、压力、时间及径流方向。

① 冲洗流量　污染物是在运行流量条件下附着在膜表面的，欲通过水力冲洗将污染物清除，冲洗流量应高于运行的给浓水流量。运行过程中的给水流量，8040 元件为 $5～10m^3/h$，4040 元件为 $1.2～2m^3/h$；冲洗过程中的给水流量，8040 元件应为 $12m^3/h$，4040 元件应为 $2.5m^3/h$。如果元件污堵严重，应注意防止冲洗流量下形成的元件压降高于其上限的 $0.07MPa$，如开始冲洗时的膜压降过高，应随污堵的逐渐清除而逐渐加大冲洗流量以免发生元件结构的破坏。

② 冲洗压力　系统产水管路中一般不设截流阀门，过高冲洗压力将有淡水产出，此时的污染层将被产水径流压制在膜表面而不易清除。由于各类膜品种的工作压力不尽相同，冲洗压力无法统一规定，而一般应以开始出现明显产水流量为冲洗压力上限标准。

③ 冲洗操作时间　冲洗的操作时间一般为 5～10min，其间还可以停止 1～2 次，以增加"系统振动"时的冲洗效果。

④ 径流方向　由于给浓水流道中浓水隔网的存在，给浓水流道中存在低流速的死角，

而污染物主要沉积在死角之处，图 10.7 示出的即为膜表面各死角与非死角处的污染物分布。因在线冲洗径流与运行径流的方向相同，运行径流的死角仍是冲洗径流的死角，故在线正向冲洗的效果不及离线反向冲洗。

10.6.2 在线化学清洗

化学药洗是在线清洗的主要工序。化学药洗之前首先需要进行系统污染分析，主要是给水水质与运行参数的分析，以得出污染的原因及清洗的对策。化学药洗的原则是：在膜材料允许的温度、流量、压力、药剂及 pH 值范围内，针对具体污染决定清洗药剂与清洗工艺。

① 药液温度　有机物的清洗效果与药液温度密切相关，药液温度越高清洗效果越好。碳酸钙污染在高温条件下不利于清洗，而其他无机污染物在高温条件下有利于清洗。一般碱液清洗温度需保持约 $35℃$，而酸液清洗保持室温即可，且应注意清洗循环过程中洗液温度的上升。

② 药剂品种　化学药洗所用药剂的品种及其搭配依于污染的性质，例如：

a. 2% 的柠檬酸药液适用于无机污染与金属氧化物污染；

b. 0.5% 的盐酸药液（pH 值为 2）适用于无机污染与金属氧化物；

c. 0.1% 氢氧化钠与 0.03% 十二烷基苯磺酸钠药液（pH 值为 12）适用于有机污染。

③ 药箱容积　除了膜堆壳腔、给浓管路、精密滤器等容积之外，系统中每支元件应配予一定容积的清洗药液，以保证清洗的有效药量。化学药洗的最小药箱容积，即一次配制的最少药液容积为：每支 8040 元件 35～70L，每支 4040 元件 10～20L，具体容积的数量依污染程度调整。

④ 药液配水　清洗药液的配制过程应为药剂的稀释过程，故药液的配水应为系统产出的脱盐淡水，起码也应是经软化处理的软水，以防止药液配制过程中的药剂失效。

⑤ 工艺次序　由于系统中普遍存在有机污染，且污染层顶层多为有机污染，化学药洗过程中常使用碱性药液清洗有机污染在先，使用酸性药液清洗无机污染于后。化学药洗过程可以理解为对全部污染物的逐层清洗，且每层污染又再分有机与无机物的分别洗脱。因此，对于重度污染系统还需进行碱液与酸液的反复清洗，且酸液与碱液交替使用时需用清水将系统中的药液冲净。

对于膜元件三项性能指标而言，无论酸洗或碱洗均可降低系统压降，酸洗使透盐率明显下降且使工作压力小幅上升，碱洗使工作压力明显下降且使透盐率小幅上升。应该根据污染系统的主要清洗目标或系统的主要运行要求，决定化学药洗的最后工艺，以达到系统的工作压力或透盐率的要求。当化学药洗结束后，必须进行彻底的系统冲洗后方可进行系统测试或转入系统运行。图 10.20 给出碱液与酸液交错清洗时系统工作压力及系统透盐率的变化示意过程。

⑥ 药洗时间　一种药剂的药洗时间一般为 60min，药洗的流量与压力可与冲洗的流量与压力相同，由于药洗时的洗液循环使用，药洗过程中应随时监测药液 pH 值的变化，并及时补充药剂以保持药液有效成分浓度。药液循环的清洗效果较好，但也伴随着较高的电力消耗；药液浸泡也具有相当的清洗效果，对于严重污染系统可在 2 个药液循环过程中间附加较长时间的药液浸泡过程，浸泡时间可为 1～12h 不等。

⑦ 微生物污染的杀菌药剂主要是异噻唑啉酮，属于非氧化杀菌剂，具有广谱、高效、低

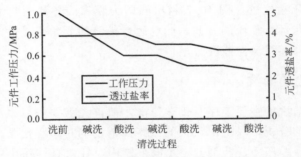

图 10.20　化学药洗过程中的参数变化

毒等优点。杀菌方法包括：a. 预防性定期杀菌；b. 冲击性杀菌处理；c. 定期的杀菌处理。

10.6.3　元件离线清洗

当系统受到严重污染，或经多次在线清洗仍不能使系统性能得到有效恢复时，需要将全部元件从系统中卸出，并装入专用清洗装置进行离线清洗。目前国内的离线清洗主要由专业的工程企业或清洗企业完成，而进行清洗时总是采用多只一支装膜壳并联的专用清洗装置（见图 10.21），以提高清洗效率。

对于膜元件的离线清洗，首先需要进行元件称重，以粗略鉴别污染的性质与程度。洁净膜元件的重量是膜元件的重要指标，陶氏公司 BW30-4040 元件的干湿态质量分别为 2.7kg 与 3.6kg，BW30-365 元件的干湿态质量分别为 11.3kg 与 14.1kg，BW30-400 元件的干湿态质量分别为 11.8kg 与 14.5kg。

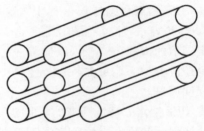

图 10.21　离线清洗装置结构

对于离线的湿膜元件而言，17kg 以下质量的元件属于轻污染，有机污染的概率较大，可先行采用碱液清洗；17kg 以上质量的元件属于重污染，无机污染的概率较大，可先行采用酸液清洗；21kg 以上质量的元件属于严重污染，用强酸强碱的反复清洗时，酸碱耗量巨大，虽然工作压力与膜压降有所恢复，但高脱盐率往往不复存在。因此说明，系统及元件必须在轻污染时及时清洗，严重污染元件基本上已丧失了清洗价值。

仅就工艺而言，离线清洗与在线清洗十分接近，其主要区别包括以下诸项：

① 记录元件位置　系统卸载过程中，要严格记录各元件在系统中的安装位置，以确定各元件可能的污染程度与污染性质，并依此确定清洗工艺参数。

② 单支元件清洗　由于专用装置中各元件的清洗可以独立完成，既可避免串联清洗方式中前端元件洗脱液对后端元件的污染，也可以保证各元件清洗药液的有效性与一致性，还可以灵活控制各元件清洗或浸泡的时间，以保证每支元件得到应有的清洗强度。

③ 监测清洗效果　由于专用装置可对每支元件参数进行独立监测，清洗前、中、后期的元件性能可及时掌控，不仅保证了每支元件的清洗效果，也为系统重装时根据洗后元件性能指标决定元件的优化排列位置奠定了基础。

④ 元件解剖分析　大型系统中的元件数量众多，必要时可以解剖个别元件，以膜片清洗试验所得出的最佳清洗药剂等经验，指导系统中各元件的清洗工艺参数。

⑤ 反转径流方向 为了有效清洗因浓水隔网造成的膜表面不均衡污染，可在离线清洗之前将元件浓水胶圈反置，清洗时也对调元件的给水与浓水方向。

10.7 系统性能的标准化

10.7.1 参数标准化基本概念

在膜系统长期运行过程中，系统运行指标的监测与记录对于了解系统的运行状况及污染程度具有十分重要的意义，典型的运行记录至少应包括表 10.1 所示 8 项"运行参数"，并由此可得出系统的工作压力、系统压降与透盐率 3 项"运行指标"。三项运行指标既反映了膜系统的"固有特性"，也反映了随污染性质与污染程度而单调变化的"污染程度"，还反映了随给水温度、给水盐量、系统收率、产水通量或工作压力等随机波动的"运行条件"。系统运行监测是为了解系统的"固有特性"与"污染程度"，因此从"运行指标"中剔除"运行条件"变化的影响，进而得到"标准性能指标"，就是系统性能指标标准化计算的实质内容，更深层次的标准化甚至可以得到反映系统内在特性的透水系数与透盐系数。

表 10.1 膜系统运行参数监测记录表

记录时间	给水温度/℃	给水盐量/(mg/L)	产水盐量/(mg/L)	浓水流量/(m³/h)	产水流量/(m³/h)	给水压力/MPa	段间压力/MPa	浓水压力/MPa
基准参数	15	1000	11.326	4.4667	13.4	1.048	0.980	0.893
记录 1	20	1000	13.465	4.4667	13.4	0.929	0.862	0.776
记录 2	15	1000	9.916	5.7429	13.4	1.045	0.962	0.861
记录 3	15	1000	12.639	4.0167	12.05	0.956	0.890	0.820
记录 4	15	1500	21.504	4.4667	13.4	1.133	1.061	0.981

注：恒压力系统压降方差 0.0307；透盐率方差 0.0306；产水流量方差 0.3645。

设某系统稳定运行 12 个月（污染速度稳定），且 12 个月份中的给水温度变化幅度为 8~30℃，则图 10.22 及图 10.23 分别给出运行指标标准化前后的两组数值。图中监测的工作压力与透过盐率除了反映膜系统的固有量值外，还反映了随污染加重的上升趋势，也隐藏了随温度波动的变化过程。图中标准化的工作压力与透过盐率排除了温度变化的影响，仅显示出了与时间无关的固有量值与随时间延续的污染影响。

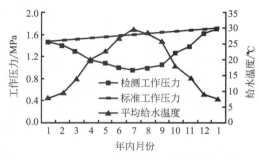

图 10.22 工作压力标准化前后的数值

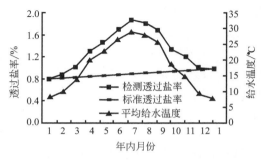

图 10.23 透过盐率标准化前后的数值

各膜厂商在推出系统设计软件的同时，一般也推出了系统运行指标标准化软件，这里简要讨论海德能与陶氏两公司的标准化软件。

10.7.2 海德能的标准化模型

海德能公司的标准化软件首先需要记录一组 8 项系统**基准运行参数**（如表 10.1 中首行数据），并计算相应的 3 项性能指标作**基准性能指标**（如表 10.2 中首行数据）。其后，在运行过程中记录不同运行条件下的多组各 8 项**随机运行参数**（如表 10.1 中后 4 行记录参数），需先将运行参数折算成 3 项运行指标，并将运行指标折算成 3 项**标准性能指标**（如表 10.2 中后 4 行记录数据）。

表 10.2 膜系统标准运行指标的计算项目

记录时间	膜压降 D_p^*	透盐率 S_p^*	产水量 Q_p^*	透水系数 A	透盐系数 B
基准指标	1.547	0.613	13.400	1.656E−07	8.459E−07
记录 1	1.531	0.621	13.352	1.650E−07	8.580E−07
记录 2	1.584	0.577	13.527	1.672E−07	7.956E−07
记录 3	1.577	0.615	13.376	1.653E−07	8.494E−07
记录 4	1.521	0.776	13.148	1.625E−07	10.724E−07
方差	0.000773	0.006039	0.018728	2.8611E−18	1.1663E−14

标准化软件中，根据运行膜压降 D_p、运行产水量 Q_p 与运行透盐率 S_p 三项运行参数，计算标准膜压降 D_p^*、标准产水量 Q_p^* 与标准透盐率 S_p^* 三项标准指标。其数学模型的基本模式是用运行参数乘以相关修正系数以求取标准指标。

① 由于运行膜压降 $D_p = P_f - P_c$ 受给浓水平均流量 Q_{fc} 影响，故标准膜压降为 D_p^* 可表征为运行膜压降 D_p 乘以给浓水平均流量修正系数 $(Q_{fc}^r/Q_{fc})^{1.4}$：

$$D_p^* = \left(\frac{Q_{fc}^r}{Q_{fc}}\right)^{1.4} D_p \quad (\text{MPa}) \tag{10.2}$$

式中，$Q_{fc} = Q_c + Q_p/2$，$Q_{fc}^r = Q_c^r + Q_p^r/2$，且 Q_{fc}^r 与 Q_{fc} 为基准与运行的给浓水平均流量，Q_p^r 与 Q_p 为基准与运行的产水流量，Q_c^r 与 Q_c 为基准与运行的浓水流量。

② 由于系统的透盐率 S_p 受给水温度 T_e 及产水流量 Q_p 影响，故标准透盐率 S_p^* 为运行透盐率 S_p 乘以给水温度修正系数 (TCF^*/TCF) 及产水流量修正系数 Q_p/Q_p^r：

$$S_p^* = \frac{TCF}{TCF^r} \cdot \frac{Q_p}{Q_p^r} S_p \quad (\%) \tag{10.3}$$

式中，$S_p = 100C_p/C_{fave}$ 为运行透盐率，$C_{fave} = C_f \ln[1/(1-R_e)]/R_e$ 为运行给浓水平均含盐量，$R_e = Q_p/(Q_p + Q_c)$ 为运行系统回收率，$TCF = EXP\{2700 \times [1/(273+T_e)-1/298]\}$ 为运行温度修正系数，T_e 为运行给水温度，S_p^r、C_{fave}^r、R_e^r、TCF^r、T_e^r 分别为相应的基准值。

③ 由于系统的产水量 Q_p 决定于纯驱动压 NDP 且受给水温度 T_e 的影响，故标准产水流量 Q_p^* 为运行产水量 Q_p 乘以纯驱动压修正系数 (NDP^*/NDP) 及温度修正系数 (TCF^*/TCF)：

$$Q_p^* = \frac{TCF}{TCF^r} \cdot \frac{NDP^r}{NDP} \cdot Q_p \quad (\text{m}^3/\text{h}) \tag{10.4}$$

式中，运行纯驱动压为 $NDP = \Delta P_{fcp} - \Delta \pi_{fcp}$，运行渗透压差为

$$\Delta \pi_{fcp} = \frac{0.0385 \times (273 + T_e)}{1000 - C_{fave}/1000} C_{fave} - \frac{0.0385 \times (273 + T_e)}{1000 - C_p/1000} C_p$$

$\Delta P_{fcp} = 0.5(P_f + P_c) - P_p$ 为运行膜压力差，NDP^r、$\Delta \pi_{fcp}^r$、ΔP_{fcp}^r 分别为相应的基准值。

④ 海德能标准化软件算例分析 例如，设某系统的给水含盐量 1000mg/L，给水温度 15℃，系统回收率 75%，产水量 13.40m³/h，膜堆结构 2-1/6，元件品种 CPA3。根据该组数据，运用海德能公司提供的《系统设计软件》计算的系统运行参数为表 10.1 中的基准参数。在保持运行年份（0a）恒定条件下，分别单独修改该组数据中的给水温度为 20℃，系统回收率为 70%，产水量为 12.05m³/h，给水含盐量为 1500mg/L，并根据修改数据分别计算的系统运行参数为表 10.1 中的记录 1 至记录 4。根据表 10.1 所示五组运行数值统计的膜压降、透盐率及产水量的方差值（VAR）分别为 0.0307、0.0306 与 0.3645。运用式（10.2）～式（10.4）将上述五组运行参数的标准指标示于表 10.2 中的记录 1 至记录 4，标准化处理后数值统计的膜压降、透盐率及产水量的方差值（VAR）分别为 0.000773、0.006039 与 0.018728。

随系统运行参数的改变必然使运行参数发生改变，但由于 2-1/6 结构 CPA3 品种的膜系统并未改变，也没有发生运行污染（运行年份没变），标准化运行指标应该保持一致。标准化后五组系统性能指标的方差比标准化前的运行参数的方差降低了 1～2 个数量级，即标准化的三项运行指标基本一致，从而可证明标准化计算的有效性。

值得指出的是，表 10.2 所示各标准化性能指标稍有差异的直接原因是海德能公司的《系统设计软件》与《系统运行指标标准化软件》两者的所用数学模型并非一致，且两软件的计算结果存在数值计算误差与显示截断误差。如果采用实际系统的实测数据进行标准化计算，则会发现标准化后性能指标的差异会更大，其原因包括仪表精度误差与记录截断误差等因素，而标准化模型也不可能十分精准地反映每个系统的内在规律。但还是应该承认，标准性能指标的时间序列曲线中，排除了大量运行特性的影响，其起始指标值反映的是系统的固有特性，而指标值的波动或变化主要反映的还是系统的污染性质与污染程度。

标准性能指标计算的用途很广，可以针对膜系统运行的污染研判，也可以用于系统清洗的效果分析。表 10.2 中还示出了海德能公司《系统运行指标标准化软件》对膜系统透水系数 A 与透盐系数 B 的标准化计算数值，这里仅供参考而不做进一步讨论。

10.7.3 陶氏化学标准化模型

陶氏公司的标准化模型中只包括了产水流量 Q_p^* 与产水盐量 C_p^*。其中

$$Q_p^* = \frac{TCF^r}{TCF} \cdot \frac{NDP^r}{NDP} Q_p \tag{10.5}$$

$$C_p^* = \frac{\overline{C}_{fc}^r}{\overline{C}_{fc}} \cdot \frac{NDP}{NDP^r} C_p \tag{10.6}$$

如系统运行初期的运行参数为：$P_f^r = 2.5\text{MPa}$，$P_p^r = 0.1\text{MPa}$，$\Delta P_{fc}^r = 0.3\text{MPa}$，$C_f^r = 1986\text{mg/L}$，$R_e^r = 0.75$，$T_e^r = 15℃$，$C_p^r = 83\text{mg/L}$，$Q_p^r = 150\text{m}^3/\text{h}$。且有

$$\overline{C}_{fc}^r = C_f^r \cdot \frac{\ln\left(\frac{1}{1-R_e^r}\right)}{R_e^r} = 1986 \times \frac{\ln\left(\frac{1}{1-0.75}\right)}{0.75} = 3671\text{mg/L}$$

$$\pi_{fc}^r = \frac{\overline{C}_{fc}^r}{14.23} \cdot \frac{(T^r + 320)}{345} = \frac{3671 \times 335}{491000} = 0.25\text{MPa}$$

$$TCF^r = \exp\left\{3020 \times \left(\frac{1}{298} - \frac{1}{273+15}\right)\right\} = 0.7$$

系统运行 3 个月后运行参数为：$P_f = 2.8\text{MPa}$，$P_p = 0.2\text{MPa}$，$\Delta P_{fc} = 0.4\text{MPa}$，$C_f = 2292\text{mg/L}$，$R_e = 0.72$，$T_e = 10℃$，$C_p = 90\text{mg/L}$，$Q_p = 130\text{m}^3/\text{h}$。且有

$$\overline{C}_{fc} = C_f \cdot \frac{\ln\left(\frac{1}{1-R_e}\right)}{R_e} = 2292 \times \frac{\ln\left(\frac{1}{1-0.72}\right)}{0.72} = 4052\text{mg/L}$$

$$\pi_{fc} = \frac{\overline{C}_{fc}}{14.23} \times \frac{T+320}{345} = \frac{4052 \times 330}{491000} = 0.272\text{MPa}$$

$$TCF = \exp\left\{3020 \times \left(\frac{1}{298} - \frac{1}{273+10}\right)\right\} = 0.58$$

以上数值代入式（10.5）则有

$$Q_p^* = \frac{NDP^r}{NDP} \cdot \frac{TCF^r}{TCF} = \frac{2.5 - 0.15 - 0.10 - 0.25}{2.8 - 0.20 - 0.20 - 0.272} \times \frac{0.70}{0.58} \times 130 = 147.5\text{m}^3/\text{h}$$

以上数值代入式（10.6）则有

$$C_p^* = \frac{2.8 - 0.20 - 0.2 - 0.272}{2.5 - 0.15 - 0.1 - 0.25} \times \frac{3671}{4052} \times 90 = 86.7\text{mg/L}$$

系统运行 3 个月后，产水流量 $Q_p^* = 147.6\text{m}^3/\text{h}$ 较初始产水流量 $Q_p^r = 150\text{m}^3/\text{h}$ 下降 1.6%，产水盐量 $C_p^* = 86.7\text{mg/L}$ 较初始产水盐量 $C_p = 83\text{mg/L}$ 上升 4.46%，应属于无机污染为主的系统轻度污染。

10.8 元件性能指标测试

无论是新膜元件、污染元件还是洗后元件，均可能需要测试元件性能指标。海德能公司与陶氏公司的标准化软件，可用于系统性能测试，也可用于元件性能测试。这里讨论运用海德能公司的"系统设计软件"进行元件性能测试的方法。

10.8.1 运行条件下的测试

运用设计软件进行元件运行模拟时，总是根据软件中固有的特定膜品种的标准性能参数与实际运行条件进行相关计算，所得计算结果属于标准膜元件在实际运行条件下的实际运行参数。

例如，根据表 5.1 所示数据及设计软件计算，标准 ESPA2 元件在标准测试条件（给水盐量 1500mg/L，给水温度 25℃，产水量 34.5m³/d、元件收率 15%）下运行时，具有工作压力 1.05MPa 与产水盐量 6mg/L 的运行参数。

如果标准 ESPA2 元件的实际测试条件改为给水盐量 1000mg/L，给水温度 15℃，元件收率 20%，产水量 22m³/d，则运用设计软件进行计算将得到工作压力 0.88MPa 与产水盐量 4.1mg/L 的运行参数。

① 如果某实际 ESPA2 元件在该实际测试条件下的运行参数恰为工作压力 0.88MPa 与产水盐量 4.1mg/L，则该元件具有标准性能参数。

② 如果某实际 ESPA2 元件在该实际测试条件下的运行参数为工作压力 0.85MPa 与产水盐量 3.9mg/L，则其属于新膜元件且性能优于标准值。

③ 如果某实际 ESPA2 元件在该实际测试条件下的运行参数为工作压力 1.04MPa 与产

水盐量 8.4mg/L，则该元件具有典型的污染元件特质。原因之一是工作压力较标准值上升了 18％，原因之二是透盐率上升了 105％。

10.8.2 标准条件下的测试

海德能公司设计软件中具有一项特殊功能，它可以修改膜元件标准的测试条件与测试参数。当激活 IMSdesign.exe 软件后，首先在软件首页的"文件"下拉菜单中的选择"设置"菜单项，届时将弹出如图 10.24 所示"设置"界面。在该界面中的设计者栏目中键入"＊"字符号，并先后点击"保存设置"及"确定"命令键后退出"设置"界面。完成上述操作后，可以继续进行其他的参数设置与软件操作。

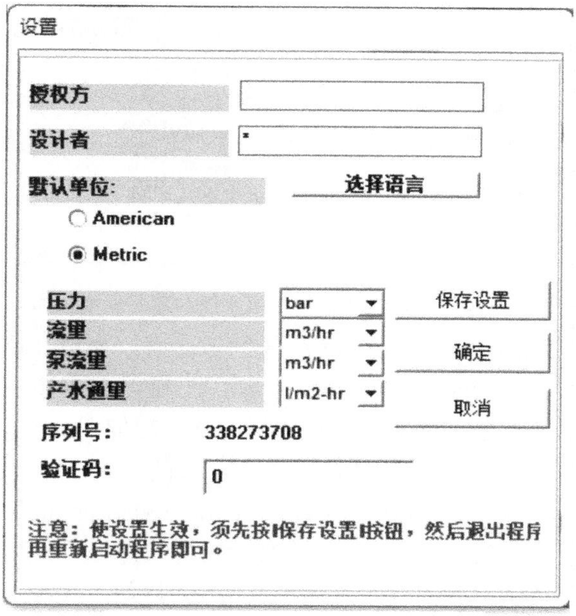

图 10.24 设计软件的设置界面

当在设计软件的"RO 设计"界面中完成"膜元件型号"选择后，在所选"膜元件型号"栏目中（如图 10.25 中的 ESPA2）点击鼠标右键，将弹出图 10.25 所示"膜元件参数"界面。届时，该界面中的"测试压力""给水盐量""测试收率"等测试条件可改，而且"产水量"与"脱盐率"等测试参数可改，不足的是该界面尚未提供"测试温度"与"元件压降"两项指标。实质上，无论修改测试条件或测试参数，均将改变元件性能指标。

如果仍以 10.8.1 节的实例计算，欲使实际测试条件下的元件运行参数达到工作压力 1.04MPa 与产水盐量 8.4mg/L，必须激活软件中的"膜元件参数"界面，并将 ESPA2 元件的"产水量"指标由 9000g/d 改为 7150g/d，且将"脱盐率"指标由 99.6％改为 99.0％。

根据上述处理过程可以得出结论，该实际 ESPA2 元件在标准测试条件下的"产水量"已从 9000g/d 下降至 7150g/d（下降了 21％），在标准测试条件下的"透盐率"已从 0.4％上升至 1.0％（上升了 150％）。

10.8.3 衰减条件下的测试

海德能公司等设计软件中还可利用元件性能衰减程度测试元件的性能参数。例如，在

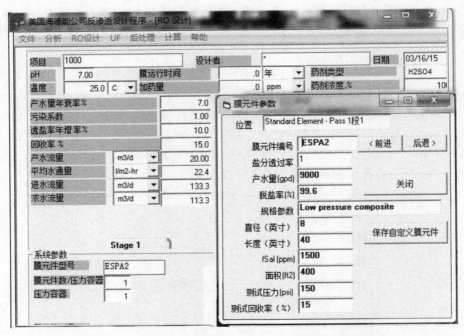

图 10.25　设计软件中的《膜元件参数》修改界面

图 10.25 所示海德能公司设计软件的 "RO 设计" 界面中，如设 "膜运行时间" 为 0a，则视为新膜元件而无性能衰减；如设膜运行时间为 1a，则视为旧膜且 "产水量年衰率" 与 "透盐率年增率" 两参数将决定旧膜元件性能指标的衰减程度。

如果仍以 10.8.1 节实例计算，则需设 "膜运行时间" 为 3a，且 "产水量年衰率" 为 6.3％与 "透盐率年增率" 为 35.4％时，实际 ESPA2 元件才能在给水盐量 1000mg/L、给水温度 15℃、产水量 22m³/d、回收率 20％的实际测试条件下，得到工作压力 1.04MPa 与产水盐量 8.4mg/L 运行参数。换言之，实际 ESPA2 元件的产水量衰减了 20％、透盐率增加了 148％。

本节讨论的 3 种元件性能的测试方法中，后 2 种计算结果十分接近，而与前 1 种计算结果差别较大，其原因是，前 1 种测试的工作压力与透盐率上升是以实际测试条件为基础，操作简单易行；后 2 种测试的工作压力与透盐率上升是以标准测试条件为基础，反映实质内涵，其具有普适性。后 2 种测试对同一支膜元件的不同实际测试条件，可以得到相同的结论，因此具有标准化的意义。

第11章

元件及系统的数学模型

反渗透膜（或纳滤膜）工艺研究的基本手段之一是系统运行模拟，运行模拟的基本工具是系统模拟软件，而模拟软件的核心是系统中元件、膜串、膜段、膜堆及管路的数学模型。

第5章中式（5.2）及式（5.3）所示膜微元数学模型是膜元件或膜系统数学模型的基础。膜元件中的各个物理量沿流程变化，故各物理量的理论数学模型为微积分方程形式。工程领域中使用的膜元件代数方程模型只是理论微积分方程的简化形式。

11. 1　膜元件的理论数学模型

11.1.1　元件理想结构模型

广为使用的卷式反渗透膜元件也可以理解为展开后具有 H（m）宽度与 L（m）长度的板式膜元件。忽略浓水隔网及淡水隔网的物理实体，板式膜元件可以表征为如图 11.1 所示的给浓水区与淡水区之间由反渗透平板膜隔开的理想元件结构。由于给浓水流道的宽度与高度之比极大，可以近似认为理想结构的流道为无限宽，即元件内各物理量的变化只与流程长度 L 相关，而与元件宽度 H 无关。

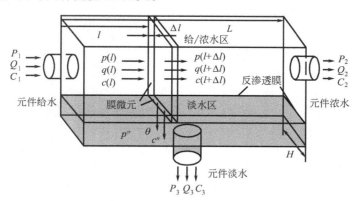

图 11.1　反渗透膜元件的理想结构模型

理想结构中忽略了淡水隔网与淡水管路阻力，即忽略了图中淡水区的流道阻力，而设给浓水区的流道阻力与给浓水流量正相关。理想结构中存在给水、浓水与淡水三个端口，且各端口的径流分别存在压力 P [MPa]、流量 Q [L/h] 与盐浓度 C [mg/L] 三项参数。

膜元件理想结构内部，将流程长度 l（m）处至流程长度 $l+\Delta l$ 处之间的给浓水流道六面体称为"膜微元"，其中 Δl 为微元长度，长度 l 方向为法线方向。在给浓水区中流程长

度 l 处具有压力 p（l）、流量 q（l）及盐浓度 c（l）3 个因变量；流程长度 $l+\Delta l$ 处具有压力 p（$l+\Delta l$）、流量 q（$l+\Delta l$）及盐浓度 c（$l+\Delta l$）3 个因变量。在流程长度 l 处的膜微元淡水侧有淡水压力 p''（l）、淡水盐浓度 c''（l）及淡水线通量 θ（l）[L/（m·h）]3 个因变量。其中，线通量 θ（l）表征流程长度 l 处膜微元淡水侧单位膜面积（$H\Delta l$）产出淡水流量 q（$l+\Delta l$）$-q$（l）与膜微元长度 Δl 比值的极限。由于各因变量的数值均随流程长度 l 而变化，故各因变量均以 l 为自变量。

11.1.2　元件理论数学模型

根据膜元件的理想结构模型，膜过程中的给浓水径流应属于流体力学中的稳态侧向渗透流，该渗透流过程中的传递关系存在质量守恒、动量守恒及能量守恒三项基本规律。膜元件稳态运行条件下，膜微元法线方向的各项传递方程式以及膜微元切线方向的透水与透盐特性方程式，构成了膜元件运行数学模型主体。

该模型中的多个未知量均随流程位置 l 而变化，其相关关系属于常微分方程形式。膜元件运行模型的建立主要是利用稳态系统的物理量平衡、物理空间中微元变化以及反渗透的膜过程机理。

根据导数的定义，存在微分关系 $\lim\limits_{\Delta t \to 0}\dfrac{x(t+\Delta t)-x(t)}{\Delta t}=\dfrac{\mathrm{d}x}{\mathrm{d}t}$ 与积分关系 $\lim\limits_{\Delta t \to 0}\sum x(t)\cdot \Delta t=\int x\cdot \Delta t$，可得以下各项方程。

（1）膜微元中水体流动的守恒定律

膜微元中水体的流动必然遵循流体力学中的三大守恒定律。

① 膜微元中水体流动的质量守恒　膜微元的质量守恒包括水量守恒与盐量守恒两项内容。水量守恒表现为膜微元给水侧法向水流量 q（l）等于浓水侧法向水流量 q（$l+\Delta l$）与淡水侧切向水流量 $\theta\Delta l$ 之和：q（l）$=q$（$l+\Delta l$）$+\theta\Delta l$。该量值关系的微分形式为

$$\lim_{\Delta l \to 0}\frac{q(l+\Delta l)-q(l)}{\Delta l}=-\theta(l) \Rightarrow \frac{\mathrm{d}q(l)}{\mathrm{d}l}=-\theta(l) \quad [\mathrm{L/(m \cdot h)}] \qquad (11.1)$$

盐量守恒表现为膜微元的给水侧法向盐流量 c（l）$\cdot q$（l）等于浓水侧法向盐流量 c（$l+\Delta l$）$\cdot q$（$l+\Delta l$）与淡水侧切向盐流量 c''（l）$\cdot \theta$（l）$\cdot \Delta l$ 之和：
$$c(l)\cdot q(l)=c(l+\Delta l)\cdot q(l+\Delta l)+c''(l)\cdot \theta(l)\cdot \Delta l。$$
该量值关系的微分形式为

$$\lim_{\Delta l \to 0}\frac{c(l+\Delta l)\cdot q(l+\Delta l)-c(l)\cdot q(l)}{\Delta l}=-c''(t)\cdot \theta(t) \Rightarrow$$

$$c(l)\frac{\mathrm{d}q(l)}{\mathrm{d}l}+q(l)\frac{\mathrm{d}c(l)}{\mathrm{d}l}=-c''(l)\cdot \theta(l) \quad [\mathrm{mg/(m \cdot h)}] \qquad (11.2)$$

② 膜微元中水体流动的动量守恒　膜微元的动量守恒表现为给水侧压力 $p(l)$ 等于浓水侧压力 $p(l+\Delta l)$ 与膜微元压力损失 $K \cdot q^2(l) \cdot \Delta l$ 之和：$p(l)=p(l+\Delta l)+K \cdot q^2(l) \cdot \Delta l$。该量值关系的微分形式为

$$\lim_{\Delta l \to 0}\frac{p(l+\Delta l)-p(l)}{\Delta l}=-K \cdot q^2(l) \Rightarrow \frac{\mathrm{d}p(l)}{\mathrm{d}l}=-K \cdot q(l)^2 \quad [\mathrm{MPa/m}] \qquad (11.3)$$

式中，K 为给/浓水流道中的压力损失系数 $[\mathrm{MPa \cdot h^2/(m \cdot L^2)}]$。

③ 膜元件中水体流动的能量守恒　膜元件的能量守恒表现为给水径流的输入机械能 P_1Q_1 等于浓水与淡水径流的输出机械能 P_2Q_2 与 P_3Q_3 及膜元件内部的能量损耗。元件内部的能量损耗包括给浓流道中法向径流的能量损耗与淡水过膜时切向径流的能量损耗两部分。因法向压差与流量 $q(l)$ 的平方成正比 $\Delta p = p(l) - p(l+\Delta l) = K \cdot q(l)^2 \cdot \Delta l$，可得以下积分函数关系。

元件内全部法向径流的能量损耗可示为

$$\lim_{\Delta l \to 0} \sum q(l) \cdot \Delta p(l) = \lim_{\Delta l \to 0} \sum q(l) \cdot K \cdot q(l)^2 \cdot \Delta l = \int K \cdot q(l)^3 \cdot \mathrm{d}l$$

元件内全部切向径流的能量损耗可示为

$$\lim_{\Delta l \to 0} \sum [p(l) - p''(l)] \cdot \theta(l) \cdot \Delta l = \int [p(l) - p''(l)] \cdot \theta(l) \cdot \mathrm{d}l$$

因此，膜元件中水体流动的能量守恒关系可表示为

$$P_1Q_1 = P_2Q_2 + P_3Q_3 + \int_0^L K \cdot q(l)^3 \cdot \mathrm{d}l + \int_0^L [p(l) - p''(l)] \cdot \theta(l) \cdot \mathrm{d}l \quad [\mathrm{MPa} \cdot \mathrm{L/h}]$$

$$(11.4)$$

（2）反渗透膜过程的透水与透盐特性

膜过程的透水与透盐特性表现为膜微元的透水与透盐通量。

① 膜微元切向的透水线通量　反渗透膜的透水线通量 θ 与膜两侧水体的水力压差 $p-p''$ 正相关，且与膜两侧水体的渗透压差 $\pi-\pi''$ 负相关，合成的透水线通量关系为

$$\theta(l) = A \cdot \{[p(l) - p''(l)] - D \cdot [c(l)e^{kR_e} - c''(l)]\} \quad [\mathrm{L/(m \cdot h)}] \quad (11.5)$$

式中，A 为分离膜的透水系数 $\mathrm{L/(m \cdot h \cdot MPa)}$；$D$ 为盐浓度对渗透压的折算常数，$\mathrm{MPa \cdot L/mg}$；$c_m(l) = c(l) \cdot \beta(l)$ 为流程 l 处膜微元中膜表面水体的含盐量，$\beta(l) = \exp\{k \cdot R_e(l)\}$ 为流程 l 处膜微元中膜表面水体的浓差极化度；$R_e(l)$ 为膜微元的回收率；k 为浓差极化特定常数。

② 膜微元法向的透盐线通量　反渗透膜的透盐线通量与膜两侧水体的盐浓度差成正比

$$c''(l)\theta(l) = B\{c_m(l) - c''(l)\} = B\{c(l)e^{kR_e} - c''(l)\} \quad [\mathrm{mg/(m \cdot h)}] \quad (11.6)$$

其中，B 为分离膜的透盐系数 $[\mathrm{L/(m \cdot h)}]$。

这里的式(11.5)与式(11.6)分别为化工过程中的传动模型与传质模型，故反渗透膜过程为典型的传动与传质的混合过程。

（3）淡水径流参数间的相互关系

① 膜元件的淡水压力　膜元件的理想结构模型中，假设淡水区足够宽，淡水径流的压力损失忽略不计，即元件流程各处膜微元淡水侧的水体压力均与淡水区出口处水体压力相等

$$p''(l) \equiv P_3 \quad (\mathrm{MPa}) \quad (11.7)$$

这里，一般取膜元件淡水侧水体压力 $P_3 = 0$，而当存在淡水背压时 $P_3 > 0$。

② 膜元件的淡水流量　膜元件全流程中各处膜微元淡水侧的水流量 $\theta(l) \cdot \Delta l$ 之和将形成膜元件的产出水流量 Q_3

$$\lim_{\Delta l \to 0} \sum \theta(l) \cdot \Delta l = Q_3 \quad \Rightarrow \quad \int_0^L \theta(l) \cdot \mathrm{d}l = Q_3 \quad (\mathrm{L/h}) \quad (11.8)$$

③ 膜元件的透盐流量　膜元件全流程中各处膜微元淡水侧的盐流量 $\theta(l) \cdot c''(l) \cdot \Delta l$ 之和将形

成膜元件的产出盐流量 C_3Q_3

$$\lim_{\Delta \to 0} \sum \theta(l) \cdot c''(l) \cdot \Delta l = C_3Q_3 \quad \Rightarrow \quad \int_0^L \theta(l) \cdot c(l)'' \cdot \mathrm{d}l = C_3Q_3 \quad (\text{mg/h}) \tag{11.9}$$

（4）微分方程的边界条件与方程解的唯一性

上述式（11.1）～式（11.9）分别表征反渗透膜元件运行规律的不同侧面，共同构成膜元件运行数学模型方程组。该方程组中共有 A、B、K 3 个待求系数与 p、q、c、p''、θ、c'' 等 6 个待求变量，共计 9 个待求量。

由于式（11.1）～式（11.3）的微分方程组中存在 $\mathrm{d}p/\mathrm{d}l$、$\mathrm{d}q/\mathrm{d}l$、$\mathrm{d}c/\mathrm{d}l$ 三个导数，求解微分方程则需要三个独立的边界条件。膜元件的理想结构中存在 9 个原始边界条件（P_i、Q_i、C_i，$i=1,2,3$），但各边界条件之间存在如下内在相互关系

膜元件各水流量关系：　　　　　$Q_1=Q_2+Q_3$　　　　　（L/h）　　　　（11.10）

膜元件各盐流量关系：　　　　　$Q_1C_1=Q_2C_2+Q_3C_3$　　　（mg/h）　　　（11.11）

在全部 9 个原始边界条件中，P_3 用于式（11.7），Q_3 用于式（11.8），C_3 用于式（11.9），P_2 用于式（11.4），Q_2 由式（11.10）限定，C_2 由式（11.11）限定。因此，膜元件的理想结构中也仅有属于元件给水参数的 P_1、Q_1、C_1 三个边界条件为独立边界条件，而且分别构成了上述微分方程式中各微分量的初始值：

$$p(0)=P_1; q(0)=Q_1; c(0)=C_1 \tag{11.12}$$

由于方程组中的多个未知函数均依赖于唯一的自变量 l，故其为常微分方程组。且由于上述方程组中的待求量数与方程个数相等，且导数数量与边界数量相等，故膜元件理想结构模型导出的反渗透膜元件运行数学模型具有唯一解。

（5）理论数学模型的特点

理想数学模型属于微分、积分、代数的组合式方程，该方程解表征的是膜元件中各个流程位置变量 l 的连续函数：给水压力 $p(l)$、给水流量 $q(l)$、给水盐浓度 $c(l)$、产水盐浓度 $c''(l)$ 及产水线通量 $\theta(l)$。表征了元件内部各流程位置的不可视运行参数。但是，由于该模型相关方程的复杂形式，求解算法难度较高，目前尚不知如何求解。

11.2 膜系统的离散数学模型

11.2.1 单一元件离散模型

为克服理想数学模型的缺点，简便膜元件及膜系统的运行模拟计算，需要得到一个模型相对简单又具有一定精度的离散数学模型（或称均值数学模型）。离散模型的基本思想是用膜元件首末端参数的平均值代替元件内部参数渐变过程，从而将描述元件性能的微分、积分及代数方程组改为非线性代数方程组。

实际的卷式膜元件结构，可用等值的平板膜元件结构近似表征。平板膜元件的给浓水流道高度为卷式膜给浓水流道高度的一半；因宽高比的数值极大，平板膜元件的给浓水流道可视为无限宽。

图 11.2 所示平板膜元件的均值结构模型中，如用元件首末端参数的均值表征整个膜元件的参数，则膜元件的透水流量 Q_p 与透盐流量 Q_s 可分别如下式所示。

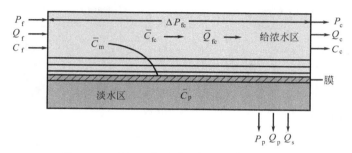

图 11.2 平板反渗透膜元件的均值结构模型

$$Q_p = AS\left(P_f - \frac{\Delta P_{fc}}{2} - P_p - \overline{\pi}_m + \overline{\pi}_p\right) \quad (L/h) \tag{11.13}$$

$$Q_s = BS(\overline{C}_m - \overline{C}_p) \quad (mg/h) \tag{11.14}$$

式中，A 为水透过系数（或称透水系数），$L/(h \cdot m^2 \cdot MPa)$；$B$ 为盐透过系数（或称透盐系数），$L/(h \cdot m^2)$；S 为元件膜面积，m^2；Q_p 为透水流量，L/h；Q_s 为透盐流量，mg/h；P_f 为给水压力，MPa；P_p 为产水压力（一般设 $P_p=0$），MPa，式中其他参量均可表示为上述参量的函数。

根据定义，膜元件的透水盐浓度或称产水含盐量 C_p 还可表示为：

$$C_p = Q_s/Q_p \quad (mg/L) \tag{11.15}$$

① 反渗透膜元件的首末端压力差也称膜压降 ΔP_{fc}：

$$\Delta P_{fc} = k_1 \overline{Q}_{fc}{}^{k_2} \quad (MPa) \tag{11.16}$$

式中，k_1 与 k_1 为表征膜元件给浓水道阻力特征的两个系数，$\overline{Q}_{fc}$ 为元件给浓水平均流量

$$\overline{Q}_{fc} = \frac{Q_f + Q_c}{2} = \frac{2Q_f - Q_p}{2} \quad (L/h) \tag{11.17}$$

其中，Q_f 为元件给水流量，L/h；Q_c 为元件浓水流量，L/h。

将式(11.17)代入式(11.16)，可得

$$\Delta P_{fc} = k_1 \left(\frac{2Q_f - Q_p}{2}\right)^{k_2} \tag{11.18}$$

② 膜元件首末端膜表面平均渗透压 $\overline{\pi}_m$：

$$\overline{\pi}_m = \pi_f\left(\frac{\overline{C}_{fc}}{C_f}\right)\beta \quad (MPa) \tag{11.19}$$

如设 k_m 为膜元件脱盐水平系数（术语解释见14.6节），则定义膜元件给浓水侧平均浓差极化度为 β：

$$\beta = \exp(k_m Q_p/Q_f) = \exp(k_m R_e) \quad (无量纲) \tag{11.20}$$

式中，$R_e = Q_p/Q_f$ 为元件回收率。

且有给水的渗透压 π_f：

$$\pi_f = 1.12 \times (273 + t) \sum m_i = f_c \ (C_f, \ t) \ (MPa) \tag{11.21}$$

式中，m_i 为 i 类离子浓度；t 为水体温度，℃，即渗透压是含盐量及温度的函数。

膜元件始末端平均浓度 $\overline{C}_{fc}$：

$$\overline{C}_{fc} = \frac{C_f + C_c}{2} = \frac{C_f}{2}\left(1 + \frac{C_c}{C_f}\right) \quad (mg/L) \tag{11.22}$$

根据盐流量平衡方程 $Q_fC_f = Q_pC_p + Q_cC_c$，可得 $C_c = (Q_fC_f - Q_pC_p)/Q_c$，所以

$$\frac{C_c}{C_f} = \frac{Q_f}{Q_c} - \frac{Q_pC_p}{Q_cC_f} = \frac{Q_f}{Q_f - Q_p} - \frac{Q_pC_p}{(Q_f - Q_p)C_f} = \frac{Q_fC_f - Q_s}{(Q_f - Q_p)C_f} \quad (11.23)$$

因此

$$\frac{\overline{C}_{fc}}{C_f} = \frac{1}{2}\left(1 + \frac{C_c}{C_f}\right) = \frac{2Q_fC_f - Q_pC_f - Q_s}{2(Q_f - Q_p)C_f} \quad (11.24)$$

将式(11.20)、式(11.24)代入式(11.19)，可得

$$\overline{\pi}_m = \pi_f\frac{2Q_fC_f - Q_pC_f - Q_s}{2(Q_f - Q_p)C_f}e^{\zeta Q_p/Q_f} \quad (MPa) \quad (11.25)$$

③ 膜元件产水侧渗透压 $\overline{\pi}_p$：

$$\overline{\pi}_p \approx \overline{\pi}_m\frac{C_p}{C_f} = \overline{\pi}_m \cdot \frac{Q_s}{C_fQ_p} \quad (MPa) \quad (11.26)$$

④ 反渗透膜元件给浓水侧膜表面盐浓度 $\overline{C}_m$：

$$\overline{C}_m = \overline{C}_{fc}\beta \quad (mg/L) \quad (11.27)$$

将式(11.20)、式(11.22)、式(11.23)代入式(11.27)，可得 $\overline{C}_m$。

⑤ 反渗透膜元件产水侧含盐量 $\overline{C}_p$：

$$\overline{C}_p \approx C_p = \frac{Q_s}{Q_p} \quad (mg/L) \quad (11.28)$$

如设元件产水侧压力 $P_p = 0$，将相关表达式代入式(11.13)，则有式(11.29)；将相关表达式代入式(11.14)，则有式(11.30)：

$$Q_p = A \cdot S \cdot \left[P_f - \frac{\zeta}{2}\left(\frac{2Q_f - Q_p}{2}\right)^\xi - P_p - \pi_f\frac{2Q_fC_f - Q_pC_f - Q_s}{2(Q_f - Q_p)C_f}\left(1 - \frac{Q_s}{Q_pC_f}\right)e^{\zeta Q_p/Q_f}\right]\Big|_{P_fQ_fC_fP_p=0}$$

$$(11.29)$$

$$Q_s = B \cdot S \cdot \left(\frac{2Q_fC_f - Q_pC_f - Q_s}{2(Q_f - Q_p)}e^{\zeta Q_p/Q_f} - \frac{Q_s}{Q_p}\right)\Big|_{Q_fC_f} \quad (11.30)$$

式(11.29)中的 π_f 为 C_f 的函数可不予独立表征，且当元件给水的压力 P_f、流量 Q_f 及含盐量 C_f 给定时，则式(11.29)与式(11.30)可以简化表示为：

$$\begin{cases}Q_p = A \cdot S \cdot f_A(Q_p, Q_s) \\ Q_s = B \cdot S \cdot f_B(Q_p, Q_s)\end{cases}\Big|_{P_fQ_fC_fP_p} \quad (11.31)$$

这里，函数 $f_A(Q_p, Q_s)$ 及 $f_B(Q_p, Q_s)$ 仅表征膜元件中透水流量 Q_p 与透盐流量 Q_s 间的函数关系。该式表明，在给定外界条件 P_f、Q_f、C_f 及 P_p 时，影响膜元件透水流量 Q_p 及透盐流量 Q_s 数值的主要因素是元件特有的透水系数 A 及透盐系数 B。

共有 A、B、Q_p、Q_s 四个变量与两个方程的式(11.31)，成为表征膜元件运行规律的非线性隐式代数方程组，可称为**膜元件运行方程**，或称为**膜元件离散数学模型**。当 Q_p 与 Q_s 作为检测量给出时，运用式(11.31)显函数式求解变量 A 与 B 的过程称为**膜元件系数特性求解**；当 A 与 B 作为已知量给出时，运用式(11.31)隐函数式求解变量 Q_p 与 Q_s 的过程称为**膜元件运行工况模拟**。无论是系数特性求解还是运行工况模拟，方程数量与变量数量相等，方程可解。

而且，式(11.31)不仅适用于反渗透膜元件，也适用于不同脱盐水平的纳滤膜元件。

11.2.2 串联元件离散模型

所谓串联元件系指某膜壳内串行联接的各膜元件，串联元件的重要特征是串行前后元件之间的压力、水流量及盐流量间的固有传递关系：

前元件 i 的给水压力 P_{fi} 为前元件压降 ΔP_{fi} 与后元件 $i+1$ 的给水压力 P_{fi+1} 之和

$$P_{fi} = \Delta P_{fi} + P_{fi+1} \tag{11.32}$$

前元件给水流量 Q_{fi} 为前元件产水流量 Q_{pi} 与后元件给水流量 Q_{fi+1} 之和

$$Q_{fi} = Q_{pi} + Q_{fi+1} \tag{11.33}$$

前元件给水盐流量 $Q_{fi}C_{fi}$ 为其产水盐流量 $Q_{pi}C_{pi}$ 与后元件给水盐流量 $Q_{fi+1}C_{fi+1}$ 之和

$$Q_{fi}C_{fi} = Q_{pi}C_{pi} + Q_{fi+1}C_{fi+1} \tag{11.34}$$

可设串联各元件中首支元件的给水含盐量为 C_f^*，各元件的总产水流量为 Q_p^*，各元件的总回收率为 R_e^*，即有下列关系：

$$\sum_{i=1}^{n} Q_{pi} = Q_p^* \qquad \sum_{i=1}^{n} Q_{pi}/Q_{f1} = R_e^* \qquad C_{f1} = C_f^* \tag{11.35}$$

将膜元件运行方程的式（11.31）与串联元件的特征方程相结合，则可得到 n 支性能不同（透过系数 A_i 与 B_i 不同）元件串联运行的离散数学模型：

$$\begin{cases} Q_{pi} = A_i \cdot S \cdot f_A(Q_{pi}, Q_{si}, P_{fi}, Q_{fi}, C_{fi})\big|_{P_p=0} & (i=1,2,3,\cdots,n) \\ Q_{si} = B_i \cdot S \cdot f_B(Q_{pi}, Q_{si}, P_{fi}, Q_{fi}, C_{fi}) & (i=1,2,3,\cdots,n) \\ P_{fi} = \zeta_i(Q_{fi} - Q_{pi}/2)^{\xi_i} + P_{fi+1} & (i=1,2,\cdots,n-1) \\ Q_{fi} = Q_{pi} + Q_{fi+1} & (i=1,2,\cdots,n-1) \\ Q_{fi}C_{fi} = Q_{si} + Q_{fi+1}C_{fi+1} & (i=1,2,\cdots,n-1) \\ \sum_{i=1}^{n} Q_{pi} = Q_p^* \qquad \sum_{i=1}^{n} Q_{pi}/Q_{f1} = R_e^* \quad = C_f^* \ C_{f1} \end{cases} \tag{11.36}$$

这里，存在变量 Q_{pi}，Q_{si}，P_{fi}，Q_{fi}，C_{fi}（$i=1$，2，3，$\cdots$，n）共计 $3n$ 个，且存在方程共计 $3n$ 个，故给定各元件透过系数 A_i 与 B_i 的条件下，串联膜元件结构的运行工况可解。

11.2.3 并联膜壳离散模型

所谓并联膜壳系指某膜段内并行联接的各膜壳，并联膜壳的重要特征是相互并联膜壳之间的压力、水流量及盐流量间的固有传递关系。该传递关系的主要特征包括：任意相互并联膜壳的给水压力 P_{fj} 及膜壳压降 ΔP_{fcj} 均相同（因此浓水压力 P_{cj} 均相等），且各膜壳的给水含盐量 C_f^*、各膜壳总产水流量 Q_p^*、各膜壳并联所成膜段的总回收率 R_e^* 可以设定给定。

因此，有 m 支性能不同膜壳并联运行的离散数学模型：

$$\begin{cases} P_{fj} = P_{fj+1} & (j=1,2,\cdots,m-1) \\ \Delta P_{fcj} = \Delta P_{fcj+1} & (j=1,2,\cdots,m-1) \\ C_{fj} = C_f^* & (j=1,2,3,\cdots,m) \\ \sum_{j=1}^{m} Q_{pj} = Q_p^* \qquad \sum_{j=1}^{m} Q_{pj} / \sum_{j=1}^{m} Q_{fj} = R_e^* \end{cases} \tag{11.37}$$

这里，膜壳给水压力 P_{fj} 即为壳内首支元件的给水压力 P_{f1j}，膜壳给水流量 Q_{fj} 即为壳内首支元件的给水流量 Q_{f1j}，膜壳给水含盐量 C_{fj} 即为壳内首支元件的给水含盐量 C_{f1j}，膜壳压降 ΔP_{fcj} 即为壳内各膜元件压降之和 $\sum_{i=1}^{n} \Delta P_{fcij}$，膜壳产水流量 Q_{pj} 为壳内各膜元件产水流量之和 $\sum_{i=1}^{n} Q_{pij}$ 。

11.2.4 单一膜段离散模型

假设系统膜堆的某一膜段中并联 m 个膜壳，每个膜壳中串联 n 支元件，根据上述串联结构的式（11.36）与并联结构的式（11.37），整个膜段运行的数学模型如式（11.38）描述。

方程组式（11.38）中，第 1 与第 2 两项分别表示元件的透水量及透盐量关系，第 3 至第 5 三项分别表示前后串联元件之间的给水压力、水流量与盐流量关系，第 6 与第 7 两项分别表示并联膜壳的给水压力及壳压降关系，第 8 项表示各膜壳首端元件的给水含盐量为系统给水含盐量，第 9 与第 10 项分别表示膜段特定的总产水量与总回收率。

此模型中有变量 Q_{pij}，Q_{sij}，P_{fij}，Q_{fij}，C_{fij}（$i=1,2,3,\cdots,n$　$j=1,2,3,\cdots,m$）共计 $5nm$ 个，且有方程 $5nm$ 个，故方程可解，即式（11.38）构成特定流量与收率的单一膜段运行数学模型。

$$
\begin{cases}
Q_{pij} = A_{ij} \cdot S \cdot f_A(Q_{pij}, Q_{sij}, P_{fij}, Q_{fij}, C_{fij})\big|_{P_p=0} & (i=1,2,3,\cdots,n)(j=1,2,3,\cdots,m) \\
Q_{sij} = B_{ij} \cdot S \cdot f_B(Q_{pij}, Q_{sij}, P_{fij}, Q_{fij}, C_{fij}) & (i=1,2,3,\cdots,n)(j=1,2,3,\cdots,m) \\
P_{fij} = \zeta_{ij}(Q_{fij} - Q_{pij}/2)^{\xi_{ij}} + P_{fi+1j} & (i=1,2,\cdots,n-1)(j=1,2,3,\cdots,m) \\
Q_{fij} = Q_{pij} + Q_{fi+1j} & (i=1,2,\cdots,n-1)(j=1,2,3,\cdots,m) \\
Q_{fij}C_{fij} = Q_{sij} + Q_{fi+1j}C_{fi+1j} & (i=1,2,\cdots,n-1)(j=1,2,3,\cdots,m) \\
\sum_{i=1}^{n} \zeta_{ij}(Q_{fij} - Q_{pij}/2)^{\xi_{ij}} = \sum_{i=1}^{n} \zeta_{ij+1}(Q_{fij+1} - Q_{pij+1}/2)^{\xi_{ij+1}} & (j=1,2,\cdots,m-1) \\
P_{f1j} = P_{f1j+1} & (j=1,2,\cdots,m-1) \\
C_{f1j} = C_f^* & (j=1,2,3,\cdots,m) \\
\sum_{i=1}^{n}\sum_{j=1}^{m} Q_{pij} = Q_p^* \qquad \sum_{j=1}^{m} Q_{f1j} = Q_p^*/R_e^*
\end{cases}
$$

$$(11.38)$$

11.2.5 多段系统离散模型

所谓多段系统系指串联两段或三段的膜堆系统。多段系统的数学模型类似于串联元件的数学模型，主要特点包括：

前段 k 的给水压力 P_{fk} 为前段压降 ΔP_{fk} 与后段 $k+1$ 的给水压力 P_{fk+1} 之和

$$P_{fk} = \Delta P_{fk} + P_{fk+1} \tag{11.39}$$

前段 k 的给水流量 Q_{fk} 为前段产水流量 Q_{pk} 与后段 $k+1$ 的给水流量 Q_{fk+1} 之和

$$Q_{fk} = Q_{pk} + Q_{fk+1} \tag{11.40}$$

前段 k 的给水盐流量 $Q_{fk}C_{fk}$ 为前段产水盐流量 $Q_{pk}C_{pk}$ 与后段给水盐流量 $Q_{fk+1}C_{fk+1}$

之和

$$Q_{fk}C_{fk} = Q_{pk}C_{pk} + Q_{fk+1}C_{fk+1} \tag{11.41}$$

可设串联各段中的首段首支元件的给水含盐量为 C_f^*、各膜段的总产水流量为 Q_p^*、各膜段的总回收率为 R_e^*，即有下列关系：

$$\sum_{k=1}^{K}Q_{pk} = Q_p^* \quad \sum_{k=1}^{K}Q_{f11k} = Q_p^*/R_e^* \quad C_{f111} = C_f^* \tag{11.42}$$

类似式（11.38），多膜段、多膜壳、多元件的膜系统运行数学模型的展开方程式更为复杂，这里不予展开。

11.3 膜系统的管路数学模型

本章上述多膜段、多膜壳、多元件的膜系统运行模型只针对纯元件膜系统，实际膜系统中膜壳及膜段之间尚需相应管路联接，其中包括给水、浓水及产水三类管路，而各类管路的存在必然形成管路压力损失也称管路压降。给水管路的压力损失会造成各膜壳给水压力失衡，浓水管路的压力损失会造成各膜壳浓水压力失衡，产水管路的压力损失会造成各膜壳淡水背压失衡。在海水或亚海水淡化系统中，由于系统工作压力较高，这些压力失衡对于系统运行的影响尚可忽略。对于多数苦咸水淡化系统的影响已经明显，对于低给水含盐量、高工作温度、低工作压力膜系统的影响更为突出，特别对于大型纳滤膜系统则成为严重问题。

膜系统的给浓水**管路形式**可分为**管道结构（也称配管结构）**与**壳联结构（也称联壳结构）**两类，产水管路则只有管道结构一类形式。

11.3.1 给浓水管道结构模型

管道结构系指由专用管道联接膜壳的给水或浓水端口，以构成系统或膜堆的给水或浓水径流通路，是膜系统的传统管路结构。无论是端出口膜壳或侧出口膜壳均可采用管道结构。相同规模系统的膜堆排列结构形式多种多样，并无规范形式可言，本文只以图 11.3 表示膜系统的给浓水管道结构加以说明。

如设 ρ（1000kg/m³）为包括盐分在内的水体密度，g（m/s²）为重力加速度，z（m）为水体高程，p（kPa）为水体压强，v（m/s）为水体流速，$h_{locolity}$（m）与 $h_{frictiong}$（m）分别为流程中的局部与沿程水头损失，则管道首末端水体的能量守恒规律可以伯努利方程形式予以表征：

$$z_1 + \frac{p_1}{\rho g} + \frac{v_1^2}{2g} = z_2 + \frac{p_2}{\rho g} + \frac{v_2^2}{2g} + h_{locolity} + h_{friction} \tag{11.43}$$

式中，z_1 与 z_2 分别为管道首端与末端的流体高程即位能；$p_1/\rho g$ 与 $p_2/\rho g$ 分别为管道首端与末端的流体压能；$v_1^2/2g$ 与 $v_2^2/2g$ 分别为管道首端与末端的流体动能。其中，

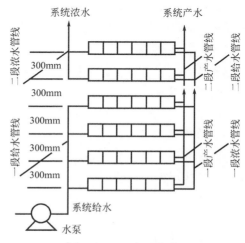

图 11.3 两段系统的
管道结构示意图

水体密度 ρ 在反渗透系统不同位置上随水体含盐量的不同而存在差异。

伯努利方程即式（11.43）可解释为管道中水体的机械能为位能、压能与动能之和；且水体从管道中的位置 1 流至位置 2 时，机械能之差为流道阻力造成的局部水头损失 h_{locolity} 与沿程水头损失 $h_{\text{frictiong}}$。故管道首/末端的压降 ΔP 可表征为：

$$\Delta P = p_1 - p_2 = \rho g(z_2 - z_1)\frac{8\rho}{\pi^2}\left(\frac{Q_2^2}{d_2^4} - \frac{Q_1^2}{d_1^4}\right) + \rho g(h_{\text{locolity}} + h_{\text{frictiong}}) \tag{11.44}$$

这里，Q_1 与 Q_2 分别为流体的首/末端的流量；d_1 与 d_2 分别为流体的首/末端的管道直径，且 11.3 节中，流量 Q 的量纲为 m^3/s，管径 D 及 d 长度 L 与 M 的纲量为 m。

图 11.4 所示管道中三通的直路或弯路局部水头损失分别为

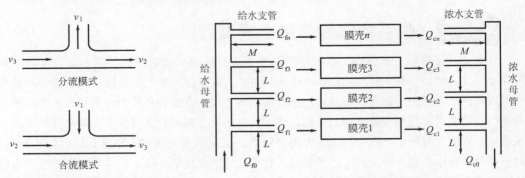

图 11.4　三通结构的局部损失　　　　图 11.5　膜段的给水与浓水管线结构

$$h_{\text{locolity}} = \zeta_{32}\frac{v_3^2}{2g} = \zeta_{32}\frac{8Q_3^2}{g\pi^2 d^4} \quad \text{与} \quad h_{\text{locolity}} = \zeta_{31}\frac{v_3^2}{2g} = \zeta_{31}\frac{8Q_3^2}{g\pi^2 d^4} \tag{11.45}$$

而直路与弯路水头损失系数 ζ，与分流或合流运行模式相关，还与 v_1/v_2 的比例相关（见第 4 章图 4.20）。

管道中的沿程水头损失为

$$h_{\text{frictiong}} = \lambda\frac{l}{d} \cdot \frac{v^2}{2g} = \lambda\frac{8lQ^2}{g\pi^2 d^5} \tag{11.46}$$

其中，λ 为沿程阻力系数。

设膜段中管路结构如图 11.5 所示，膜段给水母管入口至膜壳给水入口之间的水头损失存在高度、速度、沿程、局部甚至缩径等七项内容。

（1）位能压力差

设各膜壳间高度差为 L，则给水母管入口处至第 j 只膜壳给水支管入口处之间的高程差形成的位能压差为，

$$\rho g(z_2 - z_1) = j\rho g L \tag{11.47}$$

（2）动能压力差

设给水母管入口流量为 Q_{f0}、管径为 D，第 j 只膜壳给水流量为 Q_{fj}、管径为 d；则给水母管入口处至第 j 只膜壳给水支管出口处之间的流速差形成的动能压差为

$$\frac{8\rho}{\pi^2}\left(\frac{Q_2^2}{d_2^4} - \frac{Q_1^2}{d_1^4}\right) = \frac{8\rho}{\pi^2}\left(\frac{Q_{\text{fj}}^2}{d^4} - \frac{Q_{\text{f0}}^2}{D^4}\right) \tag{11.48}$$

（3）母管中各沿程水头损失

从给水母管入口至第 j 层膜壳给水口存在 j 段管道沿程水头损失 $\sum\limits_{k=1}^{j} h_{\text{friction }k}$（第 j 层及

低于第 j 层的膜壳数量之和），其沿程水头损失系数为 λ_D 对应母管直径 D。其中，每个沿程水头损失涉及的母管流量项为 $\sum_{i=k}^{n} Q_{fi}$（第 k 层及高于第 k 层的膜壳数量之和）。

（4）母管中各三通直路水头损失

从给水母管口至第 j 层膜壳给水口存在 $j-1$ 项三通直路水头损失 $\sum_{k=1}^{j-1} h_{\text{locolity } k}$（低于第 j 层的膜壳数量之和），各项对应的局部水头损失系数为 ζ_{32k}，各项对应的母管流量为 $\sum_{i=k}^{n} Q_{fi}$（第 k 层及高于第 k 层的膜壳数量之和）。

（5）母管中的三通弯路水头损失

根据式（11.44），母管与第 j 层膜壳对应三通弯路水头损失为 $h_{\text{locolity } j}$，对应的局部水头损失系数为 ζ_{31j}，对应的母管流量为 $\sum_{i=j}^{n} Q_{fi}$（第 j 层及高于第 j 层的膜壳数量之和）。

（6）给水支管中缩径水头损失

因母管三通弯路直径仍为 D，而膜壳支管直径为 d，故膜壳给水支管中存在缩径局部水头损失 $h_{Dd} = \zeta_{Dd} v_d^2/2g = 0.5(1 - d^2/D^2) v_d^2/2g$。

（7）支管沿程水头损失

根据式（11.45），第 j 层膜壳对应的支管沿程水头损失为 $\lambda_d 8 M Q_{fj}^2 / \pi^2 d^5 g$。

汇总以上七项，如设 n 为膜段中并联膜壳数量，下进水与上进水模式的给水母管入口至第 j 膜壳给水入口的压力差值 ΔP_{fj}（$Q_{f\cdots}$）的数学表达式分别为式（11.49a）与式（11.49b）。

$$\Delta P_{fj}(Q_{f\cdots}) = j\rho g L + \frac{8\rho}{\pi^2}\left\{\left(\frac{Q_{fj}^2}{d^4} - \frac{Q_{f0}^2}{D^4}\right) + \lambda_D \frac{L}{D^5} \sum_{k=1}^{j}\left(\sum_{i=k}^{n} Q_{fi}\right)^2 + \right.$$
$$\left. \frac{1}{D^4}\sum_{k=1}^{j-1} \zeta_{32k}\left(\sum_{i=k}^{n} Q_{fi}\right)^2 + \frac{\zeta_{31j}}{D^4}\left(\sum_{i=j}^{n} Q_{fi}\right)^2 + \zeta_{Dd}\frac{Q_{fj}^2}{d^4} + \lambda_d \frac{M Q_{fj}^2}{d^5}\right\} \qquad (j = 1 \sim n)$$

$$(11.49\text{a})$$

$$\Delta P_{fj}(Q_{f\cdots}) = (j-1-n)\rho g L + \frac{8\rho}{\pi^2}\left\{\left(\frac{Q_{fj}^2}{d^4} - \frac{Q_{f0}^2}{D^4}\right) + \lambda_D \frac{L}{D^5} \sum_{k=j}^{n}\left(\sum_{i=1}^{k} Q_{fi}\right)^2 + \right.$$
$$\left. \frac{1}{D^4}\sum_{k=1}^{j-1} \zeta_{32k}\left(\sum_{i=k}^{n} Q_{fi}\right)^2 + \frac{\zeta_{31j}}{D^4}\left(\sum_{i=1}^{j} Q_{fi}\right)^2 + \zeta_{Dd}\frac{Q_{fj}^2}{d^4} + \lambda_d \frac{M Q_{fj}^2}{d^5}\right\} \qquad (j = 1 \sim n)$$

$$(11.49\text{b})$$

与其相仿，下出水与上出水模式的第 j 膜壳浓水出口至浓水母管出口的压力差值 ΔP_{cj}（$Q_{c\cdots}$）的数学表达式分别为式（11.50a）与式（11.50b）。

$$\Delta P_{cj}(Q_{c\cdots}) = -j\rho g L + \frac{8\rho}{\pi^2}\left\{\left(\frac{Q_{c0}^2}{D^4} - \frac{Q_{cj}^2}{d^4}\right) + \lambda_D \frac{L}{D^5} \sum_{k=1}^{j}\left(\sum_{i=k}^{n} Q_{ci}\right)^2 + \right.$$
$$\left. \frac{1}{D^4}\sum_{k=1}^{j-1} \zeta_{23k}\left(\sum_{i=k}^{n} Q_{ci}\right)^2 + \frac{\zeta_{13j}}{D^4}\left(\sum_{i=j}^{n} Q_{ci}\right)^2 + \zeta_{dD}\frac{Q_{cj}^2}{d^4} + \lambda_d \frac{M Q_{cj}^2}{d^5}\right\} \qquad (j = 1 \sim n)$$

$$(11.50\text{a})$$

$$\Delta P_{cj}(Q_{c\cdots}) = (n+1-j)\rho g L + \frac{8\rho}{\pi^2}\left\{\left(\frac{Q_{c0}^2}{D^4} - \frac{Q_{cj}^2}{d^4}\right) + \lambda_D \frac{L}{D^5} \sum_{k=j}^{n}\left(\sum_{i=1}^{k} Q_{ci}\right)^2 + \right.$$
$$\left. \frac{1}{D^4}\sum_{k=j+1}^{n} \zeta_{23k}\left(\sum_{i=1}^{k} Q_{ci}\right)^2 + \frac{\zeta_{13j}}{D^4}\left(\sum_{i=1}^{j} Q_{ci}\right)^2 + \zeta_{dD}\frac{Q_{cj}^2}{d^4} + \lambda_d \frac{M Q_{cj}^2}{d^5}\right\} \qquad (j = 1 \sim n)$$

$$(11.50\text{b})$$

式（11.50）等号右侧的第 1 项为膜壳浓水出口至浓水母管出水口的位置压差项，第 2 项为膜壳浓水口至母管出水口的速度压差项，第 3 项为母管沿程水头损失，第 4 项为母管中三通直路压力损失，第 5 项为母管中三通弯路压力损失，第 6 项为扩径压力损失，第 7 项为支管沿程压力损失。且膜壳 j 的浓水流量 Q_{cj} 为给水流量 Q_{fj} 与产水流量 Q_{pj} 的差值：$Q_{cj} = Q_{fj} - Q_{pj}$。

不计膜段管道压降时的"并联各膜壳内部压降相等"关系，在计及膜段管道压降后转变为"各膜壳对应的给水母管入口至浓水母管出口之间的压降相等"关系，即式（11.38）中第 6 项的膜壳压降项应增加给浓水管道压降后改为式（11.51）。而且，"并联各膜壳首端压力相等"关系转变为"给水母管入口至各膜壳首端的压差与各膜壳首端压力之和相等"，即式（11.38）中第 7 项的各膜壳给水压力应增加相关给水管道压降后改为式（11.52）。

$$\Delta P_{fj}(Q_{f\cdots}) + \sum_{i=1}^{n} \zeta_{ij}(Q_{fij} - Q_{pij}/2)^{\xi_{ij}} + \Delta P_{cj}(Q_{c\cdots})$$

$$= \Delta P_{fj+1}(Q_{f\cdots}) + \sum_{i=1}^{n} \zeta_{ij+1}(Q_{fij+1} - Q_{pij+1}/2)^{\xi_{ij+1}} + \Delta P_{cj+1}(Q_{c\cdots}) \tag{11.51}$$

$$\Delta P_{fj}(Q_{f\cdots}) + P_{f1j} = \Delta P_{fj+1}(Q_{f\cdots}) + P_{f1j+1} \tag{11.52}$$

做此两项改变后的式（11.38）即为"计及管道水头损失影响的单一膜段运行模型"。

11.3.2 产淡水管道结构模型

8in 膜元件产水中心管内径为 30mm，一般 8in 膜壳产水口管径为 1.5in。膜段产水径流的方向可以与给浓水径流方向相同也可以相反，甚至有些膜段的产水从膜壳给水与浓水两方向流出。图 11.6 所示范例中的产水径流方向就与给浓水方向相同。由于膜壳内产水中心管的长度远长于壳外产水管道的支管长度，故膜壳内产水流道压力损失不可忽略。

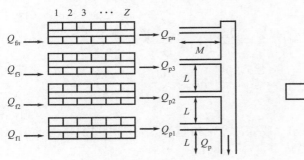

图 11.6　膜段的产水管线结构　　　　图 11.7　串联元件流程结构

图 11.7 所示串联元件结构中，膜元件 k 的分布式产水流量 Q_k，可近似为集中产出于元件中间部位；产水流量 Q_k 从某端流出时，对 k 元件运行形成的产水背压，可近似为该流量 Q_k 在直径为 d_m、长度为 l_m 内的产水管中的沿程压力损失 $\Delta P_{mk} = \lambda_{dm} 8 l_m Q_{pk}^2 / \pi^2 d_m^5 = E_m Q_{pk}^2$ 的一半，即 $0.5 E_m Q_{pk}^2$。

由此可知，串联结构中，只有第 1 支膜元件时，其产水背压增量为 $0.5 E_m Q_{p1}^2$。如有第 2 支膜元件时，第 1 支膜元件产水背压增量为 $E_m Q_{p1}^2 + 0.5 E_m (Q_{p1} + Q_{p2})^2$，第 2 支膜元件产水背压增量为 $0.5 E_m (Q_{p1} + Q_{p2})^2$。由此，可以得出对于 m 支元件的串联膜壳，从始端起第 i 支元件在中心管中的产水背压增量约为（忽略各处局部压力损失）：

$$\Delta P_{\mathrm{m}i} = CQ_{\mathrm{p}i}^2 + \lambda_{\mathrm{dm}} \frac{8l_{\mathrm{m}}}{\pi^2 d_{\mathrm{m}}^5} \left[\sum_{k=i+1}^{n} \left(\sum_{l=1}^{k} Q_{\mathrm{p}l} \right)^2 + \frac{1}{2} \left(\sum_{l=1}^{k} Q_{\mathrm{p}l} \right)^2 \right] \tag{11.53}$$

这里，首项 $kQ_{\mathrm{p}i}^2$ 表示膜元件中淡水隔网形成的产水流道压力损失；C 为相关阻力系数，与元件的隔网厚度、膜袋长度及膜袋数量等因素有关。

参考式（11.50a），可以得式（11.54）所示膜壳产水支管出口至系统产水母管出口间的产水背压增量。

$$\Delta P_{\mathrm{p}j}(Q_{\mathrm{p}\cdots}) = -j\rho g L + \frac{8\rho}{\pi^2} \left\{ \left(\frac{Q_{\mathrm{p}0}^2}{D^4} - \frac{Q_{\mathrm{p}j}^2}{d^4} \right) + \lambda_{\mathrm{D}} \frac{L}{D^5} \sum_{k=1}^{j} \left(\sum_{l=k}^{n} Q_{\mathrm{p}l} \right)^2 + \frac{1}{D^4} \sum_{k=1}^{j-1} \zeta_{23k} \left(\sum_{l=k}^{n} Q_{\mathrm{p}l} \right)^2 + \right.$$

$$\left. \frac{\zeta_{13j}}{D^4} \left(\sum_{l=1}^{j} Q_{\mathrm{p}l} \right)^2 + \zeta_{\mathrm{dD}} \frac{Q_{\mathrm{p}j}^2}{d^4} + \lambda_{\mathrm{d}} \frac{MQ_{\mathrm{p}j}^2}{d^5} \right\} \qquad (j = 1 \sim n) \tag{11.54}$$

这里，L 为膜壳间高度差；M 为膜壳产水支管长度；$Q_{\mathrm{p}0}$ 为膜段产水流量，$Q_{\mathrm{p}j}$ 为第 j 只膜壳中各元件产水流量之和；D 为产水母管直径；d 为膜壳产水支管直径，且 λ_{D}、λ_{d}、ζ_{23}、ζ_{13} 分别是与产水支管及母管相关的沿程或局部水头损失系数。

如以图 11.6 中产水母管出口处压力为 0，则将式（11.53）与式（11.54）叠加在一起即可得系统膜段中第 j 层膜壳第 i 支元件产水背压的数学模型：

$$P_{\mathrm{m}ji} = \Delta P_{\mathrm{m}i} + \Delta P_{\mathrm{p}j}(Q_{\mathrm{p}\cdots}) \tag{11.55}$$

如将式（11.38）中第一项的 $P_0 = 0$ 条件改为 $P_0 = P_{\mathrm{m}ji} = \Delta P_{\mathrm{m}i} + \Delta P_{\mathrm{p}j}(Q_{\mathrm{p}\cdots})$，即可得到计及产水背压的膜段运行模型。

11.3.3 给浓水壳联结构模型

所谓壳联结构系指膜堆中各膜壳间给浓水径流，通过膜壳给浓水口连接器，直接在膜壳之间及膜壳首末腔体中流动，无需给浓水的干支流管道。该结构节省了大量管道的材料成本与安装成本，有效降低了管路压力损耗，但大大提高了对于膜壳的技术要求。首先要求膜壳具有两个或更多的给水端口与浓水端口，以便于给浓水进出壳腔；其次要求给浓水端口的直径加大，以降低进出壳腔时的局部压力损失。

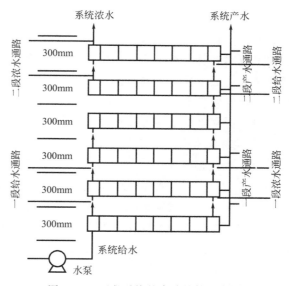

图 11.8 两段系统的壳腔结构示意图

大口径多端口的形式对于玻璃钢材料膜壳的制造技术远高于一般小口径双端口膜壳。目前，国内乐普等公司生产的多端口膜壳直径有 1.5in、2.0in、2.5in、3.0in、4.0in 等规格，其端口内径分别为 36mm、48mm、60mm、74mm、96mm。相同规模系统的膜堆壳联结构形式多种多样，图 11.8 示出了给浓水径流的壳腔系统结构，相关结构模型的推导可参照管道结构模型的推导过程。

11.4 膜元件的透水及透盐系数

11.4.1 多元函数的回归分析

在讨论膜过程理论的式（5.2）与式（5.3）及讨论元件运行模型的式（11.31）中，均存在分离膜或膜元件的透水系数 A 及透盐系数 B。A 与 B 两透过系数不仅是膜元件实现分离功能的重要性能参数，且受给水温度 $T_e = x_1$ 等三项因素的影响。两透过系数为三因素的非线性函数。这里所谓透过系数的数学模型系指两透过系数与三影响因素之间的函数关系 $A(x_1, x_2, x_3)$ 与 $B(x_1, x_2, x_3)$。

由于该函数关系并无现成的理论公式可依，故函数的求解过程只能以试验数据为基础。作为一个通过试验求解函数关系的处理过程，理论上应该包括函数形式选择、试验组数、试验点位、变量归一、回归分析及回归效果检验等多个环节。

（1）函数形式的选择

在数学领域中，$A(x_1, x_2, x_3)$ 或 $B(x_1, x_2, x_3)$ 的三元函数可有无穷多种表达形式，但总可以表示为通用的三元幂函数多项式，如：

$$A(x_1, x_2, x_3) = a_0 + a_1 x_1 + a_2 x_2 + a_3 x_3 + a_4 x_1 x_2 + a_5 x_1 x_3 + a_6 x_2 x_3 + a_7 x_1^2 + a_8 x_2^2 + a_9 x_3^2 + \cdots \tag{11.56}$$

$$B(x_1, x_2, x_3) = b_0 + b_1 x_1 + b_2 x_2 + b_3 x_3 + b_4 x_1 x_2 + b_5 x_1 x_3 + b_6 x_2 x_3 + b_7 x_1^2 + b_8 x_2^2 + b_9 x_3^2 + \cdots \tag{11.57}$$

一般而言，幂函数多项式的幂次数越高，幂项数越多，越能精确表征实际函数关系，但函数的求解则需要大于或等于函数项数的试验组数。因此，多项式中项数的确定要综合考虑函数精度与试验成本双方因素。

首先，需要解决单变量（如 x_1）的最高幂次，一般是通过其他变量保持不变条件下的单变量试验，观察单变量幂函数的最高幂次。其次，总可以认为交叉项（如 $x_1 x_2$、$x_1 x_3$ 或 $x_2 x_3$）的合成幂次不高于单变量的最高幂次。例如，单变量 x_1 与 x_2 的最高次幂项为 x_1^2 与 x_2^2，则其交叉项的最高次幂项为 $x_1 x_2$。

如果 x_1、x_2 及 x_3 三个变量及函数 $A(x_1, x_2, x_3)$ 相关试验组数少于多项式中的项数，则函数自然无解。如果试验组数等于多项式的项数，则各项系数可用多元线性方程解法求取，但试验数据中包含的各类误差均将完整地反映到方程解中。为降低试验误差对于方程解的影响，需要试验组数适度大于方程的项数，并采用回归分析方法进行求解。

（2）试验点位的设置

确定了幂函数项数及试验组数之后，还需确定试验点位即多维变量空间中的试验位置。首先，根据回归分析方法的要求，各试验点位之间应保持线性无关性质，且试验点位的分布应能全面反映全定义域内的函数关系。

根据正交设计理论，按照正交设计方法设计试验点位，可以保证试验点位在多维空间中的均匀分布且相互正交。因此，高次幂函数多项式的相关试验点位可以或应该采用正交设计方案加以布置。

（3）多维变量归一制

一般的多项式幂函数中，各个变量具有不同的量纲与数值范围，各项系数的量纲与数值也随之存在很大差异，无法根据各项系数的数值大小分辨相应变量对于函数影响的绝对程度与相对差异。例如，$a_7x_1^2$ 项数值较其他项数值越大，该 x_1^2 项对于幂函数的影响越大。但如果 x_1 的量纲很小即 x_1^2 数值很大，将致使 a_7 的数值很小，故从回归解所得各项系数的数值无法判断相应项的作用大小。解决此类问题的办法是将各变量进行归一制处理。

所谓变量归一制处理的具体方法是在回归分析之前，将原变量转换成为归一变量。如果有量纲原变量 x 的定义域为 $[x_{min}, x_{max}]$，则对应的无量纲归一变量 x^* 为：

$$x^* = (x - x_{min})/(x_{max} - x_{min}) \tag{11.58}$$

经过归一制处理的各变量，不仅失去量纲，而且其定义域统一为 $[0,1]$。对于归一制变量进行回归分析解得的幂函数多项式中的各项系数值的差异，直接反映各单变量项及各交叉变量项与函数之间的相关程度，或称各单变量项及各交叉变量项对函数值的权重。

（4）回归分析及校验

回归分析的基本方法为最小二乘法，且可用 SPSS 等统计分析软件进行计算。经回归分析得到多项幂函数模型之后，还需用拟合程度等统计指标进行回归效果的检验。

统计学领域中定义 R 为函数关于各变量（包括独立与合成变量）的样本复相关系数。R 值可表征回归方程对原数据拟合程度的强弱，是衡量一个变量整体与函数线性关系大小的综合测定指标。R 的取值在 $[0,1]$ 范围，R 值越接近于 1 时表明回归效果越佳，R 越接近于 0 时表明回归效果越差。如设 n 为试验点数，则有

复相关系数 $R = \sqrt{S_R/S_T}$；回归平方和 $S_R = \sum\limits_{i=1}^{n}(\hat{Y}_i - \bar{Y}_1)^2$；总的差离平方和 $S_T = \sum\limits_{i=1}^{n}(Y_i - \bar{Y}_2)^2$

式中，Y_i 为各函数试验值；$\bar{Y}_1$ 为试验值的均值；$\hat{Y}_i$ 为各函数回归值；$\bar{Y}_2$ 为回归值的均值。

11.4.2 透过系数的理论模型

如前述分析，膜元件运行方程的式（11.31）中，透水系数 A 与透盐系数 B 均受给水温度 $x_1 = T_e$ 的影响，而且还受透水通量 $x_2 = F_p[\mathrm{m^3/(m^2 \cdot h)}]$ 与透盐通量 $x_3 = F_s[\mathrm{mg/(m^2 \cdot h)}]$ 的影响，即两透过系数均可表示为此三变量的非线性函数

$$\begin{cases} Q_p = A(T_e, F_p, F_s) \cdot S \cdot f_A(Q_p, Q_s) \\ Q_s = B(T_e, F_p, F_s) \cdot S \cdot f_B(Q_p, Q_s) \end{cases}\Bigg|_{P_f Q_f C_f P_p} \tag{11.59}$$

由于以 T_e、F_p、F_s 三变量表征的 A 与 B 两透过系数反映了透过系数的物理内涵，故称其为透过系数的理想模型。

根据单变量试验分析可知，透过系数 A 及 B 均为单变量 x_1、x_2 或 x_3 的最高 2 次幂函数，故 A 与 B 函数中的变量交叉项最高也仅为 2 次，因此两透过系数 A 与 B 均应为各有 10 项的三元二次幂函数：

$$A(x_1,x_2,x_3) = a_0 + a_1x_1 + a_2x_2 + a_3x_3 + a_4x_1x_2 + a_5x_1x_3 + a_6x_2x_3 + a_7x_1^2 + a_8x_2^2 + a_9x_3^2$$
$$\tag{11.60}$$

$$B(x_1,x_2,x_3) = b_0 + b_1x_1 + b_2x_2 + b_3x_3 + b_4x_1x_2 + b_5x_1x_3 + b_6x_2x_3 + b_7x_1^2 + b_8x_2^2 + b_9x_3^2$$
$$\tag{11.61}$$

根据回归分析计算要求，欲解 10 项系数时，线性无关的试验数据应大于 10 组。根据正交设计方法，试验组数决定于试验变量取值水平的平方。如变量取值水平为 5，则试验组数为 $L_{25}\,(5^3) = 25$。这里以 ESPA1 型膜元件为例，以海德能公司《系统设计软件》计算数据代替试验数据，通过逐一的计算及处理过程具体解释上述理论。

这里设试验相关的给水温度 x_1（℃）取值为 5、12、19、26、33 等 5 水平，透水通量 x_2[L/(m²·h)] 取值为 10、15、20、25、30 等 5 水平，透盐通量 x_3[mg/(m²·h)] 取值为 83、248、744、2233、6700 等 5 水平；3 变量 5 水平的正交试验 $L_{25}(5^3)$ 次数为 25 组。

按照正交设计原则，表 11.1 中第 1 列至第 3 列数据分别示出每组试验中给水温度、透水通量及透盐通量三变量的取值，表中第 4 列至第 7 列数据分别为 ESPA1 膜元件与该三变量对应的运行参数。

将表 11.1 中的 25 组正交条件下的透水量 $Q_p = SF_p$ 与透盐量 $Q_s = SF_s$ 两测试量与给水压力 P_f、给水流量 Q_f、给水盐量 C_f 三测试参数代入式（11.59），即可得到表 11.1 第 8 列与第 9 列所示正交条件下 25 组透水系数 A 与透盐系数 B 的测试值。

表 11.1　正交设计数据表 （膜元件＝ESPA1，膜面积＝37.16m²，回收率＝0.15）

温度 T_e/℃	水通量 F_p /[L/(m²·h)]	盐通量 F_s /[mg/(m²·h)]	给水盐量 C_f /(mg/L)	给水压力 P_f/MPa	产水流量 Q_p /(m³/h)	产水盐量 C_p /(mg/L)	透水系数 A /[m³/(MPa·h)]	透盐系数 B /[mg/(m²·h)]
5	25	83	425	0.87	0.929	3.3	0.0327	0.1627
12	30	83	291	0.82	1.115	2.8	0.0428	0.2380
19	10	83	223	0.23	0.372	8.3	0.0512	0.3181
26	15	83	173	0.27	0.557	5.5	0.0666	0.4081
33	20	83	135	0.29	0.743	4.2	0.0868	0.5233
5	15	248	1189	0.59	0.557	16.5	0.0329	0.1748
12	20	248	984	0.61	0.743	12.4	0.0422	0.2109
19	25	248	827	0.60	0.929	9.9	0.0550	0.2509
26	30	248	692	0.57	1.115	8.3	0.0730	0.3000
33	10	248	608	0.19	0.372	24.8	0.0850	0.3505
5	30	744	2557	1.23	1.115	24.8	0.0330	0.2429
12	10	744	2186	0.44	0.372	74.4	0.0435	0.2905
19	15	744	1884	0.47	0.557	49.6	0.0561	0.3348
26	20	744	1609	0.48	0.743	37.2	0.0712	0.3909
33	25	744	1392	0.47	0.929	29.8	0.0938	0.4509
5	20	2233	5088	1.10	0.743	111.7	0.0331	0.3705
12	25	2233	4426	1.05	0.929	89.3	0.0430	0.4252
19	30	2233	3842	0.97	1.115	74.4	0.0577	0.4894
26	10	2233	3361	0.45	0.372	223.3	0.0771	0.5849
33	15	2233	2967	0.46	0.557	148.9	0.0995	0.6525
5	10	6700	14879	1.51	0.372	670.0	0.0475	0.3884
12	15	6700	11832	1.35	0.557	446.7	0.0563	0.4851
19	20	6700	9365	1.21	0.743	335.0	0.0653	0.6118
26	25	6700	7599	1.09	0.929	268.0	0.0808	0.7536
33	30	6700	6164	0.97	1.115	223.3	0.1048	0.9299

表11.2 归一制变量的回归分析数据表

排列序号	x_1^* T_e	x_2^* F_p	x_3^* F_s	$x_1^*x_2^*$ T_eF_p	$x_1^*x_3^*$ T_eF_s	$x_2^*x_3^*$ F_pF_s	x_1^{*2} T_eT_e	x_2^{*2} F_pF_p	x_3^{*2} F_sF_s	透水系数 A /[m³/(MPa·h)]	透盐系数 B /[mg/(m²·h)]
1	0.000	0.750	0.000	0.000	0.000	0.000	0.000	0.563	0.000	0.0329	0.1696
2	0.250	1.000	0.000	0.250	0.000	0.000	0.063	1.000	0.000	0.0432	0.1988
3	0.500	0.000	0.000	0.000	0.000	0.000	0.250	0.000	0.000	0.0512	0.2820
4	0.750	0.250	0.000	0.188	0.000	0.000	0.563	0.063	0.000	0.0670	0.3432
5	1.000	0.500	0.000	0.500	0.000	0.000	1.000	0.250	0.000	0.0879	0.4139
6	0.000	0.250	0.025	0.000	0.000	0.006	0.000	0.063	0.001	0.0331	0.2013
7	0.250	0.500	0.025	0.125	0.006	0.012	0.063	0.250	0.001	0.0415	0.2375
8	0.500	0.750	0.025	0.375	0.012	0.019	0.250	0.563	0.001	0.0549	0.2834
9	0.750	1.000	0.025	0.750	0.019	0.025	0.563	1.000	0.001	0.0735	0.3390
10	1.000	0.000	0.025	0.000	0.025	0.000	1.000	0.000	0.001	0.0846	0.4443
11	0.000	1.000	0.100	0.000	0.000	0.100	0.000	1.000	0.010	0.0325	0.2309
12	0.250	0.000	0.100	0.000	0.025	0.000	0.063	0.000	0.010	0.0433	0.2927
13	0.500	0.250	0.100	0.125	0.050	0.025	0.250	0.063	0.010	0.0548	0.3499
14	0.750	0.500	0.100	0.375	0.075	0.050	0.563	0.250	0.010	0.0713	0.4167
15	1.000	0.750	0.100	0.750	0.100	0.075	1.000	0.563	0.010	0.0931	0.4932
16	0.000	0.500	0.325	0.000	0.000	0.162	0.000	0.250	0.106	0.0341	0.3598
17	0.250	0.750	0.325	0.188	0.081	0.244	0.063	0.563	0.106	0.0431	0.4182
18	0.500	1.000	0.325	0.500	0.162	0.325	0.250	1.000	0.106	0.0572	0.4863
19	0.750	0.000	0.325	0.000	0.244	0.000	0.563	0.000	0.106	0.0787	0.5517
20	1.000	0.250	0.325	0.250	0.325	0.081	1.000	0.063	0.106	0.0983	0.6518
21	0.000	0.000	1.000	0.000	0.000	0.000	0.000	0.000	1.000	0.0480	0.3771
22	0.250	0.250	1.000	0.063	0.250	0.250	0.063	0.063	1.000	0.0544	0.4963
23	0.500	0.500	1.000	0.250	0.500	0.500	0.250	0.250	1.000	0.0658	0.6251
24	0.750	0.750	1.000	0.563	0.750	0.750	0.563	0.563	1.000	0.0824	0.7636
25	1.000	1.000	1.000	1.000	1.000	1.000	1.000	1.000	1.000	0.1040	0.9117

根据表 11.1 数据可知，式（11.59）中对应的 $x_{1min}=5$、$x_{1max}=33$、$x_{2min}=10$、$x_{2max}=30$、$x_{3min}=83$、$x_{3max}=6700$，而归一制变量的取值分别为：x_1^*：$[0.00，0.25，0.50，0.75，1.00]$，$x_2^*$：$[0.00，0.25，0.50，0.75，1.00]$，$x_3^*$：$[0.000，0.025，0.100，0.325，1.00]$。表 11.2 中第 2 列至第 10 列示出式（11.60）及式（11.61）中各归一制变量及其组合，回归所用的 25 组透水系数 A 与透盐系数 B 仍取用表 11.1 中第 8 列与第 9 列测试数据。

表 11.3　透过系数的回归分析解

函数变量	运行参数	系数名称	A 函数各项系数值	系数名称	B 函数各项系数值
		a_0	0.03319	b_0	0.18873
x_1^*	T_e	a_1	0.02181	b_1	0.13785
x_2^*	F_p	a_2	-0.00234	b_2	-0.01016
x_3^*	F_s	a_3	0.02292	b_3	0.63186
$x_1^* x_2^*$	$T_e F_p$	a_4	0.00998	b_4	0.00007
$x_1^* x_3^*$	$T_e F_s$	a_5	0.02710	b_5	0.18977
$x_2^* x_3^*$	$F_p F_s$	a_6	-0.03153	b_6	0.14000
x_1^{*2}	$T_e T_e$	a_7	0.02839	b_7	0.09748
x_2^{*2}	$F_p F_p$	a_8	0.00258	b_8	-0.02038
x_3^{*2}	$F_s F_s$	a_9	-0.00806	b_9	-0.44351
复相关系数		R_A	0.999	R_B	0.978

表 11.3 示出采用最小二乘法得到的各幂项系数的回归解，表 11.2 中第 11 列与第 12 列示出两透过系数 A 与 B 的回归值。由于两透过系数 A 与 B 回归值所对应的复相关系数均很接近于 1，则本算例的回归计算效果尚佳，也验证膜元件两透过系数以给水温度及水盐两通量为变量进行表征的合理性。

表 11.4　膜元件透过系数的单变量特性参数

$A_1^{(0)}$	0.03423	$A_2^{(0)}$	0.06741	$A_3^{(0)}$	0.05316
$A_1^{(1)}$	0.04035	$A_2^{(1)}$	-0.01311	$A_3^{(1)}$	0.02071
$A_1^{(2)}$	0.02839	$A_2^{(2)}$	0.00258	$A_3^{(2)}$	-0.00806
$B_1^{(0)}$	0.41860	$B_2^{(0)}$	0.53452	$B_3^{(0)}$	0.27187
$B_1^{(1)}$	0.23277	$B_2^{(1)}$	0.05987	$B_3^{(1)}$	0.79674
$B_1^{(2)}$	0.09748	$B_2^{(2)}$	-0.02038	$B_3^{(2)}$	-0.44351

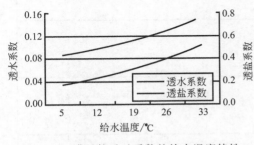

图 11.9　膜元件透过系数的给水温度特性

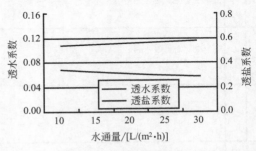

图 11.10　膜元件透过系数的透水通量特性

归一化变量后，可以通过表 11.3 所示回归分析解的各项系数较为直观地分析透过系数的主要特征，但欲分析透过系数的单变量特性时，需将其他变量统一设为中值 0.5。例如，

$$A(x_1)_{x_2=x_3=0.5}=[a_0+0.5(a_2+a_3)+0.25(a_6+a_8+a_9)]+[a_1+0.5(a_4+a_5)]x_1+a_7$$

$x_1^2=A_1^{(0)}+A_1^{(1)}x_1+A_1^{(2)}x_1^2$ 为透水系数 A 的单 x_1 变量的特性；$A(x_2)_{x_1=x_3=0.5}=[a_0+0.5$

$(a_1+a_3)+0.25(a_5+a_7+a_9)]+[a_2+0.5(a_4+a_6)]x_2+a_8x_2^2=A_2^{(0)}+A_2^{(1)}x_2+A_2^{(2)}x_2^2$；
从而整理可得表 11.4 各透过系数的特性参数。

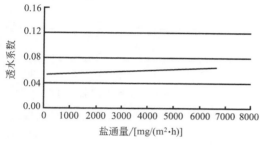

图 11.11 膜元件透水系数的盐通量特性

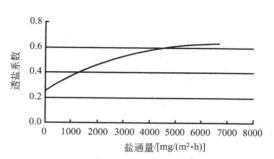

图 11.12 膜元件透盐系数的盐通量特性

在表 11.4 所示数据中，①因为 $A_1^{(1)}$ 远大于 $A_2^{(1)}$ 与 $A_3^{(1)}$，故给水温度对于透水系数的影响远大于水通量与盐通量的影响。②因为 $B_1^{(1)}$ 远大于 $B_2^{(1)}$，且 $B_1^{(2)}$ 为正值，不仅给水温度对于透盐系数的影响大于水通量的影响；随给水温度的上升，给水温度对透盐系数的影响还在升高。③因为 $B_3^{(1)}$ 远大于 $B_2^{(1)}$，而 $B_1^{(2)}$ 为负值，虽然盐通量对于透盐系数的影响大于水通量的影响，但随盐通量的上升，盐通量对透盐系数的影响将不断下降。根据表 11.4 参数，还可以分别绘制图 11.9～图 11.12 所示单一变量与两透过系数间的特性关系曲线。

图 11.13～图 11.18 分别给出透水系数 A 及透盐系数 B 关于 T_e、F_p 及 F_s 各变量的二维特性曲线族，以表征各类变量间交叉因素对于透过系数的影响。

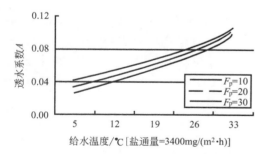

图 11.13 透水系数 A 的给水温度及水通量特性

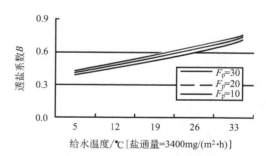

图 11.14 透盐系数 B 的给水温度及水通量特性

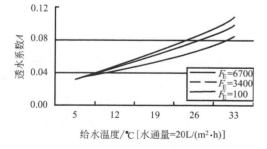

图 11.15 透水系数 A 的给水温度及盐通量特性

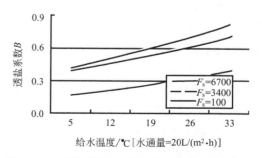

图 11.16 透盐系数 B 的给水温度及盐通量特性

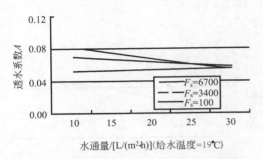
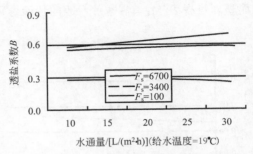

图 11.17　透水系数 A 的水通量及盐通量特性　　图 11.18　透盐系数 B 的水通量及盐通量特性

11.4.3　透过系数的实用模型

在第 16 章中将介绍反渗透系统运行模拟软件，该软件对任何一支膜元件的运行模拟计算的基本模式均为：设定给水温度 T_e、给水盐量 C_f、给水流量 Q_f、给水压力及产水压力 P_p，根据式（11.59）的非线性隐式代数方程组，迭代求解透水流量 Q_p 与透盐流量 Q_s。

如果 A 与 B 两透过系数表征为透水通量 Q_p 与透盐通量 Q_s 函数（透水流量 $Q_p = SF_p$ 与透盐流量 $Q_s = SF_s$），则式（11.59）可表征为

$$Q_p = A (T_e, Q_p, Q_s) \cdot S \cdot f_A (Q_p, Q_s), \quad Q_s = B (T_e, Q_p, Q_s) \cdot S \cdot f_B (Q_p, Q_s) \mid_{P_f Q_f C_f P_p}$$
(11.62)

计算过程中不仅 f_A 与 f_B 需要迭代，而且 A 与 B 也需要迭代，从而使求解过程更加复杂。

前述分析可知，式（11.62）中的 $A (T_e, Q_p, Q_s)$ 与 $B (T_e, Q_p, Q_s)$ 两系数是在已知给水温度 T_e、给水盐量 C_f、给水流量 Q_f、给水压力 P_f 及产水压力 P_p 条件下求取而得，故两系数也可以由给水温度 T_e、给水盐量 C_f、给水流量 Q_f、给水压力 P_f 及产水压力 P_p 直接表征为 $A (T_e, C_f, Q_f, P_f, P_p)$ 与 $B (T_e, C_f, Q_f, P_f, P_p)$。届时，式（11.62）将转换为

$$\begin{cases} Q_p = A(T_e, C_f, Q_f, P_f, P_p) \cdot S \cdot f_A(Q_p, Q_s) \\ Q_s = B(T_e, C_f, Q_f, P_f, P_p) \cdot S \cdot f_B(Q_p, Q_s) \end{cases} \mid P_f Q_f C_f P_p$$
(11.63)

这样，在设定 T_e、C_f、Q_f、P_f、P_p 等计算条件下，A 与 B 两透过系数已成常数，从而使膜元件运行模拟计算过程得以简化，并使迭代计算的收敛稳定且速度加快。由于以 T_e、C_f、Q_f、P_f、P_p 五变量表征的 A 与 B 两透过系数反映了透过系数的外部条件，故称其为透过系数的实用模型。

表 11.5 给出 CPA3-LD 膜元件测试各给水参数及相应的透过系数计算值。这里，给水的温度、浓度及流量参数按照正交设计要求设置，给水压力进行了适度调整以适应高给水温度条件下的实际工况；并设测试产水压力为零值。

经回归分析所得 CPA3-LD 与 ESPA2 两透过系数 A 及 B 的函数关系分别如表 11.6 所示。图 11.19～图 11.22 分别给出 CPA3-LD 两透水系数 A 及 B 关于 T_e、C_f、Q_f 及 P_f 各变量的二维特性曲线族，以表征各变量对于两透过系数的影响。

表 11.5　CPA3-LD 膜元件实用透过系数分析表（产水压力 $P_p=0$）

给水温度/℃	给水浓度/(mg/L)	给水流量/(m³/h)	给水压力/MPa	产水流量/(m³/h)	元件收率	产水浓度/(mg/L)	透水系数 A	透盐系数 B
5	1000	4	1.000	0.592	0.148	4.28	0.0176	0.0548
5	2000	6	1.250	0.696	0.116	9.18	0.0175	0.0724
5	3000	8	1.500	0.800	0.100	14.55	0.0174	0.0903
5	4000	10	1.750	0.900	0.090	20.32	0.0173	0.1081
5	5000	12	2.000	0.984	0.082	26.74	0.0169	0.1261
10	1000	6	1.200	0.850	0.142	3.54	0.0208	0.0652
10	2000	8	1.400	0.940	0.118	8.12	0.0209	0.0863
10	3000	10	1.600	1.010	0.101	13.69	0.0205	0.1072
10	4000	12	0.800	0.360	0.030	58.27	0.0204	0.1369
10	5000	4	1.000	0.440	0.110	71.89	0.0213	0.1464
15	1000	8	1.333	1.120	0.140	3.18	0.0245	0.0779
15	2000	10	0.667	0.450	0.045	19.05	0.0245	0.1093
15	3000	12	0.833	0.520	0.043	30.57	0.0243	0.1354
15	4000	4	1.000	0.580	0.145	45.07	0.0253	0.1424
15	5000	6	1.167	0.660	0.110	56.55	0.0249	0.1722
20	1000	10	0.714	0.660	0.066	5.99	0.0287	0.0975
20	2000	12	0.857	0.720	0.060	14.10	0.0288	0.1257
20	3000	4	1.000	0.760	0.190	26.38	0.0300	0.1340
20	4000	6	1.143	0.820	0.137	37.40	0.0292	0.1691
20	5000	8	0.571	0.180	0.023	227.90	0.0273	0.2240
25	1000	12	0.875	0.970	0.081	4.80	0.0338	0.1116
25	2000	4	1.000	1.000	0.250	13.19	0.0355	0.1186
25	3000	6	0.500	0.310	0.052	69.38	0.0344	0.1829
25	4000	8	0.625	0.360	0.045	94.82	0.0339	0.2208
25	5000	10	0.750	0.410	0.041	120.50	0.0339	0.2563

表 11.6　膜元件实用透过系数的多项表达式系数

CPA3-LD 两透过系数的多项表达式系数

透水系数 A			透盐系数 B		
a_0		1.059E-02	b_0		2.291E-02
a_1	x_1	6.869E-04	b_1	x_1	1.385E-03
a_2	x_2	$-3.764E-07$	b_2	x_2	9.644E-06
a_3	x_3	$-3.730E-04$	b_3	x_3	9.002E-04
a_4	x_4	1.048E-02	b_4	x_4	3.162E-02
a_5	$x_1 x_2$	$-5.416E-10$	b_5	$x_1 x_2$	9.196E-07
a_6	$x_1 x_3$	$-1.438E-05$	b_6	$x_1 x_3$	3.820E-05
a_7	$x_1 x_4$	$-1.356E-04$	b_7	$x_1 x_4$	$-1.911E-03$
a_8	$x_2 x_4$	5.158E-07	b_8	$x_2 x_4$	$-3.062E-06$
a_9	$x_3 x_4$	6.539E-04	b_9	$x_3 x_4$	8.111E-03
a_{10}	$x_1 x_1$	1.303E-05	b_{10}	$x_1 x_1$	3.501E-05
a_{11}	$x_2 x_2$	$-2.868E-11$	b_{11}	$x_2 x_2$	9.108E-10
a_{12}	$x_3 x_3$	$-4.958E-06$	b_{12}	$x_3 x_3$	$-4.263E-04$
a_{13}	$x_4 x_4$	$-7.307E-03$	b_{13}	$x_4 x_4$	$-3.971E-02$

ESPA2 两透过系数的多项表达式系数

透水系数 A			透盐系数 B		
a_0		5.974E-02	b_0		4.535E-01
a_1	x_1	5.865E-03	b_1	x_1	$-6.618E-03$
a_2	x_2	2.658E-06	b_2	x_2	$-6.542E-04$
a_3	x_3	$-4.049E-03$	b_3	x_3	4.257E-02

续表

透水系数 A			透盐系数 B		
a_4	x_4	1.049E-01	b_4	x_4	−5.776E-01
a_5	x_1x_2	1.628E-07	b_5	x_1x_2	−4.196E-06
a_6	x_1x_3	−2.126E-05	b_6	x_1x_3	7.978E-04
a_7	x_1x_4	−3.492E-03	b_7	x_1x_4	1.268E-02
a_8	x_2x_4	−1.138E-05	b_8	x_2x_4	−1.282E-05
a_9	x_3x_4	5.262E-03	b_9	x_3x_4	−8.883E-02
a_{10}	x_1x_1	3.309E-05	b_{10}	x_1x_1	3.207E-04
a_{11}	x_2x_2	−3.039E-10	b_{11}	x_2x_2	5.630E-07
a_{12}	x_3x_3	1.085E-04	b_{12}	x_3x_3	−5.262E-04
a_{13}	x_4x_4	−9.060E-02	b_{13}	x_4x_4	1.085E+00

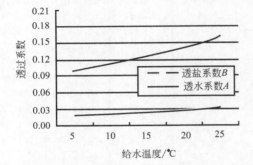

图 11.19 CPA3 透过系数的给水温度特性

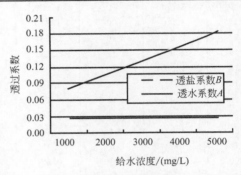

图 11.20 CPA3 透过系数的给水浓度特性

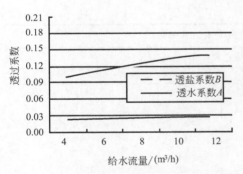

图 11.21 CPA3 透过系数的给水流量特性

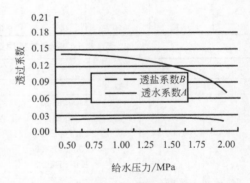

图 11.22 CPA3 透过系数的给水压力特性

11.5 膜元件的阻力与极化系数

除透水及透盐两系数之外，膜元件运行过程中还存在重要的给浓水流道的阻力系数与膜表面的浓差极化系数。

11.5.1 给浓水流道阻力系数

膜元件运行模型式（11.16）（$\Delta P_{fc} = k_1 \overline{Q}_{fc}^{k_2}$）中尚有表征膜元件给浓水道阻力特征的两个系数 k_1 与 k_2 待求。因浓水隔网的存在，流道中的径流状态趋于复杂，系数 k_2 应不等于 2。对该式两端取对数则有：

$$\ln(\Delta P_{fc}) = \ln(k_1) + k_2 \ln(\overline{Q_{fc}}) \tag{11.64}$$

这里，如以 ΔP_{fc} 与 $\overline{Q_{fc}}$ 为检测值，而以 k_1 与 k_2 为待求量，则取线性无关的 $n > 2$ 组 ΔP_{fc} 与 $\overline{Q_{fc}}$ 检测值，运用回归分析可求解 k_1 与 k_2 两系数值。由于给浓水流道阻力只与给浓水流道宽度及浓水隔网结构相关，与膜片的材料及结构无关，故此两系数与膜元件的透水及透盐系数无关。

11.5.2　膜元件浓差极化系数

膜元件运行模型的式（11.20）$\beta = \exp(k_m R_e)$ 中有表征元件平均浓差极化度的脱盐水平系数 k_m。

首先，根据浓差极化的定义，浓差极化度 $\beta = f(R_e)$ 函数应有以下特点：①元件回收率 $R_e = Q_p / Q_f$ 的定义域为 $[0, 1]$；②当元件回收率 $R_e = 0$ 时，必有 $\beta = 1$；③元件回收率 $1 < R_e < 1$ 时，必有 $\beta > 1$。据此可以确认，浓差极化度 $\beta = f(R_e)$ 的最简捷的形式应为 $\beta = \exp(k_m R_e)$。其次，根据浓差极化的定义，浓差极化度与元件脱盐率相关，且当元件脱盐水平为 0 时，无论回收率 $R_e = Q_p / Q_f$ 水平为何值，必有 $\beta = 1$。因此可定义 k_m 为脱盐水平系数。

此外，既然元件的透水与透盐系数与给水温度、水通量及盐通量相关，元件的脱盐水平也必然与这三者相关。因此可以断言，脱盐水平系数 k_m 应是脱盐水平 R_s、给水温度 T_e、水通量 F_p 及盐通量 F_s 的 4 变量函数

$$\beta = \exp\{k_m(R_s, T_e, F_p, F_s) \cdot R_e\} \tag{11.65}$$

只是由于式（11.65）的求解过程过于复杂，且脱盐水平 R_s 对 β 值的影响远大于其他三项，故元件的浓差极化度的简化形式应为

$$\beta = \exp\{k_3(R_s) \cdot R_e\} = \exp(k_m R_e) \tag{11.66}$$

这里，脱盐水平 R_s 可以是生产厂商膜技术手册中的脱盐率。

11.6　元件污染层的透过系数

反渗透系统设计与运行分析的基础之一是系统运行状态的模拟，而准确的系统运行模拟不仅要掌握洁净膜元件的透过系数，还要掌握污染膜元件的透过系数。因此，掌握不同性质及程度污染条件下的膜元件污染层透过系数，是准确模拟各种污染条件下系统运行状态的重要环节。

对一般性污染运行过程而言，膜元件性能指标的变化可视为污染层的作用。换言之，污染元件（或污染系统）与新膜元件（或新膜系统）的指标差异可视为所增污染层的指标差异，清洗后元件（或系统）与清洗前元件（或系统）的指标差异可视为所减污染层的指标差异。

如11.4.2节所述，膜元件的两透过系数受给水温度 x_1、透水通量 x_2 与透盐通量 x_3 三因素的影响，可表征为此三变量的函数。如果将膜元件分为洁净元件与污染元件，则两类元件的透过系数均受三因素的影响，均为三变量的函数。

如设式（11.60）及式（11.61）所示 $A(x_1, x_2, x_3)$ 与 $B(x_1, x_2, x_3)$ 为洁净元件的两透过系数，且设污染元件的两透过系数 $A^*(x_1, x_2, x_3)$ 与 $B^*(x_1, x_2, x_3)$ 为

$$A^*(x_1, x_2, x_3) = a_0^* + a_1^* x_1 + a_2^* x_2 + a_3^* x_3 + a_4^* x_1 x_2 + a_5^* x_1 x_3 + a_6^* x_2 x_3 + a_7^* x_1^2 + a_8^* x_2^2 + a_9^* x_3^2$$

$$\tag{11.67}$$

$$B^*(x_1, x_2, x_3) = b_0^* + b_1^* x_1 + b_2^* x_2 + b_3^* x_3 + b_4^* x_1 x_2 + b_5^* x_1 x_3 + b_6^* x_2 x_3 + b_7^* x_1^2 + b_8^* x_2^2 + b_9^* x_3^2 \tag{11.68}$$

则根据污染层透过系数为污染膜透过系数与洁净膜透过系数之差的概念，可定义元件污染层的透过系数为

$$A''(x_1, x_2, x_3) = A^*(x_1, x_2, x_3) - A(x_1, x_2, x_3) \quad B''(x_1, x_2, x_3) = B^*(x_1, x_2, x_3) - B(x_1, x_2, x_3) \tag{11.69}$$

污染层两透过系数 A'' 与 B'' 中的各项系数分别为

$$a_i'' = a_i^* - a_i, \quad b_i'' = b_i^* - b_i, \quad (i = 0, 1, 2, \cdots, 9) \tag{11.70}$$

即污染层透过系数中各项系数为污染膜透过系数与洁净膜透过系数中各项系数之差。污染层透过系数为正值或负值时分别表示污染层增强或削弱了膜元件的透过性。

这里给出两组膜元件污染前后试验数据以示有机与无机污染层两透过系数的求取过程。

11.6.1 有机污染层的透过系数

一组相关试验针对有机污染前后的多支膜元件，试验仍采用三参数五水平的正交设计方案，其中给水温度 x_1（℃）取值为 12、16、20、24、28 五水平，透水通量 x_2 [L/(m²·h)] 取值为 9.7、13.0、16.2、19.5、22.7 五水平，透盐通量 x_3 [mg/(m²·h)] 取值为 400、800、1200、1600、2000 五水平，可分别得到每支膜元件三参数及五水平共计 25 组正交设计背景条件下的系统运行工况实测点。并分别将 x_1、x_2 及 x_3 三变量进行归一化处理。

运用上述系列方法进行一系列相关计算，可得出表 11.7 所示多支膜元件有机污染层两透过系数的均值解。为了更加直观分析各参数对于透过系数的影响，图 11.23～图 11.28 分别给出了有机污染层的 A'' 与 B'' 两透过系数的单参数 x_i 特性曲线（其他参数取各自的归一制均值 0.5）$\{A''(x_i), B''(x_i), i = 1, 2, 3, x_j = 0.5, j \neq i\}$，并同时给出了洁净元件与有机污染膜元件两透过系数的单参数特性曲线以作参照。

表 11.7 有机污染层透水系数 A 与透盐系数 B 的幂函数多项式中的各项系数

a_0	−0.013102	a_1	−0.017053	a_2	−0.003688	a_3	0.018492	a_4	−0.000106
a_5	0.000986	a_6	−0.015884	a_7	0.006710	a_8	0.007046	a_9	−0.003923
b_0	−0.290015	b_1	−0.327298	b_2	0.004727	b_3	0.101411	b_4	0.109344
b_5	0.412537	b_6	−0.665171	b_7	0.039174	b_8	0.146145	b_9	−0.045622

图 11.23～图 11.28 所示有机污染层的参数特性曲线表现出三大特征。特征一是有机污染层的透水系数小于零，即有机污染层的存在形成了附加的透水阻力，从而降低了污染元件的透水系数。特征二是有机污染层的透盐系数小于零，即有机污染层的存在降低了膜表面无机盐浓度，从而降低了污染膜元件的透盐系数。特征三是有机污染层对不同参数具有不同特性；图 11.23 所示的透水系数随温度上升而下降可理解为，温度升高时，虽然水体活性增强，易于透过污染层，但污染层体积不断膨胀，致使污染层透水性降低；相比之下，图 11.24～图 11.28 所示曲线表明，透水系数对水通量及盐通量的变化并不敏感，且透盐系数对温度、水通量及盐通量的变化均不敏感。

11.6.2 无机污染层的透过系数

另一组相关试验针对无机污染前后的多支膜元件，试验采用与有机污染试验相同的三参数五水平的正交设计方案，并分别将 x_1、x_2 及 x_3 三变量进行归一化处理。

运用上述方法进行一系列相关计算，可得出表 11.8 所示多支元件无机污染层两透过系

数的均值解。图 11.29～图 11.34 分别给出了无机污染层的 A'' 与 B'' 两透过系数的单参数 x_i 特性曲线（其他参数取各自的归一制均值 0.5）$\{A''(x_i), B''(x_i), i=1, 2, 3 \ (x_j=0.5, j \neq i)\}$，并同时给出了洁净元件与无机污染元件两透过系数的单参数特性曲线以作参照。

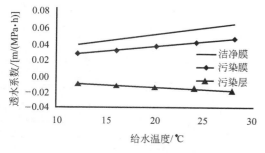

图 11.23　有机污染层透水系数的温度特性

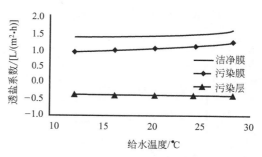

图 11.24　有机污染层透盐系数的给水温度特性

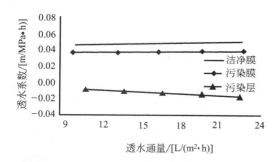

图 11.25　有机污染层透水系数的水通量特性

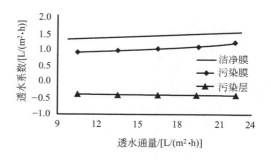

图 11.26　有机污染层透盐系数的水通量特性

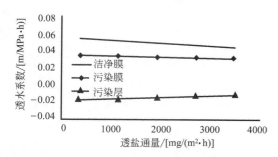

图 11.27　有机污染层透水系数的盐通量特性

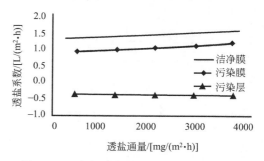

图 11.28　有机污染透盐系数的盐通量特性

表 11.8　无机污染层透水系数 A 与透盐系数 B 的幂函数多项式中的各项系数

a_0	-0.013523	a_1	-0.011993	a_2	0.004441	a_3	-0.003691	a_4	0.003499
a_5	0.002534	a_6	-0.000964	a_7	-0.002537	a_8	-0.002214	a_9	0.003451
b_0	0.191517	b_1	-0.104642	b_2	0.063813	b_3	-0.002572	b_4	0.212004
b_5	0.054093	b_6	-0.197152	b_7	0.080605	b_8	0.113361	b_9	-0.136202

图 11.29~图 11.34 与图 11.23~图 11.28 两组洁净膜元件透过系数曲线不尽相同，证明各反渗透膜元件的性能参数之间存在一定差异；但两组洁净膜元件透过系数特性曲线的变化趋势基本一致，证明各膜元件的参数特性具有相似性。此外，图 11.29~图 11.34 曲线表明无机污染层的参数特性具有更多内涵。

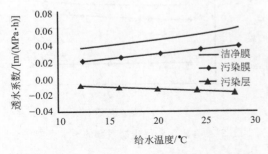

图 11.29　无机污染层透水系数的温度特性

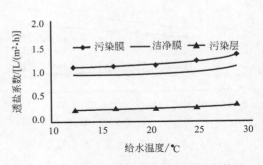

图 11.30　无机污染层透盐系数的温度特性

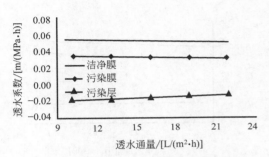

图 11.31　无机污染层透水系数的水通量特性

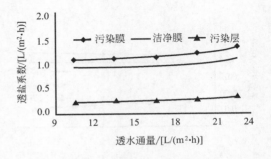

图 11.32　无机污染层透盐系数的水通量特性

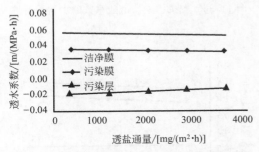

图 11.33　无机污染层透水系数的盐通量特性

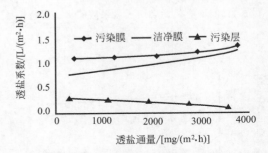

图 11.34　无机污染层透盐系数的盐通量特性

与有机污染层相同，无机污染层的存在形成了附加的透水阻力，降低了污染元件的透水系数；且无机污染层的透水系数仍对给水温度的敏感度较强，而对水通量及盐通量的敏感度较弱。无机污染层的存在提高了膜表面无机盐浓度，从而提高了污染膜元件的透盐系数，使无机污染层的透盐系数均为正值。图 11.30 曲线所示无机污染层透盐系数对给水温度的变化敏感度较弱表明，尽管温度对于不同难溶盐的饱和度具有不同影响，但对有多种难溶盐沉淀形成的综合污染层进行瞬时运行参数的影响并不显著。

表 11.7 及表 11.8 与相关图线给出的膜元件有机与无机污染特性，自然应与污染物的种类性质及污染程度相关，混合污染及生物污染的特性也会更加复杂，这里给出相关特性

仅作为一般性污染予以讨论。

　　本节中式（11.67）～式（11.70）及图 11.19 至图 11.30 曲线均针对透过系数的理想模型，从而揭示了污染层的物理特性。如果采用实用模型，还可以便于了解污染层的实用特性。

11.7　浓差极化层的透过系数

　　膜污染严格意义上应分为暂时性污染与永久性污染，各类污染层可为永久性污染，浓差极化层应为暂时性污染，而永久性污染总是由暂时性污染逐步发展而成。采用试验方法测定洁净膜元件浓差极化层透过系数时，可认为极低回收率条件下的元件性能指标，反映的是洁净元件的性能指标；且认为较高回收率条件下的元件性能指标，反映的是洁净元件与浓差极化层两者的合成性能。因此，实际测试高低不同回收率条件下的元件性能指标，并加以分析比较，即可得到不同水平浓差极化度的性能指标。

第12章 元件、管路及通量优化

恒通量运行状态下的膜元件具有工作压力、透盐率及膜压降三项外部特性指标，各元件三项指标可能具有一定差异，差异的发生主要包括制备、污染及清洗等原因。针对各元件性能指标的差异，系统的设计、安装、清洗及换膜过程中存在元件安装位置的优化问题。

各膜壳间的管路分为管道与壳联两种结构，管道结构或壳联结构条件下，管道直径、端口直径及径流方向等参数对于系统运行效果均有一定影响，因此系统的设计过程中还存在管路结构及其管路参数的优化问题。

在设计导则允许范围内，高通量将导致低投资费用和高电能损耗，低通量将导致高投资费用和低电能损耗，实现投资与运行费用最低的系统通量也是系统设计的重要内容。

本章将讨论系统设计与系统运行过程中的上述三项优化问题，使设计方案与运行方式更加完善与合理，以充分发挥反渗透工艺的潜在优势。

12.1 系统元件的优化配置

根据膜厂商公布的数据，同品种膜元件在特定工作压力条件下的产水量存在±15%甚至±20%的差异，而且存在最低透盐率与标称透盐率的区别。图12.1示出的某厂商部分膜元件产水量及透盐率两项指标的二维分布中，并未显现出明显的相关性。此外，元件的膜压降指标仅与浓水隔网高度及卷制工艺参数相关。因此，可以认为新膜元件的工作压力、透盐率及膜压降三项性能指标相互独立及线性无关。经离线清洗后，旧膜元件的三项性能指标的差异将会更大。

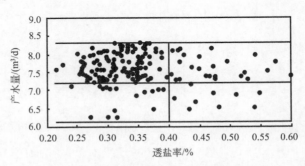

图 12.1 某厂商膜元件抽样的指标分布

12.1.1 元件指标与系统透盐率

为明确膜元件单项性能指标差异及元件在系统流程中的安装位置对于系统运行性能的影响，这里设有典型系统（1000mg/L，15℃，75%，ESPA2，2-1/6，17m³/h，0a），且全部18支元件均具有标准技术指标，即0.4%透盐率、34.1m³/d产水量、0.03MPa膜压降。系统设计计算采用笔者开发的《系统运行模拟软件》。该软件对上述系统计算的结果是产水含盐量11.28mg/L、段通量比28.451L/(m²·h)/18.955L/(m²·h)=1.50，端通量比32.443L/(m²·h)/14.504L/(m²·h)=2.237。

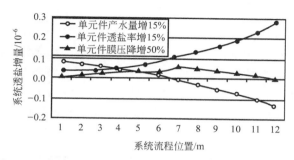

图12.2　某膜元件指标差异与全系统透盐增量的关系曲线

（1）元件透盐率偏差与系统透盐量

设某一支膜元件仅透盐率增加15%，达到1.15×0.4%=0.46%，而其他技术指标维持标准水平。为反映单支膜元件透盐率偏差对系统透盐量的影响，可将该元件分别置于系统流程中的各个不同位置，并计算相应系统透盐量的增量，即得到图12.2中"单元件透盐率增15%"的系统透盐增量曲线。

图示曲线表明，高透盐率元件无论置于系统流程中的任何位置，均将造成系统透盐量的上升。由于系统末端元件的给水含盐量远高于首端元件，高透盐率元件在系统末端位置时，系统透盐量的增量远高于在系统前端位置。

（2）元件工作压力偏差与系统透盐量

设某一支元件仅产水量指标增长15%，达到1.15×34.1m³/d=39.2m³/d，约等效于元件工作压力下降15%。将该元件分别置于系统流程中的各个不同位置并计算相应的系统透盐量的增量，即得到图12.2中"单元件产水量增15%"的相应曲线。

图12.2特性中：①高产水量元件置于系统首端时增大系统透盐量；置于系统末端时减小系统透盐量；而置于系统流程的中间位置时并不对系统透盐量产生明显影响。②比较元件产水量与透盐率指标偏差的特性曲线还会发现，在系统流程不同位置上，两指标的相同比例偏差对系统透盐量的影响程度并不相同。系统流程前1/3长度的元件产水量作用较大，而后2/3长度的元件透盐率作用较大。

（3）元件膜压降偏差与系统透盐量

设某一支元件仅膜压降指标增长50%，达到1.50×0.03MPa=0.045MPa。将该元件分别置于系统流程中的各个不同位置并分别计算系统透盐量的增量，将得到图12.2中"单元件膜压降增50%"的相应曲线。该曲线表明，某流程位置元件膜压降的增加，导致了该位置前部元件工作压力上升与后部元件工作压力下降，即前部元件产水量增加与后部元件产水量下降。与前节同理，前后部元件产水量失衡将加剧系统透盐量的上升，且该现象在高膜压降元件置于后段前端时达到极致。

进一步的系统计算表明，当元件指标为下降15%的负偏差时，图12.2所示系统透盐增量曲线将呈横轴对称形式。当元件指标在特定幅度内正负变化时，系统透盐增量将落入与横轴对称的正负特性包络曲线之间。此外，可以近似认为元件指标的线性变化，使系统透盐量产生线性涨落，从而运用图 12.2 曲线易于得到不同流程位置上各类元件指标不同幅度变化所产生的系统响应。

12.1.2　元件指标与系统通量比

与单元件指标差异对系统透盐量影响的分析相似，图 12.3 给出不同流程位置上单元件的透盐率、膜压降及产水量（等效于工作压力）指标变化与系统前后段通量比的关系曲线。该曲线表明，前段元件产水量的增加必然加大前后段通量比的数值，后段元件产水量增加的作用则相反。高膜压降元件及其位置与系统段通量比的关系已在前节予以解释。由于单支元件透盐率的变化只可引起系统段通量比的微小变化，其特性曲线与图 12.3 中的横轴基本重合。

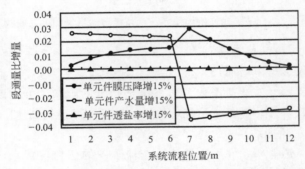

图 12.3　某膜元件指标差异与全系统段通量比的关系曲线

12.1.3　单指标差异元件的配置

工作压力、透盐率与膜压降三者任意单一指标存在差异的膜元件放置在膜系统的任何位置，对于系统工作压力的影响均十分有限，但对于系统的透盐率及通量比两指标均会产生相对较大的影响。根据图 12.2 与图 12.3 的分析可得出以下结论。

如以系统透盐率低为目标，元件产水量应按照由小至大（或按照工作压力由大至小）顺序沿系统流程从首端至末端依次配置，而元件透盐率应按照由大至小顺序沿系统流程从首端至末端依次配置，且元件膜压降应按照由小至大顺序从系统流程中部向两端依次配置。

如以系统段通量比小为目标，元件产水量大（或工作压力小）的位于系统后段配置，产水量小（或工作压力大）的位于系统前段配置；元件按照膜压降由小至大从系统流程中部向两端依次配置；元件透盐率的高低及其在系统流程中的位置，对于系统段通量比指标的影响不大。

综合系统透盐率及系统段通量比两项目标的要求，透盐率低及产水量大（或工作压力低）的元件应置于系统末端，相反性能指标元件应置于系统首端；而膜压降低的元件应置于系统中端。

12.1.4　三指标差异元件的配置

(1) 优化配置的规划模型

正如图 12.1 所示，实际膜元件的工作压力（或产水量）、透盐率及膜压降三项指标相互独立线性无关，故实际上很难实现分别按照三个单一性能指标的全部元件优化排列。下面讨论具有三项不同指标的多支元件，以系统透盐率最低为优化目标的元件位置配置 0-1 整数规划的模型及其算法。

设膜系统中共有 n 支膜元件，编号为 i（$i=1,2,\cdots,n$）；且有 m 个膜元件位置，编号为 j（$j=1,2,\cdots,m$）。元件支数与位置个数相等（即 $m=n$），采用不同符号仅为区别内涵。

设每支膜元件 i 具有各自的工作压力 P_i、透盐率 S_i 及膜压降 D_i 三项特性指标，而全部元件具有平均工作压力 $\overline{P}$、平均透盐率 $\overline{S}$ 及平均膜压降 $\overline{D}$ 三个统计均值。各膜元件 i 的实际指标值与其平均值之间的差值表示为该指标的增量 $\Delta P_i=P_i-\overline{P}$、$\Delta S_i=S_i-\overline{S}$ 与 $\Delta D_i=D_i-\overline{D}$。如系统中各膜元件指标为均值数值时，系统运行会产生一个特定的系统产水含盐量 C_p。

如设系统各膜元件指标恰与均值相等，只有流程 j 位置上单支膜元件 i 的单项指标（如 P_i、S_i 或 D_i）具有 +10% 增量。该 +10% 的增量（如工作压力增量为"$0.1\overline{P}$"）与相应的系统产水含盐量增量（如"$C_{pj\cdot1.1\overline{P}}-C_{p\overline{P}}$"）的比值可称为该种增量对系统产水含盐量的灵敏度。例如，j 位置元件工作压力指标对系统产水含盐量的灵敏度系数为 $A_j=(C_{pj\cdot1.1\cdot\overline{P}}-C_{p\overline{P}})/0.1\overline{P}$，$j$ 位置元件透盐率指标对系统产水含盐量的灵敏度系数为 $B_j=(C_{pj\cdot1.1\cdot\overline{S}}-C_{p\overline{S}})/0.1\overline{S}$，$j$ 位置元件膜压降指标对系统产水含盐量的灵敏度系数为 $C_j=(C_{pj\cdot1.1\cdot\overline{D}}-C_{p\overline{D}})/0.1\overline{D}$。

根据运筹学原理，具有不同性能指标的 n 支膜元件排列于 m 个系统流程位置时，求取系统产水含盐量最低的数学规划模型应为：

$$\min\Delta C_p=\sum_{i=1}^{n}\sum_{j=1}^{m}(A_j\Delta P_i+B_j\Delta S_i+C_j\Delta D_i)X_{ij}=\sum_{i=1}^{n}\sum_{j=1}^{m}G_{ij}X_{ij} \qquad (12.1)$$

$$\text{s. t.}\begin{cases}\sum_{j=1}^{m}X_{ij}=1 & (i=1,2,3,\cdots,n)\\ \sum_{i=1}^{n}X_{ij}=1 & (j=1,2,3,\cdots,m)\\ X_{ij}=0/1 & (i=1,2,3,\cdots,n,j=1,2,3,\cdots,m)\end{cases}$$

其中，X_{ij} 为元件 i 与 j 位置变量，元件 i 置于 j 位置时 X_{ij} 为 1，否则为 0。$G_{ij}=A_j\Delta P_i+B_j\Delta S_i+C_j\Delta D_i$ 为元件 i 置于 j 位置时的系统产水含盐量增量。模型的目标是系统产水含盐量增量最低。三个约束中，前者为每个元件必须置于一个位置，次者为每个位置必须配置一个元件，后者是变量的 0-1 取值约束。

由于该模型中的变量取值仅为 0 或 1，故该优化模型为 0-1 整数规划，规划的最优解为系统产水含盐量增量最低目标下的不同指标膜元件的最优位置排列。运用笔者开发的《系统运行模拟软件》，分别计算各元件指标对于特定系统产水含盐量的灵敏度系数 A_j、B_j 及 C_j；并运用 Lingo 等软件进行数学规划计算，即可求解该特定系统中各元件最佳排列方式。

（2）膜元件优化配置算例

一个 n 支膜元件系统存在 $n!$ 个可能的元件排列方式；由于排列数量过大，这里仅就一个全串联 6 支膜的一段系统为例，验证上述模型及其最优排列的正确性。为了简化计算，算例中设定各元件的膜压降指标保持一致（ΔD_i 为 0），而仅有工作压力 ΔP_i 及透盐率 ΔS_i

两项增量指标。

算例的数据及计算结果示于表 12.1，其中第二行与第三行为各膜元件指标工作压力 P_i 及透盐率 S_i，第四行与第五行为与均值比较的工作压力增量 ΔP_i 及透盐率增量 ΔS_i，第二列与第三列为膜位置 j 上工作压力增量的系统灵敏度 A_j 及透盐率增量的系统灵敏度 B_j。表 12.1 的中心区域为相应的系统产水含盐量增量 G_{ij}。

运用 0-1 整数规划数学计算软件可以得到表 12.1 数据相关的膜元件最优排列方式，其元件序号及元件位置见表 12.2 中"最优"标志，对应的系统最低产水含盐量为 21.8mg/L。如以系统产水含盐量最高为优化目标，可以得到膜元件的最劣排列方式，其元件序号及元件位置见表 12.2 中"最劣"标志，对应的系统最高产水含盐量为 28.3mg/L。

表 12.1 六支膜元件串联系统的元件优化排列数据分析表

项目	元件编号 i		1	2	3	4	5	6
位置编号 j	$P_i \rightarrow$		0.91	0.96	1.01	1.06	1.11	1.16
	$S_i \rightarrow$		0.40	0.88	0.64	0.76	0.52	1.00
	$\Delta P_i \rightarrow$		−0.125	−0.075	−0.025	0.025	0.075	0.125
	$\Delta S_i \rightarrow$		−0.300	0.180	−0.060	0.060	−0.180	0.300
j	A_j	B_j	\multicolumn{6}{c}{$G_{ij} = A_j \Delta P_i + B_j \Delta S_i + C_j \Delta D_i$}
1	−2.56	3.18	−0.633	0.764	−0.127	0.127	−0.764	0.633
2	−1.87	3.85	−0.920	0.833	−0.184	0.184	−0.833	0.920
3	−1.32	4.75	−1.261	0.954	−0.252	0.252	−0.954	1.261
4	−0.38	6.00	−1.752	1.108	−0.350	0.350	−1.108	1.752
5	0.92	7.68	−2.419	1.313	−0.484	0.484	−1.313	2.419
6	2.41	9.89	−3.268	1.600	−0.654	0.654	−1.600	3.268

算例系统膜元件的最劣排列方式的系统产水含盐量，比最优排列方式上升了约30%，从而证明膜元件排列方式优化具有明显的应用效果。此外，表 12.2 中"最优"与"最劣"两类标志的位置分析表明，最优排列方式的元件序号为 624351，最劣排列方式的元件序号为 153426，即最优与最劣两排列方式的顺序完全相反。

表 12.2 六支膜元件串联系统的元件最佳及最劣排列方式

位置/元件	1	2	3	4	5	6
1	0 最劣	0	0	0	0	1 最优
2	0	1 最优	0	0	0 最劣	0
3	0	0	0 最劣	1 最优	0	0
4	0	0	1 最优	0 最劣	0	0
5	0	0 最劣	0	0	1 最优	0
6	1 最优	0	0	0	0	0 最劣

（3）元件排列与系统统计

算例系统中6支膜元件在系统中位置的全排列共计 6！＝720 种方式，对应的 720 个系统产水含盐量数值的频率直方图示于图 12.4。图示曲线表明 720 个系统产水含盐量的数值概率分布接近正态分布，即产水含盐量低于 22mg/L（0-1 整数规划最优计算结果）的膜排列方式个数所占比例不足 1%；数值在 23.5～26.5mg/L 之间的膜排列方式个数约占 65%；数值高于 28mg/L（0-1 整数规划最劣计算结果）的膜排列方式个数仅占例约 1%。

总之，系统产水含盐量最低的膜元件位置的优化排列属于小概率事件，即膜元件随机排列的效果一般较差。只有通过灵敏度计算及相应的 0-1 整数规划计算方可获得指标各异多膜元件系统的元件最优排列方式。

（4）实际系统的优化过程

上述膜元件优化配置的计算过程分为三步进行。第一步是根据系统膜堆规模结构及元件平均性能指标（新膜元件的出厂测试指标或旧膜元件的离线清洗指标），进行灵敏度计算，并求解灵敏度系数 A_j、B_j 与 C_j。第二步是计算指标差值 ΔP_i、ΔS_i 与 ΔD_i。第三步是运用 0-1 整数规划软件进行优化配置计算。

如果系统对于透盐率的要求有限，而对于段通量比即均衡污染的要求较高时，可将规划模型的目标函数改为段通量比最低 $\min\Delta F_{\rm b}$，即有式（12.2）模型。

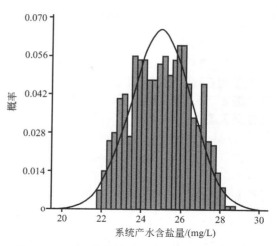

图 12.4　元件排列的系统产水含盐量分布特性

$$\min\Delta F_{\rm b} = \sum_{i=1}^{n}\sum_{j=1}^{m}(\alpha_j\Delta P_i + \beta_j\Delta S_i + \gamma_j\Delta D_i)X_{ij} = \sum_{i=1}^{n}\sum_{j=1}^{m}H_{ij}X_{ij} \qquad (12.2)$$

式中，α_j 为 j 位置元件工作压力指标对系统段通量比的灵敏度；β_j 为 j 位置元件透盐率指标对系统段通量比的灵敏度；γ_j 为 j 位置元件膜压降指标对系统段通量比的灵敏度。$H_{ij} = \alpha_j\Delta P_i + \beta_j\Delta S_i + \gamma_j\Delta D_i$ 为元件 i 置于 j 位置时的系统段通量比增量。

如果系统中同时要求透盐率与通量比两项指标最低，则可将优化模型的单目标函数改为双重目标函数：

$$\min\Delta Com = \lambda_{\rm C}\sum_{i=1}^{n}\sum_{j=1}^{m}G_{ij}X_{ij} + \lambda_{\rm F}\sum_{i=1}^{n}\sum_{j=1}^{m}H_{ij}X_{ij} \qquad (12.3)$$

这里，$0<\lambda_{\rm C}<1$ 与 $0<\lambda_{\rm F}<1$ 分别为各自目标的权重系数，且有关系 $\lambda_{\rm C}+\lambda_{\rm F}=1$。

12.1.5　离线洗后元件优化配置

污染膜元件经离线清洗后，由于运行年份、污染性质、污染程度、清洗效果等多种因素的影响，元件的工作压力、透盐率与膜压降三项指标的差异一般大于新膜元件，而且清洗结束时一般可测得元件的三项指标。因此，离线清洗后的膜元件有必要也可以按照 0-1 整数规划模式重新进行安装配置。

此外，离线清洗不可能将原有污染彻底清除。因此，按照式（12.1）～式（12.3）进行的元件优化配置，主要是优化了系统重装后短时间内的运行效果，优化长期运行效果的数学模型还有待进一步讨论。

12.1.6　新旧各半元件优化配置

如第 10 章所述，一般膜系统中后段元件的污染总是较前段元件为重，经过长期运行及反复清洗后的后段元件性能衰减幅度也远大于前段元件。由于新膜元件的工作压力、透盐率与膜压降三项指标普遍优于旧膜元件，根据元件优化配置的理论，如果只更换部分元件，应该保持系统前段及前端元件的原有位置，只更换系统末段或末端元件。

如果仅仅为了操作方便，而以膜壳为单位进行换膜，将造成并联膜壳之间产水流量即污染速率的严重失衡。这种换膜方式，不仅换膜的直接效果欠佳，还会加速系统污染。图12.5 示出对错不同的换膜方式。

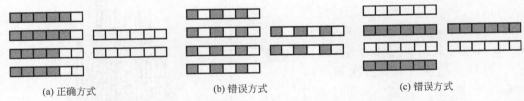

(a) 正确方式　　　　　　(b) 错误方式　　　　　　(c) 错误方式

图 12.5　对错不同的换膜方式（深颜色的表示旧膜，浅颜色的表示新膜）

12.1.7　系统中的元件更换方式

对于泵特性运行系统而言，运行的限制性指标主要包括最小产水流量与最差产水水质，对于恒通量运行系统而言，运行的限制性指标主要包括最高工作压力与最差产水水质。当系统运行指标不能达到要求时，需要进行相应的在线清洗或离线清洗，而当清洗过于频繁时则需要膜元件更换。膜元件的更换有两种方式：一种是全部元件的整体更换，其系统操作简单且技术效果明显；另一种是部分元件的分批更换，其系统操作复杂而经济效果明显。

为了便于分析比较，系统运行模拟针对特定的参考系统［1000mg/L，15℃，15m³/h，ESPA1，2-1/6，75%，且膜元件的透盐年增率 7%，透水年衰率 10%，全年运行 8760h，平均电价 0.8 元/（kW·h），膜元件单价 4000 元］。相关的系统模拟计算采用笔者开发的《系统运行模拟软件》。

（1）整体换膜方式的经济技术分析

参考系统运行过程中的经济技术数据示于表12.3。如以产水含盐量 23.63mg/L 为系统运行指标上限，则系统运行至 3 年末时应该进行膜元件的整体更换。每 3 年整体换膜方式的相关参数为：系统运行期内的产水含盐量范围是 19.15～23.63mg/L，段通量比范围是1.48～1.64，平均年换膜成本 2.4 万元，平均年耗电成本 4.2 万元。而且，随后的每 3 年期间内，上述现象反复出现。

表 12.3　每三年整体换膜方式的经济技术分析数据

时间	1 年初	1 年末	2 年末	3 年末	随后每 3 年间
工作压力/MPa	0.802	0.840	0.884	0.936	0.802～0.936
产水含盐量/(mg/L)	19.15	20.70	22.20	23.63	19.15～23.63
首段膜通量/[L/(m²·h)]	25.784	25.569	25.346	25.128	25.78～25.13
末段膜通量/[L/(m²·h)]	15.702	16.135	16.567	17.007	15.70～17.00
段通量比	1.6421	1.5847	1.5299	1.4775	1.642～1.478
电能耗率/(kW·h/m³)	0.37	0.39	0.41	0.43	0.37～0.43
全年电费/万元		3.99	4.20	4.42	3.99～4.42

（2）定时分批换膜方式的经济技术分析

在定时分批换膜方式下，如系统膜元件数量为 M 支，且全部更换周期为 N 年，则每年换膜数量为 $K = M/N$。常用方式为全部膜元件三年更换一遍，每年更换全部膜元件的三分之一。根据不同性能指标膜元件的最优系统配置理论，换膜时的最新膜元件置于系统流程末端，半旧膜元件置于系统流程中间，最旧膜元件置于系统流程首端。

表 12.4　每年换膜 1/3 方式的经济技术分析数据

时间	一年初	一年末	二年初	二年末	三年初	三年末	以后各年
工作压力/MPa	0.802	0.840	0.830	0.874	0.848	0.892	0.848～0.892
产水盐量/(mg/L)	19.15	20.70	19.22	20.71	19.30	20.80	19.30～20.80
首段通量/[L/(m²·h)]	25.784	25.569	25.203	25.002	24.916	24.000	24.00～24.92
末段通量/[L/(m²·h)]	15.702	16.135	16.849	17.408	17.501	18.050	17.50～18.05
段通量比	1.6421	1.5847	1.4958	1.4362	1.4237	1.3296	1.330～1.424
电能耗率/(kW·h/m³)	0.37	0.39	0.41	0.40	0.39	0.41	0.39～0.41
年耗电费/万元	3.99		4.26		4.20		4.20

表 12.4 数据为从运行第 2 年初开始每年更换 1/3 膜元件的系统运行参数。该换膜方式之下，系统运行指标每年下降直至第 3 年方能达到稳定状态，且其后各年与第 3 年相同。将表 12.4 与表 12.3 数据进行比较可知，分批换膜方式的产水含盐量、段通量比、电能耗率等技术指标的数值居中且波动较小，属于较理想方式。但由于换膜费用发生较早，如计及费用利率，则其经济指标较差。

如果仍采用每次换膜 1/3，但首次换膜不是从第 2 年初开始，而是从第 3 年初特别是从第 4 年初开始，系统的技术指标将趋恶（但仍可保持在每 3 年整体换膜方式的最差指标范围内），而系统的经济指标将趋好，甚至优于每 3 年整体换膜方式。总之，定时分批换膜可以用增加少量汇率成本，换取更加良好及稳定的系统运行技术指标。

（3）不同的定时分批换膜方式比较

定时分批的换膜方式也可分为：三年一换每次更换 1/1，两年一换每次更换 1/2，一年一换每次更换 1/3，半年一换每次更换 1/6。图 12.6 及图 12.7 分别表示一年一换的较长周期及半年一换的较短周期两种方式的系统产水含盐量与段通量比指标。

图 12.6 与图 12.7 所示数据表明，较长周期大批量换膜方式的系统产水含盐量与平均通量比波动较大，其峰值均高于短周期小批量方式。换言之，换膜的周期越短或频率越高，系统的产水含盐量及段通量比两指标越加平稳，指标上限越低。

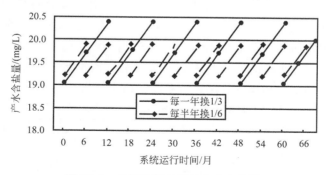

图 12.6　长短换膜时间的产水含盐量

另一方面，过于频繁的更换膜元件，特别是频繁的重新排列未更换膜元件，将造成操作过于繁复甚至相关器件过早损坏，故膜更换的时段也不易过短。

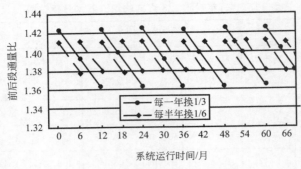

图 12.7 长短换膜时间的段通量比

12.2 管路结构参数的优化

12.2.1 系统径流方向的优化

系统管路的结构形式，无论管道结构或壳联结构，均存在系统给浓水径流的方向优化问题。根据便于系统排气观点，系统各段给浓水径流方向应是下进/上出；但是，如忽略系统产水径流的背压作用，根据膜壳通量均衡观点，系统各段给浓水径流方向应是上进/下出，并在给水与浓水母管的顶端设置放气阀。如计及产水径流方向与径流最高水位的影响，它将影响到各段膜堆的产水背压，也会影响到给浓水管路的最优径流方向及管路参数。

因此，表征管路压降的式（11.49）及式（11.50）中关于位置高程的函数项，需要根据图 11.5 中给浓水径流方向的改变而加以修正，各元件运行模型的式（11.31）中关于产水流量的函数式，需要根据图 11.6 中产水径流方向的改变加以修正。

12.2.2 给浓管道参数的优化

为了明确不计产水径流背压作用时给浓水管道结构系统的特质，这里给出一个典型系统算例：产水量 70m³/h，系统回收率 75%，两段膜堆 10-5/6 排列，首段各膜壳平均给水流量 10.3m³/h。若首段膜壳为 10 层（下层序号为 1，上层序号为 10），层间距 300mm，支管径 $DN40$，母管径分别为 $DN100$、$DN125$、$DN150$ 时，给水母管径流方向自下而上，平均流速分别为 1.82m/s、1.16m/s、0.81m/s，采用式（11.46）计算的系统首段膜堆中各膜壳给水侧的管道水头损失示于表 12.5。该表数据表明，管道系统中高差水头损失、速度水头损失、三通弯路损失占总水头损失的主要部分。因给水径流自下而上，高程压力损失与沿程压力损失方向一致，母管径越大，各膜壳给水压力差越小。

表 12.5 首段膜堆各容器给水侧管道水头损失列表　　单位：m

母管直径	容器序号	高差损失	速度损失	母管沿程	三通直路	三通弯路	支管沿程	最大壳压差/MPa
100mm	1	0.30	-3.323	0.3432	0.0000	2.3410	0.1676	0.056
	10	3.00	-3.323	1.3215	1.5528	3.1923	0.1676	
125mm	1	0.30	-2.234	0.1125	0.0000	2.3410	0.1676	0.044
	10	3.00	-2.234	0.4330	0.6360	3.1923	0.1676	
150mm	1	0.30	-1.077	0.0452	0.0000	2.3410	0.1676	0.039
	10	3.00	-1.077	0.1740	0.3067	3.1923	0.1676	

各膜壳之间 0.06MPa 量级的给水压差，对于 1.5MPa 工作压力的高压膜系统的影响如

可忽略，则将使0.7～1.0MPa工作压力的低压或超低压膜系统中各膜壳间产水通量产生一定程度的差异；且将造成0.5MPa工作压力的纳滤膜系统各膜壳间产水通量的严重失衡。

表12.6 首段膜堆各容器浓水侧管道水头损失列表 单位：m

母管直径	容器序号	高差损失	速度损失	母管沿程	三通直路	三通弯路	支管沿程	最大壳压差/MPa
100mm	1	−0.30	0.6104	0.0630	0.3002	0.5003	0.0308	0.0211
	10	−3.00	0.6104	0.2427	1.1558	0.0130	0.0308	
125mm	1	−0.30	0.0190	0.0207	0.1230	0.2049	0.0308	0.0244
	10	−3.00	0.0190	0.0795	0.4734	0.0053	0.0308	
150mm	1	−0.30	−0.1934	0.0083	0.0593	0.0988	0.0308	0.0255
	10	−3.00	−0.1934	0.0320	0.2283	0.0026	0.0308	

采用式（11.46）计算的系统首段膜堆中，浓水径流自上而下，各膜壳浓水侧的管道水头损失示于表12.6。该表数据表明，由于浓水流量低于给水流量，相同母管径条件下的管压降较小。因高程压力损失与沿程压力损失方向相反，母管径越大，由高程压力损失为主要作用的各膜壳浓水压力差越高。

值得注意的是，与系统流程中部元件的较大膜压降对于系统脱盐率及通量比极为不利相似，两段结构之间管道（即首段浓水管道及末段给水管道）的压力损失对于系统脱盐率及通量比的影响较大。因此，两段之间管道的压力损失既影响到各段的通量均衡，也影响到段中各膜壳的通量均衡，是一个较为敏感区域。

12.2.3 产水径流方向的优化

反渗透系统运行的基本规律之一是：沿着给浓水径流方向，各膜元件的给浓水压力逐步降低，而给浓水渗透压逐步上升。根据11.3.2节关于产水管道运行模型的讨论，沿着产水径流方向，各膜元件的产水压力或称产水背压在逐步下降。根据图6.21所示曲线，如膜堆中的产水径流方向与给浓水径流方向一致，元件产水中心管中产水的盐浓度与渗透压将沿流程逐渐上升，反之则沿流程逐渐下降。

给浓水径流方向就是系统流程方向，而各段（甚至各壳）产水径流方向既可能与系统流程方向一致，也可能与之相反。

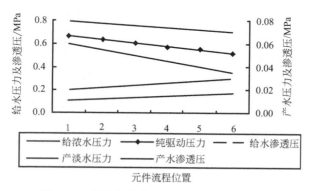

图12.8 给水与产水径流同方向的纯驱动压

根据式（5.2）所示产水流量的基本规律，计及产水背压变化时，如给水与产水两径流方向相同则沿流程各膜元件的纯驱动压下降梯度更小，如两径流方向相反则该下降梯度更大。如图12.8与图12.9示出，两种径流方向条件下，各膜元件的纯驱动压沿系统流程的变化趋势，决定了膜元件产水通量与透盐率的变化趋势，进而在一定程度影响了全系统的

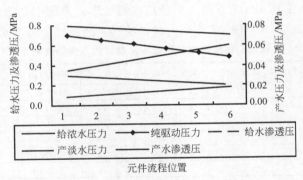

图 12.9 给水与产水径流反方向的纯驱动压

透盐率。由此可以得出结论：从系统通量均衡及系统脱盐率提高两项指标出发，各段膜堆的产水径流方向应与给水径流方向一致。

12.2.4 膜元件的产水含盐量

对于膜元件中的膜片微元而言，约 $20L/(m^2 \cdot h)$ 的产水通量，使膜的法向产水流速尚不及产水流道中盐浓度的反向扩散速度，故计算膜微元的膜过程时应该计及产水径流中盐浓度的影响。如果将整个元件面积视为一个大膜微元，且该面积上给浓水的压力与盐浓度均等，则可近似认为该元件中狭窄产水流道中的产水盐浓度均等。

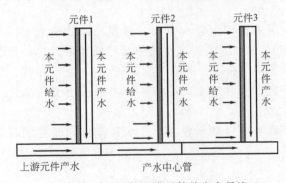

图 12.10 膜元件及膜元件的产水径流

如图 12.10 所示，元件中心管中流动的来自流程上游元件产水径流的盐浓度与本元件产水流道中汇入产水径流的盐浓度存在差异。但是，由于本元件膜袋的中心管入口处的产水流速远高于中心管中不同盐浓度向产水流道的扩散速度。由此可以得出结论：由于卷式膜元件的特定结构，沿系统流程各膜元件的产水盐浓度只与本元件运行工况相关，而与产水中心管中径流的盐浓度无关。

总结 12.2.3 节与 12.2.4 节内容可得出如下结论：在式（5.2）与式（5.3）的膜过程基本模型 $Q_s = B \cdot S \cdot (C_f - C_p)$ 与 $Q_p = A \cdot S \cdot [(P_f - P_p) - (\pi_f - \pi_p)]$ 中，产水径流方向直接影响各元件的产水背压 P_p，而并未直接影响各元件的产水含盐量 C_p。

12.2.5 壳联结构与膜壳接口

膜壳生产技术发展的一个重要方面是 8in 膜壳的给水及浓水接口，从端接口发展到侧接口，从小口径到大口径，从一端两接口到一端三接口甚至一端四接口的进步过程。目前国内 8in 膜壳的给浓水接口的口径有 1.5in、2.0in、2.5in、3.0in、4.0in 规格。膜壳给水及浓水接口的侧方向、大口径及多数量等进步改进了管路结构，降低了管路压降，减小了膜堆体积，降低了设备成本，特别是适应了大型系统膜堆的需要。图 12.11 示出壳联结构 10-5/6 膜堆示意图，其中底部给水口为 4.0in，顶部浓水口为 3.0in，其余接口均为 2.5in。

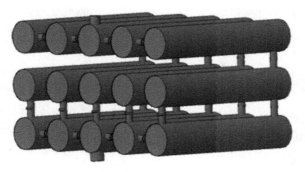

图 12.11　膜壳接口与膜堆联壳结构

壳联结构的系统优化包括膜段的接口数量、接口口径、径流方向、壳联方式等项内容，可变因素远多于管道结构，这里不再逐一讨论。

12.2.6　元件与管路混合优化

无论系统管路为管道形式或壳联形式，也无论膜堆的给浓产水为何流向，同段膜堆中各膜壳各元件的给浓水压力及产水背压均存在差异，加之各元件性能存在差异，则各元件的产水通量及污染负荷必然存在一定差异。如第 10 章所述，产水通量即污染负荷的失衡必然造成污染速度及污染程度的失衡，进而加速系统透盐率的上升。

除优化管路结构及参数，使同段各膜壳给浓水平均工作压力接近之外，在已知各元件性能差异时，优化排列元件位置，以均衡各元件的实际产水通量及污染负荷，具体措施如图 12.12 所示。

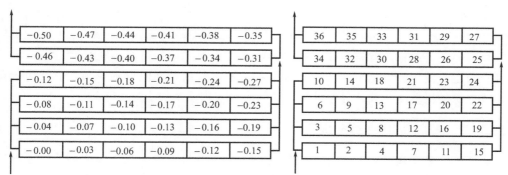

(a) 每支元件位置的压降数值　　　　　　(b) 系统通量均衡目标的元件优化排列

图 12.12　计及管路压降及元件性能参数离散两因素的膜元件优化排列模式

假设系统流程中每支元件的压降为 0.03MPa，膜堆上下每层膜壳的压降为 0.04MPa，图 12.12（a）中，标出每支元件位置的压降数值；同时假设恒通量条件下系统中 36 支元件的工作压力按顺序号依次降低，或称恒压力条件下产水通量按顺序号依次升高。

图 12.12（b）中膜元件位置优化排列的原则是：元件位置的压降数值顺序与元件工作压力的降低顺序保持一致。照此原则进行的元件位置排序，可以在最大限度上实现系统中各元件运行通量趋同，其中包括同壳内各元件通量趋同、同段内各膜壳通量趋同、系统内首末段通量趋同。

图 12.12 所示优化元件位置，只是示意性的优化方案，严格意义的优化方案还应该运用类似式（12.1）～式（12.3）的整数规划方法进行计及管路压降与元件性能参数离散两

因素的膜元件优化排列。优化目标可以是通量均衡、产水水质等单目标优化，也可以是两目标优化。

12.3 通量优化与通量调整

如第 6 章所述，系统设计通量决定于系统的水源性质及预处理工艺水平，即决定于系统给水的有机污染物浓度。确定设计通量的主要判据是系统设计导则，而设计导则一般给出的是设计通量的适宜范围而非确切数值。如第 8 章所述，膜堆结构一般是在 2-1/6 结构的整倍数基础上略加调整，即大型系统的元件数量多为 6 的整倍数。因此，对于特定系统产水流量，可行的系统设计通量 $F_p[L/(m^2 \cdot h)]$ 应为一个数值系列：

$$F_p = \frac{1000Q_p}{6N_sS} \ (N_s \text{为正整数}) \qquad (F_p \text{定义域：系统设计导则规定范围}) \qquad (12.4)$$

式中，Q_p（m^3/h）为系统产水流量；S（m^2）为元件膜面积；N_s 为膜壳数量。

例如，表 6.1 设计导则规定超微滤预处理地表水给水系统的设计通量范围是 $18.7 \sim 28.9 L/(m^2 \cdot h)$。如系统为 $100 m^3$ 产水量，采用 8in 规格 $37.2 m^2$ 膜面积元件，则 6m 长膜壳的可行数量是 $16 \sim 24$ 只，元件数量为 $96 \sim 144$ 支，对应的设计通量为 $28.0 \sim 18.7 L/(m^2 \cdot h)$ 之间的 9 个档次范围，具体数据见表 12.7。

表 12.7 $100 m^3/h$ 产水量系统的可行平均通量系列（元件面积 $37.2 m^2$，膜壳长度 6m）

单位：$L/(m^2 \cdot h)$

膜壳数量	16	17	18	19	20	21	22	23	24
排列结构	11-5/6	12-5/6	12-6/6	13-6/6	14-6/6	14-7/6	15-7/6	16-7/6	16-8/6
元件数量	96	102	108	114	120	126	132	138	144
平均通量	28.0	26.4	24.9	23.6	22.4	21.3	20.4	19.5	18.7

本章内容主要讨论的首先是在可行的设计通量系列中如何选择最优设计通量，以使系统的投资与运行费用合成的综合费用达到最低水平；其次是在温度随季节变化、电价随时间变化或电源随机性变化等外界条件下，如何合理实现系统的变通量运行。

12.3.1 最低费用的通量优化

一般而言，系统通量越高，元件数量越少，膜壳数量越少，工作压力越大，系统能耗越高，污染速度越快，清洗频率越高；换言之，随着系统通量的上升，系统的投资费用下降而运行费用上升。因此，最优系统通量应以投资费用与运行费用综合的系统费用最低为优化计算目标，以下进行最低系统费用对应的通量优化分析。

为了简化相关计算内容，投资费用只包括元件和膜壳等可变投资费用，而不包括建筑、水泵、管路、控制等与系统通量关系较弱的固定投资费用，运行费用只包括电耗与清洗或换膜等可变运行费用，而不包括人工、照明等与系统通量无关的固定运行费用。

此外，假定表 12.7 相关系统寿命即膜壳寿命 $M_s = 20a$ 或 21a，膜壳数量为 N_s，元件寿命 $M_m = 1a、2a、3a、4a$ 或 5a，元件数量为 N_m，系统寿命的 M_s 年中相应换膜 20、10、7、5 或 4 次。且设每年的运行费用年中一次性支出，且全部贴现至第一年年初，年贴现率为 i，则有下列元件费复利现值系数 B_m 与运行费复利现值系数 B_a。这里所谓复利现值系数为：计及年贴现率时，将多年费用（元件费或运行费）的总和统一折算至现值的折算系数。

$$B_a = \sum_{j=1}^{M_s} \frac{1}{(1+i)^{(j-0.5)}} = \frac{10.959}{M_s = 20}, \frac{11.208}{M_s = 21} \qquad (12.5)$$

$$B_m = \sum_{j=1}^{M_s/M_m} \frac{1}{(1+i)^{M_m(j-1)}} = \frac{2.584}{M_m=5}, \frac{3.128}{M_m=4}, \frac{4.129}{M_m=3}, \frac{5.859}{M_m=2}, \frac{11.336}{M_m=1} \qquad (12.6)$$

设元件与膜壳的价格分别为 Co_m（万元）与 Co_s（万元），则两者总投资 $Cost_{inv}$ 为：

$$Cost_{inv} = B_m Co_m N_m + Co_s N_s \quad （万元） \qquad (12.7)$$

设年系统能耗与用电价格分别为 En_a（kW·h）与 P_e[万元/(kW·h)]，则每年运行费用 $Cost_{run}$ 为：

$$Cost_{run} = B_a(1+D)P_e En_a \quad （万元） \qquad (12.8)$$

式中，D 为洗膜费用系数。因高通量意味着高工作压力与高用电费用，同时也意味着高污染及高清洗周期与高清洗费用。这里用洗膜费用系数表征洗膜费用与用电费用同步增长。

20 年或 21 年系统寿命期内折现的综合系统费用 $Cost_{sum}$ 为

$$Cost_{sum} = Cost_{inv} + Cost_{run} = B_m Co_m N_m + Co_s N_s + B_a P_e En_a \quad （万元） \qquad (12.9)$$

如设 P_{fk} 为第 k 个半月平均温度下的系统平均工作压力，R_e 为系统收率，则年系统能耗 En_a 为：

$$En_a = \frac{15 \times 24}{3.6} \sum_{k=1}^{24} \frac{P_{fk} Q_p}{R_e} \quad （kW·h） \qquad (12.10)$$

这里，第 k 月的系统平均工作压力 P_{fk} 可根据第 k 月平均温度及给水含盐量、元件品种、元件数量、膜堆结构、元件性能衰减程度等运行条件，运用设计软件计算得出。

【例 1】 假设系统运行条件：（500mg/L、100m³/h、75%、ESPA2、4a），性能衰减程度：透盐率上升 20% 及产水率下降 14%。年内给水温度的上下限值为 5～25℃，各半月平均温度按照正弦函数规律分布为 $15+10\sin(15t-90)$℃（$t=0～23$）。假设相关系统费用：元件价格 ESPA2 为 $Co_m = 0.45$ 万元/支，膜壳价格为 $Co_s = 0.3$ 万元/6m，电价为 $P_e = 0.8 \times 10^{-4}$ 万元/(kW·h)，清洗费用系数为 $D = 0.01$，年贴现率为 $i = 0.07$。

根据 [例 1] 所示数据，运用海德能公司设计软件进行 28L/(m²·h) 通量工况下的相关计算，即可得出表 12.8 所示及半月平均温度条件下的半月平均能耗。如进行类似的各系统通量条件下的能耗计算，将得到图 12.13 所示各系统通量条件下的投资费用、运行费用及其综合费用，从而得到该三项费用的系统通量特性。其中，最低综合费用为 536.6 万元，对应的最优系统通量为 18.7L/(m²·h)。

表 12.8 系统能耗分析列表（全年系统能耗 543MW·h）

[500mg/L，75%，100m³/h，28L/(m²·h)，2a，11-5/6，ESPA2，机泵效率 0.772]

给水温度 /℃	工作压力 /MPa	产水盐量 /(mg/L)	半月能耗 /kW·h	给水温度 /℃	工作压力 /MPa	产水盐量 /(mg/L)	半月能耗 /kW·h
5.0	1.69	2.7	29192	25.0	1.00	5.5	17273
5.3	1.67	2.7	28847	24.7	1.01	5.4	17446
6.3	1.62	2.8	27983	23.7	1.03	5.2	17792
7.9	1.55	3.0	26774	22.1	1.07	5.0	18483
10.0	1.46	3.3	25219	20.0	1.13	4.6	19519
12.4	1.37	3.5	23665	17.6	1.19	4.2	20555
15.0	1.28	3.9	22110	15.0	1.28	3.9	22110
17.6	1.19	4.2	20555	12.4	1.37	3.5	23665

给水温度 /℃	工作压力 /MPa	产水盐量 /(mg/L)	半月能耗 /kW·h	给水温度 /℃	工作压力 /MPa	产水盐量 /(mg/L)	半月能耗 /kW·h
20.0	1.13	4.6	19519	10.0	1.46	3.3	25219
22.1	1.07	5.0	18483	7.9	1.55	3.0	26774
23.7	1.03	5.2	17792	6.3	1.62	2.8	27983
24.7	1.01	5.4	17446	5.3	1.67	2.7	28847

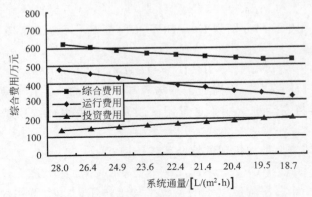

图 12.13　综合费用的系统通量特性（元件寿命 4a）

[ESPA2，2a，5～25℃，500mg/L，电价 0.8 元/（kW·h）]

　　根据式（12.7），投资费用上升的因素包括：元件及膜壳价格上升、元件及膜壳数量增加及年贴现率降低。根据式（12.8），运行费用下降的因素包括：洗膜费用下降、元件工作压力下降、元件寿命缩短、用电价格下降、平均水温上升及年贴现率上升。

　　如在［例1］基础上，仅将元件寿命由 4 年改为 2 年而其他保持指标不变，则投资费用曲线大幅上升，综合费用曲线下降且最低综合费用为 436.5 万元，对应的最优系统通量上升为 28.0L/（m²·h），相关曲线见图 12.14。因图 12.13 及图 12.14 中综合费用特性呈下凹二次曲线形态，具有存在最低费用的可能，而在 18.7～28.0L/（m²·h）通量范围内出现最低综合费用，决定于投资费用与运行费用的比值。

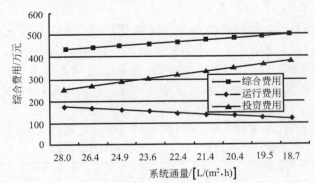

图 12.14　综合费用的系统通量特性（元件寿命 2a）

[ESPA2，1a，5～25℃，500mg/L，电价 0.8 元/（kW·h）]

12.3.2　季节性系统通量调整

　　系统的产水流量与含盐量要求一般为定值而与季节无关，而恒通量系统随季节即水温的变化，其工作压力与产水水质将产生相应变化。如果夏季即高温条件下，系统产水水质刚能满足工程要求，则冬季即低温条件下，产水水质要高于工程要求。如果冬季较高的工作压力尚属客观需要，则冬季较高的产水水质应属资源或性能的浪费。

欲使冬季运行期间，在保持产水流量的同时，也保持较低的工作压力与合理的产水水质，可以通过降低系统通量予以实现。届时产水水质满足设计要求，工作压力、能耗水平及运行费用也保持较低水平，则要求更多元件、较低通量与较高投资。因此，冬夏季即高低温条件下的系统通量调整，成为另一个投资费用与运行费用的综合优化问题。

关于年内变化通量与系统设计通量间的关系应遵循以下原则：

① 年内变化通量按照时间的加权均值仍应等于系统设计通量。

② 年内变化通量的上下限值应该不超过设计导则的上下限值。

③ 如每只膜壳年内运行时间不同，应使其运行寿命年限内一致。

【例2】 假设系统运行条件：给水盐量 1000mg/L、产水流量 100m³/h、系统收率 75%、元件品种 CPA3-LD（性能衰减程度：透盐率上升 20% 及产水率下降 14%）、元件寿命 3a，膜壳寿命 18a。年内给水温度的上下限值为 5～25℃，各半月平均温度按照正弦函数规律分布为 $15+10\sin(15t-90)$℃ （$t=0\sim23$）。假设相关系统费用：元件价格 ESPA2 为 $C_{om}=0.45$ 万元/支，膜壳价格为 $C_{os}=0.3$ 万元/6m，电价为 $P_e=0.8\times10^{-4}$ 万元/（kW·h），清洗费用系数为 $D=0.01$，年贴现率为 $i=0.07$。恒通量系统的系统通量为 22.4L/（m²·h），变通量系统在高给水温条件下的系统通量为 18.7L/（m²·h），在低给水温条件下的系统通量为 28.0L/（m²·h）。

表 12.9 左侧数据示出，特定膜堆结构及恒通量运行模式下，低温环境中的高工作压力与低产水含盐量。表中右侧数据示出，变通量运行模式下，可以实现较低的工作压力及较高的产水含盐量（未超过高温环境下的产水含盐量）。图 12.15～图 12.17 分别给出表 12.9 所示数据的曲线表征形式。

表 12.9 恒定通量与变化通量运行方式的系统运行参数比较

[1000mg/L，100m³/h，75%，2a，CPA3-LD，机泵效率 0.772，系统年内平均通量 22.4L/（m²·h）]

给水温度 /℃	恒定通量 28L/（m²·h）的运行模式				变化通量 19～28L/（m²·h）运行模式				
	膜堆结构	工作压力 /MPa	产水盐量 /（mg/L）	半月能耗 /kW·h	膜堆结构	工作压力 /MPa	产水盐量 /（mg/L）	半月能耗 /kW·h	半月通量 /[L/（m²·h）]
5.0	11-5/6	2.12	6.7	36620	16-8/6	1.46	10.1	25219	18.7
5.3	11-5/6	2.10	6.7	36274	16-8/6	1.45	10.2	25046	18.7
6.3	11-5/6	2.04	7.0	35238	16-8/6	1.40	10.6	24183	18.7
7.9	11-5/6	1.95	7.4	33683	16-8/6	1.34	11.2	23146	18.7
10.0	11-5/6	1.83	8.0	31610	16-8/6	1.26	12.1	21764	18.7
12.4	11-5/6	1.71	8.7	29538	16-8/6	1.18	13.1	20383	18.7
15.0	11-5/6	1.59	9.5	27465	15-7/6	1.19	13.2	20555	20.4
17.6	11-5/6	1.49	10.4	25737	14-6/6	1.21	13.1	20901	22.4
20.0	11-5/6	1.40	11.3	24183	12-6/6	1.25	12.7	21592	24.9
22.1	11-5/6	1.33	12.1	22974	12-5/6	1.25	12.9	21592	26.4
23.7	11-5/6	1.27	12.8	21937	11-5/6	1.27	12.8	21937	28.0
24.7	11-5/6	1.24	13.2	21419	11-5/6	1.24	13.2	21419	28.0
25.0	11-5/6	1.24	13.3	21419	11-5/6	1.24	13.3	21419	28.0
24.7	11-5/6	1.24	13.2	21419	11-5/6	1.24	13.2	21419	28.0
23.7	11-5/6	1.27	12.8	21937	11-5/6	1.27	12.8	21937	28.0
22.1	11-5/6	1.33	12.1	22974	12-5/6	1.25	12.9	21592	26.4
20.0	11-5/6	1.40	11.3	24183	12-6/6	1.25	12.7	21592	24.9
17.6	11-5/6	1.49	10.4	25737	14-6/6	1.21	13.1	20901	22.4
15.0	11-5/6	1.59	9.5	27465	15-7/6	1.19	13.2	20555	20.4

给水温度 /℃	恒定通量 28L/(m²·h)的运行模式				变化通量 19~28L/(m²·h)运行模式				
	膜堆结构	工作压力 /MPa	产水盐量 /(mg/L)	半月能耗 /kW·h	膜堆结构	工作压力 /MPa	产水盐量 /(mg/L)	半月能耗 /kW·h	半月通量 /[L/(m²·h)]
12.4	11-5/6	1.71	8.7	29538	16-8/6	1.18	13.1	20383	18.7
10.0	11-5/6	1.83	8.0	31610	16-8/6	1.26	12.1	21764	18.7
7.9	11-5/6	1.95	7.4	33683	16-8/6	1.34	11.2	23146	18.7
6.3	11-5/6	2.04	7.0	35238	16-8/6	1.40	10.6	24183	18.7
5.3	11-5/6	2.10	6.7	36274	16-8/6	1.45	10.2	25046	18.7

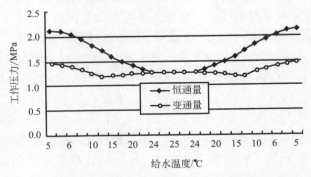

图 12.15　变通量与否的系统工作压力随温度的变化

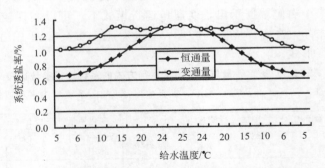

图 12.16　变通量与否的系统透盐率随温度的变化

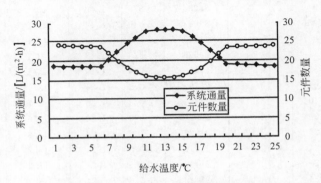

图 12.17　变通量与否的系统通量与元件数量

在随给水温度变化的变通量系统中，式（12.5）～式（12.9）的元件复利现值系数 B_m、年运行费用复利现值系数 B_a、系统总投资 $Cost_{inv}$、年运行费用 $Cost_{run}$ 及综合系统费用 $Cost_{sum}$ 均保持不变。但是，应注意以下相关问题：

① 元件及膜壳的数量 N_m 与 N_s 应为最低系统通量状态对应的元件及膜壳数量。表 12.9 算例中的元件及膜壳的数量分别是 144 与 24，而不是最大通量对应的 96 与 16。

② 元件寿命应按照系统各元件年内平均通量对应的污染负荷进行计算。表 12.9 算例中的年内平均通量为 22.4L/(m²·h)，既不是最低通量 18.7L/(m²·h)，也不是最高通量 28.0L/(m²·h)。

③ 年系统能耗 En_a 的计算应按照表 12.8 所示逐半月计算时段能耗，并将其累计形成年内能耗总和。

a. 恒通量相关参数　恒通量等于 28L/(m²·h) 时，元件与膜壳数量分别为 96 支与 16 只，元件与膜壳的寿命分别为 3a 与 18a（系统寿命为 18a），则元件复利现值系数 B_m 与年运行费用复利现值系数 B_a 分别为：

$$B_m = \sum_{j=1}^{M_s/M_m} \frac{1}{(1+i)^{M_m(j-1)}} = 3.83\,(M_m = 3) \qquad B_a = \sum_{j=1}^{M_s} \frac{1}{(1+i)^{(j-0.5)}} = 10.405\,(M_s = 18)$$

根据式（12.7）的可变投资费用为：

$$Cost_{inv} = Co_m N_m B_m + Co_s N_s = 0.45 \times 96 \times 4.129 + 0.3 \times 16 = 170.3\ \text{万元}$$

年系统能耗为 $En_a = 200 \sum$ 半月能耗 $= 67.8 \times 10^4 \text{kW·h}$

根据式（12.8）的可变运行费用为：

$$Cost_{run} = (1+D) P_e En_a B_a = 1.01 \times 0.8 \times 67.8 \times 11.21 = 570.0\ \text{万元}$$

b. 变通量相关参数　变通量在 18.7～28.0L/(m²·h) 范围时，元件与膜壳数量分别为 114 支与 24 只，膜壳寿命 M_s 如按照 18a 计算，则元件的平均工作时间降至原值的 96/144＝0.67，元件寿命 M_m 也应改为 $3 \times 144/96 = 4.5a$，相应的复利现值系数 B_m 约为：

$$B_m = \sum_{j=1}^{18/4.5} \frac{1}{(1+i)^{4.5(j-1)}} = 2.68$$

根据式（12.7）的可变投资费用为：

$$Cost_{inv} = Co_m N_m B_m + Co_s N_s = 0.45 \times 114 \times 2.68 + 0.3 \times 24 = 144.7\ \text{万元}$$

年系统能耗为 $En_a = 200 \sum$ 半月能耗 $= 53.2 \times 10^4 \text{kW·h}$

根据式（12.8）的可变运行费用为：

$$Cost_{run} = (1+D) P_e En_a B_a = 1.01 \times 0.8 \times 53.2 \times 10.45 = 449.2\ \text{万元}$$

c. 恒通量与变通量的比较　变通量系统总费用为 144.7＋449.2＝593.9 万元，恒通量系统总费用为 170.3＋570.0＝740.3 万元。后者较前者高出了 (740.3－593.9)/593.9＝24.6%，由此可见变通量系统在保证技术要求的同时体现出了明显经济优势。

12.3.3　峰谷性系统通量调整

电力系统中负荷的峰谷波动是一个普遍规律，峰值负荷时系统需要投入大量的高成本调峰机组，低谷负荷时系统需要维持大量的有成本热备用机组。为有效降低电力运行成本，尽量要求消峰填谷保持系统负荷的平稳。作为调峰的价格杠杆，电力系统对电力用户实行峰谷电价，表 12.10 给出某地区峰谷时段及相应的峰谷电价。

表 12.10　某地区峰谷电价［正常电价 1 元/（kW·h）］

时间段	相应时间		电价涨落
高峰段	8:00～11:00	18:00～23:00	150%
正常段	7:00～8:00	11:00～18:00	100%
低谷段	0:00～7:00	23:00～24:00	50%

对于特定的高给水盐量及高压膜系统 1（2000mg/L，100m³/h，75%，5℃，2a，14-

7/6，CPS3-LD,），如采用昼夜恒定 21.4L/(m²·h) 通量，每日运行电费为 68.6×24× 1.0＝1646.4 元。如果峰谷平三时间段分别采用 19.2L/(m²·h)、23.5L/(m²·h) 及 21.4L/(m²·h) 三个不同通量，则每日运行电费将降至 57.0×8×1.5＋81.7×8×0.5＋ 68.6×8×1.0＝1559.6 元，即恒通量运行较变通量运行多付电费（1646.4－1559.6）/ 1559.6×100％＝5.57％。

对于特定的低给水盐量及低压膜系统 2（500mg/L，100m³/h，75％，15℃，2a，14-7/6，ESPA2），如采用昼夜恒定 21.4L/(m²·h) 通量，每日运行电费为 42.2×24×1.0＝ 1012.8kW·h。如果峰谷平三时间段分别采用 19.2L/(m²·h)、23.5L/(m²·h) 及 21.4L/ (m²·h) 三个不同通量，则每日运行电费将降至 34.5×8×1.5＋50.6×8×0.5＋42.2×8× 1.0＝954 元，即恒通量运行较变通量运行多付电费（1012.8－954）/954×100％＝6.16％。

通过两系统运行电费比较可知：

① 如峰谷电价差±50％，而峰谷通量差±10％，则系统恒通量与变通量的运行电费相差 5.0％～6.5％。如峰谷电价相差更多或峰谷通量相差更大，变通量运行的经济效果更明显。

② 膜品种工作压力越低、给水含盐量越低、给水温度越高，则系统变通量运行的经济效果越明显。

③ 变通量运行时，只需适度增加水泵规格与产水箱容量，而无需增加其他设备，并根据时段调整产水流量即可达到节能增效之目的。

12.3.4　时变性系统通量调整

目前，新能源技术快速发展，风电与光电（光伏与光热发电）等分布式电源大量涌现，它们除具有可再生优势之外，也存在输出功率不稳定的缺陷。为保持电力系统的运行稳定，可采取以下相应措施：①电力系统保持足够的热备用容量；②分布电源配备足够的蓄电池容量；③电力系统中（特别是分布电源附近）配设足够的可变负荷以吸收分布式电源的随机输出功率。前两项措施均需要较大的投资与运行成本，可变负荷是吸收电源随机功率的最经济措施，而反渗透水处理系统即为典型的可变电力负荷之一。

作为电力负荷的反渗透系统，其用电负荷可以在特定系统膜面积条件下通过连续变通量以达到小范围连续变负荷的目的，也可以用改变系统膜面积方式大范围阶跃变负荷，还可以阶跃变面积加连续变通量实现大范围连续变负荷之目的。所谓连续变通量应使系统通量保持在设计导则允许范围之内，所谓阶跃变面积可采用类似季节性变通量的方式及时调整膜堆的规格与结构。

反渗透系统的通量调整一般应为自动控制，控制信号源于分布电源对电力主网的输出功率。电源输出功率增大时膜系统通量上调，电源输出功率减小时膜系统通量下调，从而使分布电源对电力主网的实际输出功率保持平稳或减小波动。

以节省运行电费及以改变电力负荷为重要工作目标的反渗透系统运行方式必须保证两项运行指标：一是配置足够容量的产水水箱以保证稳定的供水流量；二是在变通量过程中保证透盐率达标。

两级系统的工艺与优化

如7.5节所述，当一级反渗透工艺的产水含盐量不能满足设计要求时，可以采用两级反渗透工艺。与一级系统给水相比，二级系统的给水具有三项特点：①总含盐量很低；②难溶盐基本脱除；③pH值偏酸性。正是基于这三项给水特点，二级系统的设计具有诸多特征。

13.1 两级系统的工艺结构

制药等行业用纯水要求 $2M\Omega \cdot cm$ 的电导率，一般要求两级反渗透工艺脱盐；微电子芯片冲洗水及超临界锅炉补给水等需要约 $15\sim18M\Omega \cdot cm$ 电导率的高纯水，不仅要求两级反渗透工艺，还要求后续的电去离子工艺及精混树脂交换工艺。总之，深度脱盐领域中存在多种原因要求两级脱盐工艺。

图13.1所示的两级系统的工艺结构中，一级系统与二级系统串联，一级系统的产水成为二级系统的给水，一级系统的浓水成为两级系统的排放浓水，二级系统的产水成为两级系统的终端产水。由于二级系统浓水的含盐量一般低于一级系统原水的含盐量，一般二级系统的浓水全部回流至一级系统进水侧，与全系统进水混合后构成一级系统的给水。该回流工艺不仅提高了全系统的回收率，也因降低了一级系统给水的含盐量，从而降低了全系统的透盐率。

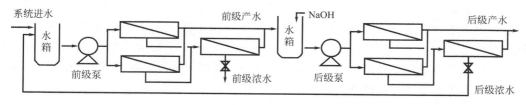

图13.1 两级反渗透系统的串联工艺结构

图13.1所示两级系统之间设有中间水箱，故两级之间只有流量与水质的传递，而无压力的传递，故称为串联系统。如果省略中间水箱及二级给水泵则可形成图13.2所示的直联系统。直联系统中二级给水压力成为一级产水背压，一级系统工作压力相应抬升至一级与二级系统工作压力之和，而其他运行参数与串联系统基本一致。因此，直联一级系统中膜壳与管路的耐压水平也需相应提高。由于直联结构的运行控制较为困难，大型两级系统一般多采用串联结构。

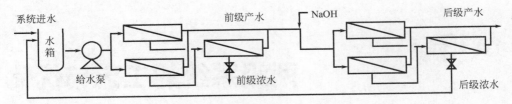

图 13.2　两级反渗透系统的直联工艺结构

13.2　二级系统的工艺特征

13.2.1　二级系统设计通量

如 6.4 节系统设计导则所述，膜系统的设计通量作为系统设计的重要参数，主要决定于系统的有机污染。二级系统给水的污染物含量远低于一级系统，具有着很高的运行稳定性，因此，表 6.2 所示设计导则规定，二级系统的设计通量 30～40L/(m²·h) 远高于一级系统的设计通量 10～30L/(m²·h)。二级系统设计通量的提高不仅降低了二级系统的设备成本，还可有效降低二级系统及整个两级系统的透盐率。

13.2.2　二级系统的回收率

由于二级系统给水中无机污染物浓度远低于一级系统给水，二级系统收率多为 85%～90%，也远高于一级系统的 75%～80% 收率。尽管二级系统收率较一级系统具有明显提高，多数实际工程中一级系统的污染速度还是高于二级系统。

设两级系统的进水流量为 Q_r、二级系统收率为 $R_{e2}=Q_{p2}/Q_{f2}=Q_{p2}/Q_{p1}$，一级系统收率为 $R_{e1}=Q_{p1}/Q_{f1}$，则有两级全系统收率

$$R_{e\,sys}=\frac{Q_{p2}}{Q_r}=\frac{Q_{p2}}{Q_{p2}+Q_{c1}}=\frac{R_{e2}Q_{p1}}{R_{e2}Q_{p1}+Q_{c1}}=\frac{R_{e2}}{R_{e2}+Q_{c1}/Q_{p1}}=\frac{R_{e2}}{R_{e2}-1+1/R_{e1}}$$

(13.1)

该式表明，当一级与二级系统收率分别为 75% 与 85% 时，两级全系统收率为 71.8%，且任何一级系统收率的提高均可提高全系统收率。一级系统收率从 75% 增至 76% 时，全系统收率增至 72.9%；二级系统收率从 85% 增至 86% 时，全系统收率增至 72.1%。由于一级收率的提高直接降低排放流量 Q_{c1}，而二级收率的提高间接降低排放流量 Q_{c1}，故提高一级收率对全系统收率的提高更加明显。

13.2.3　二级系统浓差极化

膜系统的浓差极化度指标属于流体力学范畴，除固有的浓水隔网及膜表面形态之外，该指标决定于元件或系统的回收率或浓淡水流量比例。设计导则中关于一级系统浓差极化度的 1.2 上限值，是基于普通一级系统中给浓水的有机与无机污染物浓度而定。由于二级系统中给浓水的污染物浓度远低于一级系统，设计导则中关于二级系统的浓差极化度上限增加至 1.4。

对于单支膜元件而言，浓差极化度 1.2 对应的回收率为 18.5%（浓淡比为 1∶4.41），浓差极化度 1.4 对应的回收率为 31.5%（浓淡比为 1∶2.17）。

13.2.4 二级系统元件品种

同等脱盐水平的膜元件，在2000mg/L较高给水含盐量的一级系统中采用高压膜品种与低压膜品种的主要区别是系统前后段通量均衡程度的差异。如表13.1所示，一级系统采用低压膜ESPA2时的段通量比高至25.5/9.1＝2.80，而采用高压膜CPA3-LD时的段通量比降为23.8/12.6＝1.89，两膜品种的段通量比相差（2.80－1.89）/1.89＝48%。由于2000mg/L给水含盐量产生的高渗透压（0.62MPa）成为系统工作压力的主要因素，膜品种透水压力差异造成的系统工作压力的差异只有（1.01－0.93）/0.93＝8.6%。

同等脱盐水平的膜元件，在50mg/L较低给水含盐量的二级系统中，高低压膜品种所形成的系统前后段通量均衡程度的差异并不明显。如表13.1所示，二级系统采用低压膜ESPA2时的段通量比仅有32.5/25.1＝1.29，而采用高压膜CPA3-LD时的段通量比也只降为31.3/27.5＝1.14，两膜品种的段通量比仅相差（1.29－1.14）/1.14＝13%。但是，由于低给水含盐量产生的低渗透压（0.03MPa），膜品种透水压力的差异成为的系统工作压力的差异高达（0.99－0.85）/0.85＝17%。

表13.1 一级系统与二级系统采用高低透水压力膜品种时的段通量比差异

[给水温度25℃，一级通量20L/($m^2 \cdot h$)，二级通量30L/($m^2 \cdot h$)]

系统类别	给水含盐量/(mg/L)	工作压力/MPa	系统收率/%	膜堆结构	元件品种	产水盐量/(mg/L)	前段通量/[L/($m^2 \cdot h$)]	后段通量/[L/($m^2 \cdot h$)]	浓极化度
一级	2000	0.93	75	2-1/6	ESPA2	55.2	25.5	9.1	1.19/1.03
		1.01			CPA3-LD	48.1	23.8	12.6	1.17/1.05
二级	50	8.50	85		ESPA2	0.8	32.5	25.1	1.21/1.21
		9.90			CPA3-LD	0.8	31.3	27.5	1.20/1.24

在两级系统设计领域，同时存在系统能耗、通量均衡与脱除盐率三大项设计指标。

对于一般给水含盐量水平及一般脱盐率要求的两级系统，应该主要考虑系统能耗与通量平衡两项技术指标，有上述分析的结论是：一级系统应采用较高透水压力的膜品种，以小幅增长的系统能耗为代价，换取大幅降低的段通量比值；二级系统应采用较低透水压力的膜品种，以小幅增长的段通量比为代价，换取大幅降低的系统能耗；即一级与二级系统应分别采用CPA3-LD与ESPA2品种元件。

对于脱盐率要求较高的两级系统，由于高压膜品种的脱盐率要高于低压膜品种，各级系统脱盐率均成为了主要技术指标，往往在二级系统中也采用CPA3-LD等高压膜品种。对于给水含盐量较低及脱盐率要求较低的两级系统，由于低压膜品种系统的段通量比也不很大，往往在一级系统中也采用ESPA2等低压膜品种。

13.2.5 二级系统流程长度

第6章中关于浓差极化极限收率讨论的结论是：对于特定收率系统，长流程系统的浓差极化度较小，短流程系统的浓差极化度较大。因此，受到浓差极化度1.2限制，一级系统的流程较长，一般取为每段长度6m且两段全长12m，但存在系统能耗高、段通量比大等弊端。由于二级系统的浓差极化度限制大幅放宽，流程长度则可缩短，即在允许较高浓差极化度指标基础上，采用短流程结构，可有效降低系统能耗与段通量比。

表13.2所列数据表明，对于低给水含盐量、低压膜元件、高回收率的二级系统中，当浓差极化度放宽限值至1.4时，二级系统的膜堆结构可为2-1/5其至2-1/4，即流程长度可

缩短至 10m 甚至 8m。

表 13.2 不同流程长度二级系统的运行参数比较 [50mg/L，30L/(m²·h)，85%，ESPA2]

给水温度/℃	膜堆结构	产水电导/(μS/cm)	工作压力/MPa	前段通量/[L/(m²·h)]	后段通量/[L/(m²·h)]	前段浓差极化度	后段浓差极化度
25	2-1/6	1.96	0.85	32.5	25.1	1.21	1.21
	2-1/5	1.97	0.80	31.7	26.4	1.25	1.27
	2-1/4	1.99	0.76	31.3	27.5	1.31	1.36
	2-1/3	2.04	0.74	30.9	28.3	1.40	1.50
5	2-1/6	1.13	1.49	31.4	27.4	1.20	1.24
	2-1/5	1.14	1.44	31.0	28.1	1.24	1.30
	2-1/4	1.16	1.40	30.7	28.7	1.30	1.38
	2-1/3	1.18	1.37	30.5	29.1	1.39	1.52

表 13.3 示出一个典型两级系统的运行模拟参数分布，图 13.3 示出该系统工艺及主要运行指标。

表 13.3 两级系统典型算例（系统产水流量 34.2m³/h）

（温度 15℃，一级给水盐量 2000m³/h，一级收率 75%，二级收率 85%）

一级系统[通量 19.9L/(m²·h)]				二级系统[通量 38.1L/(m²·h)]			
流程位置	工作压力/MPa	产水通量/[L/(m²·h)]	浓差极化	流程位置	工作压力/MPa	产水通量/[L/(m²·h)]	浓差极化
1-1-1	1.18	24.7	1.10	2-1-1	1.29	40.6	1.16
1-1-2	1.16	23.9	1.10	2-1-2	1.26	39.5	1.19
1-1-3	1.15	23.0	1.12	2-1-3	1.23	38.7	1.23
1-1-4	1.14	22.1	1.14	2-1-4	1.21	38.2	1.30
1-1-5	1.13	21.0	1.15	2-2-1	1.18	36.8	1.17
1-1-6	1.12	19.7	1.17	2-2-2	1.15	36.1	1.21
1-2-1	1.09	17.9	1.08	2-2-3	1.13	35.5	1.27
1-2-2	1.08	16.8	1.10	2-2-4	1.12	35.0	1.38
1-2-3	1.07	15.6	1.10				
1-2-4	1.06	14.4	1.10				
1-2-5	1.05	13.2	1.10				
1-2-6	1.04	11.9	1.10				

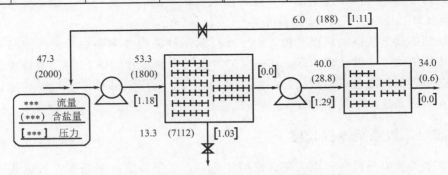

图 13.3 典型的两级系统工艺及主要运行指标

13.2.6 二级系统段壳数量

根据表 13.4 数据分析，因二级系统的浓差极化度上限为 1.4，当系统收率为 85% 时，如再采用 2:1 的段壳数量比，则将出现首段的段壳浓水流量大于末段的现象。根据 8.4 节讨论的结论，为使末段错流比更大以降低污染，末段的段壳浓水流量应大于首段。因此，针对 85% 的二级高收率系统，无论系统流程为 12m、10m 或 8m，为使段壳浓水比小于 1，其段壳数量比应接近或等于 3：1。

表 13.4 不同二级系统段壳数量比的运行参数比较 [50mg/L，30L/(m²·h)，15℃，85%，ESPA2]

膜堆结构	产水电导 /(μS/cm)	工作压力 /MPa	前段壳浓水 /(m³/h)	后段壳浓水 /(m³/h)	前段通量 /[L/(m²·h)]	后段通量 /[L/(m²·h)]	前段浓差极化度	后段浓差极化度
3-1/6	1.50	1.08	3.5	4.7	31.4	25.9	1.28	1.17
2-1/6	1.48	1.11	4.7	3.5	31.9	26.4	1.21	1.23
3-1/5	1.51	1.04	3.0	3.9	31.0	27.0	1.33	1.21
2-1/5	1.50	1.06	4.0	3.0	31.3	27.4	1.24	1.29
3-1/4	1.52	1.00	2.4	3.1	30.7	27.9	1.40	1.28
2-1/4	1.52	1.02	3.3	2.4	30.9	28.2	1.30	1.38

这里关于段壳数量比的分析再次验证，多数一级系统所采用的 2-1/n 结构，是以 75% 系统收率为基础。实际上，为保证段壳浓水比约等于于 0.8~0.9，随系统收率的变化，段壳数量比也要相应进行调整，表 13.5 给出特定系统结构对于不同系统收率的段壳浓水比。

表 13.5 特定系统结构的回收率与浓水比 [50mg/L，30L/(m²·h)，15℃，2-1/6，ESPA2]

系统回收率/%	90	80	70	60	50
段壳浓水比	4.1/2.2	5.4/5.0	7.0/8.6	9.1/13.4	12.1/20.1

13.2.7 二级系统元件数量

表 13.3 算例中，两级系统分别为 6-3/6 与 4-2/4 膜堆结构，元件数量为 54 支与 24 支，两级系统的元件数量之比接近 2：1。如果两级系统分别为 6-3/6 与 3-1/5 膜堆结构，元件数量为 54 支与 20 支，两级系统的元件数量之比也接近 2：1。

对于一个 100m³/h 产水量及 75% 回收率的一级系统和 85m³/h 产水量及 85% 回收率的二级系统，根据设计导则要求，一二级的系统通量可以分别为 22.4L/（m²·h）与 38.1L/(m²·h)。如分别采用同为 37.2m² 膜面积的 CPA3 与 ESPA2 元件品种，且分别采用 14-6/6 及 10-5/4 的膜堆结构，或分别采用 14-6/6 及 9-3/5 的膜堆结构，则一二级系统的元件数量均分别为 120 支与 60 支，即一二级系统的元件数量之比为 2：1。上述两例说明，一般两级系统中，二级系统的元件数量及膜面积接近或等于一级系统的一半。

13.3 二级系统的给水脱气

基于 5.5.2 节的分析，一级系统产水 pH 值一般低于给水 pH 值。一级系统的给水 pH 值一般接近 7，因此产水的 pH 值普遍低于 7。根据图 5.35 所示水溶液中碳酸盐的平衡关系，如二级系统给水的 pH 值低于 7，则给水中将含有大量的 CO_2 气体，由于反渗透膜过程对于溶解气体的脱除率很低，则二级系统透盐率将会大幅提高。

为降低二级系统透盐率，一般是在两级系统之间加入一个脱除二氧化碳工艺。脱除溶入水中的二氧化碳气体具有三项基本工艺包括：脱气塔、脱气膜及调整给水 pH 值。

13.3.1 脱气塔工艺

脱气塔的结构多为圆柱形塔式结构，由配水装置、填料层（多面空心塑料球或波纹板等）和脱碳风机所组成。水体从脱气塔上部进入塔体，经配水装置均匀地喷淋在填料表面形成水膜，经填料层与空气接触后，流入下部集水箱（中间水箱）。空气由鼓风机从塔底鼓入，在通过填料层时与水流方向形成逆向气流，以吹脱水膜中的二氧化碳，并与析出的二氧化碳一起从顶部排出。经脱气塔工艺处理后，水体中的二氧化碳含量可低于 5mg/L。

13.3.2 脱气膜工艺

脱气膜工艺是利用扩散原理将液体中的二氧化碳气体脱除的膜分离工艺。脱气膜容器内装有大量的中空纤维疏水超滤膜，水分子不能通过疏水超滤膜上的微孔，而气体分子却能够通过。脱气膜设备运行时，水体在特定压力下从中空纤维内侧切向通过，而水中的二氧化碳等气体在中空纤维外侧真空泵的负压作用下被不断抽走，从而达到去除水中包括二氧化碳在内各类气体的目的。脱气膜装置的脱气效率可高达 99.99%，产水的二氧化碳浓度可小于 1mg/L。脱气膜的材料目前主要采用聚丙烯和聚四氟乙烯等聚合物，微孔为 $0.01 \sim 0.2 \mu m$。

13.4 调整系统给水 pH 值

根据图 5.35 所示碳酸盐体系的平衡曲线，为消除水体中的二氧化碳，可以在二级系统给水中加碱（如氢氧化钠）使 pH 值高于 8.2 水平。反渗透工艺还是水与膜的合成作用，除水中气体成分的作用之外，膜体本身的脱盐过程也存在最佳的 pH 值。因此，膜元件透盐率最低的 pH 值是给浓水最佳 pH 值与膜过程最佳 pH 值合成的结果。

此外，反渗透系统的透盐率对于 pH 值的敏感程度与水体的含盐量（或离子强度）相关。如图 13.4 所示，系统给水 pH 值约为 7.75 时的膜透盐率达到最低值，但低给水含盐量条件下透盐率对于 pH 值的敏感程度远大于高给水含盐量条件。由此可知，二级系统的透盐率对于 pH 值的敏感程度远高于一级系统，而欲使两级系统总透盐率达到最低水平，应该有效调整二级系统给水的 pH 值。

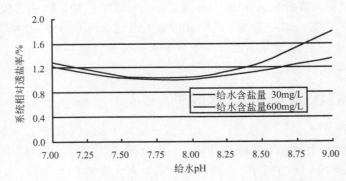

图 13.4　某系统相对透盐率的给水盐量及 pH 值特性
（相对透盐率＝给水 pH 值 7 的透盐率/给水 pH 值 7.75 的透盐率）

而且，反渗透系统具有较长的系统流程，该流程中各元件的给浓水 pH 值逐渐升高，欲使系统透盐率最低，必然是系统各流程元件总透盐率最低。例如，某 6m 流程二级系统中透盐率最低状态对应的给水 pH 值为 7.75，而根据表 13.6 所示数据，该系统中各流程位置元件以产水流量加权平均的系统透盐率最低 pH 值为 7.90。如果认为系统各元件最佳给浓水加权平均 pH 值为恒定数值，则最佳系统给水 pH 值与系统流程长度相关，即系统流程长度更短时，最佳给水 pH 值较高；而系统流程长度更长时，最佳给水 pH 值较低。

$$各元件给浓水加权平均\ pH\ 值 = \frac{\sum(给浓水\ pH\ 值 \times 透盐率 \times 产水量)}{\sum(透盐率 \times 产水量)}$$

$$= \frac{12.79 + 15.33 + 13.81}{1.64 + 1.94 + 1.74} = 7.9$$

正是由于系统的给水最佳 pH 值与给水条件、元件品种、系统结构甚至系统收率等多项因素相关，针对具体工程的给水最佳 pH 值，除理论分析之外，需要一个在系统运行过程中的试验与摸索过程。

表 13.6　6 支 8in 膜元件二级系统的运行参数

（给水 pH 值=7.75，各元件以产水流量加权平均的最佳给浓水 pH 值=7.90）

膜元件	给浓水含盐量 /(mg/L)	pH 值均值	产水量 /(m³/h)	产水含盐量 /(mg/L)	透盐率 /%	pH 值×透盐率 ×产水量
1~2 元件	645	7.82	0.84	12.56	1.95	12.79
3~4 元件	800	7.92	0.79	19.60	2.45	15.33
5~6 元件	1035	7.95	0.67	26.84	2.59	13.81

13.5　两级系统的试验分析

在两级系统中，一级系统的污染强度远大于二级系统，两级系统的性能衰减速率及元件更换频率相差很大。在长期运行过程中，一级与二级系统的透盐率常会因元件的新旧及污染程度的深浅而出现不断的变化。因此，针对实际工程要求，存在两级系统不同"透盐水平"元件的优化配置问题。

为了便于分析，在特定的给水盐量及产水通量条件下，构成了透盐水平分别为 1%、2%、3%、4%、5% 及 6% 的 6 个系统，且 6 个系统在其他给水含盐量条件下仍以其原有通量运行。6 个系统在处理一级给水时可视为 6 个透盐水平的一级系统，在处理二级给水时可视为 6 个透盐水平的二级系统，从而在连续处理一级与二级系统给水时，可得到一级与二级不同透盐水平的 36 个系统组合。某透盐水平组合为 "1%~3%" 形式时，表示一级系统为 1% 透盐水平而二级系统为 3% 透盐水平。

本节中，透盐水平为特定条件下系统固有特质，而透盐率为实际条件下系统运行效果。

13.5.1　一级透盐率的影响因素

在一级给水 pH 值最佳条件下，一级系统的实际透盐率除受给水电导等因素的影响之外，主要决定于一级系统的透盐水平。如图 13.5 曲线所示，在低于 $750\mu S/cm$ 范围内，给水电导率越低，一级系统透盐率越高；而且一级系统的透盐率与系统的透盐水平并非呈线性关系。

例如，给水电导率为 $750\mu S/cm$ 时，1% 透盐水平系统与 6% 透盐水平系统的透盐水平相差 6/1=6 倍，而对应的系统实际透盐率只相差 5.92%/1.34%=4.43 倍，即实际透盐率的差异小于系统透盐水平的差异。

此外，5% 透盐水平系统较 3% 透盐水平系统的实际透盐率下降了 4.80%－2.80%＝2.00%，而 3% 透盐水平系统较 1% 透盐水平系统的实际透盐率只下降了 2.80%－1.34%＝1.46%，即随系统透盐水平的降低，实际透盐率降低幅度趋于饱和。

再如图 13.5 曲线所示，同样是 6% 与 1% 的透盐水平系统，给水电导率为 $350\mu S/cm$ 对应的实际透盐率相差仅为 $6.59\%/1.77\%=3.73$ 倍，而给水电导率为 $750\mu S/cm$ 对应的实际透盐率相差为 $5.92\%/1.34\%=4.43$ 倍，即给水含盐量越低，系统透盐水平差异对实际透盐率差异的影响越小。

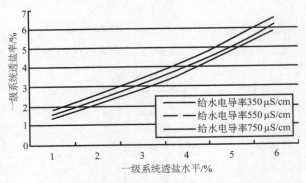

图 13.5　一级系统的透盐率与给水含盐量

13.5.2　透盐率与给水的 pH 值

图 13.4 给出的是不同给水含盐量条件下，一级系统透盐率与给水 pH 值之间的关系，而图 13.6 与图 13.7 给出的则是特定条件下，两级系统相同透盐水平组合与不同透盐水平组合及不同二级系统给水 pH 值之间的关系。两图曲线表明：

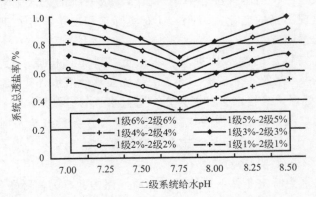

图 13.6　两级系统透盐率与给水 pH 值（1）

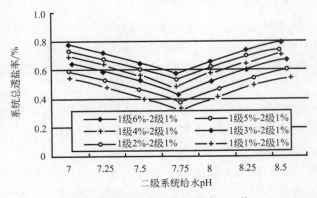

图 13.7　两级系统透盐率与给水 pH 值（2）

① 二级系统给水 pH 值对于二级系统的透盐率具有明显的影响，进而对于两级系统的总透盐率也产生明显影响。无论一级系统产水含盐量为何水平，二级系统最佳透盐率对应的二级给水 pH 值基本一致。

② 各级系统的透盐率均影响着两级总系统透盐率。两级系统总透盐率最低状态对应着各级系统的最低透盐率。欲得到两级系统的最低透盐率，要求各级系统的给水 pH 值均需调整到最佳水平。本章后续部分的讨论均设各级系统的给水 pH 值调整至最佳水平，如一级系统的 7.0 与二级系统的 7.75。

13.5.3　二级系统的透盐率特性

图 13.5 曲线表明，对应 $350\sim750\mu S/cm$ 的给水电导率及 $1\%\sim6\%$ 的系统透盐水平，一级系统的实际透盐率在 $1\%\sim7\%$ 区间，而图 13.8～图 13.13 所示曲线表明，同等条件下二级系统的透盐率竟达 $5\%\sim35\%$ 区间，即一级与二级系统的透盐率相差了 5 倍，这是二级系统与一级系统在透盐率特性领域中的最大区别。因此，在两级系统中，二级系统的透盐效果远大于一级系统。

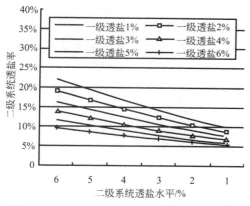

图 13.8　二级系统透盐率曲线（1）

（给水电导率 $750\mu S/cm$）

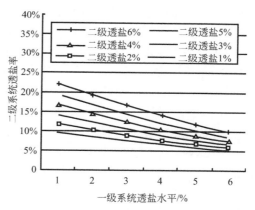

图 13.9　二级系统透盐率曲线（2）

（给水电导率 $750\mu S/cm$）

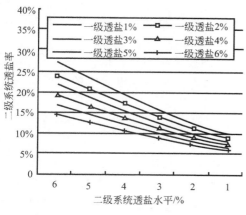

图 13.10　二级系统透盐率曲线（3）

（给水电导率 $550\mu S/cm$）

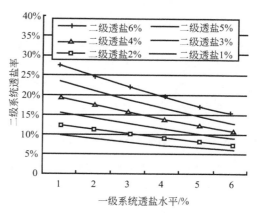

图 13.11　二级系统透盐率曲线（4）

（给水电导率 $550\mu S/cm$）

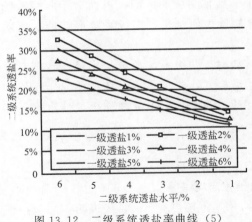

图 13.12　二级系统透盐率曲线（5）
（给水电导率 350μS/cm）

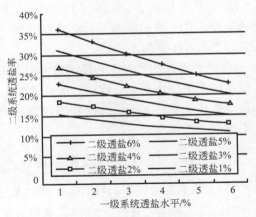

图 13.13　二级系统透盐率曲线（6）
（给水电导率 350μS/cm）

此外，图 13.8～图 13.13 所示曲线还揭示出二级系统的其他特点：

① 对于相同的一级系统给水电导，一级系统透盐水平及透盐率越低，则二级系统透盐率越高；而且二级透盐水平越低，一级透盐水平的差异所呈现出的效果越发不明显。

例如，一级给水电导率为 750μS/cm 且二级透盐水平为 6% 时，如一级透盐水平分别为 1% 与 6% 相差 6 倍，而二级系统透盐率分别为 22.0% 与 9.6% 只差 2.3 倍。

再如，一级给水电导率为 750μS/cm 且二级透盐水平为 1% 时，如一级透盐水平分别为 1% 与 6% 相差 6 倍，而二级系统透盐率分别为 10.0% 与 3.3% 相差 3 倍。

② 二级系统透盐水平与实际透盐率呈非线性关系　例如，一级给水电导率为 750μS/cm 且一级透盐水平为 1% 时，二级系统 5% 透盐水平较 3% 透盐水平的实际透盐率下降了 19.25%－14.20%＝5.05%，而二级系统 3% 透盐水平较 1% 透盐水平的实际透盐率只下降了 14.20%－10.00%＝4.20%；即随二级系统透盐水平的降低，二级系统实际透盐率趋于饱和。

再如，一级给水电导率为 750μS/cm 且一级透盐水平为 6% 时，二级系统 5% 透盐水平较 3% 透盐水平的实际系统透盐率下降了 8.40%－6.70%＝1.70%，而二级系统 3% 透盐水平较 1% 透盐水平的实际系统透盐率只下降了 6.70%－5.30%＝1.40%，即一级透盐水平越低，二级透盐水平差异呈现出的效果越发不明显。

③ 当一级给水电导率较高时，一级与二级系统的透盐率均相对较低；当一级给水电导率较低时，一级与二级系统的透盐率均相对较高。而且随一级给水电导率的降低，一级与二级系统的透盐率均加速上升。

13.5.4　两级系统的透盐率特性

从整体两级系统的透盐率观察，具有图 13.14～图 13.19 所示以下规律。

① 两级系统的透盐率远大于一级系统透盐率的平方。例如，给水电导率为 550μS/cm 系统中，一级系统透盐水平为 2% 时的一级透盐率为 2.28%，二级系统透盐水平为 2% 时的两级透盐率并非为 2.28%×2.28%＝0.052%，而是高达 0.34%。

② 两级系统透盐水平同时上升时，全系统透盐率上升幅度与一级透盐率上升幅度接近。例如，给水电导率为 550μS/cm 系统中，两级系统透盐水平同为 6% 与同为 1% 的全系

统透盐率之比为 0.99%/0.24%＝4.13，而一级系统透盐水平为 6% 与为 1% 的一级系统透盐率之比为 6.26%/1.55%＝4.04。

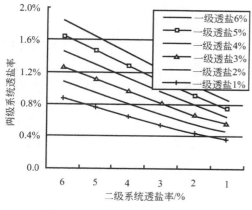

图 13.14　两级系统透盐率（1）

（给水电导率 350μS/cm）

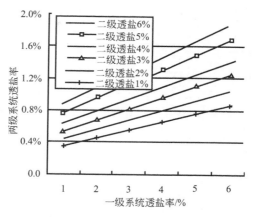

图 13.15　两级系统透盐率（2）

（给水电导率 350μS/cm）

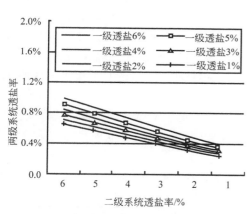

图 13.16　两级系统透盐率（3）

（给水电导率 550μS/cm）

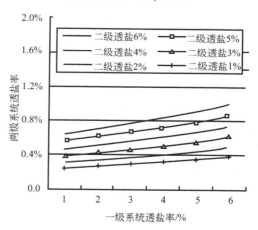

图 13.17　两级系统透盐率（4）

（给水电导率 550μS/cm）

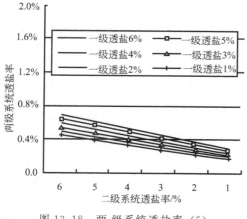

图 13.18　两级系统透盐率（5）

（给水电导率 750μS/cm）

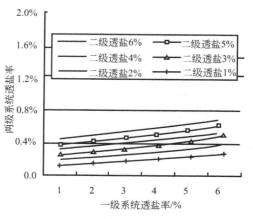

图 13.19　两级系统透盐率（6）

（给水电导率 750μS/cm）

③ 如两级系统透盐水平不同，二级透盐水平低于一级透盐水平时的系统透盐率较低。例如，给水电导率为 $550\mu S/cm$ 系统中，两级系统透盐水平分别为 $1\%\sim5\%$ 时的两级系统透盐率为 0.56%，两级系统透盐水平分别为 5%-1% 时的两级系统透盐率为 0.35%。

再如，给水电导率为 $550\mu S/cm$ 系统中，一二级系统透盐水平同为 3%（3%-3%）时的两级系统透盐率为 0.46%。只将一级透盐水平降至 1%（1%-3%）时，两级系统透盐率只降至 0.39%；只将二级透盐水平降至 1%（3%-1%）时，两级系统透盐率可降至 0.29%。换言之，二级系统透盐水平较一级系统透盐水平对于两级系统透盐率的影响更大。

④ 随系统给水电导率的降低，两级系统的透盐率加速上升。例如，两级系统透盐水平同为 6%（6%-6%）工况条件下，给水电导率为 $750\mu S/cm$ 的两级系统透盐率为 0.69%，给水电导率为 $550\mu S/cm$ 的两级系统透盐率为 0.99%，给水电导率为 $350\mu S/cm$ 的两级系统透盐率为 1.88%。换言之，给水含盐量低于 $100mg/L$ 系统采用两级脱盐工艺的效果有限，欲得到更高水平的纯水只有依靠电去离子或离子交换等其他工艺。

13.5.5 不同透盐水平系统配置

上节内容已经揭示出，在两级系统中二级系统透盐水平的影响大于一级系统透盐水平。表 13.7 中横向排列的两两数据更加明确地表明，不同透盐水平两个系统，如高透盐水平系统为一级，而低透盐水平系统为二级，则两级系统总透盐率较低，反之亦然。例如，设透盐水平分别为 1% 与 6% 的两个系统，将其分置于一级与二级时的两级系统总透盐率为 0.65%，将其分置于二级与一级时的两级系统总透盐率为 0.39%，足见透盐水平低的系统应置于二级位置。

换言之，如果两级系统的元件品种一致，而离线测试的脱盐水平存在差异时，脱盐水平较高元件应置于二级系统，而将脱盐水平较低元件置于一级系统，届时两级系统的总脱盐率较高即产水电导较低，反之亦然。

表 13.7　部分一二级系统透盐水平组合的两级系统透盐率

（给水电导率 $550\mu S/cm$，二级给水 pH 值 7.75）

透盐水平	总透盐率	透盐水平	总透盐率	透盐水平	总透盐率	透盐水平	总透盐率
1%-6%	0.65%	6%-1%	0.39%	2%-3%	0.43%	3%-2%	0.37%
1%-5%	0.56%	5%-1%	0.35%	3%-6%	0.77%	6%-3%	0.61%
1%-4%	0.47%	4%-1%	0.32%	3%-5%	0.67%	5%-3%	0.55%
1%-3%	0.39%	3%-1%	0.29%	3%-4%	0.56%	4%-3%	0.51%
1%-2%	0.31%	2%-1%	0.27%	4%-6%	0.83%	6%-4%	0.73%
2%-6%	0.70%	6%-2%	0.49%	4%-5%	0.72%	5%-4%	0.66%
2%-5%	0.61%	5%-2%	0.44%	5%-6%	0.91%	6%-5%	0.86%
2%-4%	0.52%	4%-2%	0.41%	3%-3%	0.46%	4%-4%	0.61%

在实际两级系统运行过程中，当系统产水水质较差时，如届时的一级元件较新而二级元件更旧（需要确认一级透盐水平低于二级透盐水平，而非一级透盐率低于二级透盐率），可以通过将二级元件与一级前段元件的对换来提高两级系统的产水水质。

例如，在表 13.8 中，当二级系统元件已经长时间工作而一级系统元件的工作时间较短，届时形成的 2%-5% 系统的产水电导率 $3.355\mu S/cm$ 已不能满足低于 $3.0\mu S/cm$ 的要求时，可将二级系统元件与一级前段元件加以调换。由于一级后段元件仍属 2% 级透盐水平，故调换后的两级系统产水电导率应低于表中所示 5%-2% 系统的 $2.403\mu S/cm$，完全能够满足系统要求。

同样，当 2%-4% 系统产水电导率 $2.833\mu S/cm$ 不能满足要求时，可通过元件调换成 4%-2% 系统，届时的产水电导率将低于 $2.228\mu S/cm$。

表 13.8 部分一二级系统透盐水平组合的系统产水电导率排序

（给水电导率 $550\mu S/cm$，二级给水 pH 值 7.75）

透盐水平	产水电导率 /($\mu S/cm$)	透盐水平	产水电导率 /($\mu S/cm$)	透盐水平	产水电导率 /($\mu S/cm$)	透盐水平	产水电导率 /($\mu S/cm$)
1%-1%	1.320	5%-1%	1.907	5%-2%	2.403	5%-3%	2.998
2%-1%	1.458	3%-2%	2.035	3%-3%	2.530	1%-5%	3.080
3%-1%	1.595	1%-3%	2.118	1%-4%	2.585	3%-4%	3.080
1%-2%	1.689	6%-1%	2.145	6%-2%	2.712	6%-3%	3.345
4%-1%	1.733	4%-2%	2.228	4%-3%	2.778	2%-5%	3.355
2%-2%	1.865	2%-3%	2.349	2%-4%	2.833	4%-4%	3.355

13.6 两级系统清洗与换膜

13.6.1 两级系统的清洗

尽管两级系统中二级透盐水平对于全系统透盐率的影响更大，但由于系统污染主要集中在一级，即一级系统清洗后的透盐水平下降幅度一般大于二级系统，故多数情况之下的系统清洗是针对一级系统。

例如，针对表 13.7 所示数据中的特定 4%-4% 系统（总透盐率为 0.61%），可能经清洗过程后一级系统可降至 1% 透盐水平，而二级系统只能降为 3% 透盐水平；则清洗一级系统后 1%-4% 系统的总透盐率降至 0.47%，而清洗二级系统后 4%-3% 系统的总透盐率降至 0.51%，可见一般清洗一级系统的效果更加明显。只有二级系统经过更长时间运行即收到较重污染后，清洗二级系统的效果方能显现。

13.6.2 两级元件的配置

第 12 章中讨论的是一级系统中不同性能膜元件的最佳配置，本章中讨论的是两级系统中不同性能膜元件的最佳配置。进行配置的膜元件，是已知不同性能指标的新膜元件或离线清洗后的旧膜元件。这里的元件性能指标可理解为单一的透盐率指标，关于透盐率、膜压降及透水压力三项性能指标的配置问题，可参考第 12 章中的相关内容。

图 13.20 所示两级系统可分为甲、乙、丙、丁、戊、己等 6 个膜区。如以系统透盐率最低为目标进行元件配置，则透盐水平元件从低至高的顺序应是丁、戊、己、甲、乙、丙，而一般系统中污染速度从快至慢或污染程度从重至轻的顺序为甲、乙、丙、丁、戊、己。

丙区　　乙区　　　　甲区　　　　己区　戊区　　　丁区

图 13.20 两级系统结构与最佳元件性能分布

图 13.20 所示两级系统中，膜元件的配置应遵循以下几种方式：

① 如果系统中一级系统为高压膜且二级系统为低压膜，则换膜过程应分别保证各级系统后段的元件较新或性能较好，而各级系统前段的元件较旧或性能较差。

② 如果系统中同时采用高压膜或同时采用低压膜，则应选择性能最好元件置于二级系统后段，并应选择性能较好元件置于二级前段，且将性能更差元件置于一级系统后段，而将性能最差元件置于一级系统前段。

③ 对于只进行了在线清洗而不知元件性能指标的系统，并假设系统洗前各膜区元件的污染程度等于元件的性能衰减程度，为进一步降低系统透盐率，可将系统中的元件进行重装。重装过程中均应将原一级系统中甲区与丙区的元件进行调换，并将原二级系统中的已区与丁区元件进行调换，而不应在两级系统之间进行元件调换。

④ 如果仅希望更换两级系统元件数量的三分之一，则可以如图 13.21 所示将二级系统换为新膜，将原二级系统旧膜置于一级系统后段，而将原一级系统后段元件废弃。

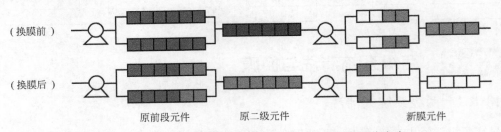

图 13.21　两级系统中更换三分之一元件时的元件配位方案

⑤ 离线清洗后，在已知各元件透水压力、透盐率及膜压降三项指标条件下，欲使重新配置各元件后的系统达到严格意义上的透盐率最低，还是应该仿照 12.1.4 节关于"三指标差异元件的配置"的灵敏度分析加整数规划方法的计算结果加以配置。

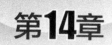 第14章

纳滤系统的设计与运行

 纳滤膜工艺技术

纳滤（NF）膜技术是 20 世纪 80 年代后期开始发展起来的一种新型分离膜技术，与反渗透及电渗析同属除盐工艺，与反渗透及超微滤同属压力驱动膜过程。纳滤膜的孔径为 1～10nm，故称纳滤膜。超滤膜的孔径较大，其传质过程主要是孔流形式即筛分效应；反渗透膜为无孔膜，其传质过程适合溶解-扩散理论，也具有一定的荷电效应；纳滤膜的膜孔为纳米级且大部分带负电荷，因此同时具有较强的筛分效应与荷电效应。

纳滤膜对于 Ca^{2+} 及 Mg^{2+} 等高价离子的脱除率保持较高水平，对于低价离子的脱除率随膜品种的不同而具有很大差异，对于相同电价离子中的大半径离子的脱除率远高于小半径离子。纳滤膜对阳离子的脱除率按下列顺序递增：H^+、Na^+、K^+、Mg^{2+}、Ca^{2+}、Cu^{2+}，对阴离子的脱除率按下列顺序递增：NO_3^-、Cl^-、OH^-、SO_4^{2-}、CO_3^{2-}。纳滤膜因品种的差异对于 NaCl 的脱除率在 5%～95%之间。

纳滤膜对大于 2000 分子量有机物可基本脱除，对小于 200 分子量有机物几无脱除作用，对分子量在 200～2000 之间的有机物呈现出复杂的脱除现象。纳滤膜的制备主要有复合、转化、共混及荷电法等方法，纳滤膜的材料有芳香聚酰胺、磺化聚（醚）砜、聚哌嗪酰胺等。目前的纳滤膜元件以卷式结构为主，其外形结构及产品规格与反渗透膜元件无异。表 14.1 给出时代沃顿公司的部分纳滤膜元件参数。

表 14.1 时代沃顿公司生产纳滤膜元件的规格及性能

膜元件型号	膜面积/m²	溶液种类与浓度	产水流量/(m³/d)	透盐率/%
VNF1-8040	37.2	NaCl(2000mg/L)	45.5	40～60
		MgSO₄(2000mg/L)	37.5	＞96
VNF2-8040	37.2	NaCl(2000mg/L)	28.4	80～95
		MgSO₄(2000mg/L)	33.9	＞96
测试条件	工作压力/MPa		0.5	
	工作温度/℃		25	
	元件收率/%		15	

如果认为反渗透工艺主要用于各类水体的脱盐目的，则纳滤工艺主要用于水处理及各种料液的特殊分离，本书主要讨论纳滤工艺及纳滤系统在水处理领域中的特征与应用。

纳滤膜系统应用

由于纳滤膜对于不同有机物和不同无机盐具有不同的脱除效果，在与脱盐及脱除有机物的反渗透、超微滤、电渗析及软化等相近工艺相比，纳滤具有其特定的应用领域。

① 脱除大分子有机物　在低脱盐率条件下，可对有机物进行浓缩、脱除或分离。脱除的有机物分子量小于超微滤，但又大于反渗透。此类应用与电渗析工艺完全相反，电渗析工艺是不脱除有机物，而只对无机盐进行浓缩或脱除。纳滤工艺较少脱除无机盐，而对有机物进行有效的浓缩或脱除。

② 脱除高价无机离子　在对低价离子具有较低脱除率的同时，对高价离子进行较高脱除率处理，可以有效降低水体中的硬度。此种降低硬度工艺较离子交换工艺的效果为差，但可以同时有效脱除有机物与部分无机盐。

③ 进行不同水平脱盐　采用不同脱盐率水平的纳滤膜品种，可对水体进行不同水平的脱盐处理。此类应用与电渗析工艺中调整电场电压及调整级段流程的效果基本相同。

④ 特殊物料的精制与浓缩　利用纳滤膜对不同切割分子量（MWCO）的脱除或截留的作用，对特殊物料进行精制或浓缩。近年来在食品、医药及精细化工行业的应用越来越多。

⑤ 工业废水处理的零排放　在工业废水的零排放（ZLD）全工艺流程中，纳滤成为重要的中间工艺之一。

14.3　纳滤膜系统工艺

纳滤工艺与反渗透工艺既相近似又存在差异。

（1）纳滤系统的设计通量

国内外各膜厂商给出的系统设计导则，既适用于反渗透系统，也适用于纳滤系统。由于反渗透系统与纳滤系统对于多数有机物的脱除率基本相同，所以共用相同的设计导则体系。

因为只有被截留的有机物或污染性有机物的浓度决定系统设计通量，故对于小分子有机物比例较大且经过超微滤预处理的给水条件，可以在设计导则基础上适度放宽纳滤系统的设计通量，或在设计导则规定的通量范围内取用激进值。

（2）纳滤系统的最高收率

尽管纳滤系统对高价离子的脱除率高于低价离子，但对高价离子的脱除率仍不及反渗透系统。例如，一般纳滤膜对于 $MgSO_4$ 或 $CaCl_2$ 的脱除率约为 97%，反渗透膜各品种对于 $MgSO_4$ 的脱除率接近 100%，因为只有被截留的难溶盐或污染性无机盐的浓度决定系统设计收率，故同等水质条件下纳滤系统的最高收率应该高于反渗透系统。

例如，对于特定系统（1890mg/L，25℃，0a，100m³/h，14-7/6，pH＝7，Ca^{2+}＝8meq，Mg^{2+}＝4meq，HCO_3^-＝8meq，SO_4^{2-}＝4meq），如采用纳滤膜品种 NF270-400（NaCl 脱除率 $40\%\sim60\%$，$CaCl_2$ 脱除率 97%）则系统最高收率竟达 83%，如采用纳滤膜品种 NF270-400（NaCl 脱除率 $40\%\sim60\%$，$CaCl_2$ 脱除率 97%）则系统最高收率竟达 83%，如采用纳滤膜品种 NF90-400（NaCl 脱除率 $85\%\sim95\%$，$MgSO_4$ 脱除率 97%）则系统最高收率可达 75%，如采用反渗透膜品种 BW30-400（NaCl 脱除率 99.5%）则最高收率只有 74%。

（3）纳滤系统的工作压力

如果采用相同的系统通量，纳滤系统的工作压力均低于反渗透系统。反渗透系统工作压力较高的原因是其透盐率低，系统给浓水的渗透压高而产淡水的渗透压低，即要求的纯驱动压较高；纳滤系统工作压力较低的原因是其透盐率较高，系统给浓水的渗透压低而产淡水的渗透压高，即要求的纯驱动压较低。

前5.3.5节介绍了膜元件透水压力的概念，表14.2给出海德能部分反渗透及纳滤元件的透水压力与透盐率指标。纳滤膜元件透水压力较低，也是纳滤系统工作压力较低的重要因素。

表 14.2　部分反渗透及纳滤膜元件的透水压力与透盐率指标

[1mg/L，25℃，15%，20L/(m²·h)，0a]

元件品种	ESPA2	ESPA1	ESNA1-LF	ESNA1-LF2
透水压力/MPa	0.46	0.35	0.28	0.21
透盐率/%	0.04	0.07	9.00	14.00

（4）透水压力与段通量比

尽管纳滤膜的透盐率很高，会减低其系统的段通量比，但因其透水压力过低，其系统的段通量比还是远高于反渗透系统，图14.1所示曲线给出纳滤系统的通量失衡现象远高于反渗透系统的典型范例。如图14.2所示，纳滤元件的透盐水平越高，纳滤系统的段通量比越低。与反渗透系统相同，纳滤系统的高给水盐量与高给水温度将造成严重的段通量失衡，故较低透盐率纳滤系统不适合高给水盐量与高给水温度环境。

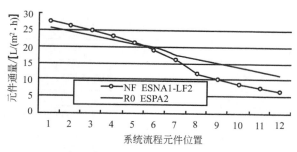

图 14.1　反渗透与纳滤系统的通量分布

[1000mg/L，15℃，2-1/6，20L/(m²·h)，75%，0a]

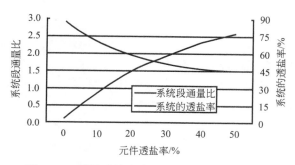

图 14.2　不同透盐率纳滤元件系统的段通量比

[1000mg/L，15℃，2-1/6，20L/(m²·h)，75%，0a]

如果认为海水淡化系统中，给浓水平均渗透压远高于膜元件透水压力，从而造成系统通量的严重失衡；则纳滤系统中，较低的给浓水平均渗透压与更低的膜元件透水压力，也是造成系统通量严重失衡的主要原因。

（5）纳滤系统的浓差极化

纳滤膜对各类盐分的脱除率均低于反渗透膜,故相同运行条件下纳滤系统的浓差极化度均低于反渗透系统,而且随纳滤膜品种透盐率的上升,纳滤系统浓差极化度会相应下降(但此现象在目前流行的系统设计软件中尚未充分体现),故限制纳滤系统收率的因素中浓差极化极限可以不予考虑,但通量均衡指标将上升为限制纳滤系统收率的重要因素。

在反渗透工艺中,渗透压与透水压之间的关系决定着浓差极化与通量均衡之间的关系。渗透压较高系统中,浓差极化度低,而通量均衡成为主要问题;透水压较高系统中,通量均衡度较高,而浓差极化成为主要问题。在纳滤系统中,又增加一个透盐率的因素,即对特定给水含盐量而言,透盐率越高则渗透压越低,反之亦然。

（6）纳滤系统的流程长度

因纳滤系统的工作压力较低,克服通量失衡的措施一般不宜采用段间加压,而多用淡水背压。但是,无论段间加压或淡水背压,只可能降低段通量比,而无法彻底解决端通量比问题。因此,解决通量均衡问题需要淡水背压与缩短流程两项措施来共同完成。

（7）纳滤系统的范例分析

设系统给水中 Na^+、Cl^-、Ca^{2+} 与 HCO_3^- 的含量均为 8meq 浓度,该系统采用反渗透及纳滤的四类元件在 75% 收率条件下的设计参数示于表 14.3。该表设计数据表明:

表 14.3 反渗透与纳滤系统的设计参数比较[1116mg/L, 15℃, 0a, 2-1/6, 20L/(m² · h), 75%]

元件品种	淡水背压/MPa	首末段通量比	前段端通量比	后段端通量比	透盐/%	极限收率/%
ESPA2		1.52	1.278	1.504	1.35	75
ESPA1		1.73	1.372	1.755	5.77	76
ESNA1-LF		1.93	1.431	1.919	15.64	77
	0.191	1.10	1.452	1.727	14.42	
ESNA1-LF2		2.16	1.492	2.565	34.43	79
	0.177	1.10	1.512	2.058	28.49	
短流程系统结构 2-1/4						
ESNA1-LF2	0.107	1.10	21.8/18.1=1.20	22.3/14.4=1.55	27.78	79

① 如定义浓水的朗格里尔指数为 1.8 时的系统收率为投加阻垢剂后的难溶盐极限收率,则 ESPA2（透盐率为 0.4%）系统的极限收率 75% 为最低值,ESNA1-LF2（透盐率为 1.4%）纳滤系统的极限收率为 79%。这里再次证明,纳滤系统对于硬度物质的脱除率低于反渗透系统,从而导致其系统极限收率有所提高。

② 淡水背压工艺可以降低纳滤系统的段通量比,但端通量比指标仍将较高;而淡水背压与缩短流程的合成效果可有效降低系统的端通量比。

③ 正是由于纳滤系统的通量均衡远较反渗透系统为差,故高给水温度与高给水盐量环境下的纳滤系统通量失衡现象将会更加严重,这也将是纳滤系统设计中需要高度关注的问题。

④ 由于纳滤膜品种同时存在透水压力与透盐率两项指标,且两项指标对通量均衡的作用相反,故高透盐率高透水压力膜品种（ESNA1-LF）的系统通量较为平衡,而低透盐率低透水压力膜品种（ESNA1-LF2）的情况更差。

⑤ 与反渗透系统相似,纳滤膜系统的透盐率与膜元件的透盐率并非线性关系,即一般纳滤系统的透盐率高于纳滤元件的透盐率。图 14.2 给出纳滤系统透盐率与相关元件透盐率间的关系曲线表明,膜元件透盐率接近 0% 水平时,系统透盐率的上升速率远高于元件透盐

率的上升速率；而当膜元件透盐率接近100%水平时，系统透盐率的上升速率远低于元件透盐率的上升速率。正是由于该曲线呈现出的特性关系，反渗透技术发展的方向之一就是尽量降低膜元件的透盐率，从而可大幅降低膜系统的透盐率。

14.4 纳滤脱除有机物

水体中有机物的种类繁多，纳滤系统对有机物脱除的分析仅用COD或TOC的综合性指标很难加以描述，本章主要分析时代沃顿公司VNF1纳滤膜元件及膜系统对几类典型有机物的脱除效果。有机物的种类可以按照解离性、酸碱性及分子量等概念予以区别；按解离性划分，乙二胺四乙酸、富马酸、柠檬酸、吡啶、邻硝基苯胺等为解离型（离子型）有机物，乳糖、葡萄糖、乙醇、正丙醇等为难解离型（非离子型）有机物；按解离型有机物的酸碱性划分，吡啶、邻硝基苯胺呈弱碱性，乙二胺四乙酸、富马酸、柠檬酸呈弱酸性；按分子质量划分，乳糖与EDTA的分子质量在330～350Da（道尔顿）之间，葡萄糖与富马酸的分子质量在150～180Da之间，而乙醇与正丙醇的分子质量在40～60Da之间。

有机物的分子质量从10～100000Da不等，大分子量有机物可以被砂滤、炭滤及超微滤工艺所截留，本章主要讨论纳滤及反渗透系统对于分子质量在400～40Da范围内的乙二胺四乙酸（EDTA）、富马酸（FA）、柠檬酸（CA）、乳糖（D-L）、葡萄糖（GL）、吡啶（PD）、邻硝基苯胺（ONA）、乙醇（ETOH）、正丙醇（N-PR）等9种有机物的脱除问题。

理论上认为，纳滤膜对有机物的分离既有膜孔对有机物的筛分作用，也有膜表面负极性电荷对不同电性有机物的排斥或吸引作用。因此，纳滤膜对于有机物的脱除率呈现如下规律。

（1）有机物种类对脱除率的影响

表14.4示出特定系统脱盐率等条件下，纳滤系统对不同有机物的脱除率。该表数据表明，对于电中性的难解离型有机物，膜表面的吸附作用及膜孔的筛分作用成为主要的分离机理。首先，其脱除率居于阴离子与阳离子脱除率之间；其次，对大分子量有机物（乳糖）的50%脱除率高于对低分子量有机物（葡萄糖）的25%脱除率。

因纳滤膜表面带有大量负电荷，对吡啶及邻硝基苯胺等阳离子型有机物存在吸附作用。届时，因荷电效应大于筛分效应，致使纳滤对阳离子有机物的脱除率极低，甚至存在吸附及染色现象。而且，吸附及污染的清洗较为困难，洗脱液中会带有大量污染物质。

因纳滤膜表面负电荷与阴离子型有机物同性，故而形成排斥作用。届时，因荷电效应与筛分效应相互叠加，致使纳滤对阴离子有机物的脱除率极高；同时也体现出对大分子量有机物（乙二胺四乙酸）的99.5%脱除率高于对低分子量有机物（柠檬酸）的94%脱除率。

由表14.4所示数据可知，纳滤膜对于难解离型有机物的脱除主要取决于筛分效应，对于解离型有机物的脱除则筛分效应与荷电效应同时发生，且荷电效应的作用大于筛分效应。

表14.4 特定条件下纳滤系统对不同有机物的脱除率

[系统脱盐率30%，TOC浓度120mg/L，温度15℃，pH值7，通量40L/(m²·h)]

有机物分类	难解离型		可解离型			
			阴离子型		阳离子型	
	乳糖	葡萄糖	乙二胺四乙酸	柠檬酸	吡啶	邻硝基苯胺
分子质量/Da	342	180	336	192	79	138
脱除率/%	50	25	99.5	94	0	0

（2）给水温度对脱除率的影响

表14.5所示不同系统给水温度的试验数据表明，给水温度对于各类有机物的脱除率具有一定影响，难解离型有机物的脱除率随温度的升高而增加，可解离的阴离子型有机物的脱除率随温度的升高而减小。而且，脱除率水平较高的大分子量有机物的脱除率温度特性较弱，而脱除率水平较低的小分子量有机物的脱除率温度特性较强。

表 14.5　不同给水温度条件下纳滤系统对有机物的脱除率

［系统脱盐率30％，TOC浓度120mg/L，pH值7，通量40L/(m²·h)］

有机物分类		难解离型		可解离型		
				阴离子型		
		乳糖	葡萄糖	乙二胺四乙酸	柠檬酸	富马酸
分子质量/Da		342	180	336	192	156
脱除率/%	15℃	50	25	99.5	94	87
	25℃	58	32	99.5	93	77
变化率/%		1.16	1.28	1.00	0.99	0.88

（3）有机物浓度对脱除率的影响

表14.6所示系统给水中不同有机物浓度的试验数据表明，给水中有机物浓度对于其脱除率的影响较小，或称纳滤膜对有机物的脱除率与有机物浓度基本无关。换言之，随着给水中有机物浓度的降低，有机物的透膜通量等幅降低，致使给水侧与产水侧有机物浓度的比例基本一致。

表 14.6　纳滤系统对各类有机物的脱除率

［系统脱盐率30％，温度15℃，pH值7，通量40L/(m²·h)］　　　　　单位:%

有机物分类		难解离型		可解离型			
				阴离子型		阳离子型	
		乳糖	葡萄糖	EDTA	富马酸	吡啶	邻硝基苯胺
分子质量/Da		342	180	336	156	79	138
给水浓度/(mg/L)	120	46.59	20.94	98.17	85.39	0	0
	60	47.86	21.19	99.16	86.51	0	0
	30	48.89	21.46	99.33	87.43	0	0

（4）透水通量对脱除率的影响

表14.7所示系统产水通量不同的试验数据表明，各类有机物的脱除率均随系统运行通量的增加而有所上升，且脱除率水平较高有机物的通量影响较小，而脱除率水平较低有机物的通量影响较大。换言之，随着水体透膜通量的上升，有机物透膜通量也在上升，只是后者的上升速度略低于前者。

表 14.7　水通量对某纳滤膜有机物脱除率的影响

（系统脱盐率30％，TOC浓度120mg/L，温度15℃，pH值7）　　　　　单位:%

有机物分类		难解离型		可解离型	
				阴离子型	
		乳糖	葡萄糖	乙二胺四乙酸	富马酸
分子质量/Da		342	180	336	156
产水通量/[L/(m²·h)]	20	43	17	98	77
	30	45	20	98	80
	40	46	25	98	83

（5）给水pH值对脱除率的影响

难解离型有机物在水中几乎不解离，水体pH值的变化对解离度的影响较小，对于其脱除率的影响也较小。弱酸性解离型有机物的解离程度随水体 pH 值的变化而改变，而解离程度越大其脱除率越高，故纳滤系统对弱酸型有机物的脱除率随水体 pH 值增大而上升。

（6）纳滤脱盐率与有机物脱除率

与反渗透膜不同，纳滤膜具有 5%～95%宽泛的脱盐率（氯化钠脱除率）水平，不同透盐率纳滤膜对不同有机物脱除率的关系十分复杂，难于给出确切的结论。但从总体上应与上述规律基本一致，即脱盐率较高的纳滤膜，对有机物的脱除率也较高。但是，即使脱盐率仅有 6%的纳滤膜元件，对于较大分子量阴离子型有机物乙二胺四乙酸仍能保持 90%的脱除率，而对较小分子量难解离型葡萄糖的脱除率已降至约 5%。

（7）NF 膜与 RO 膜对更小分子量有机物的脱除率

一般认为，纳滤膜的截留分子质量在 200Da 以上，反渗透膜的截留分子质量在 100Da 左右。表 14.8 数据显示，对于分子质量小于 100Da 的醇类难解离型有机物，反渗透膜的脱除率仅有 30%～40%，而且分子质量越小，脱除率越低。纳滤膜对小于 100Da 的有机物几乎没有脱除作用。

表 14.8　NF 膜与 RO 膜对醇类有机物的脱除率　　　　　　　　　单位：%

有机物种类	乙醇	正丙醇
分子质量/Da	46	60
NF 膜（透盐率 68%）	0	0
RO 膜（透盐率 1%）	30	40

14.5　氧化改性纳滤膜

14.5.1　废弃反渗透膜现状

反渗透膜元件在长期的运行过程中，总是伴随着膜表面的污染与膜性能的劣化，表面污染可以通过清洗工艺得到基本清除，性能劣化则是由于化学及物理等原因导致的不可逆过程。反渗透膜元件经过 3～5a 的运行与清洗过程后，其性能指标一般将不能满足系统运行要求，因此被迫予以废弃。废弃反渗透膜元件具有三大特点，一是行业内每年的废弃元件数量巨大，二是废弃元件残存的脱盐及透水性能尚有一定使用价值，三是废弃膜元件中的结构部件与超滤膜层保持完好可以再用。因此，如能将废弃的膜元件加以合理利用，不但可防止了大量的资源浪费，甚至还会得到可观的经济效益。

目前国内关于废弃反渗透膜元件的再生利用具有以下多种方式。

① 搜集一些性能较好的废弃膜元件，经反复彻底清洗，组成低性能反渗透系统，用于要求不高的工艺环境。

② 将废弃元件组成反渗透系统的第三段，利用前两段系统的余压增加产水流量。该段产出的不合格淡水混入系统给水，以提高系统的回收率与脱盐率，并对于快速污染的第三段系统单独进行频繁清洗。

③ 对废弃元件进行深度的化学清洗与适度的氧化处理，形成所谓"氧化改性纳滤膜元件"，该类元件具有较大透盐率与水通量。利用氧化纳滤膜对于硬度及有机物的较高脱除率，处理一些特殊料液或作反渗透系统的预处理。

④ 对废弃元件进行深度的化学清洗，并进行彻底的氧化处理，氧化掉全部聚酰胺脱盐

层。随后，在元件的卷式状态下进行聚酰胺脱盐层的灌注与涂敷，制成非标准反渗透膜元件。

⑤ 对废弃元件进行拆解、擦洗及氧化处理，彻底清除聚酰胺脱盐层及其表面污染物。随后，在平膜状态下进行聚酰胺脱盐层的涂敷，并进行膜元件的再次卷制，使其成为再生型反渗透膜元件。

⑥ 对废弃元件进行拆解，更换反渗透膜片后重新进行卷制，回收利用元件中除膜片外的其他部件，使其成为再用型反渗透膜元件。

上述 6 种再利用方式中，按照序列顺序，其加工深度与加工成本逐渐增加，再用效果也逐渐趋好。其中后 3 种再用方式基于国内对于反渗透膜材料配方及其卷制技术的掌握。

目前，国内外各膜厂商推出的纳滤膜品种各透盐率水平尚未覆盖 5%～95% 透盐率的纳滤膜理论透盐率范围。因此，通过各个膜元件品种分析整个纳滤透盐率谱系内完整工艺规律的条件尚未成熟。近年来，天津城建大学膜技术研究中心，运用氧化改性工艺将废弃的反渗透膜制成了具备多个透盐率水平的"氧化改性纳滤膜"，简称"氧化纳滤膜"或"氧化膜"。

尽管氧化膜元件的各项性能指标与相同透盐率标准纳滤膜元件不尽一致，但氧化膜元件构成的透盐率水平系列，为纳滤膜系统工艺特性研究提供了较好的条件。本章以下内容主要讨论不同透盐率水平氧化膜元件及膜系统的运行规律及特性指标。对于系列氧化膜的分析，不仅在一定程度上等价于对现存商业纳滤膜的分析，甚至可以部分预测尚未面世的不同透盐水平纳滤膜品种的运行性能。

14.5.2 氧化纳滤膜的制备

反渗透系统的运行过程中，系统给水中的余氯超过 0.1mg/L 时，芳香聚酰胺膜材料将遭受氧化降解，其性能将受到损伤，致使脱盐率下降与产水量上升。由于脱盐率下降与产水量上升正是反渗透膜向纳滤膜演变的重要标志，适度增加对反渗透膜的氧化强度，则可形成不同透盐率水平的所谓"氧化改性纳滤膜"。

废弃反渗透膜元件总是受到了较重的有机、无机或微生物污染，膜表面存在性质不同且厚度不等的污染层。直接对废弃膜元件进行的氧化处理，将是对重污染层的氧化清洗，也是对非污染层的氧化改性，甚至造成非污染的反渗透膜层产生局部穿透，使其局部形成超滤膜的效果。因此，对于废弃膜元件进行氧化处理前，必须首先进行较为彻底的常规酸碱清洗，必要时也可在碱液中添加少量的次氯酸钠氧化剂，以求有机污染层的彻底清除。

进行氧化处理前，一般要预先设定氧化的深度，即设定氧化纳滤膜的透水率或透盐率。氧化过程要逐步或试探性进行，并及时进行膜元件的性能测试，以免氧化过度，特别是氧化过程需要在离线状态下逐支元件进行处理。氧化用药剂采用次氯酸钠即可，浓度一般控制在 800～1600mg/L 范围之内，药液温度一般为 25～30℃ 为宜，每次氧化时间为 10～30min。

由于氧化剂残液会对膜材料产生持续的氧化作用，当氧化处理达到设定的透水率或透盐率之后，需要对膜元件进行冲洗，并用还原剂对氧化剂残液进行中和。还原剂采用 $NaHSO_3$ 时，药液浓度为 500mg/L。由于氧化纳滤膜具有性能指标的自恢复性质，在氧化过程处理结束之后，或将氧化纳滤膜元件尽快投入使用，或用 50mg/L 浓度的 $NaHSO_3$ 作保护液进行妥善保存。

14.5.3　氧化纳滤膜的稳定

氧化纳滤膜系统用于水处理工艺时，重要问题之一是其运行稳定性，即透盐率、膜压降及产水量（或工作压力）三项性能指标的稳定性。为有效比较标准反渗透膜元件与氧化纳滤膜元件的稳定性，笔者进行了两类膜元件的运行对比。

表 14.9　试验系统中反渗透膜与氧化膜运行后的性能参数变化

项目	首端氧化膜元件	反渗透膜元件	末端氧化膜元件
透盐率增幅/%	−36.2	11.6	−34.2
产水量降幅/%	51.6	42.8	62.3
膜压差增幅/%	79.8	72.8	132.3
RO 膜与氧化膜产水量平均降幅之比:1.33		RO 膜与氧化膜膜压降平均增幅之比:1.45	

对比试验过程中，首先将若干数量的反渗透膜元件与氧化纳滤膜元件分别进行性能测试，并将氧化纳滤膜元件分别置于系统流程的首末两端位置，而将反渗透膜元件置于系统流程的中间位置，运行月余时间之后，重新进行各元件性能测试。氧化膜置于系统首末两端是为了测试不同性质与不同程度污染条件下膜元件的运行稳定性。

如图 14.3 及图 14.4 所示，废弃膜元件的产水量较低且膜压降较高即膜污染较重；彻底清洗及氧化过程后产水量上升且膜压降下降；元件运行过程中受到污染致使产水量下降且膜压降上升；而再次清洗及氧化后产水量再次上升且膜压降再次下降。由此说明，氧化纳滤膜的污染速度较快，但经再次清洗及氧化可再次去除膜污染。

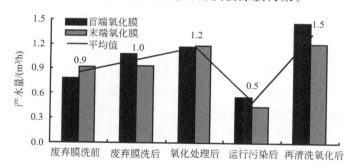

图 14.3　氧化膜元件各试验步骤的产水量变化

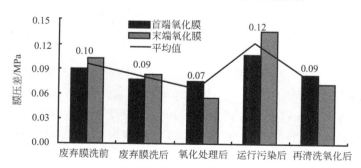

图 14.4　氧化膜元件各试验步骤的膜压降变化

表 14.9 所示对比试验数据表明，系统运行过程中氧化膜的产水量降幅与膜压降增幅均大于反渗透膜，即氧化纳滤膜比反渗透膜受到更严重的污染。表中数据中还反映出一个反常现象：系统运行污染后反渗透膜的透盐率普遍上升，而氧化膜的透盐率反而下降，即氧化膜的透盐率指标在运行过程中存在自恢复现象。

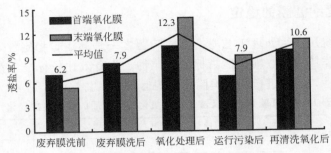

图 14.5 氧化膜元件各试验步骤的透盐率变化

如图 14.5 所示，废弃膜状态之下膜元件的透盐率尚在较低水平，彻底清洗及氧化处理后的透盐率大幅上升，元件运行过程中透盐率自然恢复，再次氧化时透盐率再次上升，因此氧化纳滤膜可以反复氧化反复利用。

总之，氧化纳滤膜的运行稳定性远不如标准的反渗透与纳滤膜，其运行周期更短，需要更高频率的清洗与氧化，但经再次清洗及氧化其纳滤膜的性能仍可恢复。

14.5.4 氧化纳滤膜的应用

氧化纳滤膜与反渗透膜相比其透盐率产生了不同幅度的上升，已经不再适用于典型的高水平脱盐工艺，其应用主要可在如下方面：

① 脱除有机物的要求较高而脱除无机盐的要求较低的环境。

② 系统给水的污染程度严重，膜元件更换频率很高的环境。

③ 作反渗透系统的前处理，脱除有机物、硬度及部分盐分。

将氧化纳滤工艺替代软化及超滤工艺作反渗透系统的前处理工艺时，可以有效截留有机物（截留效果优于超滤），并可有效截留硬度（截留效果劣于软化工艺），且可截留部分盐分。因此，纳滤工艺不仅可以有效替代软化与超滤工艺，还因使反渗透系统给水的有机物与无机盐均有降低，进而使后续反渗透系统的工作压力降低且设计通量提高。虽然氧化纳滤膜的换膜周期较短且需要较高的运行成本，但上述优势与极低的成本仍然使其具有一定优势。

氧化纳滤膜透盐率指标在运行过程中存在的自恢复现象，可能使氧化膜反复污染且反复氧化即可较长期使用，但也使每个运行期内的系统透盐率在不断降低即形成运行参数的失稳。因此，可能在氧化纳滤膜系统进水处适量投加氧化剂，这不仅可使系统运行参数更加稳定，也可以降低系统的有机污染与生物污染速度。

如果预处理系统中已经投加过氧化剂（以防止预处理各工艺及管线中的微生物污染，见 2.8.1 节），且预处理出水中尚存一定浓度的氧化剂，则可能省去一般反渗透系统所需的还原剂投加工艺。这样，既可能节省还原剂投加工艺的投资与运行成本，又可能解决氧化纳滤系统进水的氧化剂来源问题，从而可能实现预处理与膜工艺系统全程的氧化剂杀菌或抑菌难题。

14.6 纳滤元件运行特性

反渗透膜材料具有唯一性，目前国内外膜厂商无一例外地采用芳香聚酰胺材料，因而各厂商的产品性能十分接近。纳滤膜材料具有多样性，膜材料性能大相径庭，元件结构不一而足，故对商业化纳滤膜进行统一评价十分困难。氧化纳滤膜均由聚酰胺反渗透膜氧化降解而成，元件结构一致，故将不同氧化深度的氧化膜视为实际纳滤膜系列反倒具有一定的材料及结构一致的优势。为突出"氧化改性纳滤膜"性能接近"标准纳滤膜"性能的特点，14.6 节与 14.7 节中将"氧化改性纳滤膜"元件简称为"纳滤膜"。

这里所谓纳滤膜元件的运行分析系指膜元件的工作压力及透盐率两项表观运行指标随元件的脱盐水平、给水温度、产水流量及给水盐量四项运行条件变化的特性关系（更加完整的运行分析还应该包括对元件收率、给水 pH 值甚至给水成分等项条件的特性关系）。本节关于纳滤膜元件运行特性相关试验的给水仅为 NaCl 溶液，pH 值为 7，元件收率为 15%。

14.6.1 纳滤元件运行特性模型

纳滤膜元件运行特性模型的建立过程与 11.4 节中反渗透膜元件透过系数的求解过程相似，只是纳滤膜元件运行特性模型中具有脱盐水平 $x_1=P_s$、给水温度 $x_2=T_e$、给水盐量 $x_3=C_f$ 及产水通量 $x_4=F_p$ 四个变量，且有工作压力 $P_{res}(x_1,x_2,x_3,x_4)$ 与透盐率 $P_{erm}(x_1,x_2,x_3,x_4)$ 两个函数。

进行纳滤膜元件运行特性的测试分析过程中存在四大问题：一是如何确认运行指标与运行条件间的函数形式，二是如何求解运行指标与运行条件间的函数关系，三是如何减少测试组数，四是如何克服测试误差。

运行特性函数表征形式可采用四元幂函数多项式，以四个运行条件为四个变量，特性函数中一般含单一变量的 1～4 次幂以及交叉变量的 2～4 次幂，例如：

$$P_{res}(x_1,x_2,x_3,x_4)=a_0+a_1x_1+\cdots+a_4x_4+a_5x_1^2+\cdots+a_8x_4^2+a_9x_1x_2+\cdots+$$
$$a_{14}x_3x_4+a_{15}x_1^3+\cdots+a_{18}x_4^3+a_{19}x_1^2x_2+\cdots+a_{30}x_3x_4^2+$$
$$a_{31}x_1^4+\cdots+a_{34}x_4^4+a_{35}x_1^2x_2^2+\cdots+a_{40}x_3^2x_4^2 \tag{14.1}$$

$$P_{erm}(x_1,x_2,x_3,x_4)=b_0+b_1x_1+\cdots+b_4x_4+b_5x_1^2+\cdots+b_8x_4^2+b_9x_1x_2+\cdots+$$
$$b_{14}x_3x_4+b_{15}x_1^3+\cdots+b_{18}x_4^3+b_{19}x_1^2x_2+\cdots+b_{30}x_3x_4^2+b_{31}x_1^4+$$
$$\cdots+b_{34}x_4^4+b_{35}x_1^2x_2^2+\cdots+b_{40}x_3^2x_4^2 \tag{14.2}$$

特性函数的求解可采用数值拟合方法。由于特性函数中只有 $a_0,a_1,\cdots,a_{40}$ 或 $b_0,b_1,\cdots,b_{40}$ 等 41 个待求量，只要测试数据数量等于 41 组，即可用多元一次线性方程组求解；如果测试数据多于 41 组，则可用数值拟合方法求解，而测试组数越多数值拟合解越精确。

表 14.10 纳滤元件运行特性正交试验因素

测试水平	测试因素			
	脱盐水平 x_2/%	给水温度 x_2/℃	给水盐量 x_3/(mg/L)	产水通量 x_4/[L/(m²·h)]
1	6	16	400	12
2	34	20	800	16
3	51	24	1200	20
4	67	28	1600	24
5	94	32	2000	28

在保证数值拟合精度基础上减少测试组数的基本方法就是采用正交设计方法设计相关

测试。一个 4 因素 5 水平的全面测试需要 $5^4 = 625$ 组，而随机选取测试点位又缺乏理论依据。正交试验是一种寻求最佳测试点位的高效测试设计方法，可使各测试点位在多维空间中均匀分布且相互正交，即可用较少次数测试得到全面测试效果。对表 14.10 所示 5 个纳滤膜元件脱盐水平（6%、34%、51%、67%、94%）中的每个脱盐水平进行其他 3 因素 5 水平正交试验的测试，则测试次数为 $5 \times L_{25}(5^3) = 5 \times 25 = 125$ 次。采用合理的正交设计方法，加之 125 组测试数据对 41 个待求常数，即可以保证数值拟合的精度。

拟合计算可以采用典型的统计分析软件 SPSS。在 SPSS 使用过程中，如采用适当方法将多项式中的 41 项缩减为 20 项时，线性数值拟合方程仍具有显著效果。各项变量组合形式及各多项式系数经重排后见表 14.11。

表 14.11　各项变量组合形式及各多项式系数

膜元件工作压或透盐率拟合多项式中的常数对应变量列表						
a_0/b_0		a_1/b_1	x_1	a_2/b_2	x_2	a_3/b_3	x_3
a_4/b_4	x_4	a_5/b_5	x_1^2	a_6/b_6	x_2^2	a_7/b_7	x_3^2
a_8/b_8	x_4^2	a_9/b_9	$x_1 x_4$	a_{10}/b_{10}	$x_3 x_4$	a_{11}/b_{11}	$x_1 x_2^2$
a_{12}/b_{12}	$x_1 x_3^2$	a_{13}/b_{13}	$x_1^2 x_3$	a_{14}/b_{14}	$x_1^2 x_2^2$	a_{15}/b_{15}	$x_1^2 x_3^2$
a_{16}/b_{16}	$x_1^2 x_4^2$	a_{17}/b_{17}	$x_2^2 x_3^2$	a_{18}/b_{18}	$x_2^2 x_4^2$	a_{19}/b_{19}	$x_3^2 x_4^2$

膜元件工作压拟合多项式中各系数解						
a_0	$-2.86950E-02$	a_1	$-5.06197E-04$	a_2	$-1.13163E-03$	a_3	$9.71509E-06$
a_4	$1.03243E-02$	a_5	$1.36197E-05$	a_6	$-8.94347E-06$	a_7	$-1.00663E-08$
a_8	$-1.80321E-04$	a_9	$1.48860E-04$	a_{10}	$1.98717E-06$	a_{11}	$8.18844E-07$
a_{12}	$1.49455E-10$	a_{13}	$3.69143E-09$	a_{14}	$-1.59332E-08$	a_{15}	$-1.54596E-12$
a_{16}	$-4.41803E-08$	a_{17}	$1.04027E-11$	a_{18}	$9.01786E-08$	a_{19}	$-1.35655E-11$

膜元件透盐率拟合多项式中各系数解						
b_0	$9.34329E+01$	b_1	$-8.87399E-01$	b_2	$3.15636E+02$	b_3	$1.10183E-02$
b_4	$-7.85700E-01$	b_5	$1.78807E-03$	b_6	$-1.68655E-03$	b_7	$-4.05222E-06$
b_8	$-4.18282E-02$	b_9	$-1.94272E-02$	b_{10}	$-3.02717E-04$	b_{11}	$6.02122E-04$
b_{12}	$2.60531E-07$	b_{13}	$-5.84900E-06$	b_{14}	$-7.56384E-06$	b_{15}	$-7.97788E-10$
b_{16}	$4.25034E-06$	b_{17}	$1.27690E-09$	b_{18}	$2.28185E-05$	b_{19}	$3.27233E-09$

14.6.2　纳滤元件运行特性曲线

为了更形象地表征多项式及其系数的物理意义，这里给出纳滤膜元件的运行特性曲线，即纳滤膜元件工作压力 f_{pres} 或透盐率 f_{pene}，以脱盐水平 x_1 为第一变量，以给水温度 x_2、给水盐量 x_3 或产水通量 x_4 中某个变量为第二变量的两变量函数曲线族，而以其他变量保持其定义域内的中值。

图 14.6～图 14.8 所示曲线表明，纳滤元件的脱盐水平接近 0 时，在各种其他运行条件下的纳滤元件透盐率均接近 100%；纳滤元件脱盐水平接近 100% 时，在各种其他运行条件下的纳滤元件透盐率均接近 0。换言之，接近 0 与 100% 两个极端脱盐水平纳滤元件的透盐率与给水温度、产水通量及给水盐量等运行条件基本无关。

图 14.6 所示曲线还表明，除 0 及 100% 两个极端脱盐水平之外，纳滤元件的透盐率随

产水通量的上升而降低，且接近50％脱盐水平的纳滤元件透盐率对产水通量最为敏感。图14.7与图14.8所示曲线表明，除0及100％两个极端脱盐水平之外，纳滤元件的透盐率随给水温度及给水盐量的上升而增加，且接近50％脱盐水平的纳滤元件透盐率对给水温度及给水盐量最为敏感。

图14.9～图14.11所示曲线表明，随膜元件脱盐水平的上升，给浓水的平均渗透压上升，元件工作压力上升。而且，元件工作压力与给水温度的上升负相关，但与产水通量及给水盐量的上升正相关。

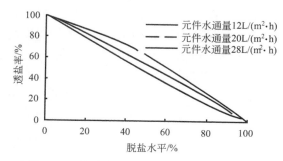

图14.6　纳滤膜元件透盐率的产水通量特性

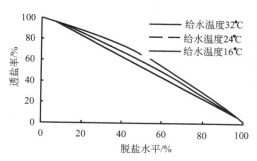

图14.7　纳滤膜元件透盐率的给水温度特性

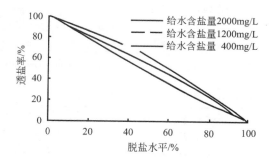

图14.8　纳滤膜元件透盐率的给水盐量特性

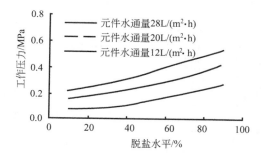

图14.9　纳滤膜元件工作压力的产水通量特性

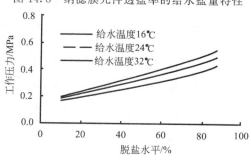

图14.10　纳滤膜元件工作压力的给水温度特性

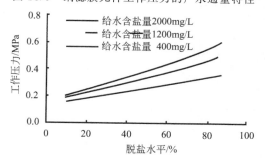

图14.11　纳滤膜元件工作压力的给水盐量特性

14.7　纳滤元件透过系数

这里所谓纳滤膜元件的透过系数分析特指膜元件的透水系数及透盐系数两项内在特性系数随元件的脱盐水平、给水温度、透水通量及透盐通量等四项运行条件变化的特性关系（更加完整的透过系数分析还应该对包括元件收率、给水pH值甚至给水成分等项条件的特性关系）。本节关于纳滤膜元件透过系数相关试验的给水仅为NaCl溶液，pH值为7，元件收率为15％。

14.7.1 纳滤元件系数特性模型

由于纳滤与反渗透膜过程均属压力驱动的脱盐过程，故第 11 章中的式（11.31），既是反渗透膜元件的系数特性方程，也是纳滤膜元件的系数特性方程；即以 NaCl 为主要给水成分时，认为纳滤膜过程仍然适用溶解-扩散理论及其数学模型。因此，如果膜元件的透水流量 Q_p 与透盐流量 Q_s 可测时，式（11.31）可变换为：

$$A = Q_p/S \cdot f_A(Q_p, Q_s) \tag{14.3}$$

$$B = Q_s/S \cdot f_B(Q_p, Q_s) \tag{14.4}$$

由于透过系数属于膜元件的内在特性，其影响因素不应再为外在的给水盐量，而应改为内在的盐通量。因此，透水系数 A 及透盐系数 B 分别为透水通量 F_w、透盐通量 F_s、给水温度 T_e 及脱盐水平 D_s 的四元高次幂函数，其函数式也更为复杂：

$$A(F_w, F_s, T_e, D_s) = a_0 + a_1 F_w + a_2 F_s + a_3 T_e + a_4 D_s + a_5 F_w^2 + a_6 F_s^2 + a_7 T_e^2 + a_8 D_s^2 \cdots \tag{14.5}$$

$$B(F_w, F_s, T_e, D_s) = b_0 + b_1 F_w + b_2 F_s + b_3 T_e + b_4 D_s + b_5 F_w^2 + b_6 F_s^2 + b_7 T_e^2 + b_8 D_s^2 \cdots \tag{14.6}$$

这里式（14.5）及式（14.6）与前述式（14.1）及式（14.2）的求解过程极其相似，只是工作压力 P_{pres} 及透盐率 P_{pene} 可在测试过程中直接测得，但是透水系数 A 及透盐系数 B 需用测得的透水流量 Q_p 与透盐流量 Q_s 通过式（14.3）及式（14.4）间接计算得出。纳滤元件的系数特性求解仍然采用运行特性求解所用测试方法及其数据，而运用式（14.5）与式（14.6）所得到的纳滤膜元件透水系数及透盐系数特性方程中各待求量示于表 14.12。

表 14.12　纳滤膜元件透水系数及透盐系数特性方程中各待求量

纳滤膜元件透过因子 A 及 B 拟合多项式的系数与变量列表											
a_0/b_0		a_8/b_8	$F_w F_s^2$	a_{16}/b_{16}	$T_e^2 D_s^2$	a_{24}/b_{24}	$F_w D_s F_s^2$	a_{32}/b_{32}	$F_s^2 T_e^2 D_s^2$
a_1/b_1	F_w	a_9/b_9	$F_w T_e^2$	a_{17}/b_{17}	$D_s T_e^2$	a_{25}/b_{25}	$F_w F_s^2 T_e^2$	a_{33}/b_{33}	$T_e F_s^2 D_s^4$
a_2/b_2	F_s	a_{10}/b_{10}	$F_w D_s^4$	a_{18}/b_{18}	$F_s^2 D_s^2$	a_{26}/b_{26}	$F_w F_s^2 D_s^4$	a_{34}/b_{34}	$D_s F_s^2 T_e^2$
a_3/b_3	T_e	a_{11}/b_{11}	$F_s D_s$	a_{19}/b_{19}	$T_e^2 D_s^4$	a_{27}/b_{27}	$F_w T_e^2 D_s^2$	a_{35}/b_{35}	$F_w F_s T_e D_s^2$
a_4/b_4	D_s	a_{12}/b_{12}	$F_s T_e^2$	a_{20}/b_{20}	$F_w F_s T_e$	a_{28}/b_{28}	$F_w T_e^2 D_s^4$	a_{36}/b_{36}	$F_w F_s D_s T_e^2$
a_5/b_5	F_s^2	a_{13}/b_{13}	$F_s D_s^4$	a_{21}/b_{21}	$F_w F_s D_s$	a_{29}/b_{29}	$F_s T_e D_s^2$	a_{37}/b_{37}	$F_w F_s T_e^2 D_s^2$
a_6/b_6	T_e^2	a_{14}/b_{14}	$T_e F_s^2$	a_{22}/b_{22}	$F_w F_s D_s^4$	a_{30}/b_{30}	$F_s D_s T_e^2$	a_{38}/b_{38}	$F_w T_e F_s^2 D_s^2$
a_7/b_7	D_s^4	a_{15}/b_{15}	$T_e D_s^2$	a_{23}/b_{23}	$F_w T_e D_s$	a_{31}/b_{31}	$F_s T_e^2 D_s^4$	a_{39}/b_{39}	$F_w F_s^2 T_e^2 D_s^4$

纳滤膜元件透水因子 A 拟合多项式各系数解									
a_0	1.022E−01	a_8	−1.042E−07	a_{16}	9.037E−05	a_{24}	0	a_{32}	3.300E−11
a_1	2.166E−01	a_9	2.577E−03	a_{17}	0	a_{25}	5.643E−12	a_{33}	1.531E−10
a_2	−1.110E−05	a_{10}	2.319E+00	a_{18}	−1.990E−08	a_{26}	9.621E−07	a_{34}	0
a_3	4.797E−03	a_{11}	0	a_{19}	−4.349E−05	a_{27}	0	a_{35}	0
a_4	−1.264E−01	a_{12}	6.250E−08	a_{20}	−2.117E−05	a_{28}	−7.390E−04	a_{36}	0
a_5	7.669E−09	a_{13}	1.204E−05	a_{21}	1.876E−03	a_{29}	3.165E−06	a_{37}	5.226E−06
a_6	−4.586E−05	a_{14}	−1.764E−10	a_{22}	−2.893E−03	a_{30}	−2.154E−07	a_{38}	−3.357E−08
a_7	−4.811E−03	a_{15}	0	a_{23}	−1.937E−01	a_{31}	−2.307E−08	a_{39}	−8.345E−10

纳滤膜元件透盐因子 B 拟合多项式各系数解									
b_0	2.249E+01	b_8	3.755E−04	b_{16}	0	b_{24}	−1.649E−03	b_{32}	0
b_1	5.759E+02	b_9	1.010E+00	b_{17}	−8.829E−02	b_{25}	1.001E−07	b_{33}	−7.355E−07
b_2	2.261E−02	b_{10}	8.799E+02	b_{18}	2.304E−05	b_{26}	2.433E−05	b_{34}	−2.760E−08
b_3	4.534E−01	b_{11}	−6.672E−02	b_{19}	−5.656E−02	b_{27}	3.595E+00	b_{35}	−7.513E−02
b_4	−4.804E+01	b_{12}	2.405E−05	b_{20}	−2.980E−02	b_{28}	−3.726E−01	b_{36}	−7.754E−04
b_5	−2.490E−06	b_{13}	9.159E−03	b_{21}	2.113E+00	b_{29}	0	b_{37}	0
b_6	1.689E−02	b_{14}	2.573E−07	b_{22}	0	b_{30}	0	b_{38}	6.864E−05
b_7	−5.038E+00	b_{15}	3.506E+00	b_{23}	−1.427E+02	b_{31}	6.687E−05	b_{39}	−2.277E−07

14.7.2 纳滤元件系数特性曲线

所谓纳滤膜元件系数特性曲线特指纳滤膜元件的透水系数 A 或透盐系数 B，以脱盐水平 D_s 为第一变量，以透水通量 F_w、透盐通量 F_s 或给水温度 T_e 中某个变量为第二变量的两变量函数曲线族，而其他变量保持各自定义域内的中值。

图 14.12～图 14.17 所示曲线表明，随膜元件脱盐水平的上升，膜元件的透水系数及透盐系数均呈下降趋势。而且，两透过系数与给水温度及透水通量呈正相关关系，但与透盐通量呈负相关关系。

关于各纳滤膜品种两透过系数的实用模型，可以参照 11.4 节介绍的各反渗透膜品种两透过系数的实用模型。

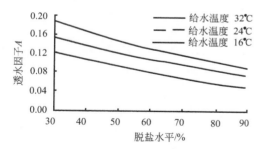

图 14.12 透水系数 A 的给水温度特性

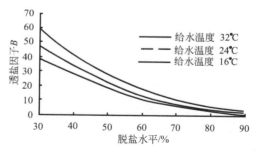

图 14.13 透盐系数 B 的给水温度特性

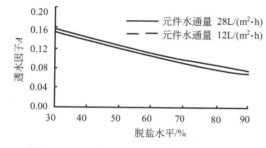

图 14.14 透水系数 A 的元件水通量特性

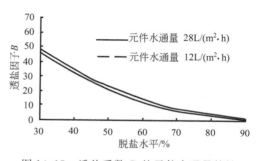

图 14.15 透盐系数 B 的元件水通量特性

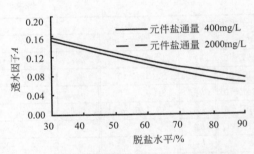

图 14.16 透水系数 A 的元件盐通量特性

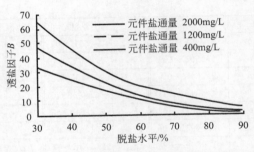

图 14.17 透盐系数 B 的元件盐通量特性

第15章

海水及亚海水淡化系统

随着膜法海水淡化技术及设备的成熟，膜法海水淡化成为解决我国北方沿海地区缺水问题的根本解决方案之一。为表述简化，本节后续部分将海水淡化系统及工艺简称为海淡系统及海淡工艺。

15.1 海水成分及总含盐量

尽管全球多个海洋之间相互连通，但由于各河流入海的位置及流量的不同，不同位置的降雨量与蒸发量的区别、洋流方向的变化，海床形状及深度的差异，致使全球各个位置的海水成分及含盐量有所不同。一般认为标准海水的含盐量为35000mg/L，但墨西哥湾的海水含盐量仅为30000mg/L，而波斯湾的海水含盐量竟达45000mg/L。我国已建淡化工厂所取海水的含盐量为25000~35000mg/L，低于全球平均水平；而且河口区域海水的含盐量冬春季较高而夏秋季较低。一般而言，陆上水体中碳酸盐是主要结垢物质，海洋水体中硫酸盐是主要结垢物质。表15.1示出典型海水的化学成分。

表 15.1 典型海水的化学成分（pH＝8.1，TDS＝35000mg/L）

成分	浓度/(mg/L)	成分	浓度/(mg/L)	成分	浓度/(mg/L)	成分	浓度/(mg/L)
Ca^{2+}	410	HCO_3^-	152	Fe	<0.02	NO_3^-	<0.7
Mg^{2+}	1310	SO_4^{2-}	2740	Ba^{2+}	0.005	SiO_2	4
Na^+	10700	Cl^-	19300	Sr^{2+}	10	B	5
K^+	390	F^-	1.4	Mn	<0.01	Br	65

不仅不同位置海水中的无机成分及总含盐量存在差异，其悬浮物与有机成分的差异更大。例如，我国渤海的海岸多为滩涂，湾内缺少洋流，沿岸污染严重，因此造成湾内海水的无机盐浓度偏低，但悬浮物、胶体与有机物的浓度偏高。

值得指出的是，当含盐量高于10000mg/L时，高离子强度使海水中碳酸钙的溶度积提高，判别海水中碳酸钙结垢的指标不再使用LSI（朗格利尔指数）而改为S&DSI（斯蒂夫和大卫饱和指数）。

$$S\&DSI = pH - pCa - pAlk - K \tag{15.1}$$

式中，pH为实测的海水pH值；pCa为钙离子摩尔浓度的负对数；pAlk为碱度摩尔浓度的负对数；K为与温度及离子强度有关的常数。

海水的重要特点之一是S&DSI指标等于或略大于0，即海水的碳酸钙结垢指标处于临界状态或过饱和状态。因此，海淡系统虽然收率较低，但也必须使用阻垢剂防止无机盐结垢。

海淡工艺的脱硼处理

海水中的硼含量为 $0.5\sim9.6mg/L$，平均值约为 $5mg/L$。硼是人体及动植物生存所必需的营养元素，能够促进碳水化合物的输送与代谢，促进细胞的生长与分裂，但长期过量吸收硼元素会对人体及动植物产生不利影响，还会对部分工业生产造成不利影响。因此，脱硼水平成为海淡工艺的重要指标之一。

一般反渗透膜元件对硼的脱除率为 90%，远低于对一般离子的 99% 脱除率。其主要原因是硼的分子量较小，易于透过膜体；其次是因为水中的硼主要以硼酸形式存在，属于不带电荷的质子酸，能够与膜中的氢键结合，以碳酸或水分相同的方式透过膜体。

提高反渗透系统脱硼率的措施主要包括：

① 提高给水 pH 值以有效脱硼，但高给水 pH 值会导致系统中碳酸盐结垢；
② 两级反渗透系统可有效脱硼，但两级系统的投资与运行成本将大幅提高；
③ 一级系统附加树脂交换工艺，但相关工艺较为复杂，各项成本相应增加；
④ 采用高脱硼率反渗透膜品种，但高脱硼率膜品种的脱盐率与能耗也较高。

目前，各膜厂商不断研发高脱硼性能的膜品种。例如，海德能公司的 SWC6、SWC5 与 SWC4B 三种海水膜的氯化钠脱除率均为 99.8%，而脱硼率却具有 91%、92% 与 95% 的不同水平。对于 $5mg/L$ 硼含量海水，三种膜产水中的硼含量将是 $0.45mg/L$、$0.40mg/L$ 与 $0.25mg/L$，最大差异近一倍。

如果高脱硼率一级系统产水能够达到硼含量要求，则可节省二级系统工艺及其成本。如果高脱硼率一级系统产水尚未达到硼含量要求，则二级系统也可采用较低脱盐率膜品种以节能，并可少加碱量即能满足二级系统产水的硼含量要求。

海淡系统的工作压力

海淡工艺与苦咸水淡化工艺的基本原理本无不同，但工艺结构与工艺参数存在较大差异。海淡工艺的特点主要源于海水的含盐量远高于地表水或地下水，其特点的具体内容包括：

（1）系统给水及浓水的高渗透压力

海水中每增加 $1000mg/L$ 的 TDS 浓度则渗透压增加 $69kPa$，标准海水 $35000mg/L$ 的 TDS 浓度对应约 $2.5MPa$ 渗透压。如果系统收率为 50%，则浓水的渗透压约为 $5MPa$，给浓水的平均渗透压约为 $3.75MPa$。

（2）系统需要采用高压膜元件品种

图 6.23 曲线表明，给水含盐量越高，系统通量的均衡程度越差；图 6.26 曲线表明，膜元件的透水压力越低，系统通量的均衡程度越差。因此，为保持海淡系统的通量均衡，所用膜元件的透水压力必须很高。海德能公司部分膜元件的透水压力比较见表 5.5。

（3）海淡系统需要很高的工作压力

正是由于海淡系统具有高给浓水的渗透压与高透水压力的膜品种，海淡系统的正常运行需要很高的工作压力。如 $35000mg/L$ 给水含盐量的海淡系统收率分别为 40%、50% 及 60%，其系统浓水的渗透压将分别达到 $4.7MPa$、$5.6MPa$ 及 $7.0MPa$；加之膜元件的约

1.0～2.0MPa 透水压力，海淡系统正常运行约需 5.5～8.0MPa 工作压力。

（4）海淡膜能承受的最高工作压力

反渗透膜的高分子有机材料承受很高压力时会出现蠕变，其透水及透盐性能也产生变化；膜片承受高压时也会挤压淡水流道，使产水背压上升。因此，膜片及元件的材料与结构对于工作压力形成了一定的限制。目前，各类海淡膜品种的最高工作压力限值，时代沃顿与陶氏化学公司产品为 6.9MPa，海德能与东玺科（TCK）公司产品为 8.28MPa。目前，国内实际海淡系统的工作压力多为 6～7MPa。

 海淡系统的最高收率

（1）系统收率受工作压力限制

海水淡化用膜的最高工作压力为 7～8MPa，而系统污染与低温海水会增加工作压力，系统设计及系统运行还需对上限压力保留裕度，故海淡系统的运行压力一般只允许 6～7MPa。因工作压力随系统收率的增加而呈加速上升趋势，所以海淡系统的设计及运行的最高收率一般仅有 40%～55%。图 15.1 示出不同给水温度条件下海淡系统中工作压力与系统收率的关系曲线。

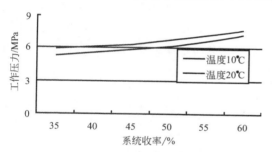

图 15.1　海淡系统中工作压力的回收率特性
[35000mg/L，SWC5，17L/(m² · h)，1/7，0a]

（2）系统收率受均衡通量限制

高给含盐量与高系统收率合成的高给浓水含盐量，必然造成系统沿流程通量的严重失衡，而保持通量均衡程度的有效措施之一就是采用较低系统收率。

（3）系统收率受浓水浓度限制

给水盐量为 35000mg/L 海淡系统的回收率如为 50%，则浓水含盐量将达到约 70000mg/L。如此高的水体含盐量对于系统的膜壳、管路、仪表、阀门及其他相关设备的腐蚀将相当严重，相应的防腐成本将大幅上升，根据综合成本核算，海淡系统收率在 40%～55% 之间较为经济。

（4）难溶盐及极化度极限收率

由于受工作压力与浓水浓度限制，一般海淡系统的回收率远低于难溶盐极限收率，因此难溶盐极限收率对于海淡系统一般并不起作用。由于高给水含盐量，海淡系统沿流程的元件通量梯度很高，系统末端元件的产水流量一般远低于浓水流量即浓差极化度很低，因此浓差极化极限收率对于海淡系统一般也不起作用。

总之，影响系统收率的两大限制因素，对于苦咸水淡化系统是难溶盐与浓差极化，在海水淡化系统中让位于工作压力与通量失衡。

海淡系统的温度调节

海水膜元件工作压力对给水温度的敏感程度不及苦咸水膜，但其工作压力的量级远高于苦咸水膜，因此给水温度仍然是影响系统工作压力的重要因素。

如果，膜元件的最高工作压力限定于 6.5MPa，则特定系统［35000mg/L，17L/(m² • h)，SWC5，6/1，0a］条件下的最高收率随给水温度的变化曲线如图 15.2 所示。该曲线表明，给水温度高于 15℃时对于系统最高收率的影响较小，给水温度在 10～15℃区间时的影响较大，而当给水温度低于 10℃时严重影响着系统最高收率。

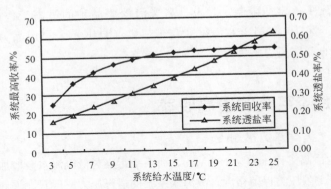

图 15.2　系统最高收率的给水温度特性

［35000mg/L，6.5MPa，17L/(m² • h) SWC5，6/1，0a］

针对低温给水环境，除了采用上述维持工作压力与产水流量而降低系统收率的运行模式之外，还可以维持工作压力与系统收率而降低系统通量的模式运行。图 15.3 示出定压力与收率但变通量模式下，系统通量随给水温度的降低而线性下降。

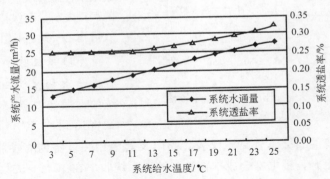

图 15.3　系统产水通量的给水温度特性

(35000mg/L，6.5MPa，45％，SWC5，6/1，0a)

前述 2.6 节已经说明，在苦咸水淡化系统中，给水加温所需能源成本远大于加温导致低压而节省的电费成本，因此在无低成本热源的条件下，苦咸水淡化系统中一般不宜采用给水加温工艺。但是，在海水淡化系统中，低温给水运行不仅造成运行电耗的经济指标变差，而且严重影响到系统收率的技术指标恶化。因此，我国北方沿海地区的海淡系统多与火电厂联建联运，将火电厂的冷凝器与海淡厂的换热器合一，在完成热电厂的蒸汽冷凝的同时，还可实现海淡厂的给水加温。

与低温运行相反，高温运行的海淡系统虽然工作压力降低，但将使产水水质及通量均衡等技术指标恶化，因此海淡系统也不希望得到过高的给水温度。海淡系统采水有三个方式，即表层海水、深层海水与海岸井水。表层海水的温度变化较大，而深层海水与海岸井水的温度变化较小。

15.6 海淡系统的能量回收

由于海淡系统的固有特征，相应的配套设备也具有鲜明特点。除膜元件的材料与结构之外，膜壳从苦咸水用中压膜壳，改为海水淡化用高压膜壳；给水泵从苦咸水用中压低耐腐性离心泵改为海水淡化用高压高耐腐性离心或柱塞泵，更主要的是增加了系统的能量回收装置。

海淡系统的给水压力很高，系统收率又低，此两大特点必然导致系统排放的浓水带走相当部分的能量。如设系统收率为50%，且浓水压力约等于给水压力，故系统浓水排出或浪费的能量高达输入能量的约50%。甚至，浓水排放能量的有效回收关乎到海淡工艺的可行性。

如图15.4所示，早期的能量回收装置是涡轮式同轴联动的水轮机与离心泵，系统浓水端由水轮机代替浓水阀门，浓水径流推动水轮机转动，水轮机获得的能量通过同轴离心泵传至给水端，为系统给水再次增压。涡轮式回收装置可以部分回收浓排能量，且水轮机与离心泵的流量并不要求一致，但是水轮机与离心泵的效率有限，其次是系统运行参数不宜调整。实际工程中，涡轮机的效率最高只能达到约80%。但是，该装置形式可替代系统中的段间加压泵，既可回收能量又可均衡通量。

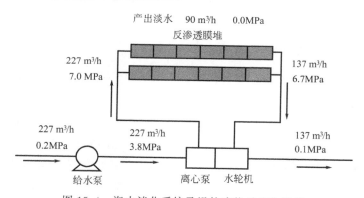

图 15.4 海水淡化系统及涡轮式能量回收装置

目前技术更为先进的是图15.5所示美国ERI公司的PX系列柱塞式压力交换器。该装置采用高纯度氧化铝陶瓷材料，具有极强的耐腐蚀性能与耐磨损性能。该装置的极佳设计，形成交替往复并旋转运动的六缸结构。六个缸体中的给水及浓水被循环吸入与排出，实现了在给水与浓水的混合比例极低状态下，将能量及压力从浓水侧移向给水侧。在图15.6所示海水淡化系统与柱塞式压力交换器体系中，柱塞两侧的流量相等，为满足系统给水的特定压力与特定流量，还配置了相应的给水泵与增压泵。

柱塞式压力交换器的效率可高达97%，它的使用可使海淡系统本体能耗降至2.4kW·h/m³，距离海淡系统的理

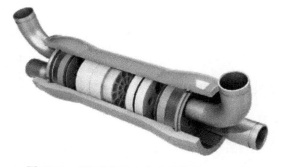

图 15.5 PX系列压力交换式能量回收装置

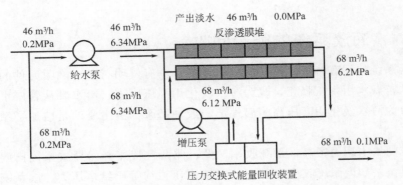

图 15.6　海水淡化系统与柱塞式压力交换器体系

论功值 $0.72kW \cdot h/m^3$ 已经非常接近，致使海淡工艺具有了实际工业价值。

15.7　海水淡化的系统设计

海淡系统设计中，除工作压力限值之外的重要问题是系统首末两端元件通量比不宜过大。对端通量比的外界环境因素主要是给水盐量与给水温度，内部设计因素主要是元件品种、系统收率、系统通量及流程长度，系统设计指标包括产水盐量、工作压力、系统能耗及端通量比等项内容。

15.7.1　给水含盐量 35g/L 系统

对于给水含盐量为 35000mg/L 的典型海淡系统，其膜堆分为单段与两段两种结构。

（1）单段系统结构

受到膜元件最高承压指标的限制，高含盐量、低给水温及低压膜品种（如 SWC6）系统，多采用单段短流程结构，以降低系统工作压力，海淡系统中，即使是单段短流程结构，其端通量比也跃升为重要的系统指标。表 15.2 数据表明，单段结构的系统收率及流程长度对于系统的工作压力及产水盐量具有一定影响，但其程度远不及对端通量比的影响。

由于单段系统不设段间泵，端通量比就成为硬性的系统性能指标。对于特定系统 [35000mg/L，17L/(m²·h)，15℃，SWC5，0a]，如端通量比的限值为 4.0，则可取得流程最大长度为 7m，最高系统收率为 45%；如端通量比的限值为 3.0，则可取得流程最大长度为 6m，最高系统收率为 40%。

表 15.2　单段海淡系统流程长度及系统收率条件下的运行参数

[35000mg/L，17L/(m²·h)，15℃，SWC5，0a]

系统收率 /%	系统流程 1/6			系统流程 1/7			系统流程 1/8		
	工作压力 /MPa	产水盐量 /(mg/L)	端通量比	工作压力 /MPa	产水盐量 /(mg/L)	端通量比	工作压力 /MPa	产水盐量 /(mg/L)	端通量比
40	5.67	113	3.06	5.73	112	3.21	5.76	113	3.44
45	5.96	121	3.88	5.99	120	4.08	6.02	120	4.35
50	6.31	130	5.20	6.33	129	5.53	6.35	129	5.84
55	6.77	143	7.69	6.79	142	7.91	6.80	141	8.42

海淡系统各季节的给水盐量基本一致，但各季节的给水温度具有很大差异。针对高压膜品种、低系统收率、高系统通量及短系统流程系统，不同给水温度形成的系统设计指标

见表15.3。表中数据表明，随给水温度的下降，产水盐量与端通量比单调下降，工作压力与系统能耗单调上升。因此，检验高压膜、低收率、大通量及短流程系统设计合理性的标准，一是高温条件下的端通量比与产水盐量是否够低，二是低温条件下的工作压力不致过高。

表 15.3 给水温度与海淡系统设计指标 [35000mg/L，0a，SWC5，45%，17L/(m²·h)，1/7]

给水温度/℃	产水盐量/(mg/L)	工作压力/MPa	系统能耗/(kW·h/m³)	端通量比
30	218.3	5.63	4.60	8.83
25	185.8	5.69	4.65	6.62
20	150.0	5.79	4.73	5.23
15	120.1	5.99	4.80	4.08
10	95.4	6.34	5.08	3.21
5	75.3	6.92	5.54	2.53

（2）两段系统结构

为降低海淡系统的端通量比指标，可以采用分段结构并段间加压。如采用两段结构但无段间加压工艺，系统的工作压力与产水水质变化幅度有限，而端通量比的数值更加劣化，故分段结构时必须同时采用段间加压工艺。

此外，与苦咸水淡化的75%收率系统不同，由于海淡系统的收率远低于75%，如再采用图8.4所示2-1结构，首末段壳浓水比将接近0.5而极不合理。对收率44.4%系统而言，理想的膜堆结构与流量分布如图15.7所示，即近45%收率系统的理想膜堆为3-2结构，届时的末段浓壳流量将略大于首段浓壳流量，即可实现较为合理的系统流量分布。

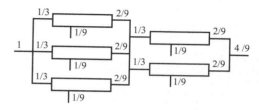

图 15.7 收率44.4%系统的膜堆结构与流量分布

表 15.4 两段海淡系统中不同系统收率及段间加压条件下的运行参数

[35000mg/L，17L/(m²·h)，15℃，SWC5，0a，段通量比1.10]

收率/%	结构	段间加压/MPa	各段压力/MPa	透盐率/%	段壳浓水/(m³/h)	首段通量/[L/(m²·h)]	末段通量/[L/(m²·h)]	端通量比
45%	3-2/4	1.41	5.24/6.54	0.326	6.7/7.7	22.6/12.8	21.1/11.3	2.00
	3-2/5	1.50	5.27/6.59	0.324	8.4/9.7	23.4/12.3	21.9/10.9	2.15
	3-2/6	1.62	5.32/6.66	0.323	10.1/11.6	24.0/11.8	22.7/10.5	2.29
50%	3-2/4	1.74	5.35/7.00	0.344	5.8/6.3	23.4/12.4	22.1/10.3	2.27
	3-2/5	1.80	5.39/7.03	0.342	7.2/7.9	24.2/11.7	22.9/10.0	2.42
	3-2/6	1.90	5.42/7.08	0.341	8.7/9.5	24.8/11.3	23.7/9.6	2.58

同时采用两段结构与段间加压工艺时，段通量失衡现象可以得到明显改善，故系统流程可以相应加长，但在海淡工艺中的端通量失衡现象仍较苦咸水淡化工艺严重得多，且随流程长度的增加越发严重。而且，随着系统流程的增长与段间加压的上升，系统后段的工作压力相应增高而接近极限。表15.4给出45%～50%收率不同流程长度系统的相关参数。

15.7.2 给水含盐量30g/L系统

表15.5数据表明，对给水盐量为30000mg/L系统，如果仍采用单段结构与高压膜SWC5，则相同流程长度系统的端通量比等指标均大幅降低。为了降低系统能耗，甚至可以使用低压膜SWC6，但该品种元件长流程系统的通量严重失衡，故不宜采用7m长流程

结构。

表 15.5 给水含盐量 30000mg/L 系统设计参数比较 [15℃，17L/(m²·h)，0a]

元件品种	系统收率/%	系统结构	产水盐量/(mg/L)	工作压力/MPa	系统能耗/(kW·h/m³)	端通量比
SWC5	40	1/6	96.0	5.02	4.52	2.72
SWC6			146.8	4.60	4.14	3.57
SWC5	45	1/7	102.0	5.26	4.21	3.59
SWC6			156.8	4.85	3.88	5.14

对于 30000mg/L 较低含盐量海淡系统，如采用高压膜品种 SWC5 与段间加压工艺，甚至可实现 55％的系统收率，相关参数见表 15.6。

表 15.6 两段海淡系统中不同系统收率及段间加压条件下的运行参数

[30000mg/L，17L/(m²·h)，15℃，SWC5，0a，段通量比 1.10]

收率/%	结构	段间加压/MPa	各段压力/MPa	透盐率/%	段壳浓水/(m³/h)	首段通量/[L/(m²·h)]	末段通量/[L/(m²·h)]	端通量比
45	3-2/6	1.39	4.73/5.83	0.322	10.2/11.6	23.5/12.2	22.3/10.9	2.16
50	3-2/6	1.62	4.80/6.18	0.339	8.7/9.5	24.0/11.7	23.3/10.1	2.38
55	3-2/6	1.93	4.89/6.62	0.359	7.6/7.8	24.8/11.2	24.6/9.1	2.72

15.8 亚海水淡化系统设计

如果将给水含盐量 2000mg/L 称为苦咸水，则给水含盐量介于 2000～30000mg/L 之间的可称为亚海水。亚海水的水源背景有多种，可以是海水倒灌的河口水体，可以是沿海地区的浅层井水，还可以是各种高盐分的污废水。这里不涉及水体中难溶盐的含量，而只针对亚海水淡化系统可能的 20000～5000mg/L 给水含盐量及相应的收率水平 60％～75％进行设计分析。

15.8.1 给水含盐量 20000mg/L 系统

20000mg/L 给水含盐量系统的渗透压低于 30000mg/L 系统，系统收率与流程长度等项设计指标也可大幅放宽，且亚海水系统一般多采用分段结构与段压工艺。而且，从表 15.6 所示数据比较可知，3-2 结构中系统收率越高，段壳浓水比指标越接近 1。如果认为 75％收率系统的最佳结构为 12-6（即 2-1），45％收率系统的最佳结构为 12-8（即 3-2），则介于两者间的 60％收率系统最佳结构应为 12-7。当然，如系统规模较小，其最佳结构仍应为 2-1 或 3-2。

表 15.7 给水盐量 20000mg/L 系统设计参数 [15℃，17L/(m²·h)，0a，12-7/6，段通量比 1：1.1]

元件品种	回收率/%	段间加压/MPa	各段压力/MPa	产水盐量/(mg/L)	段壳浓水/(m³/h)	首段通量/[L/(m²·h)]	末段通量/[L/(m²·h)]	端通量比
SWC5	55	1.24	3.70/4.76	71.6	7.0/8.4	23.2/12.2	22.2/10.4	2.23
	60	1.48	3.76/5.09	76.3	6.1/6.9	23.8/11.6	23.4/9.4	2.53
	65	1.83	3.84/5.53	82.1	5.3/5.5	24.4/10.9	25.3/8.2	2.98
SWC6	55	1.22	3.31/4.34	109.0	7.0/8.4	24.9/10.8	24.0/9.1	2.74
	60	1.46	3.37/4.68	116.3	6.1/6.9	25.6/10.2	25.6/8.0	3.20
	65	1.80	3.45/5.12	125.5	5.3/5.5	26.6/9.4	28.1/6.7	4.19

表 15.7 所示数据表明，20000mg/L 给水盐量系统的回收率可以达到 60％甚至 65％，但回收率越高则端通量失衡现象越严重，故该给水盐量水平的高收率系统仍应采用高压膜品种。

15.8.2 给水含盐量 15000mg/L 系统

对照表 15.7 与表 15.8 相关数据可知，对于相同系统收率及元件品种，15000mg/L 给水含盐量条件下的端通量比明显小于 20000mg/L 给水含盐量条件。因此，对于 15000mg/L 给水系统，如采用高压膜品种，则收率可以达到 65% 水平。

表 15.8 给水盐量 15000mg/L 系统设计参数 [15℃，17L/(m²·h)，0a，12-7/6，段通量比 1:1.1]

元件品种	回收率/%	段间加压/MPa	各段压力/MPa	产水盐量/(mg/L)	段壳浓水/(m³/h)	首段通量/[L/(m²·h)]	末段通量/[L/(m²·h)]	端通量比
SWC5	55	0.93	3.11/3.85	53.5	7.0/8.4	22.2/13.1	21.1/11.1	2.00
	60	1.10	3.15/4.09	56.9	6.1/6.9	22.5/12.7	22.1/10.4	2.16
	65	1.34	3.19/4.40	61.1	5.3/5.5	23.0/12.1	23.5/9.2	2.55
SWC6	55	0.94	2.73/3.48	81.3	7.0/8.4	23.5/11.8	22.8/10.0	2.35
	60	1.10	2.77/3.71	86.6	6.1/6.9	24.0/11.3	24.0/9.0	2.67
	65	1.33	2.82/4.02	93.3	5.3/5.5	24.7/10.7	25.8/7.7	3.35

15.8.3 给水含盐量 10000mg/L 系统

对照表 15.8 与表 15.9 相关数据可知，如果端通量比 2.55 可以接受，即 15000mg/L 给水含盐量与高压膜品种 SWC5 条件下的系统收率可以达到 65% 水平，则 10000mg/L 给水含盐量与低压膜品种 SWC6 条件下的系统收率也可以达到 65% 水平。

表 15.9 给水盐量 10000mg/L 系统设计参数 [15℃，17L/(m²·h)，0a，12-7/6，段通量比 1:1.1]

元件品种	回收率/%	段间加压/MPa	各段压力/MPa	产水盐量/(mg/L)	段壳浓水/(m³/h)	首段通量/[L/(m²·h)]	末段通量/[L/(m²·h)]	端通量比
SWC5	55	0.65	2.53/2.99	35.5	7.0/8.4	21.0/14.2	20.1/12.3	1.71
	60	0.76	2.55/3.13	37.7	6.1/6.9	21.3/14.0	20.7/11.7	1.82
	65	0.88	2.57/3.31	40.3	5.3/5.5	21.5/13.7	21.8/11.0	1.98
SWC6	55	0.66	2.17/2.64	53.9	7.0/8.6	22.1/13.1	21.2/11.0	2.01
	60	0.75	2.19/2.78	57.3	6.1/6.9	22.4/12.7	22.0/10.4	2.15
	65	0.89	2.21/2.96	61.4	5.3/5.5	22.7/12.3	23.2/9.4	2.47

15.8.4 给水含盐量 5000mg/L 系统

如表 15.10 数据所示，当给水含盐量降至 5000mg/L 的近苦咸水水平时，系统设计的多项指标与苦咸水系统更加接近。例如，收率指标可以达到 75%，元件品种也可能采用苦咸水膜 CPA3，膜堆应该采用 2-1 结构。只是由于给水含盐量偏高，如采用海水膜 SWC5 或 SWC6 则端通量愈加均衡，其代价是系统能耗大幅上升。

表 15.10 给水盐量 5000mg/L 系统设计参数 [15℃，18L/(m²·h)，0a，2-1/6，段通量比 1:1.1]

元件品种	回收率/%	段间加压/MPa	各段压力/MPa	产水盐量/(mg/L)	段壳浓水/(m³/h)	首段通量/[L/(m²·h)]	末段通量/[L/(m²·h)]	端通量比	能耗/(kW·h/m³)
SWC5	65	0.45	2.07/2.38	18.9	5.1/6.5	21.3/16.0	20.2/13.8	1.54	1.28
	70	0.53	2.08/2.49	20.3	4.5/5.2	21.4/15.2	20.8/13.3	1.61	1.21
	75	0.67	2.10/2.66	22.4	3.9/4.0	21.6/15.4	21.9/12.2	1.80	1.16

元件品种	回收率/%	段间加压/MPa	各段压力/MPa	产水盐量/(mg/L)	段壳浓水/(m³/h)	首段通量/[L/(m²·h)]	末段通量/[L/(m²·h)]	端通量比	能耗/(kW·h/m³)
SWC6	65	0.47	1.70/2.04	28.8	5.1/6.5	22.1/14.6	21.3/12.8	1.73	1.08
	70	0.55	1.71/2.14	30.8	4.5/5.2	22.2/14.2	22.1/12.0	1.85	1.02
	75	0.67	1.73/2.30	33.8	3.9/4.0	22.5/13.9	23.3/10.7	2.18	0.98
CPA3	65	0.43	1.37/1.71	91.2	5.1/6.5	22.2/14.6	21.7/12.0	1.85	0.89
	70	0.51	1.38/1.82	98.0	4.5/5.2	22.5/14.1	22.8/10.9	2.09	0.84
	75	0.64	1.40/1.98	107.1	3.9/4.0	22.9/13.6	24.6/9.2	2.67	0.82

第16章 ▶▶ 膜系统的运行模拟软件

16.1 系统设计与运行模拟

严格定义上的系统设计应是：根据包括给水水质、产水流量、产水水质、段通量比、浓差极化度及段壳浓水比等6项指标的设计要求，以系统的投资与运行总成本最低为目标，求取包括膜品种、膜数量、膜排列、回收率、水泵规格及膜壳规格等6项参数的设计方案。换言之，是在给水水质、产水流量、产水水质、膜品种、膜数量、膜排列、回收率、段通量比、浓差极化度、段壳浓水比、水泵规格及膜壳规格等12维线性空间中，以特定的给水水质、产水流量、产水水质、段通量比、浓差极化度及段壳浓水比等6维参数为边界范围，寻求膜品种、膜数量、膜排列、回收率、水泵规格及膜壳规格等6维可行参数，以达到系统的投资与运行总成本最低的目标。

严格定义上的运行模拟应是：给定12维线性空间中的其余6维参数，求取相应的给水水质、水泵规格、膜壳规格、段通量比、浓差极化度及段壳浓水比等6项运行指标。当6项运行指标中任何1项不满足设计要求时，修正可变的给定参数，以使各运行指标均满足设计要求。而且，通过多次运行模拟与多次人为修正，也可以达到系统设计的目的。

由于直接的系统设计难度很大，所得设计方案与优化方案可能相去甚远，故目前的系统设计均采用多次模拟分析外加人为判断相结合的方式进行。由于目前国内外现有的所谓设计软件实际上均采用运行模拟方式进行计算，故各设计软件实质上均应属于模拟软件的范畴。

本书内容主要讨论反渗透工艺系统的设计与运行，而系统设计与运行分析的基本手段是系统运行模拟软件，它构成了运行分析、系统设计及工艺研究所必需的计算工具。在一定程度上，系统运行模拟软件的水平决定了系统设计、系统运行及工艺研究的水平。

目前国内外各膜厂商均无偿向市场推出与自身产品相配套的模拟软件，尽管均号称为系统设计软件，但实际上均属于运行模拟性质。这些设计软件的形式各异但功能基本相同，主要的模拟功能包括：

① 给定包括水源类别、进水温度、进水含盐量与离子分布等系统进水基础参数。
② 给定膜堆中元件的串联、并联与分段结构以及系统收率、产水流量等项工况。
③ 给定系统中的浓水回流、段间加压、淡水背压以及淡水混合等特殊系统工艺。
④ 计算沿系统流程的压力、流量及盐浓度的分布，进而得出沿流程各运行参数。
⑤ 计算各类离子在系统流程中的透过及浓缩过程，进而得出难溶盐的结垢判断。
⑥ 模拟相关各类膜产品在系统中的运行效果，甚至可以整体修改元件性能参数。
⑦ 模拟系统中元件因污染所致的工作压力、脱盐率及膜压降等参数的整体劣化。

设计软件的功能可满足系统分析与系统设计的基本要求，从而使系统分析与系统设计成为可行，但尚有大量现象未能得到有效模拟，不能满足对系统细致分析与深入研究的需要。笔者所在的天津城建大学膜技术研究中心自行研究开发了一套功能更强的模拟软件，该软件除具有一般设计软件的功能之外还具有如下特殊功能：

① 可以修改系统中每支元件的工作压力、透盐率及膜压降三项性能参数，进而模拟分析各元件及各参数对系统运行的影响。

② 可以设定沿系统各流程位置或各高程位置分布的有机、无机及生物三种不同性质与程度的污染，进而模拟分析不同污染的性质、程度及分布对系统运行的影响。

③ 可以设定系统中给水管路、浓水管路及淡水管路的流向、结构及规格，进而模拟分析管路结构及参数对系统运行的影响。

④ 可以设定纳滤膜元件的不同脱盐水平及工作压力，进而模拟各类纳滤系统的运行参数及其分布。

该模拟软件对系统进水的无机盐成分限定为氯化钠，故该模拟软件旨在重点模拟系统对总含盐量的脱出效果及系统的各项运行参数分布，关于其他盐分的脱除及结垢问题可参考相关设计软件。

模拟软件对于元件、膜串、膜段及系统的数学模型已于第11.2节加以讨论，对于管道（本章称为配管）及壳联（本章称为联壳）结构的数学模型已于第11.3节加以讨论，这里主要讨论具体的计算方法。

16.2 模拟软件的基本功能

膜系统的运行模拟总是针对特定的系统进水水质条件，故运行模拟软件总需要输入特定的进水水质参数。如图16.1所示，进入膜处理系统的水体称为系统进水，系统进水与可能存在的回流浓水或回流淡水合称为系统给水后进入系统膜堆。在无回流淡水时，系统淡水与系统产水两术语混用；在无回流浓水时，系统浓水与系统弃水两术语混用，而系统收率指标特指系统产水流量与系统进水流量的比值。

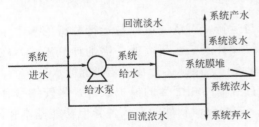

图 16.1　系统径流称谓示意图

模拟软件的软件初始界面如图16.2所示，在该界面中点击〈软件退出〉键即可退出软件运行，点击〈系统模拟〉键即可进入图16.3所示基本参数输入界面。

16.2.1　系统基本参数输入

如图16.3所示基本参数输入界面中具有项目概况、进水参数、运行参数、污染参数、运行方式、膜段结构、膜段参数及元件参数等项栏目。

项目概况栏目中包括设计项目、设计单位、设计人员及设计时间等参数项目。

进水参数栏目中包括进水盐量、进水温度及进水类型等参数项目。

运行参数栏目中包括产水流量、系统收率及膜均通量等参数项目。

污染参数栏目中包括模拟运行期、透盐年增率及透水年衰率等参数项目。

运行方式栏目中包括段间加压、淡水背压、淡水回流及浓水回流等参数项目。

图 16.2　软件初始界面

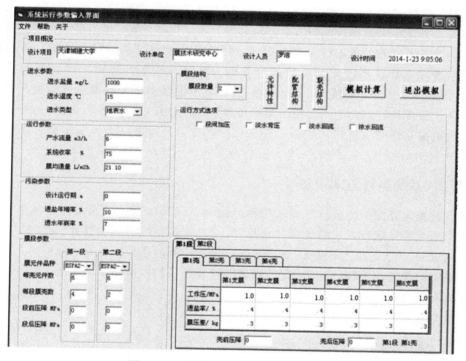

图 16.3　模拟软件的基本参数输入界面

膜段结构栏目中包括膜段数量项目。

膜段参数栏目中包括各膜段的膜元件品种、每段膜壳数及每壳元件数等参数项目。

元件参数栏目中包括各膜段、各膜壳及各元件的工作压力、透盐率及膜压降等参数。

上述各参数项目中，膜段数量决定了膜段参数及元件参数栏目中显示的膜段数量；膜段参数栏目中的每段膜壳数及每壳元件数决定了元件参数栏目中显示的膜壳数量与元件数量；运行参数栏目中的产水流量与膜段参数栏目中的膜元件品种、每段膜壳数及每壳元件数参数决定了系统参数栏目中的膜均通量。运行方式选项栏目中的各参数项均为选项，如不加以选择，则不做相应设置。

基本参数输入界面中具有〈元件特性〉〈配管结构〉〈联壳结构〉三个选项键。点击〈元件特性〉选项键，则弹出系统各段各壳元件特性界面，以进行元件特性参数的输入。点击〈配管结构〉选项键，则弹出膜堆配管结构界面，以进行配管（即管道）结构参数的输入。点击〈联壳结构〉选项键，则弹出膜堆联壳结构界面，以进行联壳（即壳联）结构参数的输入。

基本参数输入界面中还有〈模拟计算〉与〈退出模拟〉两个命令键。点击〈退出模拟〉命令键，则软件将退出基本参数输入界面，而退至软件初始界面。点击〈系统模拟〉命令键，则将进行系统模拟计算，并弹出运行参数输出界面，以显示模拟计算结果。

模拟软件已对基本参数输入界面中的基本参数赋予了相应的缺省数值。〈元件特性〉选项键未点击时，各元件参数如元件参数栏目所示参数。〈配管结构〉与〈联壳结构〉两选项键未点击时，膜堆结构中的管路压降被忽略不计。运行方式栏目中未选各项均视为不存在相应的特殊工艺。当首次打开基本参数输入界面时，直接点击〈模拟计算〉键即按照缺省参数进行相应的系统模拟计算。

本版模拟软件设置了各膜段的段前压降及段后压降以及各膜壳的壳前压降及壳后压降等附加参数，但这些附加参数的缺省数值均为零，本章以下内容中也未涉及该类参数。

基本参数输入界面以及运行方式选项、元件特性、配管结构、联壳结构等界面构成了反渗透膜系统模拟计算所需相关参数的全部输入环节。基本参数输入界面配有〈文件〉、〈帮助〉及〈关于〉三个下拉菜单。〈文件〉下拉菜单提供对于各界面输入参数所成文件的新建、打开、保存及打印功能，以便于对特定参数系统进行反复分析与研究。〈帮助〉下拉菜单将给出模拟软件的软件使用说明及相关电子图书。〈关于〉下拉菜单提供软件的版本说明。

16.2.2　系统运行方式设置

基本参数输入界面中的运行方式选项栏目涵盖了段间加压、淡水背压、淡水回流及浓水回流四类系统特殊运行方式的选项（见图 16.4）。根据系统的膜段数量，段间加压选项可以在前后两段间（1、2 段之间或 2、3 段之间）设置段间加压泵以提升后段的给水压力；淡水背压选项可以在较前膜段（1 或 2 段）设置淡水背压阀门以增加本段的淡水背压；淡水回流选项可以在系统最末膜段的末端设置淡水回流流量；浓水回流选项可以在系统最末膜段的末端设置浓水回流流量。

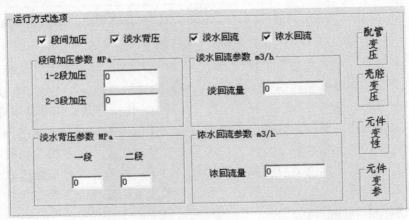

图 16.4　模拟软件基本参数输入界面中的运行方式选项栏目

运行方式选项栏目右侧分别呈现配管变压、壳腔变压、元件变性及元件变参等四项提示，它们分别题示〈元件特性〉〈配管结构〉〈联壳结构〉三个选项键已经被选择以及元件参数栏目内元件参数已经被修改。

16.2.3 运行模拟计算报告

在基本参数输入界面完成全部输入环节操作之后，点击〈模拟计算〉命令键即可进行系统运行的模拟计算。模拟计算结束后，将弹出图 16.5 所示运行参数输出界面，以显示系统运行参数报告。该界面主要由系统运行参数、元件运行参数、系统运行参数曲线、修改参数标识、运行方式选项及运行参数报警 6 个栏目组成。

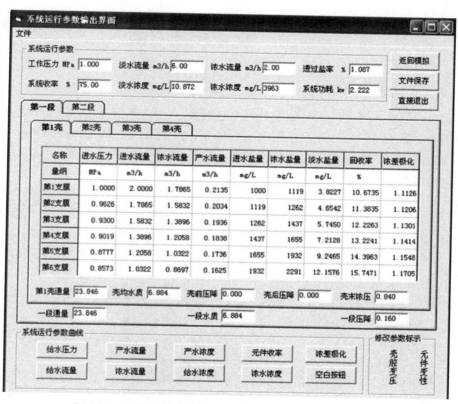

图 16.5 系统运行参数输出界面显示的系统运行参数报告

系统运行参数栏目中示出系统的工作压力、系统收率、淡水流量、淡水浓度、浓水流量、浓水浓度、透过盐率及系统功耗等系统运行参数。

元件运行参数栏目中示出系统中各膜段、各膜壳及各膜元件的给水压力、给水流量、浓水流量、产水流量、给水盐量、浓水盐量、淡水盐量、元件收率及浓差极化度等运行参数；并示出各膜壳、各膜段的平均产水通量、平均淡水浓度、末端浓水压力、膜段压降等运行参数。

系统运行参数曲线栏目中具有〈给水压力〉〈给水流量〉〈产水流量〉〈浓水流量〉〈产水浓度〉〈给水浓度〉〈元件收率〉〈浓水浓度〉〈浓差极化〉等绘制曲线按键。点击相关按键即可弹出相应参数沿系统流程的变化曲线界面。

修改参数标识栏目中具有配管变压、壳腔变压、元件变性及元件变参等四个文字标识，而四个标识出现与否决定于基本参数输入界面中相应参数是否被修改。

特殊运行方式栏目中分别显示浓水回流、段间加压、淡水背压及淡水回流等四项可选系统特殊工艺的选择结果及具体参数。

运行参数报警栏目中可能显示出系统运行模拟所得参数中的各类参数越界报警提示。

运行参数输出界面中还存在〈文件〉下拉菜单，该下拉菜单提供对于系统模拟计算结果数据所成文件的新建、打开、保存及打印功能，以便于对特定系统的模拟计算进行反复分析与研究。

16.3 系统参数的各项修改

模拟软件的重要功能之一是可灵活地修改元件参数、元件特性、配管结构及联壳结构等多类系统参数。

16.3.1 元件参数修改

点击基本参数输入界面的元件参数栏目中各膜段、各膜壳及各元件的工作压、透盐率或膜压降任何参数项目，均会弹出参数修改窗体，以输入相关参数的修改数值。参数修改完成后，该窗体消失。全系统膜堆中只要存在一个元件的一个参数被修改，基本参数输入与运行参数输出界面中将出现"元件变参"标识以作标记。

值得指出的是，各膜厂商提供的膜元件测试参数均以恒压力为条件，如 ESPA2-4040 为工作压力 1.05MPa 条件下生成产水流量 1900GPD；而模拟软件中采用恒通量为条件，即 ESPA2-4040 为产水流量 $300\text{m}^3/\text{h}$（等同于 1900GPD）条件下形成工作压力 1.05MPa。

如 11.4 节所述，反渗透膜元件的透水系数 A 及透盐系数 B 均受给水温度 x_1、透水通量 x_2 及透盐通量 x_3 的影响，是三变量多项式幂函数：

$$A(x_1,x_2,x_3)=a_0+a_1x_1+a_2x_2+a_3x_3+a_4x_1x_2+a_5x_2x_3+a_6x_3x_1+a_7x_1^2+a_8x_2^2+a_9x_3^2+\cdots$$

$$B(x_1,x_2,x_3)=b_0+b_1x_1+b_2x_2+b_3x_3+b_4x_1x_2+b_5x_2x_3+b_6x_3x_1+b_7x_1^2+b_8x_2^2+b_9x_3^2+\cdots \tag{16.1}$$

元件参数栏目中的工作压与透盐率两项参数只是两透过系数表达式中的常数 a_0 或 b_0 项，因此，对于工作压与透盐率两项参数的修改，并未改变给水温度、透水通量及透盐通量三因素对两透过系数的关系曲线走势，仅对两关系曲线进行了平移。

大幅降低反渗透膜元件的工作压力或大幅提高反渗透膜元件的透过盐率，可将一个典型反渗透膜元件性能参数变为某类纳滤膜元件性能参数。渐变的修改沿系统流程或沿膜堆高程各膜元件的工作压力、透过盐率与元件压降，可以模拟系统沿流程或沿膜堆高程的渐变污染程度；增加元件的透过盐率可模拟元件的无机污染，降低元件的透过盐率可模拟元件的有机污染。

16.3.2 元件特性修改

点击基本参数输入界面中的〈元件特性〉选项键，则将弹出参数修改窗体界面。元件特性界面中显示出系统膜堆中各段、各壳及各元件关于透水系数及透盐系数多项幂函数式（16.1）中的各项系数（a_0, a_1, …, a_9 及 b_0, b_1, …, b_9），但不涉及函数式（16.1）的结构形式。

　　模拟软件已对元件特性界面中的原始参数赋予了相应的缺省数值。修改元件特性界面中某段、某壳、某元件的透过系数时，点击该参数项后将弹出类似图16.6所示窗体，并在窗体中修改相关参数。点击元件特性界面中的〈确认修改〉、〈恢复参数〉及〈退出修改〉等命令键，即可执行相应操作并返回基本参数输入界面、取消修改数据并恢复界面参数及取消修改数据并退出元件特性界面等操作。

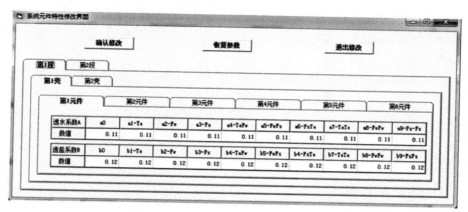

图16.6　修改元件特性的相关窗体界面

16.3.3　配管参数修改

　　膜系统中各膜段及各膜壳之间给水、浓水及产水的径流具有相应的管路，如果系统运行的模拟计算忽略管路的压力损失则无须设置管路结构与参数，如需考虑该压力损失则需要设置管路的结构与参数，而系统管路的连接又分为配管与联壳两种结构形式。

　　点击基本参数输入界面中的〈配管结构〉选项键，将弹出图16.7所示窗体界面。所谓

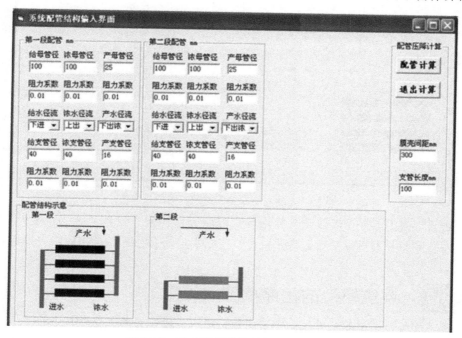

图16.7　修改配管结构的相关窗体界面

配管结构系指膜段的给水、浓水及产水均由相应的母管与支管导入导出，因此配管结构界面中示出膜堆各段配管的给水、浓水及产水的纵向母管与横向支管的配管管径及阻力系数的缺省值，并可对这些参数予以修改，而且膜堆的支管长度与膜壳间距（上下两膜壳的间距）两参数可独立设置。

如第13章所述，配管结构中的管路压降存在沿重力方向的压力增加与沿径流方向的压力降低。为明确膜堆结构与重力方向的关系，膜堆各段中序号小的并联膜壳在下，序号大的在上。换言之，无论给水、浓水或产水管路，序号小的膜壳受重力作用较大，序号大的膜壳受重力作用较大。

为了有效模拟膜堆中给水、浓水及产水径流方向对于管路压降的影响，配管结构界面中设置了给水、浓水及产水径流方向的三个选择性控件。各膜段的给水径流存在上进与下进两个标识，浓水径流存在上出与下出两个标识，以分别表示给水与浓水径流的进出方向。各膜段的产水径流的方向则存在上出给、下出给、上出浓与下出浓四个标识，以分别表示产水径流从膜堆给水侧的上、下端排出或从膜堆浓水侧的上、下端排出。

16.3.4　联壳参数修改

点击基本参数输入界面中的〈联壳参数〉选项键，将弹出图16.8所示联壳参数界面。所谓联壳结构系指膜段的给水与浓水径流均在相联膜壳间通过连接的膜壳端口导入导出，而产水径流仍需相关配管导出。

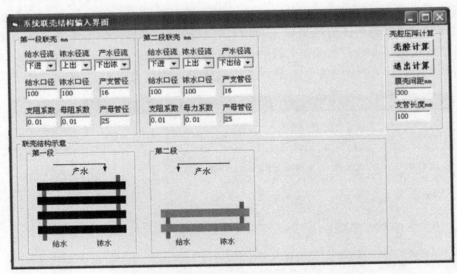

图16.8　修改联壳结构的相关窗体界面

由于联壳结构中不存在母管与支管参数，故联壳结构输入窗体界面与配管结构输入界面相比较为简单。但仍然需要明确膜壳给水口与浓水口的直径，以及相应阻力系数。

16.4　系统模拟的程序框图

反渗透系统运行模拟的软件程序主要由数据输入、模拟计算及数据输出三大部分组成，程序总框图如图16.9所示。图中的▭形模块为数据的输入或输出部分，⬭形模块为程序的计算部分，▭形模块为程序的判别部分。框图中的数据输入部分由基本参数输入界面的基本参数输入部分、元件特性界面、配管结构界面、联壳结构界面共同构成。框图中的数据输出部分由运行参数输出界面的运行模拟报告构成。

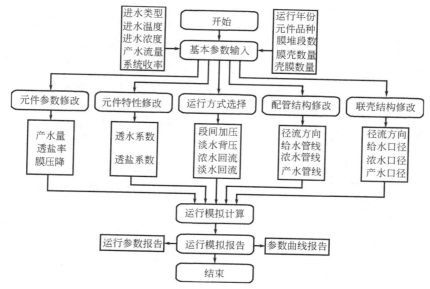

图 16.9　系统运行模拟软件的程序总框图

作为软件总框图中核心与重点的模拟计算部分，又分为系统模拟、膜段模拟、膜壳模拟及元件模拟四个主要环节。

16.4.1　系统模拟计算框图

系统运行模拟计算也称为多段系统运行模拟计算。图 16.10 所示的系统模拟计算是以各膜段为基本计算单元，在保证各膜段内部规律的基础之上，实现前后膜段之间的压力、水量及盐量平衡关系。

① 如果不存在浓水回流或淡水回流工艺，则系统给水盐浓度等于系统进水盐浓度，且系统给水流量等于系统进水流量。系统计算产水流量等于各段计算产水流量之和，系统收率等于系统产水流量与系统进水流量的比值。

② 如果存在浓水回流或淡水回流工艺，则系统给水盐量等于系统进水盐量、浓水回流盐量、淡水回流盐量之和（径流盐量＝径流盐浓度×径流流量），系统给水流量等于系统进水流量、浓水回流流量及淡水回流流量之和，系统产水流量为系统淡水流量与淡水回流流量之差，系统收率等于系统产水流量与系统进水流量的比值。

在确定系统给水盐浓度的基础之上，系统运行模拟计算的核心问题是：求取合适的系统给水压力以保证相应的计算产水流量与设计产水流量相等，且计算回收率与设计回收率相等。由于产水流量与系统收率之比为给水流量，系统运行模拟计算的核心问题可以简化为：在已知系统给水流量（产水流量除以系统收率）基础上，求取合适的系统给水压力以保证相应的计算给水流量与设计给水流量相等。

系统运行模拟计算的基本算法为迭代计算，即首先给定系统给水流量，并初设系统给水压力，计算得到相应的系统产水流量；如果计算产水流量大于设计产水流量，则适量减小系统给水压力；如计算产水流量小于设计产水流量，则适量增加系统给水压力；如果计算产水流量与设计产水流量之间的差值小于允许范围，则迭代计算结束，届时的系统给水压力及相应的各系统计算参数即为最终的系统模拟计算结果。

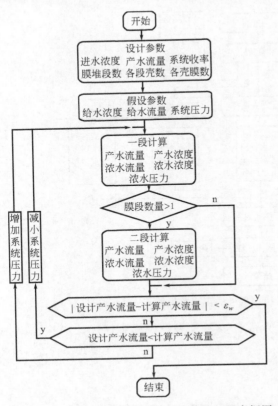

图 16.10 两段系统的"运行模拟计算"程序框图

为了加速迭代过程，系统给水压力的增减采用了 0.618 的最优步长，即在可增减的 100% 有限范围内采用 61.8% 的增减步长。作为迭代收敛判据的特定数值，也决定了模拟计算中相关参数的精度。多段系统的迭代计算是系统模拟计算的最外层迭代计算，一般需要多次迭代。

在图 16.10 所示系统运行模拟计算框图中，膜段单元的计算将在 16.4.2 节加以描述。

当系统中的膜段数量大于 1 时，存在前后膜段间计算值的连续问题，其中包括前后段给浓水径流的压力连续（前段浓水压力等于后段给水压力）、流量连续（前段浓水流量等于后段给水流量）、浓度连续（前段浓水浓度量等于后段给水浓度），而产水径流也存在类似的压力连续、流量连续、浓度连续的相应数据处理。

如果存在段间加压工艺，则后段给水压力等于前段浓水压力与段间所增压力之和；如果存在淡水背压工艺，则相关膜段的淡水压力等于背压压力；如果存在淡水回流或浓水回流，还需在系统末段进行相应的回流流量处理。

16.4.2 膜段内部计算框图

单一膜段的模拟计算过程中，首先需要确认数据输入界面给定该膜段的段壳数量、元件参数、管路参数，以及多段系统计算某迭代所假设的该膜段进水浓度、进水流量及进水压力，随后进行膜段运行参数的迭代计算。为表述方便，本节内特将全段给水称为进水，各壳给水称为给水，各壳浓水称为浓水，全段浓水称为排水。膜段计算的关键问题是段内各膜壳给水流量的合理分配，而分配合理的判据是各膜壳回路的压降相等。

如果段内不存在元件参数、元件特性、配管结构或联壳结构的各项修改（即全段中不计各膜壳回路的管路压降，且各元件参数一致），则各膜壳回路给水流量相等，多膜壳并联构成的膜段计算可以简化为单一膜壳计算。届时，全膜段的进水及排水压力就是单膜壳的给水及浓水压力，全膜段的进水及排水浓度就是单膜壳的给水及浓水浓度，而全膜段的进水、排水及产水流量为单膜壳相应流量与段内并联膜壳数量的乘积。届时，膜段计算仅为一个迭代。

如果段内仅存在元件参数或元件特性的修改，而不存在配管结构或联壳结构的修改（即不计管路压力损失），则全段进水压力与各壳给水压力相等，且全段排水压力与各壳浓水压力相等，但各壳的给水流量、产水流量、浓水流量、产水浓度及浓水浓度各不相同。届时，每个迭代计算过程中，均需更加合理配置各膜壳的给水流量，但无需进行各膜壳的壳前及壳后管路压降的相关计算（图 16.11 中的两个 * 号部分）。迭代计算收敛的标准是各膜壳内部压力损失相等（即各膜壳排水压力的计算值相等）。

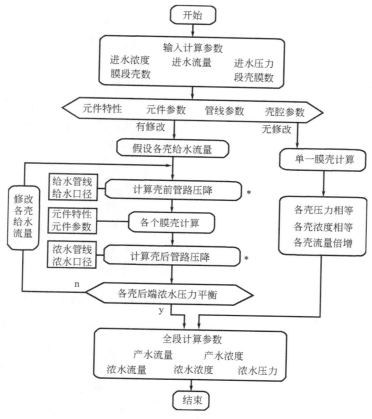

图 16.11 单膜段模拟计算程序框图

如果存在配管结构或联壳结构的修改，则需要合理分配各膜壳的给水流量（初始分配可采取均分形式），并根据给水径流方向及给水主支管线或膜壳给水口径参数计算各膜壳前端给水径流的压力损失。届时，各个膜壳内部的模拟计算将基于相同的给水盐浓度，不同的给水流量与不同的给水压力。而且，需要根据浓水径流方向及浓水主支管线或膜壳浓水口径参数计算各膜壳后端浓水径流的压力损失，进而计算各膜壳浓水汇合处的各浓水压力。各膜壳回路从进水母管入口处，经给水管路、壳内各元件给浓水流道、浓水管路，直至排水母管出口处的各项压降之和均应相等。如各膜壳回路压降不等，表明在膜段进水处分配的各膜壳给水流量不尽合理，还需要进行再分配。如各膜壳回路压降相等，表明在膜段进水处分配的各膜壳给水流量合理，可认定膜段模拟计算收敛。

多个膜壳给水流量的再分配可有多种算法，其基本要求是：既要总量保持不变，又要再分配趋于合理（流量过大的减小，流量过小的增大），以使膜段计算趋于收敛。

配管结构或联壳结构中的管路压降是沿重力方向的压力增加与沿径流方向的压力降低

两个趋势的合成效果，相关数学模型见第 11 章内容。膜段内部参数的迭代计算是系统模拟计算的中间层迭代计算，如段内仅有一只膜壳则迭代计算仅为一次。

16.4.3 膜壳内部计算框图

图 16.12 所示单膜壳计算过程中需要的参数，首先是系统结构中特定膜壳的元件数量

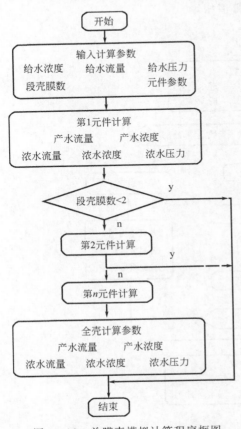

图 16.12 单膜壳模拟计算程序框图

与元件参数，以及相应膜段计算某迭代所假设的该膜壳给水浓度、给水压力及给水流量。膜壳计算的基本模式为沿给浓水径流方向，逐一进行壳内各元件的递推参数计算，而无需迭代计算。当膜壳内元件数量大于 1 时，存在前后元件间计算值的递推问题，其中包括前后元件给浓水径流的压力递推（前元件浓水压力等于后元件给水压力）、流量递推（前元件浓水流量等于后元件给水流量）、浓度递推（前元件浓水浓度量等于后元件给水浓度），而各元件的产水径流参数也存在类似的数据递推处理。

全膜壳的产水流量为壳内各元件产水流量之和，产水盐量为壳内各元件产水盐量之和，全膜壳的浓水流量及浓水压力为壳内末端元件的浓水流量及浓水压力。

16.4.4 单支元件计算框图

膜元件的模拟计算是系统模拟计算的最小单元，也是最为复杂的计算单元。作为膜元件基本参数的产水量、透盐率及膜压降，首先是源于基本参数输入界面的元件参数栏目。如果存在元件参数的修改，则修改数据仍源于基本参数输入界面；如果存在元件特性的修改，则修改数据源于元件特性界面。

膜元件模拟计算的离散数学模型为式（11.62），即 A 与 B 两透过系数采用以 T_e、C_f、Q_f、P_f、P_p 为变量的实用模型。元件模拟计算过程中，透水系数 A、透盐系数 B 及元件面积 S 均为已知参数；而且由膜壳入口参数或壳中前置元件浓水参数，已知本元件的给水压力 P_f、给水流量 Q_f、给水浓度 C_f 及产水压力 P_p。因此，式（16.2）可视为透水流量 Q_p 与透盐流量 Q_s 的二元隐式非线性代数方程组，需要迭代计算加以求解。

$$\left\{ \begin{array}{l} Q_p = A(T_e, C_f, Q_f, P_f, P_p) \cdot S \cdot f_A(Q_p, Q_s) \\ Q_s = B(T_e, C_f, Q_f, P_f, P_p) \cdot S \cdot f_B(Q_p, Q_s) \end{array} \right|_{P_f Q_f C_f P_p} \tag{16.2}$$

在图 16.13 计算框图的迭代过程中，将初始或修改的透水流量与透盐流量初值代入式（16.2）的右侧函数 $f_A(Q_p, Q_s)$、$f_b(Q_p, Q_s)$ 及已成定值的透过系数 $A|_{T_e P_f Q_f C_f P_p}$ 及 $B|_{T_e P_f Q_f C_f P_p}$，则可得到式（16.2）的左侧的透水流量 Q_p 与透盐流量 Q_s 的终值。当两初值与两终值的差值不满足精度要求时，需要修改两初值，并再行迭代计算；当两初值与两终值的差值满足精度要求时，迭代收敛即计算结束。每支元件的迭代计算是系统模拟计算

的最内层迭代计算，一般需要多次迭代。

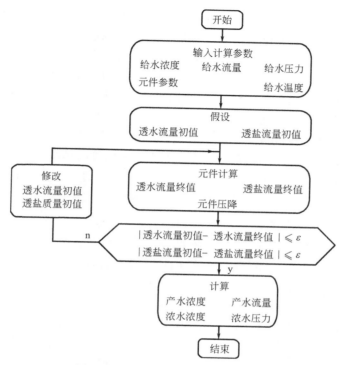

图 16.13　单元件模拟计算程序框图

16.4.5　模拟软件计算分析

本节以上内容已经介绍了系统运行模拟的计算过程，并分别介绍了膜段内部各膜壳、膜壳内部各元件以及单支元件的由繁入简系统结构的运行模拟计算过程。这里从单支元件至多段结构的由简入繁系统结构的逆向地描述模拟计算的过程，并设各支元件及各段管路的参数均可能已经被修改。

（1）系统仅由一支元件构成

如果系统仅由一支元件构成，需先根据设计产水流量与设计系统收率决定系统即元件给水流量，其次初设系统即元件给水压力，再运用式（16.1）迭代计算元件的产水流量与产水盐量。当每次迭代的计算产水流量与设计产水流量不符时，修正元件给水压力，并再次进行迭代计算，直至计算产水流量与设计产水流量相符时迭代计算结束。这里，对于元件的迭代计算简称元件迭代计算。

（2）系统仅由一只膜壳元成

如果系统仅由一只膜壳构成，需先根据设计产水流量与设计系统收率决定系统即膜壳给水流量，其次初设系统即膜壳给水压力，并开始进行膜壳迭代计算。每次迭代过程中需从壳首元件开始逐支元件计算其产水流量与产水盐量，壳内各元件产水流量之和即为膜壳产水流量。当每次迭代的计算产水流量与设计产水流量不符时，修正膜壳给水压力，并再次进行迭代计算，直至计算产水流量与设计产水流量相符时迭代计算结束。这里，计算壳内各元件的产水流量时，均需进行元件迭代计算。

（3）系统仅由一段膜堆构成

如果系统仅由一段膜堆构成，首先根据设计产水流量与设计系统收率决定系统即膜段给水流量，其次初设系统即膜段给水压力，并开始进行膜段迭代计算。

每次膜段迭代过程中，需先初设段内各壳给水流量分布。根据假设的各壳给水流量分布，分别计算各膜壳压降（包括膜壳前后管路压降）。当计算的各膜壳压降不等时，需要修正各壳给水流量分布，并再次分别计算各壳压降，直至计算的各膜壳压降相等时分流迭代计算结束，且各膜壳产水流量之和为膜段产水流量。

当每次膜段迭代的计算膜段产水流量与设计产水流量不符时，修正膜段给水压力，并再次进行迭代计算，直至计算产水流量与设计产水流量相符时膜段迭代计算结束。

这里，每次膜段迭代过程中，均包括多次分流迭代计算，而无须进行膜壳迭代计算，但每次膜壳计算时均需对壳内各元件进行元件迭代计算。

（4）系统是由多段膜堆构成

如果系统是由多段膜堆构成，首先根据设计产水流量与设计系统收率决定系统给水流量，其次初设系统给水压力，并开始进行系统迭代计算。每次迭代过程中需从首段膜堆开始逐段膜堆计算其产水流量与产水盐量，各段膜堆的产水流量之和即为系统产水流量。当每次迭代的计算产水流量与设计产水流量不符时，修正系统给水压力，并再次进行迭代计算，直至计算产水流量与设计产水流量相符时系统迭代计算结束。

这里，每次系统迭代过程中，无须进行膜段迭代计算，而每次进行膜段计算时均需对段内各膜壳进行分流迭代计算；虽然每次分流迭代计算时无须进行膜壳迭代计算，但每次进行膜壳计算时均需对壳内各元件进行元件迭代计算。

（5）各项特殊运行方式处理

上述分析中尚未包括各项特殊运行方式的内容。淡水背压只需在计算时将首段产水压力从零值改为相应背压值即可。段间加压只需在计算时于末段给水压力上增加相应压力即可。

浓水回流的处理需要注意两项，一是系统收率的计算为产水流量除以进水流量，而非除以给水流量；二是给水含盐量在每次迭代过程中，均处理为进水含盐量与回流浓水含盐量的融合。

淡水水流的处理需要注意两项，一是系统收率的计算为产水流量除以进水流量，而非除以给水流量；二是给水含盐量在每次迭代过程中，均处理为进水含盐量与回流淡水含盐量的融合。

（6）系统运行模拟计算全解

上述四类系统结构及四类特殊运行方式的全部迭代过程中，均以系统工作压力为迭代调节变量，并以设计流量与计算流量相等为迭代收敛判据。当内中外三层迭代均已收敛时，所得到的给水压力、产水水质、压力损失、浓差极化、段通量比、端通量比、段壳浓水比及设定的产水流量及系统收率构成了系统运行模拟计算解的全套数据。

16.5 模拟软件的应用范例

关于单一元件的单一指标（如产水量、透盐率或膜压降）变化对系统透盐率的影响已于12.1.1节讨论，具体数据及图12.2所示曲线均是运用模拟软件计算结果。

关于单一元件的单一指标（如产水量、透盐率或膜压降）变化对系统通量比的影响已于 12.1.2 节讨论，具体数据及图 12.3 所示曲线均是运用模拟软件计算结果。

关于全系统各元件三项指标变化对系统产水含盐量的影响已于 12.1.4 节讨论，表 12.1 及图 12.4 所示数据均是运用模拟软件计算结果。

关于 12.1.7 节讨论的分批换膜技术分析数据也是基于模拟软件的计算结果。

总之，关于不同性能指标膜元件在系统膜堆中位置优化排列的一系列相关理论均基于模拟软件的计算。

关于系统给浓水径流方向、产淡水径流方向的优化、系统管道参数的优化等问题的讨论已于 12.2 节讨论，相关数据及图线也均基于模拟软件的计算。

尽管上述计算分析及工艺讨论尚不完善，但绝非一般设计软件的能力所及，由此可见模拟软件优势之一斑。

总之，本版模拟软件的主要特点是可以改变每支膜元件的性能参数与每段管路的结构参数，并能计算得知相应参数改变后的系统响应。这样，不仅可以模拟各种系统设计方案对应的运行效果，也可以模拟系统沿流程或沿高程的污染性质与污染程度变化的运行效果。

16.6　模拟软件的开发前景

尽管天津城建大学膜技术研究中心即笔者开发的模拟软件，在一些方面加强了传统设计软件的功能，但还存在诸多的发展空间：

① 本模拟软件的模拟范围尚未将国内外各膜品种囊括其中，如增加这部分内容，将有利于不同性能膜品种系统的技术比较。

② 本模拟软件中缺乏各类无机与有机成分的截留及透过分析，如增加这部分内容，将大幅度加强该软件的使用功能。

③ 本模拟软件与目前所有设计软件均基于恒通量运行模式，如果增加泵特性运行模式，将能更全面、更灵活地模拟系统的各类运行模式。

④ 本模拟软件中尚未实现对于产水径流方向与产水管路参数的运行模拟，增加这部分的内容，系统运行的模拟分析就更彻底、更全面。

⑤ 优化管道及壳联结构是大型系统的研发课题，管道及壳联结构中流量压力关系的研究有待深入，而且充分地利用模拟软件可有利于管道及壳联结构的优化设计。

⑥ 关于钠滤工艺系统的应用与研究起步较晚，具有很大开发潜力，模拟软件用于钠滤系统模拟必将有利促进该项工艺技术的发展。

⑦ 本软件关于系统污染分布的设置是静态地改变各元件的性能参数，其合理性不宜掌握。如能根据系统初始运行状态下的各类污染负荷分布，自动且逐步修改各流程或各高程元件的性能参数，则可动态地模拟系统的污染过程及系统运行的变化过程。

⑧ 如能针对上述缺陷与不足进行深入开发，模拟软件将为系统模拟、系统设计及各项工艺研究提供更加有力的支持。而且，一个高功能的模拟软件，必然成为分离膜水处理行业内专业教育与专业培训的有利工具。

因本人的环境及能力所限，本版软件仅为一个雏形，本人将对其不断加以完善，并非常希望业内相关人士或相关机构接续此项工作。对软件程序或程序代码有需求的学生、学者、专家或企业可直接与本人联系，电话：13902085201，邮箱：david_j5996@sina.com。

索 引

参 考 文 献

[1] 伍悦宾，曹慧哲. 工程流体力学 [M]. 北京：建筑工业出版社，2006.

[2] 朱长乐. 膜科学与技术 [M]. 北京：高等教育出版社，2004.

[3] 陈观文，徐 平. 分离膜应用与工程案例 [M]. 北京：国防工业出版社，2007.

[4] 冯逸仙. 反渗透水处理系统工程 [M]. 北京：中国电力出版社，2005.

[5] 张葆宗. 反渗透水处理应用技术 [M]. 北京：中国电力出版社，2004.

[6] 王湛. 膜分离技术基础 [M]. 北京：化学工业出版社，2004.

[7] 郑书忠，陈爱民. 双膜法水处理运行故障与诊断 [M]. 北京：化学工业出版社，2011.

[8] 邵刚. 膜法水处理技术及工程实例 [M]. 北京：化学工业出版社，2002.

[9] 靖大为. 反渗透系统优化设计 [M]. 北京：化学工业出版社，2006.

[10] 徐腊梅，靖大为. 反渗透系统中浓差极化的影响 [J]. 工业水处理，2004，24（1）：63-65.

[11] 毕飞，靖大为. 反渗透系统难溶盐极限回收率解析分析 [J]. 工业水处理，2004，24（6）：14-16.

[12] 靖大为，王春艳. 反渗透系统中电导率与pH值的影响 [J]. 工业水处理，2006，26（3）：62-64.

[13] 靖大为，罗 浩. 反渗透膜元件及膜系统的数学模型 [J]. 工业水处理，2009，29（12）：79-82.

[14] 靖大为，王 雪. 反渗透膜元件的微分方程数学模型 [J]. 工业水处理，2010，30（2）：73-75.

[15] 靖大为，朱建平. 氧化改性反渗透膜元件的性能与应用 [J]. 工业水处理，2011，31（2）：82-84.

[16] 靖大为，严丹燕. 平板超滤膜元件的微分方程模型 [J]. 工业水处理，2012，32（4）：62-64.

[17] 黄延平，靖大为. 氧化改性纳滤膜元件性能的稳定性分析 [J]. 工业水处理，2015，35（1）：29-31.

[18] 靖大为，贾丽媛. 反渗透系统膜通量均衡工艺 [J]. 水处理技术，2005，31（1）：11-15.

[19] 靖大为，罗 浩. 反渗透膜元件离散特性与安装位置优化 [J]. 水处理技术，2007，33（10）：88-91.

[20] 靖大为，马晓莉. 反渗透系统膜元件位置优化模型与算法 [J]. 水处理技术，2009，35（7）：27-30.

[21] 靖大为，罗 浩. 反渗透系统分批换膜的经济技术分析 [J]. 水处理技术，2010，36（8）：64-66.

[22] 李肖清，靖大为. 反渗透与纳滤系统运行及污染对比分析 [J]. 水处理技术，2012，38（4）：55-57.

[23] 靖大为. 反渗透系统设计指标与调试指标的差异 [J]. 膜科学与技术，2008，28（3）：68-71.

[24] 靖大为，罗 浩. 反渗透系统段通量比最小元件位置优化 [J]. 膜科学与技术，2010，30（5）：43-46.

[25] 靖大为，苏卫国. 离散元件与管路参数的系统数学模型 [J]. 膜科学与技术，2011，31（2）：35-38.

[26] 孙 浩，靖大为. 反渗透系统元件位置优化整数规划算法 [J]. 膜科学与技术，2012，32（1）：55-57.

[27] 杨小奇，靖大为. 反渗透系统有机、无机及络合污染 [J]. 膜科学与技术，2012，32（4）：50-53.

[28] 严丹燕，靖大为. 反渗透系统均衡通量问题 [J]. 亚洲给水排水，2011，07/08：22-23.

[29] 李菁杨，靖大为. 反渗透膜元件的动态性能参数检测方法 [J]. 供水技术，2011，5（6）：23-25.

[30] 杨宇星，靖大为. 纳滤膜元件的运行特性分析 [J]. 供水技术，2012，06（2）：5-9.

[31] 韩力伟，靖大为. 反渗透膜元件动静态特性的测试与分析 [J]. 供水技术，2012，6（5）：5-9.

[32] 王文凤，靖大为. 反渗透膜元件透过系数试验与数学求解 [J]. 供水技术，2013，7（6）：1-5.

[33] 王文娜，靖大为. 两级反渗透系统中给浓产水pH值分析 [J]. 供水技术，2014，8（6）：13-16.

[34] 黄延平，靖大为. 纳滤及反渗透系统脱除有机物试验研究 [J]. 供水技术，2015，9（1）：7-10.

[35] 翟 燕，靖大为. 两级反渗透系统中膜元件优化组合 [J]. 供水技术，2015，9（2）：1-4.

[36] 靖大为. 反渗透膜元件性能指标与测试条件评价 [J]. 净水技术，2010，29（3）：66-68.

[37] 李保光，靖大为. 废弃反渗透膜纳滤化初步研究 [J]. 天津城市建设学院学报，2008，14（4）：271-274.

[38] 李肖清，靖大为. 管路对系统给水压力数学模型 [J]. 天津城市建设学院学报，2010，16（4）：299-302.

[39] 翟 燕，靖大为. 纳滤膜元件运行特性回归分析 [J]. 天津城市建设学院学报，2012，18（4）：286-290.

[40] 杨宇星，靖大为. 系列纳滤膜元件动态特性回归 [J]. 天津城市建设学院学报，2013，19（1）：47-50.